网络安全等级保护 基本要求 扩展要求部分 应用指南

郭启全 主编

李明 于东升 袁静 范春玲 等编著

电子工业出版社
Publishing House of Electronics Industry
北京·BEIJING

内 容 简 介

　　本书详细解读《信息安全技术 网络安全等级保护基本要求》（GB/T 22239—2019）中的安全扩展要求部分，包括第一级至第四级云计算安全扩展要求、移动互联安全扩展要求、物联网安全扩展要求、工业控制系统安全扩展要求、大数据安全扩展要求，对相关概念、涉及的等级保护对象等进行了全面的阐述。

　　本书可供网络安全等级测评机构、等级保护对象的运营使用单位及主管部门开展网络安全等级保护测评工作使用，也可以作为高等院校信息安全、网络空间安全相关专业的教材。

图书在版编目（CIP）数据

网络安全等级保护基本要求（扩展要求部分）应用指南 / 郭启全主编；李明等编著. —北京：电子工业出版社，2022.12

（网络安全等级保护与关键信息基础设施安全保护系列丛书）

ISBN 978-7-121-44244-5

Ⅰ. ①网… Ⅱ. ①郭… ②李… Ⅲ. ①计算机网络－网络安全－指南 Ⅳ. ①TP393.08-62

中国版本图书馆 CIP 数据核字（2022）第 165759 号

责任编辑：潘　　昕　　　　　　　特约编辑：田学清
印　　刷：三河市良远印务有限公司
装　　订：三河市良远印务有限公司
出版发行：电子工业出版社
　　　　　北京市海淀区万寿路 173 信箱　　　　邮编 100036
开　　本：787×980　　1/16　　印张：32.75　　　字数：617 千字
版　　次：2022 年 12 月第 1 版
印　　次：2022 年 12 月第 1 次印刷
定　　价：185.00 元

前　言

2017 年 6 月 1 日《中华人民共和国网络安全法》实施。该法律明确规定国家实行网络安全等级保护制度，并要求关键信息基础设施应在网络安全等级保护制度的基础上实行重点保护。为进一步推动网络安全等级保护制度的落地实施，有关部门组织网络安全等级保护技术支撑单位，对网络安全等级保护标准体系进行了升级完善，制定并颁布了《信息安全技术　网络安全等级保护基本要求》（GB/T 22239—2019）（以下简称《基本要求》）等一系列网络安全等级保护工作急需的国家标准。

《基本要求》是指导各单位、各部门开展网络安全等级保护安全建设整改、等级测评等工作的重要标准，对这个标准的正确理解和使用，是顺利开展新形势下网络安全等级保护工作的基础。我们组织业内优秀的等级测评机构和网络安全产品/解决方案提供商，围绕标准条款解读、相关产品与服务及应用场景等编写了本书。本书详细解读《基本要求》中安全扩展要求部分的内容，期望通过本书能引导读者更好地了解、掌握和应用网络安全等级保护 2.0 新标准内容，指导读者开展网络安全等级保护的建设整改工作。

本书是网络安全等级保护与关键信息基础设施安全保护系列丛书中的一本。丛书包括：

- 《〈关键信息基础设施安全保护条例〉〈数据安全法〉和网络安全等级保护制度解读与实施》
- 《网络安全等级保护基本要求（通用要求部分）应用指南》
- 《网络安全等级保护基本要求（扩展要求部分）应用指南》（本书）
- 《网络安全等级保护安全设计技术要求（通用要求部分）应用指南》
- 《网络安全等级保护安全设计技术要求（扩展要求部分）应用指南》
- 《网络安全等级保护测评要求（通用要求部分）应用指南》
- 《网络安全等级保护测评要求（扩展要求部分）应用指南》
- 《网络安全保护平台建设应用与挂图作战》

本书主编为郭启全，主要作者有李明、于东升、袁静、祝国邦、范春玲、张振峰、李秋香、宫月、陶源、张志文、李升、张嘉斌、王胜、季兵娇、王继顺、姚尤建等。祝国邦、范春玲、李明审校了全书。

第 1 章"云计算安全扩展要求"的支持单位主要有新华三技术有限公司、华为技术有限公司、阿里云计算有限公司、深信服科技股份有限公司和北京天融信网络安全技术有限公司，支持人员包括杨洪起、张凯程、王睿超、于俊杰、杨剑等。第 2 章"移动互联安全扩展要求"的支持单位主要有北京指掌易科技有限公司、奇安信科技集团股份有限公司、北京梆梆安全科技有限公司、中国移动通信有限公司研究院、江苏通付盾信息安全技术有限公司，支持人员包括庞南、杨明洋、何申、陈彪、汪德嘉、王伟、赵轶博、杨凯、林凯、陈美坤等。第 3 章"物联网安全扩展要求"的支持单位主要有公安部第一研究所、临沂大学、济南大学、京东集团、华为技术有限公司、苏州科达科技股份有限公司、北京智芯微电子科技有限公司、小米科技有限责任公司、北京澎思科技有限公司、杭州天宽科技有限公司、华北电力大学，支持人员包括蒋勇、刘志宇、陈翠云、郭锋、王瑾、陈贞祥、杜凡、刘江波、蓝兴建、金学明、张晓芳、任百俊、卢晓飞、高磊、严敏瑞、郝飞、王风龙、龚钢军、张心语等。第 4 章"工业控制系统安全扩展要求"的支持单位主要有宁波和利时信息安全研究院有限公司、浙江中控技术股份有限公司、浙江国利网安科技有限公司、华北计算机系统工程研究所（中国电子信息产业集团有限公司第六研究所）、北京天地和兴科技有限公司、北京天融信网络安全技术有限公司、北京威努特技术有限公司，支持人员包括乐翔、刘盈、章维、陈银桃、还约辉、包贤晨、王绍杰、杨继、杨小帅、宋晓龙、马霄、白彦茹、郭念文、郭洋等。第 5 章"大数据安全扩展要求"的支持单位主要有华为技术有限公司、阿里云计算有限公司、北京信息安全测评中心、国家信息中心（国家电子政务外网管理中心）、工业和信息化部计算机与微电子发展研究中心（中国软件评测中心）、京东集团，支持人员包括耿涛、黄少青、李晨旸、严敏瑞、高亚楠、唐刚、李宏卓、张德馨、石竹、高磊、杨兴、王映泉、沈尚方等。在此一并表示感谢。

读者可以登录网络安全等级保护网（www.djbh.net），了解网络安全等级保护领域的最新情况。

由于水平所限，书中难免有不足之处，敬请读者指正。

作　者

目　　录

第 1 章　云计算安全扩展要求 1

  1.1　云计算安全概述 1

    1.1.1　云计算简介 1

    1.1.2　云计算等级保护对象 6

    1.1.3　云计算安全扩展要求 7

    1.1.4　云计算安全措施与服务 9

  1.2　第一级和第二级云计算安全扩展要求解读 11

    1.2.1　安全物理环境 12

    1.2.2　安全通信网络 13

    1.2.3　安全区域边界 14

    1.2.4　安全计算环境 19

    1.2.5　安全建设管理 24

    1.2.6　安全运维管理 26

  1.3　第三级和第四级云计算安全扩展要求解读 26

    1.3.1　安全物理环境 27

    1.3.2　安全通信网络 27

    1.3.3　安全区域边界 30

    1.3.4　安全计算环境 35

    1.3.5　安全管理中心 44

    1.3.6　安全建设管理 47

    1.3.7　安全运维管理 49

    1.3.8　云计算安全整体解决方案示例 50

第 2 章　移动互联安全扩展要求 94

　2.1　移动互联安全概述 94

　　2.1.1　移动互联系统特征 94

　　2.1.2　移动互联系统框架 94

　　2.1.3　移动互联系统等级保护对象 95

　2.2　第一级和第二级移动互联安全扩展要求解读 96

　　2.2.1　安全物理环境 96

　　2.2.2　安全区域边界 99

　　2.2.3　安全计算环境 106

　　2.2.4　安全建设管理 107

　　2.2.5　第二级以下移动互联安全整体建设方案示例 111

　2.3　第三级和第四级移动互联安全扩展要求解读 115

　　2.3.1　安全物理环境 115

　　2.3.2　安全区域边界 119

　　2.3.3　安全计算环境 126

　　2.3.4　安全建设管理 133

　　2.3.5　安全运维管理 138

　　2.3.6　第三级以上移动互联安全整体建设方案示例 140

第 3 章　物联网安全扩展要求 150

　3.1　物联网安全概述 150

　　3.1.1　物联网系统特征 150

　　3.1.2　物联网安全架构 150

　　3.1.3　物联网安全关键技术 152

　　3.1.4　物联网基本要求标准级差 152

　3.2　第一级和第二级物联网安全扩展要求解读 156

　　3.2.1　安全物理环境 156

　　3.2.2　安全区域边界 158

　　3.2.3　安全运维管理 160

　　　3.2.4　第二级以下物联网安全整体解决方案示例 162

　　3.3　第三级和第四级物联网安全扩展要求解读 167

　　　3.3.1　安全物理环境 167

　　　3.3.2　安全区域边界 174

　　　3.3.3　安全计算环境 179

　　　3.3.4　安全运维管理 198

　　　3.3.5　第三级以上物联网安全整体解决方案示例 204

第4章　工业控制系统安全扩展要求 231

　　4.1　工业控制系统安全概述 231

　　　4.1.1　工业控制系统概述 231

　　　4.1.2　工业控制系统功能层级模型 231

　　　4.1.3　工业控制系统功能层级的保护对象 233

　　　4.1.4　工业控制系统安全扩展要求概述 234

　　4.2　第一级和第二级工业控制系统安全扩展要求解读 235

　　　4.2.1　安全物理环境 235

　　　4.2.2　安全通信网络 237

　　　4.2.3　安全区域边界 243

　　　4.2.4　安全计算环境 256

　　　4.2.5　安全管理中心 280

　　　4.2.6　安全管理制度 283

　　　4.2.7　安全管理机构 283

　　　4.2.8　安全管理人员 283

　　　4.2.9　安全建设管理 283

　　　4.2.10　安全运维管理 285

　　　4.2.11　第二级以下工业控制系统安全整体解决方案示例 285

　　4.3　第三级和第四级工业控制系统安全扩展要求解读 291

　　　4.3.1　安全物理环境 291

　　　4.3.2　安全通信网络 292

4.3.3　安全区域边界 300

4.3.4　安全计算环境 315

4.3.5　安全管理中心 341

4.3.6　安全管理制度 348

4.3.7　安全管理机构 348

4.3.8　安全管理人员 348

4.3.9　安全建设管理 348

4.3.10　安全运维管理 350

4.3.11　第三级以上工业控制系统安全整体解决方案示例 350

第5章　大数据安全扩展要求 355

5.1　大数据安全概述 355

5.1.1　大数据 355

5.1.2　大数据部署模式 355

5.1.3　大数据处理模式 356

5.1.4　大数据相关安全能力 357

5.1.5　大数据安全 363

5.1.6　大数据相关定级对象存在形态 364

5.2　安全扩展要求及最佳实践 366

5.2.1　《基本要求》附录H与大数据系统安全保护最佳实践的

　　　　对照 366

5.2.2　各级安全要求 372

5.3　第一级和第二级大数据安全扩展要求解读 377

5.3.1　安全物理环境 377

5.3.2　安全通信网络 379

5.3.3　安全区域边界 382

5.3.4　安全计算环境 384

5.3.5　安全管理中心 397

5.3.6　安全管理制度 400

　　　5.3.7　安全管理机构 402

　　　5.3.8　安全管理人员 405

　　　5.3.9　安全建设管理 406

　　　5.3.10　安全运维管理 412

　　　5.3.11　第二级以下大数据平台安全整体解决方案示例 418

　5.4　第三级和第四级大数据安全扩展要求解读 432

　　　5.4.1　安全物理环境 432

　　　5.4.2　安全通信网络 434

　　　5.4.3　安全区域边界 438

　　　5.4.4　安全计算环境 440

　　　5.4.5　安全管理中心 460

　　　5.4.6　安全管理制度 464

　　　5.4.7　安全管理机构 466

　　　5.4.8　安全管理人员 470

　　　5.4.9　安全建设管理 473

　　　5.4.10　安全运维管理 480

　　　5.4.11　第三级以上大数据平台安全整体解决方案示例 488

　5.5　控制点与定级对象适用性 502

附录 A　安全技术控制点在工业控制系统中的适用情况 508

　A.1　安全通信网络 508

　A.2　安全区域边界 509

　A.3　安全计算环境 511

　A.4　安全管理中心 513

第 1 章　云计算安全扩展要求

1.1　云计算安全概述

随着云计算技术的不断完善和发展，云计算已经得到了广泛的认可和接受，许多组织已经或即将进行云计算系统建设。同时，以信息/服务为中心的模式深入人心，企业或组织通过部署云计算系统为客户提供存储、备份、数据、计算、应用等服务，逐步将传统的应用向云中迁移。云计算技术目前仍处于不断发展和演进之中，在未来，系统将更加开放和易用，功能将更加强大和丰富，接口将更加规范和开放。

1.1.1　云计算简介

1. 云计算定义

云计算是一个非常抽象的概念，同时，它的内涵和外延也在随着技术的发展和应用不断演进，此处仅列举当前具有代表性的云计算定义。

1）Special Publication 800−145

美国国家标准技术研究所（NIST）在其特别出版物 *The NIST Definition of Cloud Computing*（800-145）中将云计算定义为："Cloud computing is a model for enabling ubiquitous, convenient, on-demand network access to a shared pool of configurable computing resources (e.g., networks, servers, storage, applications, and services) that can be rapidly provisioned and released with minimal management effort or service provider interaction." 即云计算是一种模式，在该模式中可以通过无所不在的网络对计算资源（如网络、服务器、存储、应用和服务）共享池进行便捷和按需的访问和使用。同时，这些资源可以基于最小化的管理成本或服务提供者交互来快速供应和发布。

2）ISO/IEC 17788:2014

在该标准中，云计算被定义为："Cloud computing is a paradigm for enabling network access to a scalable and elastic pool of shareable physical or virtual resources with self-service provisioning and administration on-demond." 即云计算是以按需自主供应和管理的方式，实现对可扩展的、弹性的共享物理或虚拟资源池进行网络访问的一种模式。

3）GB/T 31167—2014

2014 年发布的国家标准《信息安全技术 云计算服务安全指南》（GB/T 31167—2014）对云计算进行了如下定义："通过网络访问可扩展的、灵活的物理或虚拟共享资源池，并按需自助获取和管理资源的模式。"（注：资源实例包括服务器、操作系统、网络、软件、应用和存储设备等。）

本书采用了 GB/T 31167—2014 对云计算的定义，同时采用了该标准中的云计算相关术语。

（1）云计算平台：云服务商提供的云计算基础设施及其上的服务软件的集合。

（2）云计算环境：云服务商提供的云计算平台及客户在云计算平台之上部署的软件及相关组件的集合。

（3）云计算基础设施：由硬件资源和资源抽象控制组件构成的支撑云计算的基础设施。硬件资源包括所有的物理计算资源，包括服务器（CPU、内存等）、存储组件（硬盘等）、网络组件（路由器、防火墙、交换机、网络链路和接口等）及其他物理计算基础元素。资源抽象控制组件对物理计算资源进行软件抽象，云服务商通过这些组件提供和管理对物理计算资源的访问。

（4）云计算服务：使用定义的接口，借助云计算提供一种或多种资源的能力。

（5）云服务商：云计算服务的供应方。云服务商管理、运营、支撑云计算的基础设施及软件，通过网络交付云计算的资源。

（6）云服务客户：为使用云计算服务同云服务商建立业务关系的参与方。

（7）云服务用户：云服务客户中使用云服务的自然人或实体代表。

（8）云租户：对一组物理和虚拟资源进行共享访问的一个或多个云服务用户。

2. 云计算特征

云计算采用计算机集群构成数据中心，并以服务的形式交付用户，使得用户可以像使用水、电一样按需购买云计算资源。首先，云计算能根据工作负载大小动态分配资源，而部署于云计算平台上的应用需要适应资源的变化，并能根据变化做出响应。其次，相对于强调异构资源共享的网格计算，云计算更强调大规模资源池的分享，通过分享提高资源复用率，并利用规模经济降低运行成本。最后，云计算需要考虑经济成本，因此，硬件设备、软件平台的设计不再一味追求高性能，而要综合考虑成本、可用性、可靠性等因素。

基于上述比较分析并结合云计算的应用背景，可将云计算的主要特征归纳为下列五类。云计算特征也是界定一种模式是否为云计算的关键。

1）按需自助服务

在不需或仅需较少云服务商参与的情况下，云服务客户能根据需要获得所需计算资源，如自主确定资源占用时间和数量等。例如，对于基础设施即服务，云服务客户可以通过云服务商的网站自助选择需要购买的虚拟机数量、每台虚拟机的配置（包括 CPU 数量、内存容量、磁盘空间、对外网络带宽等）、服务使用时间等。

2）泛在接入

云服务客户通过标准接入机制，利用计算机、移动电话、平板电脑等终端通过网络随时随地使用服务。对于云服务客户来讲，云计算的泛在接入特征使云服务客户可以在不同的环境（如工作环境或非工作环境）下访问服务，提升了服务的可用性。

3）资源池化

云服务商将资源（如计算资源、存储资源、网络资源等）提供给多个云服务客户使用，这些物理的、虚拟的资源根据云服务客户的需求进行动态分配或重新分配。

构建资源池也就是通过虚拟化的方式将服务器、存储、网络等资源组织成一个巨大的资源池。云计算基于资源池进行资源的分配，从而消除物理边界，提升资源利用率。云计算资源在云计算平台上以资源池的形式提供统一管理和分配，使资源配置更加灵活。通常情况下，规划和购置 IT 资源立足于满足应用峰值及五年的计划需求，导致实际运行过程中资源无法充分使用、利用率较低，云计算服务则有效地降低了硬件及运行维护成本。同时，云服务客户使用云计算服务时不必了解提供服务的计算资源（如网络带宽、存储、内存和虚拟机等）所在的具体物理位置和存在形式。但是，云服务客户可以在更高层面（如地区、国家或数据中心）指定资源的位置。

4）快速伸缩性

云服务客户可以根据需要快速、灵活、方便地获取和释放计算资源。对于云服务客户来讲，这种资源是"无限"的，能在任何时候获得所需资源量。

云服务商能提供快速和弹性的云计算服务。云服务客户能够在任何位置和任何时间获取需要数量的计算资源。计算资源的数量没有"界限"，云服务客户可根据需求快速向上或向下扩展计算资源，没有时间限制。从时间代价上来讲，在云计算服务上，可以在几分钟之内实现计算能力的扩展或缩减，可以在几小时之内完成上百台虚拟机的创建。

5）服务可计量

云计算可按照多种计量方式（如按次付费或充值使用等）自动控制或量化资源，计量的对象可以是存储空间、计算能力、网络带宽或账户数等。

服务可计量一方面可以指导资源配置优化、容量规划和访问控制等任务；另一方面可以监视、控制、报告资源的使用情况，让云服务商和云服务客户及时了解资源使用明细，提升云服务客户对云计算服务的可信度。

3. 云计算服务模式

云计算的服务模式仍在不断进化。业界普遍接受的是，根据云服务商提供的资源类型，可将云计算服务模式分为以下三个大类。

1）基础设施即服务

基础设施即服务（Infrastructure as a Service，IaaS）主要提供一些基础资源，包括服务器、网络、存储等服务，由自动化的、可靠的、扩展性强的动态计算资源构成。在 IaaS 模式下，用户能够部署和运行任意软件，包括操作系统和应用程序，无须管理或控制云计算基础设施，但能控制操作系统的选择、存储空间、应用的部署，也有可能获得网络组件的控制。典型的 IaaS 有：阿里的云服务器、对象存储、虚拟专有网络等云计算基础服务；华为云的弹性云服务器、云硬盘、对象存储服务、虚拟私有云、弹性负载均衡等；新华三的云主机、云硬盘、对象存储、文件存储、网盘、弹性 IP 地址、云防火墙、云负载均衡、服务链等。

2）平台即服务

平台即服务（Platfrom as a Service，PaaS）的主要作用是将一个软件开发和运行平台作为服务提供给云服务用户，能够为云服务用户提供定制化研发的中间件平台、数据库和大数据应用等。对于开发者来说，只需要关注自身系统的业务逻辑，能够快速、方便地创建 Web 应用，无须关注 CPU、存储、磁盘、网络等基础设施资源。典型的 PaaS 有：阿里云的分布式关系型数据库服务、云数据库、消息队列、大数据计算服务、流计算（SC，又称"实时计算"）、物联网平台等；华为云的区块链服务、API 网关、分布式数据库中间件等；新华三的云企业应用管理（应用模板、应用部署、应用监控、镜像仓库、应用仓库、服务治理、交付流水线、API 网关等）、大数据平台服务、MPP 分布式数据库服务等。

3）软件即服务

软件即服务（Software as a Service，SaaS），通过网络为最终云服务用户提供应用服务。绝大多数 SaaS 应用都是直接在浏览器中运行的，不需要云服务用户下载安装任何程序。对云服务用户来说，软件的开发、管理、部署都交给了第三方，云服务用户不需要关心技术问题，可以拿来即用。典型的 SaaS 有：阿里云安全服务、邮箱服务、域名服务等；华为云密钥管理服务、主机安全服务等；天融信安全服务，如下一代云防火墙、Web 应用防火墙（WAF）、云负载均衡、云数据库审计等。

4. 云计算部署模式

云计算部署模式主要分为私有云、公有云和混合云。

（1）公有云：公有云云计算服务由第三方云服务商完全承载和管理，为云服务用户提供价格合理的计算资源访问服务，云服务用户无须购买硬件、软件或支持基础架构，只需要为其使用的资源付费，如阿里公共云、阿里电子政务云、金融云、华为公有云等。

（2）私有云：私有云是企业自己采购云计算基础设施，搭建云计算平台，在此之上开发应用的云计算服务，如阿里专有云、华为私有云、新华三行业云。

（3）混合云：混合云一般由云服务用户创建，而管理和运维职责由云服务用户和云服务商共同分担。混合云在使用私有云作为基础的同时结合了公有云的服务策略，云服务用户可根据业务私密性程度的不同自主在公有云和私有云之间进行切换，如华为全栈专属云。

1.1.2　云计算等级保护对象

等级保护对象是指网络安全等级保护工作中的对象，通常指由计算机或者其他信息终端及相关设备组成的按照一定的规则和程序对信息进行收集、存储、传输、交换、处理的系统，主要包括基础信息网络、云计算平台/系统、大数据应用/平台/资源、物联网（IoT）、工业控制系统和采用移动互联技术的系统等。采用云计算技术构建的信息系统主要有以下两种等级保护对象形态。

（1）云计算平台：云计算平台是云服务商提供的云计算基础设施及其上的服务层软件的集合。

（2）云服务客户系统：云服务客户系统（以下简称"云客户系统"）包括云服务客户部署在云计算平台上的业务应用和云服务商通过网络为云服务客户提供的应用服务。

区别于传统信息系统，云计算环境中涉及一个或多个安全责任主体，各安全责任主体应根据管理权限的范围划分安全责任边界。云计算平台中通常有云服务商和云服务客户两种角色，在不同的云计算服务模式中，云服务商和云服务客户对资源拥有不同的控制范围，控制范围决定了安全责任边界。对于云服务商和云服务客户，云安全责任的划分情况如图 1-1 所示。

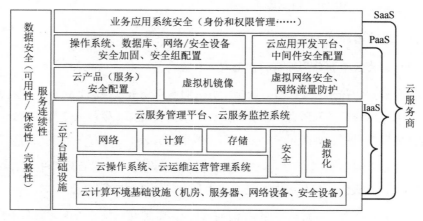

图 1-1　云安全责任划分

云服务商的主要安全责任是研发和运维云计算平台，保障云计算平台基础设施的安全，同时提供各项基础设施服务及各项服务内置的安全功能。云服务商在不同的服务模式下承担的云安全责任不同（见图 1-1）。在 IaaS 模式下，云服务商需确保云计算平台基础设施无漏洞［云计算平台基础设施包括支撑云服务的物理环境、云服务商自研的软硬件和运维运营包括计算、存储、数据库及虚拟机镜像等各项云服务的系统设施（云运维运营管理系统）］，同时云服务商还需承担云计算环境基础设施和虚拟化技术免遭外部攻击和内部滥用的安全防护责任，并与云服务客户共同分担网络访问控制策略的防护。在 PaaS 模式下，云服务商除了要防护云计算平台基础设施的安全，还需对其提供的虚拟机镜像、云应用开发平台及网络访问控制等进行安全防护，并对其提供的数据库、中间件等进行基础的安全加固与安全配置。在 SaaS 模式下，云服务商需对整个云计算环境承担安全防护责任。

1.1.3　云计算安全扩展要求

网络安全等级保护 2.0 时代着重于全方位的主动防御、动态防御、精准防护和整体防控的安全防护体系，在云计算安全扩展要求部分涉及的安全层面有安全物理环境、安全通信网络、安全区域边界、安全计算环境、安全管理中心及安全管理（安全建设管理、安全运维管理）等；涉及的控制点包括基础设施位置、网络架构、访问控制、入侵防范、安全审计、身份鉴别、镜像和快照保护、数据完整性和保密性、数据备份恢复、剩余信息保护、集中管控、云服务商选择、供应链管理和云计算环境管理等。云计算安全扩展要求控制点/要求项的逐级变化如表 1-1 所示。

表 1-1　云计算安全扩展要求控制点/要求项的逐级变化

序号	安全层面	控制点	要求项			
			第一级	第二级	第三级	第四级
1	安全物理环境	基础设施位置	1	1	1	1
2	安全通信网络	网络架构	2	3	5	8
3		访问控制	1	2	2	2
4	安全区域边界	入侵防范	0	3	4	4
5		安全审计	0	2	2	2
6		身份鉴别	0	0	1	1
7		访问控制	2	2	2	2
8		入侵防范	0	0	3	3
9	安全计算环境	镜像和快照保护	0	2	3	3
10		数据完整性和保密性	1	3	4	4
11		数据备份恢复	0	0	4	4
12		剩余信息保护	0	2	2	2

序号	安全层面		控制点	要求项			
				第一级	第二级	第三级	第四级
13	安全管理中心		集中管控	0	0	4	4
14	安全管理	安全建设管理	云服务商选择	3	4	5	5
15			供应链管理	1	2	3	3
16		安全运维管理	云计算环境管理	0	1	1	1
合计	7		16	11	29	46	49

1. 安全物理环境

安全物理环境是系统安全的前提，信息系统所处物理环境的安全的优劣对信息系统的安全有着直接的影响。安全物理环境主要包括两个方面：一方面是指保护云计算平台免遭地震、水灾等自然灾害及人为行为的破坏，预防措施主要包括场地安全、防火、防水、防静电、防雷击、电磁防护及线路安全等；另一方面是指云服务商部署基础设施的数据中心的安全设计和运维运营管理，建立严格的管理规章制度。

2. 安全通信网络

云计算的泛在接入的主要特征凸显了网络是云计算的重要基石，网络的性能在很大程度上对云计算的性能有着决定性的作用，网络安全是云计算安全的重要一环。安全通信网络主要包括两个方面：一方面是指保障边界内部的局域网网络架构及虚拟网络架构设计的安全性；另一方面是指要保证数据在网络传输过程中的安全性，同时，对虚拟网络通信的安全性也提出了相应要求。

3. 安全区域边界

云与外部网络互联互通的过程中也存在着较大的安全隐患，尽管云计算具有无边界化、分布式的特性，但是对于每个云数据中心，其服务器仍然是局部规模化集中部署的。通过对每个云数据中心分别进行安全防护，可以实现云计算基础设施边界安全，并在云计算服务的关键节点和服务入口处实施重点防护，实现局部到整体的严密联防。网络边界防护是云计算环境安全防御的第二道防线。除了传统的互联网边界、不同物理网络区域边界、第三方边界的安全防护要求，云计算边界安全方面增加了虚拟网络边界、虚拟机与虚拟机及虚拟机与其所知宿主机间的区域边界的安全防护要求。

4．安全计算环境

安全计算环境除了对传统系统的服务器、操作系统、数据库、业务应用及数据的安全性等方面提出了要求，在云计算环境中还对镜像和快照安全、虚拟化安全等方面提出了相关的要求。云计算操作系统基于虚拟化技术实现计算资源的池化、动态配置及资源编排，为应对虚拟化技术自身存在的安全性问题，对云计算平台提出了一层额外的安全要求。针对虚拟机在使用和迁移过程中可能引起风险的问题，提出了虚拟机监视器（Hypervisor，VMM）安全、虚拟资源隔离、虚拟机镜像安全等安全要求。

5．安全管理中心

安全管理中心是纵深防御体系的"大脑"，通过安全管理中心可实现技术层面的系统管理、审计管理和安全管理，同时可实现整个云计算环境的集中管控。通过一个或多个技术工具实现云计算环境的集中管控，便于对云计算资源进行调度、管理及监控，同时能够对统一身份、认证、授权及密钥进行管理。在安全管理中心方面，对于第三级及以上的系统，增加了集中管控要求及运维地域的限定要求。

6．安全管理

安全管理主要包括安全运维管理、安全建设管理两个方面，此外，它还包括安全管理人员、安全管理机构、安全管理制度等部分。任何组织机构都应制定符合国家需求和自身机构内部需求的安全管理制度体系，构建从组织机构最高管理层到执行层及具体业务运营层的组织体系，明确各个岗位的安全职责，对参与系统建设、管理、运维等环节的人员实施科学、完善的管理，保证系统建设的进度、质量和安全及系统运维有效、完善地运行。

1.1.4　云计算安全措施与服务

1．云计算安全措施

区别于传统的信息系统，在云计算环境中，边界可信日益削弱，源于不同平面的攻击也日趋增多。传统分平面的单层防御体系在确保云计算系统的安全性方面显得尤为困难，基于网络安全等级保护 2.0 "一个中心，三重防护"的纵深防护思想，即从通信网络到区域边界再到计算环境进行重重防护，通过安全管理中心对云计算平台/环境进行集中监控、调度和管理，落实云计算安全措施。云计算平台/环境安全措施如图 1-2 所示。

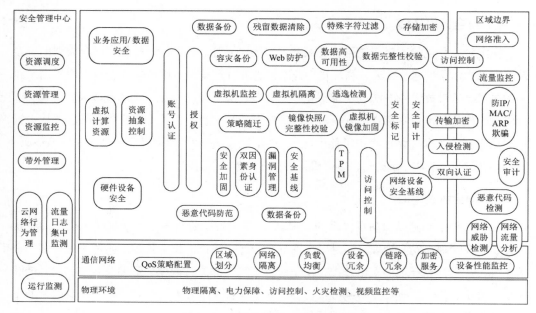

图 1-2　云计算平台/环境安全措施

　　在安全计算环境方面，主要增加了虚拟化安全、镜像和快照安全等云计算相关的控制点，安全的云计算环境应提供安全加固（操作系统、镜像）、虚拟机隔离、多因素身份认证及访问控制、安全审计等安全措施。在安全区域边界方面，除了传统物理区域的边界安全，增加了虚拟网络边界、虚拟机与宿主机之间的区域边界安全等安全防护要求，安全的云计算环境区域边界应提供网络隔离、流量监控、虚拟机隔离等安全措施。在安全通信网络方面，在物理通信网络基础上增加了虚拟网络通信的安全防护要求，安全的通信网络应提供区域划分（物理网络、虚拟网络）、入侵检测、设备性能（物理网络设备、虚拟网络设备）监控等安全措施。在安全管理中心方面，应提供权限划分、授权、审计日志集中收集（分析）、时间同步等安全措施。

2. 云计算安全服务

　　云服务商为云服务客户提供计算、网络、存储等云计算服务，为保证云服务客户在云计算平台安全稳定地运行，云服务商应基于自研或由第三方生态合作伙伴研发的安全防护措施为云服务客户提供基础的云计算安全服务。云计算安全服务与网络安全等级保护基本要求（云计算安全扩展要求）的对应关系如表 1-2 所示。

表1-2　云计算安全服务与网络安全等级保护基本要求（云计算安全扩展要求）的对应关系

云计算安全服务	网络安全等级保护基本要求（云计算安全扩展要求）
虚拟网络隔离服务	应实现不同云服务客户虚拟网络之间的隔离
虚拟防火墙服务	应具有根据云服务客户业务需求提供通信传输、边界防护、入侵防范等安全机制的能力
开放 API/安全接口服务	应提供开放接口或开放性安全服务，允许云服务客户接入第三方安全产品或在云计算平台选择第三方安全服务
虚拟资源安全标记服务	应提供对虚拟资源的主体和客体设置安全标记的能力，保证云服务客户可以依据安全标记和强制访问控制规则确定主体对客体的访问
数据协议转换服务	应提供通信协议转换或通信协议隔离等的数据交换方式，保证云服务客户可以根据业务需求自主选择边界数据交换方式
入侵检测服务	应能检测到云服务客户发起的网络攻击行为，并能记录攻击类型、攻击时间、攻击流量等
安全审计服务	应保证云服务商对云服务客户系统和数据的操作可被云服务客户审计
云计算迁移服务	① 应使用校验技术或密码技术保证虚拟机迁移过程中重要数据的完整性，并在检测到完整性受到破坏时采取必要的恢复措施； ② 应为云服务客户将业务系统及数据迁移到其他云计算平台和本地系统提供技术手段，并协助完成迁移过程
密钥管理服务	应支持云服务客户部署密钥管理解决方案，保证云服务客户自行实现数据的加解密过程
数据本地下载服务	云服务客户应在本地保存其业务数据的备份
数据存储位置查询服务	应提供查询云服务客户数据及备份存储位置的能力
残留数据清除服务	云服务客户删除业务应用数据时，云计算平台应将云存储中的所有副本删除
云服务商安全合规认证	应选择安全合规的云服务商，其所提供的云计算平台应为其所承载的业务应用系统提供相应等级的安全保护能力
服务水平协议（SLA）服务	应在服务水平协议中规定云服务的各项服务内容和具体技术指标
供应链安全事件告知服务	应及时向云服务客户传达供应链安全事件信息或安全威胁信息

1.2　第一级和第二级云计算安全扩展要求解读

本节对网络安全等级保护基本要求第一级和第二级云计算安全扩展要求的要求项进行解读。与第一级相比较，第二级云计算安全扩展要求在安全通信网络方面，增加了一条要求：云服务商应具有根据云服务客户业务需求提供通信传输、边界防护、入侵防范等安全机制的能力。在安全区域边界方面，增加了入侵防范、安全审计两个控制点，在访问控制中增加了一条要求：在不同等级的网络区域边界部署访问控制机制，设置访问控制规则。在安全计算环境方面，在数据完整性和保密性控制点中增加了一条要求，强调只有在客户授权下，云服务商或第三方才具有云服务客户数据的管理权限，同时也强调，在虚拟机迁移时，要保证重要数据的完整性，并在检测到完整性受到破坏时采取必要的恢复措施；此外，增加了镜像和快照保护、数据备份恢复和剩余信息保护三个控制点。在数据备份恢复方面，云服务客户业务数据本地保存必不可少，并且云服务商还应提供查询云服务客户数据及备份存储位置的能力。在剩余信息保护方面，提出两条要求：云服务商应保证虚拟机所使用的内存和存储空间回收时得到完全清除；云服务客户删除业务应用数据时，云计算平台应将云存储中的所有副本删除。

考虑到云计算服务模式和部署模式的复杂性，本书中标准条款的适用性将统一针对公有云 IaaS 场景进行分析和解读。

1.2.1　安全物理环境

该安全层面包含"基础设施位置"一个控制点，具体解读如下。

基础设施位置

【标准要求】

第一级和第二级安全要求如下：

应保证云计算基础设施位于中国境内。

【解读和说明】

此处的"中国境内"指关境意义上的中国境内，不包含香港特别行政区、澳门特别行政区和台湾地区（此三地在关境意义上属于境外）。

该条款是针对云计算平台提出的安全要求。公有云云服务商和自建私有云的企业或组织在规划设计时应同步考虑该安全要求，无论是自建数据中心还是租赁第三方云计算基础设施，其数据机房及云计算相关的基础设施（包括通信链路、网络设备、安全设备、计算设备、存储设备等）均应位于中国境内。

【相关安全产品或服务】

无。

【安全建设要点及案例】

用户在自建私有云计算平台时，自建数据中心或租赁互联网数据中心，其云计算数据中心及云计算相关的基础设施（通信链路、网络设备、安全设备、计算设备、存储设备等）均位于中国境内。

公有云云服务商在进行数据中心选址时，数据中心位于中国境内，并确保为云服务客户提供云计算服务相关的基础设施（通信链路、网络设备、安全设备、计算设备、存储设备等）位于中国境内。

1.2.2 安全通信网络

该安全层面包含"网络架构"一个控制点，具体解读如下。

网络架构

【标准要求】

第一级和第二级安全要求如下：

a）应保证云计算平台不承载高于其安全保护等级的业务应用系统；

b）应实现不同云服务客户虚拟网络之间的隔离；

c）应具有根据云服务客户业务需求提供通信传输、边界防护、入侵防范等安全机制的能力。

【解读和说明】

该控制点中的全部条款均是针对云计算平台提出的安全要求。

对于条款 a），云服务商有义务告知云服务客户其云计算平台可承载业务应用系统的最高安全保护等级，并采取必要的措施（如与云服务客户以合同等方式约定云服务客户业务应用系统的安全保护等级）来确保云计算平台不承载高于其自身安全保护等级的业务应用系统。

对于条款 b），为确保云服务客户数据、资源不遭到来自其他云服务客户及外部网络的非法访问，防止多云服务客户间的相互影响及恶意攻击，云服务商应在多云服务客户环境中实现不同云服务客户虚拟网络之间的安全隔离，如采用虚拟扩展局域网（VXLAN）技术为不同云服务客户划分虚拟私有云，或者使用虚拟防火墙在虚拟网络间进行逻辑隔离。

条款 c）为第二级安全要求的增强要求，主要是针对公有云云计算平台或私有云云计算平台的云服务商提出的安全要求，云服务商基于云计算平台原生安全能力、云产品安全能力、云安全产品安全能力及第三方安全产品安全能力，为云服务客户提供通信传输、边界防护、入侵防范等安全机制。

【相关安全产品或服务】

对于条款 b)，相关安全产品或服务：VXLAN 技术、虚拟私有云。

对于条款 c)，相关安全产品或服务：防火墙（云防火墙、虚拟防火墙）、安全组、态势感知。

【安全建设要点及案例】

针对条款 a)，云服务客户在将业务应用系统部署或迁移至云上时，应知晓云计算平台的安全保护等级，同时，云服务商有责任告知云服务客户选择的云计算平台的安全保护等级。

针对条款 b)，云服务商为不同的云服务客户划分虚拟私有云（Virtual Private Cloud，VPC)，不同云服务客户虚拟网络之间的安全隔离可基于 VPC 提供的逻辑隔离措施，并进行有效配置；同一云服务客户虚拟网络下，不同虚拟子网间的隔离可通过虚拟防火墙及安全组实现。例如：

（1）阿里云为不同的用户划分不同的 VPC，不同的 VPC 之间实现二层逻辑隔离；

（2）华为云可基于业务隔离需求使用不同的 VPC 进行隔离，通过使用 VXLAN 协议实现 VPC 之间的严格的逻辑隔离。

针对条款 c)，云服务商在建设云计算平台时，除了保证自身云计算平台满足通信传输、边界防护、入侵防范等安全要求，还应该基于自身安全能力或第三方安全产品为云服务客户提供通信传输、边界防护、入侵防范等安全机制。云服务客户将业务应用系统迁移到云或直接部署在云上，选择云计算平台时，应选择能够为云服务客户业务应用系统提供通信传输、边界防护、入侵防范等安全防护能力的云计算平台。

1.2.3　安全区域边界

1. 访问控制

【标准要求】

第一级和第二级安全要求如下：

a）应在虚拟化网络边界部署访问控制机制，并设置访问控制规则；

b）应在不同等级的网络区域边界部署访问控制机制，设置访问控制规则。

【解读和说明】

该控制点中的全部条款均适用于云计算平台和云服务客户系统。

对于条款 a），虚拟网络中的边界可分为以下几类：

（1）不同云服务客户的虚拟网络之间的边界；

（2）同一云服务客户虚拟网络中不同虚拟子网/区域之间的边界；

（3）云服务客户虚拟网络与云计算平台外部网络之间的边界。

对于（1）类边界，不同的云服务客户系统通常分别属于不同的虚拟私有云，虚拟私有云之间默认是隔离的。当虚拟私有云之间存在联通需求时，可通过云企业网、对等连接等方式建立连接，并在边界处采取访问控制措施保障安全访问。对于（2）类和（3）类边界，本条款是"安全通用要求—安全区域边界—访问控制—条款 a）"在云计算环境中的具体化，明确了虚拟网络边界也应落实访问控制措施。

条款 b）为第二级安全要求的增强要求，进一步强调了不同等级对象之间的访问控制。

【相关安全产品或服务】

对于条款 a），相关安全产品或服务：防火墙（云防火墙、虚拟防火墙）、VPC。

对于条款 b），相关安全产品或服务：防火墙（云防火墙、虚拟防火墙）、VPC。

【安全建设要点及案例】

针对条款 a），云服务商为不同的云服务客户分配不同的虚拟网络区域，云服务客户在虚拟网络边界处部署访问控制机制，并根据业务需求设置访问控制规则。例如：

（1）阿里云为云服务客户提供 VPC 和云防火墙，云服务客户虚拟机网络边界处可通过部署云防火墙和 VPC，设置有效的访问控制规则；

（2）华为云为云服务客户提供 VPC，云服务客户可根据业务需求在 VPC 边界处部署云防火墙、配置网络访问控制列表（Access Control List，ACL）。

针对条款 b），云服务商为部署在其云计算平台上的不同云服务客户网络区域部署访问控制机制，云服务客户根据业务需求配置访问控制规则。

2. 入侵防范

【标准要求】

第一级和第二级安全要求如下：

a）应能检测到云服务客户发起的网络攻击行为，并能记录攻击类型、攻击时间、攻击流量等；

b）应能检测到对虚拟网络节点的网络攻击行为，并能记录攻击类型、攻击时间、攻击流量等；

c）应能检测到虚拟机与宿主机、虚拟机与虚拟机之间的异常流量。

【解读和说明】

条款 a）适用于云计算平台，要求其能检测到云服务客户发起的网络攻击行为。为满足该条款的要求，云计算平台需要针对云服务客户的业务应用发起的访问进行入口流量镜像分析，对东西向、南北向的攻击行为进行深入分析，并结合相关的云安全产品对异常流量的处理实践，记录攻击类型、攻击时间、攻击流量等。

条款 b）适用于云计算平台和云服务客户系统。该条款是"安全通用要求—安全区域边界—入侵防范—条款 b）"在云计算环境中的扩展和细化要求，是面向虚拟网络节点的网络攻击行为检测。

对于云计算平台，该条款可以通过在虚拟网络节点出入口部署应用层防火墙、入侵检测等边界防御设备（或服务）来实现网络攻击检测能力。对于云服务客户系统，可以通过购买云计算平台的安全服务或者第三方安全服务来实现对其虚拟网络外部和内部节点的网络攻击检测。例如，云服务客户系统拟购买云计算平台提供的安全服务，应关注云计算平台提供的相关安全服务是否合规，同时关注云服务客户系统是否启用并正确配置。

条款 c）适用于云计算平台和云服务客户系统。通常情况下，一个宿主机往往承载着多个虚拟机，这些虚拟机可能属于不同的云服务客户。为避免异常流量影响虚拟机与宿主机的正常运行及虚拟机与宿主机、虚拟机与虚拟机间的通信，应部署流量监测和入侵防范等设备（或服务）对虚拟机与宿主机、虚拟机与虚拟机间的流量进行实时监测。

对于云计算平台，应对云上所有虚拟机与宿主机、虚拟机与虚拟机间的异常流量进行检测。前者侧重于发现虚拟机逃逸之类的网络攻击，后者侧重于发现平台自用虚拟机实例间（或私有云各虚拟机实例间）违反安全策略的攻击行为。在 IaaS 模式下，对于云服务客户单独租用（购买）整个宿主机服务器集群的情形，云服务客户应对虚拟机与宿主机、虚拟机与虚拟机间的异常流量进行检测；常见的 IaaS 模式下的云服务客户，需要对虚拟机实例间的异常流量进行检测。

【相关安全产品或服务】

对于条款 a)，相关安全产品或服务：态势感知系统、防火墙。

对于条款 b)，相关安全产品或服务：防火墙、虚拟防火墙（IPS 模块）。

对于条款 c)，相关安全产品或服务：安全组、态势感知系统、防火墙、IPS、服务器安全监测产品。

【安全建设要点及案例】

针对条款 a)，云计算环境是一个多云服务客户、多业务组成的复杂环境，云计算平台在部署时，需要提供技术手段检测和识别云服务客户主动发起的或恶意攻击者以云服务客户虚拟机为跳板发起的网络攻击行为，并对异常流量、网络攻击行为进行记录。例如，新华三行业云通过部署 H3C 云计算环境态势感知服务，在云计算平台关键节点部署流量探针，对云计算平台的全流量进行深度解析，实时地检测出各种攻击和异常行为，记录的主要内容包括日志产生时间、产生日志的设备的名称、攻击子类型、攻击名称、源 IP 地址、目的 IP 地址、严重级别、特征命中方向、动作类型等。

针对条款 b)，虚拟网络节点承载着云服务客户业务及数据，云服务商应重点对分配给云服务客户的虚拟网络节点进行防护，保证其免受网络攻击。云服务商可通过云计算平台提供相应的虚拟网络节点网络安全攻击检测能力，并对异常流量进行汇总采集分析，检测出外部到内部或内部到外部的异常攻击行为，并及时告知管理员。例如，H3C 云计算平台在各安全域虚拟网络边界处部署的防火墙能够对跨区域的攻击行为进行检测、记录，记录的内容有时间、威胁类型、威胁 ID、威胁名称、源安全区域、目的区域、源 IP 地址、目的 IP 地址、应用、协议、内容安全策略等，并通过虚拟防火墙（IPS 模块）对跨虚拟私有云及虚拟私有云内部的攻击行为进行检测。

针对条款 c)，在云计算环境中，宿主机往往承载多个虚拟机，这些虚拟机可能属于不同的云服务客户，因此，云计算平台应提供检测机制，检测识别虚拟机与宿主机之间的异常流量，防止虚拟机的异常流量导致宿主机受到影响甚至控制宿主机攻击其他虚拟机。对于不同虚拟机之间的异常流量，云计算平台也应提供检测机制。

3. 安全审计

【标准要求】

第一级和第二级安全要求如下：

a）应对云服务商和云服务客户在远程管理时执行的特权命令进行审计，至少包括虚拟机删除、虚拟机重启；

b）应保证云服务商对云服务客户系统和数据的操作可被云服务客户审计。

【解读和说明】

该控制点中的全部条款均适用于云计算平台和云服务客户系统。

对于条款a），无论是云服务商还是云服务客户，都应对其远程管理时所执行的特权命令尤其是可能对云服务客户系统造成重大影响的操作命令（如删除虚拟机、格式化虚拟机和重启虚拟机等）进行审计，以防止出现滥用和破坏行为，并且保证审计日志不能被删除。

与条款a）不同，条款b）需要云计算平台和云服务客户系统共同采取措施才能满足要求。为满足条款b），云计算平台应将"云服务商对云服务客户系统和数据的操作"进行记录，并将相关记录推送到云服务客户系统中。云服务客户系统的审计内容应包括"云服务商对云服务客户系统和数据的操作"，并能依据云计算平台推送的记录结果进行审计。

【相关安全产品或服务】

对于条款a），相关安全产品或服务：堡垒机、租户侧堡垒机、综合审计系统。

对于条款b），相关安全产品或服务：堡垒机、云服务客户侧堡垒机、综合审计系统。

【安全建设要点及案例】

针对条款a），云服务商和云服务客户可以在云计算平台运维运营管理系统中提供操作审计功能，或者由平台运维人员通过平台侧堡垒机进行日常运维操作。云服务客户侧可以采用云堡垒机服务进行日常运维操作或部署第三方安全审计系统，对相关的操作进行审计。

针对条款b），云服务商应制定相关的制度，保证在云服务客户未授权的情形下，云服务商不得访问云服务客户的数据，并为云服务客户提供相关授权方式。云服务客户应建立完善的运维操作流程，在授权云服务商对其相关数据进行操作时，能够对云服务商的操作行为进行有效的审计。

1.2.4　安全计算环境

1．访问控制

【标准要求】

第一级和第二级安全要求如下：

a）应保证当虚拟机迁移时，访问控制策略随其迁移；

b）应允许云服务客户设置不同虚拟机之间的访问控制策略。

【解读和说明】

该控制点下的全部条款均适用于云计算平台。

条款 a）关注虚拟机在同一云计算平台内进行迁移的场景。为保障迁移前后云服务客户系统的安全策略的一致性，云计算平台应默认采取措施保证客户虚拟机迁移时其原有的访问控制策略同步迁移，同时，应采取加密等措施保证虚拟机在迁移过程中不被非法访问（如迁移过程中被非法读取、修改数据或植入恶意代码）。

为满足条款 b），云计算平台应为云服务客户提供访问控制策略配置功能和管理接口/界面，允许云服务客户根据安全需求自主配置不同虚拟机间的访问控制策略。

【相关安全产品或服务】

对于条款 b），相关安全产品或服务：云防火墙、安全组。

【安全建设要点及案例】

针对条款 a），云服务商或云服务客户若因业务需求需要进行虚拟机迁移，应采取相关的技术手段保证同步迁移已有的安全策略。

针对条款 b），云服务商为云服务客户提供虚拟机，虚拟机由云服务客户进行管理，允许云服务客户根据业务需求配置不同虚拟机间的访问控制策略。

2．镜像和快照保护

【标准要求】

第一级和第二级安全要求如下：

a）应针对重要业务系统提供加固的操作系统镜像或操作系统安全加固服务；

b）应提供虚拟机镜像、快照完整性校验功能，防止虚拟机镜像被恶意篡改。

【解读和说明】

该控制点下的全部条款均适用于云计算平台。

条款 a）中要求的加固包括但不限于：及时升级，删除账户，关闭不必要的端口、协议和服务，启用安全审计功能等。通过安全加固可提升虚拟机自身的安全性。考虑到操作系统镜像的适应性，云计算平台只能对镜像进行基本的加固；对于账号安全和访问控制等与业务应用紧密相关的安全策略或参数设置，则需要云服务客户参考业内最佳实践，并结合业务需求进行深度加固。

对于条款 b），虚拟机镜像、快照无论是在静止还是在运行状态都有被非法篡改、植入恶意代码或安全合规配置被更改的安全风险，因此，必须提供完整性校验功能（如基于散列函数的完整性校验）来保证虚拟机镜像、快照的完整性。

【相关安全产品或服务】

对于条款 a），相关安全产品或服务：基础镜像加固、安全加固服务。

对于条款 b），相关安全产品或服务：云防火墙、安全组、基础镜像加固、快照完整性校验。

【安全建设要点及案例】

针对条款 a），云服务商通过自研或第三方的主机安全加固服务为云服务客户提供操作系统镜像安全加固服务或直接为云服务客户提供安全加固的操作系统。例如，阿里云基础镜像（支持 Linux 和 Windows 的多个发行版本）安全主要包括镜像基础安全配置、镜像漏洞修复、默认镜像主机安全软件三部分，基础镜像默认采用主机最佳安全实践配置，关闭了不必要的端口、协议和服务，并且所有阿里云基础镜像会默认添加阿里云主机安全软件以保障租户在实例启动时第一时间得到安全保障。

针对条款 b），云服务商基于自研或第三方安全产品对镜像、快照进行完整性校验，并且能够发现虚拟机镜像、快照损坏或被恶意篡改。例如，阿里云使用数据校验算法和单向散列算法确保镜像、快照完整性，防止被恶意篡改；在发现新的高危安全漏洞后，用户应迅速更新基础镜像，同时，用户可以完全自主地对云服务器（ECS）实例上的操作系统进行升级或漏洞修复。

3. 数据完整性和保密性

【标准要求】

第一级和第二级安全要求如下：

a）应确保云服务客户数据、用户个人信息等存储于中国境内，如需出境应遵循国家相关规定；

b）应保证只有在云服务客户授权下，云服务商或第三方才具有云服务客户数据的管理权限；

c）应确保虚拟机迁移过程中重要数据的完整性，并在检测到完整性受到破坏时采取必要的恢复措施。

【解读和说明】

条款 a）适用于云计算平台和云服务客户系统，条款 b）、条款 c）为第二级安全要求的增强要求，均适用于云计算平台。

对于条款 a），云服务客户应重点关注在中国境内运营中收集和产生的个人信息和重要业务数据，应保证这些数据存储（含备份）在中国境内的基础设备/设施中。特殊情况下确需出境的（如境外分支机构业务需要），应遵循国家相关规定，包括《中华人民共和国网络安全法》、《网络安全审查办法》和《个人信息和重要数据出境安全评估办法（征求意见稿）》等。对于云计算平台，该条款在云计算基础设施（6.2.1.1/7.2.1.1）安全要求的基础上，进一步强调了收集的个人信息和客户数据必须在中国境内存储，出境必须遵循国家相关规定。

对于条款 b），默认情况下，云服务商或第三方无权访问和管理云服务客户的数据。确需云服务商或第三方代为进行数据处理的（如购买代运维服务），必须由云服务客户进行显式授权（如商业合同或授权邮件）。

对于条款 c），云服务商应采取技术措施，并结合云计算平台的资源管理和监控机制，保证虚拟机迁移过程中重要数据的完整性，防止迁移过程中虚拟机被非法篡改或数据泄露，在检测到数据完整性受到破坏时采取必要的恢复措施。

【相关安全产品或服务】

对于条款 a），相关安全产品或服务：存储类服务。

对于条款 c），相关安全产品或服务：迁移服务、密码技术。

【安全建设要点及案例】

针对条款 a），云服务商在为云服务客户提供存储类云计算服务时，存储类服务涉及的通信链路、硬件设备（网络、安全计算类）及数据中心等基础设施部署在中国境内。云服务客户业务数据申请出境的，需要由云服务客户进行授权，并提交满足国家相关法律法规要求的申请、审批材料，保证数据出境合法。

针对条款 b），云服务商为云服务客户提供云计算服务，云服务客户系统在云上部署完成时，应将云服务客户所有数据相关的管理运维权限移交给云服务客户，云服务客户应对相关管理权限进行策略配置，严格限制数据管理权限。若云服务客户需要云计算平台协助，则需要提交工单（申请）进行授权；云服务商必须在云服务客户授权的前提下才能对云服务客户的数据进行访问。

针对条款 c），云服务商在为云服务客户进行虚拟机迁移时，一般通过业务应用系统或网络设备内部数据加解密和校验码技术开发实现迁移过程中数据的完整性保护，也可基于云服务客户侧第三方密钥管理解决方案实现迁移过程中数据的完整性。例如，阿里云为云服务客户提供了虚拟机迁移服务，在迁移过程中会对数据的完整性进行校验，能够实现源主机与目标机器的数据同步，保证业务的正常切换；若过程中出现中断，则会有回退方案保证数据不丢失。

4. 数据备份恢复

【标准要求】

第一级和第二级安全要求如下：

a）云服务客户应在本地保存其业务数据的备份；

b）应提供查询云服务客户数据及备份存储位置的能力。

【解读和说明】

条款 a）适用于云服务客户系统，条款 b）适用于云计算平台。

对于条款 a），为防范极端情况下云上数据发生损害的情况，云服务客户应将其业务数据在本地进行备份。与之相对应，云计算平台应为云服务客户本地备份提供技术手段和必要的协助。

对于条款 b），云计算平台通常以虚拟资源的方式提供存储类服务，云服务客户无法直观感知或掌握其数据及其备份的存储位置。为保障云服务客户的知情权，云服务商应为云服务客户提供数据存储及备份位置的查询能力。

【相关安全产品或服务】

对于条款 a)，相关安全产品或服务：云管理平台、备份一体机。

对于条款 b)，相关安全产品或服务：云管理平台。

【安全建设要点及案例】

针对条款 a)，云服务商在为云服务客户提供存储类云计算服务时，应允许云服务客户通过云管理平台将业务数据在本地进行备份，并支持自动备份、自定义备份策略、实时恢复等功能。

针对条款 b)，云服务商在为云服务客户提供存储类云计算服务时，应允许云服务客户通过云管理平台查询云服务客户的备份数据的物理位置信息，如数据的物理位置及相关证明材料，其中，证明材料应能证明该物理位置存储了云服务客户的业务数据。

5. 剩余信息保护

【标准要求】

第一级和第二级安全要求如下：

a）应保证虚拟机所使用的内存和存储空间回收时得到完全清除；

b）云服务客户删除业务应用数据时，云计算平台应将云存储中所有副本删除。

【解读和说明】

该控制点下的全部条款均适用于云计算平台，主要是对云服务商清除云服务客户剩余信息机制的要求。

在云计算环境中，云服务客户数据的存储介质由云计算平台管理，云服务客户不能直接管理和控制存储介质。当云服务客户所使用的内容、存储空间及业务数据需要删除时，云计算平台应保证存储空间回收时得到完全清除，保证业务数据所有副本被完全清除。

【相关安全产品或服务】

数据写零机制。

【安全建设要点及案例】

当云服务客户对使用的资源发起删除请求时，云服务商应在明确云服务客户确定删除资源后采取数据完全清除机制，保证数据被彻底清除。

1.2.5 安全建设管理

1. 云服务商选择

【标准要求】

第一级和第二级安全要求如下：

a）应选择安全合规的云服务商，其所提供的云计算平台应为其所承载的业务应用系统提供相应等级的安全保护能力；

b）应在服务水平协议中规定云服务的各项服务内容和具体技术指标；

c）应在服务水平协议中规定云服务商的权限与责任，包括管理范围、职责划分、访问授权、隐私保护、行为准则、违约责任等；

d）应在服务水平协议中规定服务合约到期时，完整提供云服务客户数据，并承诺相关数据在云计算平台上清除。

【解读和说明】

该控制点是针对云服务客户提出的安全要求，全部条款仅适用于云服务客户系统。

条款 a）与"安全通信网络—网络架构—条款 a）"相呼应，与后者对云计算平台提出要求不同，该条款要求云服务客户在迁移上云前应确认以下事项：

（1）云计算平台通过网络安全等级保护测评，测评结论为优最佳；

（2）云计算平台应能够为其业务应用系统提供相应等级的安全防护能力。

条款 b）、条款 c）、条款 d）主要针对云服务客户与云服务商签订服务水平协议（Service Level Agreement，SLA），协议内容中应包括云服务客户需要的云服务及服务涉及的各类术语、技术指标，同时，在协议中应规范云服务商的权限与责任，应包括范围、职责划分、访问授权、隐私保护、行为准则、违约责任等。此外，应在协议中规定服务合约到期时，云服务商完整地提交云服务客户所有数据，并与云服务客户签订相关的承诺，保证将云服务客户所有数据进行完全清除。

【相关安全产品或服务】

对于条款 a），相关安全产品或服务：云计算平台安全合规认证。

对于条款 b)、条款 c)、条款 d)，相关安全产品或服务：SLA。

【安全建设要点及案例】

针对条款 a)，在建设云服务客户系统时，云服务客户在选择云服务商时应将其业务应用系统部署在通过安全合规认证的云计算平台，同时，应明确自身云服务客户系统的安全防护等级，保证云计算平台能够提供云服务客户需要的安全防护能力。

针对条款 b)、条款 c)、条款 d)，云服务客户选择将业务应用系统部署在云计算平台时，应明确需要的云服务，并基于选择的云服务与云服务商签订 SLA。云服务客户在与云服务商签订 SLA 时，协议内容应包括云服务客户需要的云服务内容及技术指标（如服务名称、可用性级别等），同时，在协议中应规范云服务商的权限与责任，应包括范围、职责划分、访问授权、隐私保护、行为准则、违约责任等。SLA 中约定的云服务商为云服务客户提供的服务合约到期后，云服务商应将云服务客户所有数据完整地提供给云服务客户，并采取数据彻底清除机制保证云计算平台上云服务客户相关的数据被完全清除。

2. 供应链管理

【标准要求】

第一级和第二级安全要求如下：

a)应确保供应商的选择符合国家有关规定；

b)应将供应链安全事件信息或安全威胁信息及时传达到云服务客户。

【解读和说明】

该控制点是针对云计算平台提出的安全要求，全部条款仅适用于云计算平台。对于云服务客户来说，其对云服务商及第三方安全产品供应商的选择应满足"安全通用要求—安全建设管理—服务供应商选择"的条款。

对于条款 a)，云服务商在选择安全服务供应商时，应充分考虑国家法律法规、行业规范等要求，以保持云计算安全服务的持续性和合规性，如《商用密码管理条例》规定，商用密码产品发生故障，必须由国家密码管理机构指定的单位维修。

对于条款 b)，云服务商应定期向云服务客户通报安全事件及安全威胁信息，特别是有可能影响服务正常提供或涉及敏感信息泄露的信息，便于云服务客户采取相应的应对措施。

【相关安全产品或服务】

无。

【安全建设要点及案例】

针对条款 a），云服务商在建设云计算平台时应制定完善的供应链管理制度，依据国家法律法规、行业规范等要求制定供应商名单，确保供应商选择安全合规。

针对条款 b），云服务商在云计算平台运行过程中应及时收集供应链相关供应商的安全事件和安全威胁信息，在发现相关安全事件时通过适当的方式（如网页）告知云服务客户。

1.2.6   安全运维管理

该安全层面包含"云计算环境管理"一个控制点，具体解读如下。

云计算环境管理

【标准要求】

云计算平台的运维地点应位于中国境内，境外对境内云计算平台实施运维操作应遵循国家相关规定。

【解读和说明】

该控制点为第二级安全要求增加项，适用于云计算平台，要求运维地点原则上应位于中国境内。

确因业务需求需要从境外对境内的云计算平台实施运维操作的，应满足以下国家相关法律法规的要求：《中华人民共和国网络安全法》《网络安全审查办法》和《个人信息和重要数据出境安全评估办法（征求意见稿）》等。

【相关安全产品或服务】

无。

【安全建设要点及案例】

云服务商在建设云计算平台时，运维地点应设置在中国境内。

1.3   第三级和第四级云计算安全扩展要求解读

与第二级相比较，第三级云计算安全扩展要求在安全通信网络方面，增加了两条要求：一是"应具有根据云服务客户业务需求自主设置安全策略的能力，包括定义访问路径、选择安全组件、配置安全策略"；二是"应提供开放接口或开放性安全服务，允许云服务客户接入第三方安全产品或在云计算平台选择第三方安全服务"。在安全区域边界方面：主要在入侵防范控制点中增加了"应在检测到网络攻击行为、异常流量情况时进行告警"的要求。在安全计算环境方面：增加了身份鉴别的要求，即"当远程管理云计算平台中设备时，管理终端和云计算平台之间应建立双向身份验证机制"，大大提高了云计算平台和终端设备连接的安全性；增加了入侵防范的要求，对虚拟机的安全进行了强调，包括虚拟机资源隔离、虚拟机重启和恶意代码感染等；在数据完整性和保密性控制点，第三级云计算安全扩展要求强调，在虚拟机迁移时，要保证数据的完整性，并在检测到数据完整性受到破坏时采取必要的恢复措施；在数据备份恢复控制点中，增加了云服务商需要保证数据有副本存储且支持云服务客户的业务系统及数据迁移的要求。安全管理中心控制点针对云计算环境提出了安全管理方面的技术控制扩展要求，通过技术手段实现云计算平台的集中管理，涉及的控制点包括集中管控。

第四级云计算安全扩展要求与第三级相比较，仅在网络架构控制点中增加了"应提供对虚拟资源的主体和客体设置安全标记的能力"和"应提供通信协议转换或通信协议隔离等的数据交换方式"的要求。更重要的是，第四级云计算安全扩展要求增加了关键的一条：为第四级业务应用系统划分独立的资源池。

1.3.1　安全物理环境

该安全层面包含"基础设施位置"一个控制点，具体解读如下。

基础设施位置

【标准要求】

应保证云计算基础设施位于中国境内。

【解读和说明】

该控制点是针对云计算平台提出的安全要求，公有云服务商和自建私有云的企业或组织在规划设计时应同步考虑此安全要求。无论是自建数据中心还是租赁第三方基础设施，其数据机房及云计算相关基础设施（包括通信链路、网络设备、安全设备、计算设备、存储设备等）均应位于中国境内。

1.3.2　安全通信网络

该安全层面包含"网络架构"一个控制点，具体解读如下。

网络架构

【标准要求】

第三级和第四级安全要求如下：

a）应保证云计算平台不承载高于其安全保护等级的业务应用系统；

b）应实现不同云服务客户虚拟网络之间的隔离；

c）应具有根据云服务客户业务需求提供通信传输、边界防护、入侵防范等安全机制的能力；

d）应具有根据云服务客户业务需求自主设置安全策略的能力，包括定义访问路径、选择安全组件、配置安全策略；

e）应提供开放接口或开放性安全服务，允许云服务客户接入第三方安全产品或在云计算平台选择第三方安全服务；

f）应提供对虚拟资源的主体和客体设置安全标记的能力，保证云服务客户可以依据安全标记和强制访问控制规则确定主体对客体的访问；

g）应提供通信协议转换或通信协议隔离等的数据交换方式，保证云服务客户可以根据业务需求自主选择边界数据交换方式；

h）应为第四级业务应用系统划分独立的资源池。

【解读和说明】

该控制点下的全部条款均是针对云计算平台提出的安全要求。

对于条款a），云服务商有义务告知云服务客户其云计算平台可承载业务应用系统的最高安全保护等级，并采取必要的措施（如与客户以合同等方式约定云服务客户的业务应用系统的安全保护等级）来确保云计算平台不承载高于其自身安全保护等级的业务应用系统。

对于条款b），为确保云服务客户数据、资源不遭到来自其他云服务客户及外部网络的非法访问，防止不同云服务客户间的相互影响及恶意攻击，云服务商应在多云服务客户环境中实现不同云服务客户虚拟网络之间的安全隔离，如采用VXLAN技术为不同云服务客户实现VPC，或者使用虚拟防火墙在虚拟网络间进行逻辑隔离。

条款e）是针对云计算平台的开放性提出的安全要求，确保云服务客户能够根据自身需求自由选用云计算平台自有安全防护服务或者第三方的安全产品（或服务）。

条款 f）、条款 g）、条款 h）为第四级云计算安全扩展要求增加的要求项。对于条款 f），云计算环境中主体对客体的所有虚拟资源访问都需要通过安全标记实现，并严格按照强制访问控制规则进行访问控制，以保证虚拟资源访问的安全性。

对于条款 g），第四级等级保护对象与其他系统之间进行数据交换时，云计算平台应能够为云服务客户提供公共协议的转换或隔离［参见《信息安全技术　网络和终端隔离产品安全技术要求》（GB/T 20279—2015）］服务，保证只有许可交换的信息才能通过。

对于条款 h），当云服务客户部署第四级业务应用系统时，云计算平台应为其分配独立的资源池，包括网络、计算、存储、通信链路等。

【相关安全产品或服务】

条款 b）相关安全产品或服务：VPC、虚拟路由转发（VRF）、虚拟防火墙。

条款 c）相关安全产品或服务：虚拟防火墙、安全组、虚拟专用网络（VPN）、安全资源池（云安全服务平台）。

条款 e）相关安全产品或服务：云计算平台开放性接口、第三方安全服务。

条款 f）相关安全产品或服务：阿里云 MaxCompute。

条款 g）相关安全产品或服务：网闸等网络隔离设备或相关组件。

【安全建设要点及案例】

单位 A 拟将部分业务应用系统（C1 和 C2）迁移到厂商 B 运营的公有云 Y 上。其中，C1 的安全保护等级为第三级，C2 的安全保护等级为第二级。

为满足条款 a），厂商 B 有责任告知单位 A，公有云 Y 的安全保护等级为第三级，且只能承载第三级及第三级以下的业务应用系统，并在合同中对上述内容进行约定。

为满足条款 b）：

（1）阿里云、华为云为不同的云服务客户分配不同的 VPC，不同 VPC 之间基于 VXLAN 协议实现逻辑隔离；

（2）H3C 云计算平台为不同的云服务客户分配不同的 VPC，并通过 1∶N 的虚拟化方式为不同的 VPC 提供独立的虚拟防火墙、虚拟路由器等资源，实现不同云服务客户之间虚拟网络的隔离。

为满足条款 c）：

（1）华为云为云服务客户提供采用安全传输层协议（TLS）加密的传输通道、APT 沙箱、WAF、Web 防篡改服务（WTP）等服务；

（2）H3C 为云服务客户提供 VPN 资源（如 IPSec、SSL VPN）、虚拟防火墙、WAF、IPS 等服务。

云计算平台也可集成安全厂商的一些安全能力，为云服务客户提供通信传输、边界防护、入侵防范等安全防护能力。例如，天融信安全资源池为云服务客户提供 SaaS 化的云下一代防火墙、云 IPS、云网络防病毒、云 VPN 等十余种安全防护能力；深信服云安全服务平台的 SSL VPN 组件、下一代防火墙组件、入侵防御组件等，均可为云服务客户提供通信传输、边界防护、入侵防范等安全防护能力。

为满足条款 e）：

（1）阿里云提供允许第三方安全产品接入的开放接口，通过联调后允许第三方安全产品接入；

（2）H3C 云计算平台具备将绿盟、山石和 F5 等第三方厂商的安全产品/服务（如漏洞扫描、安全审计、负载均衡等）接入云计算平台进行纳管的能力，云服务客户可根据业务需求选择第三方安全服务。

为满足条款 f），阿里云 MaxCompute 对数据和云服务客户设置安全标记（其中，数据根据敏感度标记分为四类，即 0 级—不保密、1 级—秘密、2 级—机密、3 级—高度机密），并在此基础上设置如下安全策略：

（1）No-ReadUp：不允许云服务客户读取高于其自身等级的数据，除非有显式授权；

（2）Trusted-User：允许云服务客户写任意等级的数据，新建数据的等级默认为 0 级；

（3）Label Security：安全机制一旦开启，上述的默认安全策略将被强制执行。当云服务客户访问数据表时，除了必须拥有 SELECT 权限，还必须获得读取敏感数据的相应许可等级。

1.3.3　安全区域边界

1. 访问控制

【标准要求】

第三级和第四级安全要求如下：

a）应在虚拟化网络边界部署访问控制机制，并设置访问控制规则；

b）应在不同等级的网络区域边界部署访问控制机制，设置访问控制规则。

【解读和说明】

该控制点下的全部条款均适用于云计算平台和云服务客户系统。

对于条款 a），虚拟网络中的边界可分为以下几类：

（1）不同云服务客户的虚拟网络之间的边界；

（2）同一云服务客户虚拟网络中不同虚拟子网/区域之间的边界；

（3）云服务客户虚拟网络与云计算平台外部网络之间的边界。

对于（1）类边界，不同的云服务客户系统通常分别属于不同的 VPC，VPC 之间默认是隔离的。当 VPC 之间存在联通需求时，可通过云企业网、对等连接等方式建立连接，并在边界处采取访问控制措施保障安全访问。对于（2）类和（3）类边界，本条款是"安全通用要求—安全区域边界—访问控制—条款 a）"在云计算环境中的具体化，明确虚拟网络边界也应落实访问控制措施。

条款 b）进一步强调了安全保护等级不同的对象之间的访问控制。

【相关安全产品或服务】

对于条款 a），相关安全产品或服务：虚拟防火墙、安全组。

对于条款 b），相关安全产品或服务：虚拟防火墙。

【安全建设要点及案例】

当云服务客户虚拟网络内部区域之间或者其与云计算平台外部网络之间需要进行安全隔离时，云服务客户可以使用云服务商提供的访问控制服务，并根据业务需求配置访问控制规则。例如：

（1）阿里云为不同的云服务客户提供不同的 VPC、云防火墙、安全组等访问控制服务，云服务客户可根据业务需求配置有效的访问控制策略；

（2）H3C 云计算环境中部署的防火墙可创建多个虚拟防火墙，用户可根据实际需求，在虚拟网络边界处选择部署虚拟防火墙，并配置相应的访问控制规则。

2. 入侵防范

【标准要求】

第三级和第四级安全要求如下：

a）应能检测到云服务客户发起的网络攻击行为，并能记录攻击类型、攻击时间、攻击流量等；

b）应能检测到对虚拟网络节点的网络攻击行为，并能记录攻击类型、攻击时间、攻击流量等；

c）应能检测到虚拟机与宿主机、虚拟机与虚拟机之间的异常流量；

d）应在检测到网络攻击行为、异常流量情况时进行告警。

【解读和说明】

条款a）适用于云计算平台，要求其能检测到云服务客户发起的网络攻击行为。为满足该条款的要求，云计算平台需要针对云服务客户的业务应用发起的访问进行入口流量镜像分析，对东西向、南北向的攻击行为进行深入分析，并结合相关的云安全产品对异常流量的处理实践，记录攻击类型、攻击时间、攻击流量等。

条款b）适用于云计算平台和云服务客户系统。该条款是"安全通用要求—安全区域边界—入侵防范—条款b）"在云计算环境中的扩展和细化要求，区别在于前者是面向物理节点的网络攻击行为检测，后者是面向虚拟网络节点的网络攻击行为检测。

对于云计算平台，该条款可以通过在虚拟网络节点出入口部署应用层防火墙、入侵检测等边界防御设备（或服务）来实现网络攻击检测能力。对于云服务客户系统，可以通过购买云计算平台的安全服务或者第三方安全服务来实现对其虚拟网络外部和内部节点的网络攻击检测。例如，云服务客户系统拟购买云计算平台提供的安全服务，应关注云计算平台提供的相关安全服务是否合规，同时关注云服务客户系统是否启用并正确配置。

条款c）适用于云计算平台和云服务客户系统。通常情况下，一个宿主机往往承载着多个虚拟机，这些虚拟机可能属于不同的云服务客户。为避免异常流量影响虚拟机与宿主机的正常运行及虚拟机与宿主机、虚拟机与虚拟机间的通信，应部署流量监测和入侵防范等设备/服务对虚拟机与宿主机、虚拟机与虚拟机间的流量进行实时监测。

对于云计算平台，应对云上所有虚拟机与宿主机、虚拟机与虚拟机间的异常流量进行检测。前者侧重于发现虚拟机逃逸之类的网络攻击，后者侧重于发现平台自用虚拟机实例间（或私有云各虚拟机实例间）违反安全策略的攻击行为。对于 IaaS 模式下云服务客户单独租用（购买）整个宿主机服务器集群的情形，云服务客户应对虚拟机与宿主机、虚拟机与虚拟机间的异常流量进行检测。常见的 IaaS 模式下的云服务客户需要对虚拟机实例间的异常流量进行检测。

条款 d）适用于云服务商和云服务客户。对于云服务客户系统来说，如果其采购云计算平台提供的入侵检测服务，则该服务在检测到网络攻击行为、异常流量情况时应将告警信息直接推送给云服务客户。

【相关安全产品或服务】

对于条款 a），相关安全产品或服务：态势感知平台/系统、防火墙。

对于条款 b），相关安全产品或服务：态势感知系统、防火墙、虚拟防火墙（IPS 模块）。

对于条款 c），相关安全产品或服务：态势感知系统、服务器安全监测产品、安全组。

对于条款 d），相关安全产品或服务：态势感知系统、服务器安全监测产品。

【安全建设要点及案例】

针对条款 a），云计算环境是一个多云服务客户、多业务组成的复杂环境。云计算平台在部署时，需要提供技术手段检测和识别云服务客户主动发起的或恶意攻击者以云服务客户虚拟机为跳板发起的网络攻击行为，并对异常流量、网络攻击行为进行记录。例如，H3C 云计算环境通过部署 H3C 云计算环境态势感知服务，在云计算平台关键节点部署流量探针，对云计算平台的全流量进行深度解析，实时地检测出各种攻击和异常行为，记录的主要内容包括日志产生时间、产生日志的设备的名称、攻击子类型、攻击名称、源 IP 地址、目的 IP 地址、严重级别、特征命中方向、动作类型等。

针对条款 b），虚拟网络节点承载着云服务客户业务及数据，云服务商对分配给云服务客户的虚拟网络节点进行防护，保证其免受网络攻击。云服务商可通过云计算平台提供相应的虚拟网络节点网络安全攻击检测能力，并对异常流量进行汇总采集分析，检测出外部到内部或内部到外部的异常攻击行为，及时告知管理员。例如，H3C 云计算平台在各安全域虚拟网络边界处部署的防火墙能够对跨区域的攻击行为进行检测、记录，记录的内容有时间、威胁类型、威胁 ID、威胁名称、源安全区域、目的区域、源 IP 地址、目的 IP 地址、应用、协议、内容安全策略等，并通过虚拟防火墙（IPS 模块）对跨 VPC 及 VPC 内部的攻击行为进行检测。

针对条款 c），云服务商、云服务客户组网时，采取流量检测机制对虚拟机与宿主机、虚拟机与虚拟机之间的异常流量进行检测识别。例如，H3C 云计算环境通过态势感知流量探针监测从虚拟机到宿主机的异常流量，联动防火墙 IPS 进行检测，并在宿主机上部署新华三云服务器对虚拟机与宿主机间的流量进行监测。对于虚拟机与虚拟机间的流量，H3C 利用虚拟防火墙（IPS 模块）对跨 VPC 及同一 VPC 内不同网段虚拟机间的访问流量进行检测，同一 VPC 内同一网段的虚拟机间访问通过虚拟交换机（vSwitch）对流量进行重定向，将流量定向至态势感知探针、IPS 等工具，对异常流量进行检测。

针对条款 d），云服务商和云服务客户应采取检测、告警处置机制将网络攻击行为、异常流量情况及时、准确地通知相关责任人。例如，在 H3C 云计算环境中，通过部署 H3C 态势感知系统，并与威胁入侵检测模块（IPS）、入侵检测系统（IDS）进行联动，对异常的攻击行为进行告警、阻断，通过 H3C 服务器安全监测系统对异常流量进行告警。

3. 安全审计

【标准要求】

第三级和第四级安全要求如下：

a）应对云服务商和云服务客户在远程管理时执行的特权命令进行审计，至少包括虚拟机删除、虚拟机重启；

b）应保证云服务商对云服务客户系统和数据的操作可被云服务客户审计。

【解读和说明】

该控制点下的全部条款均适用于云计算平台和云服务客户系统。

对于条款 a），无论是云服务商还是云服务客户，都应对其远程管理时所执行的特权命令尤其是可能对云服务客户系统造成重大影响的操作命令（如删除虚拟机、格式化虚拟机和重启虚拟机等）进行审计，以防止出现滥用和破坏情况，并且保证审计日志不能被删除。

与条款 a）不同，条款 b）需要云计算平台和云服务客户系统共同采取措施才能满足要求。为满足条款 b），云计算平台应将"云服务商对云服务客户系统和数据的操作"进行记录，并将相关记录推送到云服务客户系统中；云服务客户系统的审计内容应包括"云服务商对云服务客户系统和数据的操作"，并能依据云计算平台推送的记录结果进行审计。

【相关安全产品或服务】

对于条款 a），相关安全产品或服务：堡垒机、综合审计系统。

对于条款 b），相关安全产品或服务：堡垒机、综合审计系统。

【安全建设要点及案例】

针对条款 a），云服务商和云服务客户可以在云计算平台运维运营管理系统中提供操作审计功能，或者由平台运维人员通过平台侧堡垒机进行日常运维操作。云服务客户侧可以采用云堡垒机服务进行日常运维操作或部署第三方安全审计系统，对相关的操作进行审计。

针对条款 b），云服务商应制定相关的制度，保证在云服务客户未授权的情形下，云服务商不得访问云服务客户的数据，并为云服务客户提供相关授权方式。云服务客户应建立完善的运维操作流程，在授权云服务商对云服务客户系统的相关数据进行操作时，能够对云服务商的操作行为进行有效的审计。

1.3.4　安全计算环境

1. 身份鉴别

【标准要求】

第三级和第四级安全要求如下：

当远程管理云计算平台中设备时，管理终端和云计算平台之间应建立双向身份验证机制。

【解读和说明】

远程管理云计算平台中的设备时，双向身份验证机制确保了管理终端和对端服务器的真实性，有效防止了重放攻击和 DoS 攻击，大大提高了云计算平台和终端设备连接的安全性。

该条款适用于云计算平台和云服务客户系统。当云服务商或云服务客户进行远程设备管理时，应在管理终端和云计算平台边界控制器（或接入网关）之间基于双向身份验证机制建立合法、有效的连接。

对于第三级等级保护对象，双向身份验证机制可以通过不同的技术方案建立，并不强制要求管理终端基于密码技术对云计算平台进行认证。但是，对于第四级等级保护对象，要求基于密码技术建立双向身份验证机制。

【相关安全产品或服务】

数字证书。

【安全建设要点及案例】

云服务商或云服务客户通过终端远程接入云计算平台进行管理时，采用终端与云计算平台间的双向身份验证机制。例如，H3C 云计算环境中管理终端以 HTTPS 方式管理云计算平台中的设备，设备端（服务器端）向终端下发证书，实现终端对设备端的认证；云计算平台中的设备对终端的认证通过用户名+密码+验证码的方式实现。

2. 访问控制

【标准要求】

第三级和第四级安全要求如下：

a）应保证当虚拟机迁移时，访问控制策略随其迁移；

b）应允许云服务客户设置不同虚拟机之间的访问控制策略。

【解读和说明】

该控制点下的全部条款均适用于云计算平台。

条款 a）关注虚拟机在同一云计算平台内进行迁移的场景。为保障迁移前后云服务客户系统安全策略的一致性，云计算平台应默认采取措施保证以下两点：虚拟机迁移时其原有的访问控制策略同步迁移；采取加密等措施保证虚拟机在迁移过程中不被非法访问（如迁移过程中被非法读取、修改数据或植入恶意代码）。

对于条款 b），云计算平台应能够在平台层面对非授权的虚拟机创建、删除等行为进行检测，并在检测到此类非法动作时进行告警提示。

【相关安全产品或服务】

对于条款 a），相关安全产品或服务：安全组。

对于条款 b），相关安全产品或服务：虚拟防火墙、安全组。

【安全建设要点及案例】

针对条款 a），云服务商或云服务客户若因业务需求需要进行虚拟机迁移时，应采取相关的技术手段保证虚拟机在迁移时能够实现已有的安全策略（访问控制策略）同步迁移。例如，H3C 云计算环境中 H3C Cloud OS 安全组会随虚拟机的迁移一起迁移，在虚拟机迁移过程中，其网络属性不会发生改变，系统属性能够保证安全策略在虚拟机迁移后仍有效。

针对条款 b），云服务商为云服务客户提供虚拟机，虚拟机由云服务客户进行管理，允许云服务客户根据业务需求配置不同虚拟机之间的访问控制策略。例如，对于 H3C 云计算环境中不同虚拟机之间的访问，可在虚拟防火墙上配置访问控制策略。

3. 入侵防范

【标准要求】

第三级和第四级安全要求如下：

a）应能检测虚拟机之间的资源隔离失效，并进行告警；

b）应能检测非授权新建虚拟机或者重新启用虚拟机，并进行告警；

c）应能够检测恶意代码感染及在虚拟机间蔓延的情况，并进行告警。

【解读和说明】

本控制点下的条款 a）和条款 b）适用于云计算平台，条款 c）同时适用于云计算平台和云服务客户系统。

对于条款 a），云计算平台基于虚拟化技术为云服务客户提供计算资源，不同的虚拟机之间默认资源逻辑隔离，包括 CPU、内存、内部网络、磁盘 I/O 和用户数据隔离。因此，云计算平台应对虚拟机间的资源隔离情况进行实时监控，并在检测到异常时进行告警，从而降低虚拟机出现异常的风险。

对于条款 b），云计算平台应能够在平台层面对非授权的虚拟机创建、删除等行为进行检测，并在检测到此类非法动作时进行告警。

对于条款 c），云服务客户系统侧重于检测虚拟机个体的恶意代码感染情况，以及恶意代码在云服务客户管理的虚拟机之间蔓延的情况；云计算平台侧重于检测恶意代码在不同云服务客户系统之间的蔓延情况。

【相关安全产品或服务】

对于条款 a），相关安全产品或服务：云计算管理平台、端点检测与响应（EDR）。

对于条款 b），相关安全产品或服务：云计算管理平台、态势感知系统。

对于条款 c），相关安全产品或服务：云计算管理平台、服务器安全监测系统、云计算环境态势感知平台。

【安全建设要点及案例】

针对条款a），云服务商通过云计算管理平台或相关组件能够检测到虚拟机之间的资源隔离失效并进行告警。云服务商可基于云计算平台自身的安全隔离措施或EDR的隔离功能，检测虚拟机之间的资源隔离失效并进行告警。例如：

（1）H3C CAS云计算管理平台对虚拟机的资源、运行情况进行监控，对虚拟机的资源使用率设置阈值，有异常时会进行告警；可设置邮件告警、短信告警；

（2）华为FusionSphere提供虚拟机隔离、虚拟机监控功能。

针对条款b），云服务商通过云计算管理平台或相关组件对虚拟机的操作进行记录，如虚拟机的新建、重启、关机等，并在检测到虚拟机为非授权新建或创建时进行告警。例如，在H3C云计算环境下通过H3C CAS虚拟资源审计模块对虚拟机的所有操作进行审计，包括虚拟机重启、新建；通过态势感知系统资产管理模块对非授权的虚拟机新建进行告警。

针对条款c），云计算管理平台通过自研的系统或EDR等其他技术手段或工具对恶意虚拟机进行识别，及时将其隔离，并能够在检测到恶意代码及恶意代码在虚拟机之间蔓延时进行告警。例如，在H3C云计算环境下通过态势感知系统对虚拟机间流量进行分析，发现恶意代码攻击时进行告警；深信服云安全服务平台提供的EDR组件能够针对虚拟机上的恶意代码感染进行统计并及时清除感染的恶意代码。

4. 镜像和快照保护

【标准要求】

第三级和第四级安全要求如下：

a）应针对重要业务系统提供加固的操作系统镜像或操作系统安全加固服务；

b）应提供虚拟机镜像、快照完整性校验功能，防止虚拟机镜像被恶意篡改；

c）应采取密码技术或其他技术手段防止虚拟机镜像、快照中可能存在的敏感资源被非法访问。

【解读和说明】

该控制点下的三个条款均适用于云计算平台。

条款a）中要求的加固包括但不限于：及时升级；删除账户；关闭不必要的端口、协议和服务；启用安全审计功能等。通过安全加固，可提升虚拟机自身的安全性。考虑到操作系统镜像的适应性，云计算平台只能对镜像进行基本的加固，而对于账号安全和访问控制等与业务应用紧密相关的安全策略或参数设置，则需要云服务客户参考业内最佳实践，并结合业务需求进行深度加固。

对于条款 b），虚拟机镜像、快照无论是在静止状态还是在运行状态，都存在被恶意篡改、恶意代码植入或安全合规配置被更改的安全风险，因此，必须提供完整性校验功能（如基于散列函数的完整性校验）来保证虚拟机镜像、快照的完整性。

对于条款 c），采取密码技术对虚拟机镜像、快照进行加密，可有效地保证存在于镜像、快照中的敏感资源的安全性。此外，通过访问控制的方式限制云服务用户对虚拟机镜像、快照的非法访问，也可以保护敏感数据的安全性。

【相关安全产品或服务】

对于条款 a），相关安全产品或服务：基础镜像加固、安全加固服务。

对于条款 b），相关安全产品或服务：基础镜像加固、快照完整性校验。

对于条款 c），相关安全产品或服务：存储加密。

【安全建设要点及案例】

针对条款 a），云服务商通过自研或第三方的主机安全加固服务为云服务客户提供操作系统镜像安全加固服务或直接为云服务客户提供安全加固的操作系统。例如，阿里云基础镜像（支持 Linux 和 Windows 的多个发行版本）安全主要包括镜像基础安全配置、镜像漏洞修复、默认镜像主机安全软件三个部分，基础镜像默认采用主机最佳安全实践配置，关闭了不必要的端口、协议和服务，并且所有阿里云基础镜像会默认添加阿里云主机安全软件以保障云租户在实例启动时第一时间得到安全保障。

针对条款 b），云服务商基于自研或第三方安全产品对镜像、快照进行完整性校验，并且能够发现虚拟机镜像、快照损坏或被恶意篡改。例如，阿里云使用数据校验算法和单向散列算法确保镜像、快照完整性，防止被恶意篡改；在发现新的高危安全漏洞后，用户应迅速更新基础镜像，同时，用户可以完全自主地对 ECS 实例上的操作系统进行升级或漏洞修复。

针对条款 c），云服务商应通过密码技术或其他技术手段对虚拟机镜像文件进行加密保护，或者通过访问控制的方式限制非法用户对虚拟机镜像、快照的访问，防止虚拟机镜像、快照中可能存在的敏感资源被非法访问。例如，阿里云将创建的加密云盘挂载到 ECS 实例后，能够对云盘中的数据、云盘和实例间传输的数据和快照（加密快照）加解密；对从 ECS 实例传输到云盘的数据进行加密，在 ECS 实例所在的宿主机上防止快照被非法访问。

5. 数据完整性和保密性

【标准要求】

第三级和第四级安全要求如下：

a）应确保云服务客户数据、用户个人信息等存储于中国境内，如需出境应遵循国家相关规定；

b）应保证只有在云服务客户授权下，云服务商或第三方才具有云服务客户数据的管理权限；

c）应使用校验技术或密码技术保证虚拟机迁移过程中重要数据的完整性，并在检测到完整性受到破坏时采取必要的恢复措施；

d）应支持云服务客户部署密钥管理解决方案，保证云服务客户自行实现数据的加解密过程。

【解读和说明】

条款 a）适用于云计算平台和云服务客户系统，条款 b）、条款 c）、条款 d）适用于云计算平台。

对于条款 a），云服务客户应重点关注在中国境内运营中收集和产生的个人信息和重要业务数据，应保证这些数据（含备份）存储在中国境内的基础设备/设施中。特殊情况下确需出境的（如境外分支机构业务需要），应遵循国家相关规定，包括《中华人民共和国网络安全法》、《网络安全审查办法》和《个人信息和重要数据出境安全评估办法（征求意见稿）》等。对于云计算平台，该条款在云计算基础设施（8.2.1.1/9.2.1.1）和运维地点（8.2.7.1/9.2.7.1）相关安全要求基础上，进一步强调了收集的个人信息和客户数据必须在中国境内存储，出境必须遵循国家相关规定。

对于条款 b），默认情况下，云服务商或第三方无权访问和管理云服务客户的数据。如确需云服务商或第三方代为进行数据处理的（如购买代运维服务），必须由云服务客户进行显式授权（如商业合同或授权邮件）。

对于条款 c），云服务商应采用校验技术或密码技术，结合云计算平台的资源管理和监控机制，保证虚拟机迁移过程中重要数据的完整性，防止迁移过程中虚拟机被非法篡改或发生数据泄露，在检测到数据完整性受到破坏时采取必要的恢复措施。

对于条款 d)，在云计算环境中，数据的所有权属于云服务客户，数据却保存在云服务商控制的存储资源上。为保护云服务客户数据的机密性，云服务商应为云服务客户提供密钥管理服务或开放接口，允许云服务客户自行部署第三方密钥解决方案，支持云服务客户自行对其数据进行加解密。

【相关安全产品或服务】

对于条款 c)，相关安全产品或服务：迁移服务、密码技术。

对于条款 d)，相关安全产品或服务：密钥管理服务。

【安全建设要点及案例】

针对条款 b)，云服务商为云服务客户提供云计算服务，将云服务客户系统在云上部署完成时，应将与云服务客户所有数据相关的管理（运维）权限移交给云服务客户，云服务客户应对相关管理权限进行策略配置，严格限制数据管理权限。云服务客户需要云计算平台协助的，需提交工单（申请）进行授权，云服务商必须在云服务客户授权的前提下对云服务客户的数据进行访问。

针对条款 c)，云服务商在为云服务客户进行虚拟机迁移时，一般通过业务系统或网络设备内部数据加解密和校验码技术的开发实现迁移过程中数据的完整性保护，也可基于云服务客户侧第三方密钥管理解决方案实现迁移过程中数据的完整性保护。例如：

（1）在 H3C 云计算环境中为云服务客户提供虚拟机迁移服务时，均会通过 TCP 协议对 P2V（Physical to Virtual，物理机到虚拟机）、V2V（Virtual to Virtual，虚拟机到虚拟机）的迁移进行校验，保证迁移的完整性；

（2）华为云为云服务客户提供虚拟机迁移服务时，KVM（Kernel-based Virtual Machine，是一个开源的系统虚拟化模块）会在启动虚拟机迁移后对虚拟机资源进行复制；在静态资源复制完成后会对源虚拟机进行冻结，完成所有数据复制；在目标虚拟机完全运行后删除源虚拟机，若复制失败则会对迁移任务进行回滚。

针对条款 d)，云服务商自建密钥管理系统或采用第三方的密钥管理系统为云服务客户提供密钥管理服务，云服务客户可根据业务需求选择云服务商提供的密钥管理服务或自行部署密钥管理解决方案。例如，阿里云、华为云为云服务客户提供密钥管理服务，云服客户可根据需求部署云服务商提供的服务。

6. 数据备份恢复

【标准要求】

第三级和第四级安全要求如下：

a）云服务客户应在本地保存其业务数据的备份；

b）应提供查询云服务客户数据及备份存储位置的能力；

c）云服务商的云存储服务应保证云服务客户数据存在若干个可用的副本，各副本之间的内容应保持一致；

d）应为云服务客户将业务系统及数据迁移到其他云计算平台和本地系统提供技术手段，并协助完成迁移过程。

【解读和说明】

条款a）适用于云服务客户系统，条款b）、条款c）、条款d）适用于云计算平台。

对于条款a），为防范极端情况下云上数据发生损害，云服务客户应将其业务数据在本地进行备份。与之相对应，云计算平台应满足条款d）的要求，为云服务客户本地备份业务数据提供技术手段和必要的协助。

对于条款b），云计算平台通常以虚拟资源的方式提供存储类服务，云服务客户无法直观感知或掌握其数据及其备份的存储位置。为保障云服务客户的知情权，云服务商应为云服务客户提供数据存储及备份位置的查询能力。

对于条款c），为确保数据的完整性和可用性，云服务商应为云服务客户提供数据多副本存储服务，并对多副本的完整性进行检测，确保各副本间内容的一致性。

【相关安全产品或服务】

对于条款a），相关安全产品或服务：云管理平台、备份一体机。

对于条款b），相关安全产品或服务：云管理平台。

对于条款c），相关安全产品或服务：云存储服务、存储类产品。

对于条款d），相关安全产品或服务：迁移服务、数据迁移。

【安全建设要点及案例】

针对条款a），云服务商在为云服务客户提供存储类服务时，应允许云服务客户通过云管理平台将业务数据备份到本地，并支持自动备份、自定义备份策略、实时恢复等功能，云服务客户根据业务需求采取相关备份措施，在本地备份其业务数据。例如，天融信备份一体机支持全量备份、增量备份、差异备份等策略设置，同时可按照时间设定备份策略，用户可根据需求设置周中对业务数据进行增量备份、周末对业务数据进行全量备份。

针对条款 b），云服务商在为云服务客户提供存储类云计算服务时，应允许云服务客户通过云管理平台查询客户数据备份的物理位置信息，如数据所在的物理位置及相关证明材料，证明材料应能证明该物理位置存储有云服务客户的业务数据。

针对条款 c），云服务商基于自研的系统或采购第三方数据存储服务，保证云服务客户数据多副本存储，提升数据的高可用性。例如：

（1）在 H3C 云计算环境中，通过 H3C UniStor 实现云服务客户数据多副本存储，并保证副本内容一致；

（2）阿里云为云服务客户提供的对象存储服务（OBS）采用多可用区机制，将云服务客户的数据分散存放在同一地域（Region）的三个可用区，当某个可用区不可用时，仍然能够保障数据的正常访问（多份数据内容一致）；

（3）华为云基于 CEPH 分布式存储为云服务客户提供存储服务，CEPH 存储系统可设置同时存储三份副本，且各副本的内容保持一致。

针对条款 d），云服务商基于自研的系统或采购第三方迁移服务为云服务客户提供迁移服务。云服务商可提供手动触发和自动触发两种迁移方式，其中自动触发可自定义迁移规则和策略，能根据自定义的策略或默认策略触发数据迁移。在迁移时，云服务商应制定数据迁移的详细实施步骤，对数据迁移涉及的技术进行测试，最后实施数据迁移，并在数据迁移后进行数据校验，检查数据的准确性。此外，在数据迁移过程中应对迁移的速度和优先级进行限制，以保证数据迁移尽量不影响正常的数据访问。

7．剩余信息保护

【标准要求】

第三级和第四级安全要求如下：

a）应保证虚拟机所使用的内存和存储空间回收时得到完全清除；

b）云服务客户删除业务应用数据时，云计算平台应将云存储中所有副本删除。

【解读和说明】

条款 a）和条款 b）适用于云计算平台，主要是针对云服务商对云服务客户剩余信息清除机制的要求。

在云计算环境中，存储客户数据的存储介质由云计算平台管理，云服务客户不能直接管理和控制存储介质。当云服务客户需要删除其使用的内容、存储空间及业务数据时，云计算平台应保证存储空间回收时得到完全清除，并保证业务数据的所有副本被彻底清除。

【相关安全产品或服务】

数据写零机制。

【安全建设要点及案例】

云服务客户发起资源删除请求时，云服务商应在明确云服务客户确定删除资源的情况下，采取数据完全清除机制，保证数据被彻底清除。例如：

（1）阿里云存储过云服务客户数据的内存和磁盘一旦被释放和回收，其上的残留信息将被自动进行零值覆盖，对于重用或报废的物理设备，对存储介质进行覆写、消磁或折弯等数据清除处理作业；

（2）H3C 云计算环境中虚拟机所有的内存和存储空间被回收时，云服务客户可根据需求进行选择，H3C CAS 通过数据写零的方式为云服务客户提供数据彻底销毁功能，云服务客户删除数据存储卷时，底层存储的副本会被同步删除。

1.3.5　安全管理中心

该安全层面仅包含“集中管控”一个控制点，具体解读如下。

【标准要求】

第三级和第四级安全要求如下：

a）应能对物理资源和虚拟资源按照策略做统一管理调度与分配；

b）应保证云计算平台管理流量与云服务客户业务流量分离；

c）应根据云服务商和云服务客户的职责划分，收集各自控制部分的审计数据并实现各自的集中审计；

d）应根据云服务商和云服务客户的职责划分，实现各自控制部分，包括虚拟化网络、虚拟机、虚拟化安全设备等的运行状况的集中监测。

【解读和说明】

条款 a）适用于云计算平台。云计算平台的资源调度主要包括虚拟机资源动态调整与分配和虚拟机迁移。虚拟机资源动态调整与分配的必要条件是实时、准确地对资源进行监控，如通过虚拟机管理器对物理资源和虚拟资源的监控和调度。

对物理资源缺少监控可能导致对物理资源的滥用、抵赖，对虚拟资源缺少监控可能导致虚拟资源产生非法访问、数据泄露的风险。因此，对物理资源、虚拟资源进行实时监控和管理，进行统一调度与分配，不仅能够提高资源利用率，还能够降低资源被非法访问或利用的风险。

条款 b）适用于云计算平台。对于条款 b），云计算平台管理流量与云服务客户业务流量承载的数据性质不一样，如敏感度、用途等，其安全防护要求自然也不一样。两种流量如果混杂在一起通过网络传输，则不仅很难实现针对性安全防护，还会导致云计算平台内部管理、数据防护形同虚设。通过带外管理或策略配置的方式将管理流量和业务流量分开，为管理流量建立专属的通道，在这个通道中只传输管理流量，使管理流量与业务流量分离，可以提高网络管理的效率与可靠性，有利于提升管理流量的安全性。

条款 c）和条款 d）同时适用于云计算平台和云服务客户系统。对于条款 c），云服务商和云服务客户应基于云安全责任划分各自收集审计工作所需的数据，并对审计数据进行集中审计，实现云计算平台全面的信息审计，满足云计算环境下合规性、业务连续性、数据安全性等方面的审计要求，有效控制审计数据在云中面临的风险。

云服务商应允许云服务客户部署审计系统或开放相应的接口，保证云服务客户能够对自己职责范围内的审计数据进行集中收集、分析。

对于条款 d），为便于云服务商和云服务客户及时掌控系统运行情况，云服务商和云服务客户应根据安全职责划分，对各自控制部分（包括虚拟化网络、虚拟机、虚拟化安全设备等）的资源运行情况进行集中监测，设置警戒线进行告警并做出及时的响应、处置。

【相关安全产品或服务】

对于条款 a），相关安全产品或服务：云资源管理平台。

对于条款 b），相关安全产品或服务：带外管理、防火墙。

对于条款 c），相关安全产品或服务：云操作系统、数据审计系统。

对于条款 d），相关安全产品或服务：态势感知平台、资源监控平台/系统。

【安全建设要点及案例】

针对条款 a），云服务商在对计算资源、存储资源、网络资源进行虚拟化的同时，通过云资源管理平台（系统）对这些物理资源及虚拟资源使用情况进行监控和管理，并进行集中调度、分配。例如：

（1）华为云通过 ManageOne 按照安全策略对物理资源和虚拟资源进行统一管理、调度与分配；

（2）在 H3C 云计算环境中，通过 H3C Cloud OS 对物理资源和虚拟资源进行统一调度与分配。

针对条款 b），云服务商采用带外管理或网络隔离技术和策略配置实现云计算平台管理流量与云服务客户业务流量的分离。例如：

（1）H3C 云计算环境中建立了带外管理网，并在安全管理区和业务区边界部署了防火墙，对跨区域的流量进行策略控制，保证管理流量和业务流量分离；

（2）华为云在部署云计算平台时，将网络流量分为业务流量和管理流量，通过不同的物理网络实现流量分离。

针对条款 c），应由具有审计权限的管理员定期对云计算平台产生的审计记录进行查阅、收集、分析，对云计算平台的所有审计记录进行分类集中管理。此外，云计算平台开放接口或环境允许云服务客户部署审计系统。云服务客户将业务应用系统部署在云上时，应明确自己的安全职责，部署相关的数据审计系统对自己职责范围内的审计数据进行定期收集、集中管理、分析作业。例如，在 H3C 云计算环境中，云计算平台能够通过 H3C 态势感知系统收集全网日志，对日志进行集中分析，并进行细粒度展示，云计算平台和云服务客户可以在各自侧部署堡垒机对各自侧的日志进行收集。

针对条款 d），云计算平台部署资源监控平台系统，由运维管理员对云计算平台的资源运行情况进行实时监测。此外，云计算平台开放接口或环境允许云服务客户部署资源监控系统。云服务客户将业务应用系统部署在云上时应明确自己的安全职责，部署相关的资源监控系统对自己职责范围内的资源（虚拟网络、虚拟机资源等）运行情况进行集中监测。例如：

（1）在 H3C 云计算环境中，云计算平台通过 H3C 态势感知系统对全网全流量进行监测，并对所有的网络设备、安全设备、服务器、虚拟机进行集中监测；

（2）华为云通过 eSight 网络监控平台对网络、设备、应用等方面的资源运行情况进行监控，为云服务客户提供安全事件监控结果告知反馈平台，并对 VPC 网络运行状况进行监测。

1.3.6　安全建设管理

1. 云服务商选择

【标准要求】

第三级和第四级安全要求如下：

a）应选择安全合规的云服务商，其所提供的云计算平台应为其所承载的业务应用系统提供相应等级的安全保护能力；

b）应在服务水平协议中规定云服务的各项服务内容和具体技术指标；

c）应在服务水平协议中规定云服务商的权限与责任，包括管理范围、职责划分、访问授权、隐私保护、行为准则、违约责任等；

d）应在服务水平协议中规定服务合约到期时，完整提供云服务客户数据，并承诺相关数据在云计算平台上清除；

e）应与选定的云服务商签署保密协议，要求其不得泄露云服务客户数据。

【解读和说明】

该控制点是针对云服务客户提出的安全要求，全部条款仅适用于云服务客户系统。

条款 a）与"安全通信网络—网络架构—条款 a）"相呼应。与后者对云计算平台提出的要求不同，条款 a）要求云服务客户在迁移上云前应确认以下事项：

（1）云计算平台通过网络安全等级测评，测评结论为"优"最佳；

（2）云计算平台应能够为其业务应用系统提供相应等级的安全防护能力。

条款 b）、条款 c）、条款 d）主要为云服务客户与云服务商签订 SLA 服务，协议内容应包括云服务客户需要的云服务及服务涉及的各类术语、技术指标；同时，协议中应规范云服务商的权限与责任，包括范围、职责划分、访问授权、隐私保护、行为准则、违约责任等。此外，协议中应规定服务合约到期时，云服务商要完整地提交云服务客户的所有数据，并与云服务客户签订相关的承诺，保证将云服务客户的所有数据完全清除。

对于条款 e ），云服务客户应与云服务商签署保密协议，保密协议中应明确要求云服务商不得以任何理由泄露云服务客户的数据。

【相关安全产品或服务】

对于条款 a ），相关安全产品或服务：云计算平台安全合规认证。

对于条款 b ）、条款 c ）、条款 d ）、条款 e ），相关安全产品或服务：SLA、保密协议。

【安全建设要点及案例】

在建设云服务客户系统时，云服务客户选择云服务商时应选择将其业务应用系统部署在通过安全合规认证的云计算平台上（建议优先选择等级测评结论为"优"或"良"的云计算平台），同时明确自身云服务客户系统的安全保护等级，保证云计算平台能够提供云服务客户需要的安全防护能力。例如，云服务客户系统 A 的安全保护等级为第二级，云服务客户系统 B 的安全保护等级为第三级，如果云服务客户选择将二者同时部署在同一云计算平台上时，需要选择安全保护等级为第三级且等级测评结论为"优"或"良"的云计算平台。

云服务客户选择将业务应用系统部署在云计算平台时，要明确业务应用系统需要的云服务，并基于选择的云服务与云服务商签订 SLA 及保密协议。云服务客户在与云服务商签订 SLA 时，协议内容应至少包括云服务客户需要的云服务内容及技术指标（如服务名称、可用性级别等）；在协议中应规范云服务商的权限与责任，至少包括范围、职责划分、访问授权、隐私保护、行为准则、违约责任等；在协议中应规定服务合约到期后，云服务商要完整地提交云服务客户的所有数据，并与云服务客户签订相关的承诺，保证将云服务客户的所有数据完全清除。此外，在签订的保密协议中还应规定云服务商不得以任何理由泄露云服务客户的数据。

2. 供应链管理

【标准要求】

第三级和第四级安全要求如下：

a ）应确保供应商的选择符合国家有关规定；

b ）应将供应链安全事件信息或安全威胁信息及时传达到云服务客户；

c ）应保证供应商的重要变更及时传达到云服务客户，并评估变更带来的安全风险，采取措施对风险进行控制。

【解读和说明】

该控制点是针对云计算平台提出的安全要求,全部条款仅适用于云计算平台。对云服务客户来说,其对云服务商及第三方安全产品供应商的选择应满足"安全通用要求—安全建设管理—云服务商选择"的条款。

对于条款 a),云服务商在选择安全服务供应商时,应充分考虑国家法律、法规、行业规范等的要求,以保证云计算安全服务的持续性和合规性。例如,《商用密码管理条例》规定,商用密码产品发生故障,必须由国家密码管理机构指定的单位维修。

对于条款 b),云服务商应定期向云服务客户通报安全事件及安全威胁信息,特别是有可能影响服务正常提供或涉及敏感信息泄露的事件或信息,便于云服务客户采取相应的应对措施。

对于条款 c),如果云计算平台的供应商发生重大变更,有可能对云服务客户造成不良影响,云服务商应及时告知云服务客户,并基于风险评估结果采取针对性的控制措施。

【相关安全产品或服务】

无。

【安全建设要点及案例】

针对条款 a),云服务商在建设云计算平台时,制定完善的供应链管理制度,依据国家法律、法规、行业规范要求等制定供应商名单,确保供应商选择安全合规。

针对条款 b)、条款 c),云服务商在云计算平台运行过程中应及时收集供应链相关供应商的安全事件和安全威胁信息,在发现相关安全事件时通过适当的方式(如网页)告知云服务客户。

1.3.7　安全运维管理

该安全层面包含"云计算环境管理"一个控制点,具体解读如下。

云计算环境管理

【标准要求】

第三级和第四级安全要求如下:

云计算平台的运维地点应位于中国境内，境外对境内云计算平台实施运维操作应遵循国家相关规定。

【解读和说明】

该条款适用于云计算平台，要求运维地点原则上应位于中国境内。确因业务需求需要从境外对境内的云计算平台实施运维操作的，应满足以下国家相关法律法规的要求：《中华人民共和国网络安全法》、《网络安全审查办法》和《个人信息和重要数据出境安全评估办法（征求意见稿）》等。

【相关安全产品或服务】

无。

1.3.8　云计算安全整体解决方案示例

1．新华三云计算安全解决方案

政务云是承载各级政府部门门户网站、政务业务应用系统和数据的云计算基础设施，用于政府部门公共服务、社会管理、跨部门业务协同、数据共享和应急处置等政务应用。政务云对政府管理和服务职能进行精简、优化、整合，并通过信息化手段在政务方面实现各种业务流程办理和职能服务。政务云的建设具有减少各部门分散建设、提升信息化建设质量、提高资源利用率和减少行政支出等优势。

政务云的服务对象是各级政府部门，通过政务外网连接各单位，使用云计算环境中的计算资源、网络资源和存储资源，承载各类信息系统，开展电子政务活动。

依据网络安全等级保护基本要求将政务云安全分为云计算平台安全和云租户安全，云计算平台安全建设按照网络安全等级保护基本要求的标准进行，通过硬件资源的虚拟化技术设置安全资源池，为云租户提供稳定可靠的安全扩展能力。

网络安全等级保护强调"一个中心，三重防护"的建设思想，和《基本要求》的通用要求部分一致，云计算安全也将围绕"一个中心，三重防护"的思路进行建设如图1-3所示。"一个中心"指安全管理中心，"三重防护"包括安全通信网络、安全区域边界、安全计算环境的防护。网络安全等级保护云扩展安全防护体系中也重点对这四个方面的要求进行了详细的阐述。与传统网络不同，云计算环境中存在云计算平台和云租户多重视角，使得云计算网络更加立体，防护手段也需要更加多样。

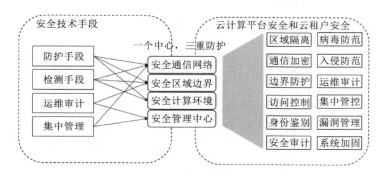

图 1-3　云计算安全技术框架

应利用现有的防护手段、检测手段、审计手段、管理手段去解决云计算平台和云租户两个层面的安全问题，覆盖区域隔离、通信加密、边界防护、病毒防范、入侵防范、运维审计、集中管控等关键点，同时，需要考虑如何适应云计算平台的服务化、虚拟化环境和 SDN 网络等场景。

新华三云计算安全解决方案通过"云网安一体化"的建设思路打造具备完善的安全能力的云计算平台，将安全能力与云计算平台、SDN 网络、虚拟化平台等深度融合，并在云计算平台上呈现唯一用户接口，灵活、高效，实现云安全的整体交付。

新华三云计算提出"安全即服务"的理念，为云计算基础设施和云承载的 IaaS、PaaS 和 SaaS 提供南北向及东西向的安全防护能力。一体化方案从逻辑控制层的角度出发，屏蔽底层技术细节，将各类安全能力从单纯的产品配置转变为服务化配置，将烦琐的安全业务重新定义，从用户业务的角度出发抽象为必要的实现逻辑。基于 OpenStack 架构定义各类标准安全服务，并关联 OpenStack 所标识的租户边界"网关"节点，实现云租户的流量牵引与安全能力编排。通过对认证模块的调用及虚拟机列表的读取，完成云管理平台对安全资源的管理操作。

从整个云计算环境来分析，新华三云计算安全解决方案主要包括云计算平台安全建设和云租户安全建设两个层面。

1）云计算平台安全建设

云计算平台安全建设与数据中心安全建设思路类似，按照分区分域进行安全部署，包括互联网出口安全、专线出口安全、云网络安全、安全管理中心、管理网安全等。按照网络安全等级保护"一个中心，三重防护"的建设思想，云计算平台安全又可分为安全管理中心、安全区域边界、安全通信网络和安全计算环境等。通用的云计算平台安全部署架构如图 1-4 所示。

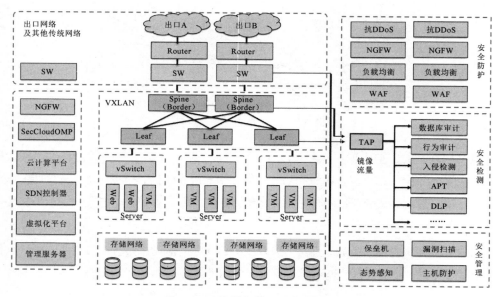

图 1-4　云计算平台安全部署架构

（1）控制层面

在控制层面，主要通过网络控制器对网络资源和安全资源进行流量引导和策略下发，在安全云中为每位云租户分配独立的安全资源，并打通安全资源与云计算资源的路径，实现安全资源与云计算资源的衔接。同时，云计算操作系统可以在云计算平台上为每位云租户分配独立的资源申请界面和安全 VPC 通道。

（2）数据层面

在数据层面，通过专用硬件资源和网络功能虚拟化（Network Functions Virtualization，NFV）实现快速弹性的资源池化。通过专用硬件资源为所有云租户提供高性能流量处理及基于策略的快速转发能力（此部分资源为基础资源，目的是在保障云租户业务的基本安全的基础上提供更加可靠和快速的转发能力）。在个性化的应用层安全能力方面，可以通过NFV 的方式实现单租户个性化业务的快速部署，满足个性化需求。

（3）日志层面

在日志层面，流量探针的实体部署位置位于云计算平台的核心处，能够处理 95%以上的南北向流量，可以较为全面地抓取进出云计算平台的流量。所以，在云计算平台内部，可以结合态势感知系统分别对流量和云租户的外部威胁进行完整的分析，为云服务商和云租户呈现各自的整体安全态势。

（4）病毒威胁检测

网络防病毒与云主机的防病毒软件不同，主要用来分析由外部进入网络的数据包，对其中的恶意代码进行查杀，使得云主机在未感染病毒时就过滤掉这些病毒数据包，从而防止病毒在网络及云计算平台内部传播。

在防火墙系统中内置防病毒模块，可以从流量上对 SMTP、POP3、IMAP、HTTP 和 FTP 等应用协议进行病毒扫描和过滤，并同恶意代码特征库进行匹配，对符合规则的病毒、木马、蠕虫及移动代码进行过滤、清除或隔离，将它们拦截在云数据中心的处理区域之外。

（5）VPN 远程安全访问

新华三云计算安全解决方案通过在云计算平台的通信安全领域部署 VPN 系统，向远程访问云服务的用户提供安全连接，并建立双向身份验证机制。通过部署安全隔离与信息交换系统，在不同网络之间安全隔离的前提下实现信息交换。VPN 系统利用网络隔离技术实现高安全级别的访问控制，同时，可在确保阻断标准协议的情况下提供 HTTP、SMTP、POP3、FTP、Oracle、FileSync 等应用级检测通道。在屏蔽会话层以下网络威胁的前提下，在不同等级网络之间交互数据时进行严格的访问控制和日志审计。

（6）安全应用交付

随着云计算平台内各业务系统规模的扩大、各部门资源信息的整合、来自公共侧的访问压力的增大，需要云计算平台内部各业务区具备一定的高并发、高业务连续性的应用交付能力。在如今越来越大的访问压力下，关键业务交付能力迟迟无法同步提升。同时，多运营商链路接入问题也是平台业务系统无法顺利交付应用服务的主要原因。

新华三云计算平台采用基于智能 DNS 的多运营商链路接入设计，通过链路负载均衡提供足够的网络带宽并实现互联网带宽资源的充分利用，保障各业务应用系统用户访问的高效性和可靠性。同时，在云管理平台部署负载均衡和应用交付组件，实现各业务区应用负载均衡服务的弹性扩展和动态调配。

（7）安全态势感知

通过各类引擎将全网镜像复制的流量进行统一汇总和分析后，各检测引擎将检测结果发送到态势感知系统进行各类事件的汇总和分析，并统一进行结果展示。

云计算平台安全态势感知实现的主要功能包括以下三点。

① 风险情报管理：对来自网络、安全、操作系统、数据库、存储等设施的安全事件与信息进行分析。采用数据挖掘技术，发现隐藏的安全问题，使安全运维人员有效聚焦安全威胁，并根据丰富的分析报表全方位检视网络内部安全状况，通过信息丰富的定位溯源，为业务风险管理及安全响应控制提供有效支持。

② 安全资源管控：可针对防火墙、负载均衡等网络设备进行集中管控。基于虚拟化资源池、SDN 技术进行可视化业务编排与调度；以应用需求为导向按需交付安全能力，基于用户身份及应用提供丰富的策略管控能力；实现应用安全风险的精细化管理；支持实时风险联动策略，能够根据预先制定的策略快速自动响应，使管理员能够轻松应对突发安全事件，保障业务系统安全运行。

③ 业务风险可视化：通过业务建模形成对在网业务的健康度、繁忙度、风险的立体监控；进行整网安全态势实时监控，动态展示最新发生的攻击行为，提供业务风险雷达，将各个业务面临的风险状况实时展现；提供端到端攻击路径拓扑展示，结合详细的上下文信息实现攻击溯源，协助管理员采取有效管控措施。

2）云租户安全建设

云租户安全建设是通过搭建安全资源池实现的，安全资源池由多种形态的安全资源和安全云管理平台组成。硬件资源包括具备硬件虚拟化能力的负载均衡、防火墙设备，可为每个租户提供一个硬件虚拟化资源；软件资源包括 NFV 形态的 WAF、数据库审计、堡垒机、日志审计、行为审计、漏洞扫描及终端安全软件等，可满足网络安全等级保护基本要求关于提供安全防护、威胁检测、综合审计等安全能力的需求。安全云管理平台则主要负责云场景下的安全运营和管理，云租户可通过安全云管理平台申请所需的云安全服务，如防火墙服务、WAF 服务、漏洞扫描服务、堡垒机服务等。同时，通过安全云管理平台，云租户管理员可根据权限管理范围实现对租户申请的审批、资源分配等。新华三云计算平台从性能最优、灵活性最高的角度出发，采用软硬资源池结合的方式进行部署，既可通过硬件资源保障业务流量连续性，又可实现按需部署、弹性扩展，满足云场景的需要，其云租户安全部署架构如图 1-5 所示。

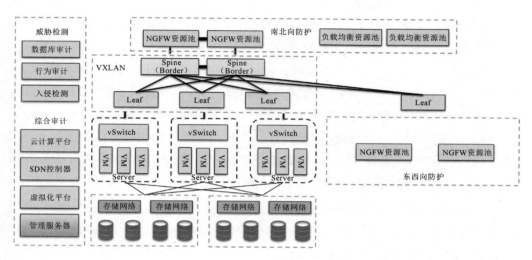

图 1-5　云租户安全部署架构

（1）安全防护资源池

南北向安全防护：依据建设需求，利用硬件防火墙虚拟化技术实现区域边界划分和安全隔离，并实现内部边界重塑，确保各业务应用系统重新树立安全边界。

新华三云计算平台在边界处进行多层防御，采用防火墙硬件设备实现云网络和其他区域间的边界隔离，以防御网络边界面临的外部攻击。在区域边界，只允许被授权的服务和协议的传输，未经授权的数据包将被自动丢弃，依据的原则是最小化访问控制权限，实现边界隔离和来自边界以外的流量的访问控制。相应的安全策略设计主要包括以下内容：

（1）控制网络流量和边界，使用标准的网络访问 ACL 技术对云边界网络进行隔离；

（2）通过 1∶N 的网络设备虚拟化技术，为不同的 VPC 提供独立的虚拟防火墙等资源；

（3）虚拟安全资源可独立运行、独立管理，实现故障隔离；

（4）网络 ACL 策略的管理包括策略命中检查、策略冲突检测和报文流转自查；

（5）通过自定义的前端服务器定向所有外部流量的路由，可帮助检测和禁止恶意请求。

南北向应用安全交付：利用硬件负载均衡虚拟化技术为不同租户的 Web 服务器提供安全应用交付能力；支持丰富的健康检测算法，可以从网络层、应用层全方位地探测、检查服务器及应用的运行状态。在进行健康检测时，采用专利网络质量分析（Network Quality

Analyzer，NQA）技术，确保健康检测的系统资源开销最小，从而保证应用交付业务的性能；支持丰富的负载均衡算法，可根据具体的应用场景采用不同的算法，支持的算法有轮询、加权轮询、最小连接、加权最小连接、随机、源地址 Hash、目的地址 Hash、源地址端口 Hash 等，这些算法适用于 4～7 层服务器负载均衡，同时，7 层服务器负载均衡还支持基于应用特征（如 HTTP 头域、内容等）的分发；支持 SSL 卸载功能（如 RSA、国密算法），将访问内网服务器中的 SSL 加解密过程交由应用交付设备承担，负载均衡组件与服务器之间可采用非加密或者弱加密的 SSL 进行通信，尽可能减少了服务器端对 SSL 处理的压力，从而将服务器的 CPU 处理能力释放出来。

东西向安全防护：在云计算平台内部的计算环境中增加了虚拟机之间的虚拟交换组件，使得安全计算域的划分、域内的结构安全、访问控制、边界完整性和通信保密性等都变得较为复杂。针对虚拟内部网络（VLAN）数据隔离、过滤和基于 VLAN 的策略执行、虚拟机之间的隔离等，都采用东西向的虚拟防火墙、云入侵防御、云杀毒等综合方案来实现云计算平台的安全。

云防火墙：利用防火墙的硬件虚拟化技术构建防火墙基本策略，实现虚拟机与虚拟机之间的微隔离，实现跨 VLAN 的安全访问控制，实现南北向的安全访问控制，从而确保云租户、云服务商或第三方的云资源的安全访问、使用和管理。制定访问控制策略时应采取最小权限原则。

云入侵防御：云计算平台内存在大量主机，其底层和业务应用系统会不断被发现存在安全漏洞，给攻击者可乘之机。这些安全漏洞可能是基础的 TCP/IP 协议漏洞，也可能是操作系统漏洞、数据库漏洞或应用程序漏洞。和传统网络类似，对云计算平台的攻击同样存在两种模式，即主动攻击和被动攻击。主动攻击的手段主要是对消息的篡改、伪造和 DoS 攻击等，被动攻击的手段主要是对流量的窃听、分析、破解弱加密等。构建入侵防御安全策略，对访问云计算平台的外部流量进行分析、检测、过滤，防止 SQL 注入、跨站脚本攻击及其他利用 Web 应用程序漏洞的攻击，对这些攻击行为进行识别和预警，从而发现网络攻击行为、识别网络攻击类型并过滤网络攻击流量。系统已经内置包含 8000 余个漏洞的入侵检测规则库，并支持自动更新，及时防御针对最新漏洞的攻击和对已知漏洞进行虚拟修补，在虚拟机系统及应用不进行安全补丁升级的情况下防御针对安全漏洞的攻击。系统会自动侦测虚拟机系统的内容，动态调整用于检测的入侵检测规则库，提高检测效率。

云杀毒：构建云环境下的杀毒策略，可防止云计算环境中的病毒风暴、安全域混乱、云主机之间的攻击等问题。云杀毒策略会同云主机自动形成绑定，不会因为漂移而丢失策略。此外，云杀毒软件通过国内先进的杀毒引擎，采用人工智能与机器学习的方法，不依赖某个病毒或恶意代码的具体特征，而是依赖某一病毒族群的恶意代码的共性特征来实现查杀，从而最大限度地识别病毒，保护云主机安全。云杀毒软件可以防止云主机遭受计算机病毒、间谍软件和其他恶意软件的侵害，实时防护文件系统，在虚拟机内部对感染病毒的文件进行隔离；支持快速、全盘两种手工文件检测方式，具备高效的缓存机制，避免不同虚拟机内部的相同文件被重复检测，同时，优化安全操作的资源调度，避免全系统扫描时出现常见的防病毒风暴。

（2）综合审计资源池

租户级数据库审计：为每个租户部署一套虚拟数据库审计，实现租户数据库的独立审计。虚拟数据库审计提供代理插件，以实现云环境数据库流量的精准审计。数据库审计系统通过对数据库服务器连接情况的全面记录，如记录会话相关的各种信息和原始 SQL 语句，记录来源计算机名称、IP 地址、MAC 地址、端口号、日期和时间、通信量大小及违规数量等，支持一切对数据库的访问协议的审计，包括对标准 TCP/IP 协议、本地环回 TCP/IP 协议，以及通过 SSH、Telnet 远程连接进行的数据库操作。

租户级堡垒机：为每个租户部署一套虚拟堡垒机，实现租户级别的独立运维审计。通过引流方式将运维人员对各类 IT 资产的管理流量牵引至虚拟运维审计组件中。运维人员进行运维工作时，首先以 Web 方式登录运维管理员管控系统，然后通过系统展现的运维界面访问资源列表。

租户级日志审计：为每个租户部署一套虚拟日志审计机制，实现租户级别的独立的综合日志审计能力。和云计算平台一致，对安全设备（如防火墙、Web 应用防火墙、数据库审计、网络行为审计等）产生的安全日志进行收集，再结合操作系统日志、中间件日志等，对这些日志进行综合关联分析，从多个维度对目标的运行状态、主机情况进行分析，得出一段时间内目标系统及相关设备的安全运行状态。

（3）虚拟主机安全

通过部署 H3C 服务器安全检测系统，实现对虚拟主机的安全加固和有效防护。该产品包括一个平台、六大功能模块，平台通过对用户业务系统内安全指标的持续监控和分析，快速识别异常行为，进而启动应急模式，激活平台，实现联动，由内向外解决安全问题。六大功能模块包括资产清点、风险分析、入侵检测、病毒查杀、合规基线、安全日志。资产清点模块提供主机发现、应用清点和资产快速检索三项子功能。

① 主机发现：通过设置检查规则，自动检查已安装的探针主机。针对不同网络状况提供多种探查方法，包括 ARP 缓存分析、Ping 扫描、Nmap 扫描等，客户可灵活选择。

② 应用清点：自动化清点进程、端口、账号、中间件、数据库、大数据组件、Web 应用等十余类安全资产。根据服务器业务特点，有针对性地识别应用。每个应用在风险发现与入侵检测中均提供对应的安全防护策略。

③ 资产快速检索：对于每类业务资产，提供"主机视角"和"资产视角"两种通用维度，聚合展示数据。每个数据表格支持搜索与排序，并提供大量可选列供客户灵活选择。同时，支持横跨多种资产联合搜索，并提供关键资产全系统关联。

安全日志包括操作审计日志和账号登录日志。操作审计日志记录详细的主机 Bash 操作日志，满足主机操作行为回溯需求，提供操作者 IP 地址、操作终端、操作用户、操作详情等关键信息；账号登录日志包括登录成功、失败、登出等所有登录日志记录。安全日志同时监控账号与账号组的变化，包括增加、删除、修改、密码与权限变化等。

2. 阿里公共云安全解决方案

阿里云公共云计算平台通过自主研发的分布式操作系统将全国百万级服务器连成一台超级计算机，以在线公共服务的方式为社会提供云计算基础服务能力。阿里云公共云计算平台面向公共用户提供互联网云服务基础设施，通过全国各地的服务节点提供云计算、云存储、云网络、云安全等服务。阿里云公共云安全解决方案按照网络安全等级保护"一个中心，三重防护"的设计理念，通过云计算平台和云上租户提供多重场景的安全解决方案。

公共云计算平台主要面向全国各行业提供基础计算服务、网络服务、存储服务及安全服务。面向用户提供的基础服务由云计算平台侧运维、运营（计算基础服务/网络基础服务/存储基础服务/安全基础服务），为用户提供云管理控制台，由用户进行基础资源的申请与管理。基础服务安全防护依于云计算平台底层安全防护、相关物理服务器安全防护、运维/运营控制台安全防护及完善的云产品安全生命周期（Secure Product Lifecycle，SPLC）。公共云为用户提供处理数据的计算、存储、网络和安全防护的基础设施和服务，并可根据用户需求提供 7×24 小时不间断服务，保障各 SLA 保障业务的连续性和服务可靠性。

阿里云按照网络安全等级保护"一个中心，三重防护"的纵深防护思想，从通信网络到区域边界再到计算环境进行重重防护，通过安全管理中心进行集中监控、调度和管理。

阿里云公共云计算平台构建了动态防御、主动防御、纵深防御、精准防护、整体防控、联防联控的防护架构，为阿里云服务客户构建了完善的云上安全防护体系。

阿里云安全防护体系（见图 1-6）以公共云计算平台作为安全底座，按照云服务安全责任分担原则，阿里云负责基础设施（包括跨地域、多可用区部署的数据中心，以及阿里巴巴骨干传输网络）和物理设备（包括计算、存储和网络设备）的物理和硬件安全，并负责运行在飞天分布式云操作系统上的虚拟化层和云产品层的安全。同时，按照"一个中心，三重防护"的纵深防护思想，阿里云通过提升平台侧的身份和访问控制与管理、监控、运营能力，为客户提供高可用和高安全的云服务平台。云上租户以安全的方式配置和使用各种云上产品，并基于云产品的安全能力以安全可控的方式构建自己的云上应用和业务，保障云上数据的安全。

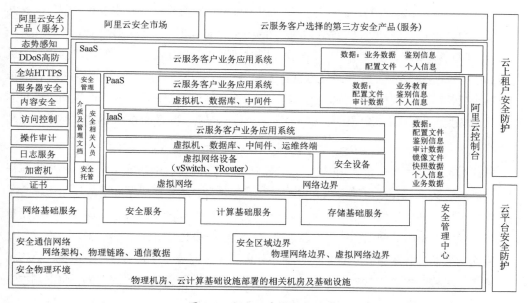

图 1-6　阿里云安全防护体系

1）云计算平台安全防护

阿里云公共云国内地域数据中心所处大楼具有一定的防震、防雨和防风能力，均通过了专业机房的验收。机房采用了具有耐火等级的建筑材料，配置了自动消防系统、视频监控系统；采取了严格的访问控制措施和安检措施，有专人值守和巡检；采用了防静电地板或环氧树脂地坪，配备了静电消除器、防静电手环、专用空调、温湿度探头等；布设了漏水检测装置；通信线缆和电力线缆分桥架铺设，供电来自多个不同的变电站，利用不间断电源（UPS）、柴油发电机进行备用电力供应。

阿里云公共云安全保护等级为第三级，网络侧划分了不同区域，各区域间逻辑隔离，对网络设备性能及带宽进行安全监测；基于三层 ACL 策略隔离，分别在机房出口路由、负载均衡、服务器上进行边界安全防护；外网出口部署了流量清洗、流量安全监控、负载均衡等相关产品，实现重要网络区域与其他网络区域间的隔离；用户通过 VPN 方式远程访问，采用密码技术保证数据完整性，同时，云服务商提供第三方安全产品接入的开放接口，通过联调后允许第三方安全产品接入。

部署在阿里云公共云计算平台上的不同业务、不同等级系统分属不同的 VPC，VPC 间默认是隔离的。阿里云公共云基础服务平台对跨边界的访问和数据流进行控制，并对进出的数据进行严格的访问控制；部署流量安全监控设备，实时检测各种攻击和异常行为，并与流量安全防护设备联动，防范来自互联网的各种分布式拒绝服务（Distributed Denial of Service，DDoS）攻击；记录相关攻击日志，同时部署 3A 服务器对所有的用户操作行为进行审计，并对网络设备、服务器日志进行实时查询。阿里云公共云计算平台的所有虚拟机、物理机都部署了主机入侵防护客户端对异常流量进行入侵检测，并对产生的告警日志进行实时收集，告警日志和操作日志一并转发至日志服务，并存储在 OSS 中，保存期限超过半年。

阿里云公共云计算平台应用强口令登录跳板机、服务器及网络安全设备。跳板机侧采用口令和动态验证码相结合的双因素方式进行身份认证；用户在应用和服务器运维综合平台中申请权限，并基于用户角色分配权限，实现用户的三权分立；将服务器日志发送至审计容器，同时，操作系统和堡垒机两侧的日志均会实时推送至 SLS 平台，最后，审计信息统一发送至威胁监控平台，对日志进行统一分析，审计记录保存 6 个月。虚拟机、物理机均部署主机入侵防护客户端对入侵行为进行检测、查杀，每天进行漏洞扫描，将漏洞推送至漏洞管理系统。数据在传输过程中均使用数字证书进行签名，由员工账号中心存储和管理且加密存储。服务器采用集群部署方式，剩余信息被清除时通过填零处理机制保证残余数据被彻底清除。

阿里云公共云计算平台系统、安全、审计管理员通过统一的云管理控制台对系统进行不同类型的操作，对设备进行管理配置。通过堡垒机进行日常设备管理，同时，对设备及业务的运行情况进行集中监测，基于操作系统实现资源的统一调度。

在安全管理方面，阿里云采用了一套比较完善的信息安全管理制度体系，如 ISO/IEC

20000 信息技术服务管理体系标准、ISO/IEC 27001:2013 信息安全管理标准、ISO/IEC 22301:2012 业务连续性管理体系、ISO 9001 质量管理体系认证标准、CSA STAR 云安全国际认证等，并设立了信息安全管理的职能部门，体系的日常落地、使用、管控均基于自动化管理平台统一流转。

2）云上租户安全防护

阿里云相关产品为云服务客户提供多种安全防护措施，如虚拟网络隔离、多因素身份认证、访问控制、日志审计、负载均衡和数据备份等。

（1）虚拟网络隔离：阿里云提供了广泛的安全隔离措施，VPN 不仅支持用户自定义 IP 地址范围、配置路由表和网关等，还通过网络隔离提高了用户云上服务与数据的安全性。在网络隔离方面，VPN 能够在以下三个层面实现隔离：

① VPN 之间通过隧道 ID 进行隔离，VPC 只能通过对外映射的 IP 地址（弹性公网 IP 地址和 NAT IP 地址）进行互连；

② VPN 同一子网内使用交换机互通互连，不同子网间使用路由器进行控制；

③ ECS 安全组与 RDS、ADB、ECS、SLB、Maxcompute 的 IP 地址黑白名单可以实现进一步的隔离与访问控制。

阿里云安全组具备状态检测和数据包过滤功能，可用于在云端划分各个云服务器实例间的安全域。安全组是一个逻辑上的分组，由同一个地域（Region）内具有相同安全保护需求并相互信任的实例组成。使用安全组可设置单台或多台云服务器的网络访问控制。安全组是重要的网络安全隔离手段，适用于在云端划分网络安全域。

（2）多因素身份认证（Multi-Factor Authentication，MFA）：MFA 在用户名和口令之外再增加一层安全保护。启用 MFA 后，用户登录阿里云控制台（云产品）时，系统将要求输入用户名和密码（第一安全要素），然后要求输入来自其 MFA 设备的动态验证码（第二安全要素），双因素的安全认证为账户认证提供更高水平的安全保护。目前，阿里云支持基于软件的虚拟 MFA 设备。虚拟 MFA 设备是一个能产生 6 位数字认证码的应用程序，遵循基于时间的一次性密码（TOTP）标准（RFC 6238），并支持在移动硬件设备上运行。

（3）访问控制（Resource Access Management，RAM）：RAM 为云服务客户提供用户身份管理与资源访问控制服务。RAM 使得一个阿里云账号（主账号）可拥有多个独立的子用户（RAM 用户），从而避免与其他用户共享云账号密钥，并可以根据最小权限原则为不同用户分配最小的工作权限，从而降低用户的信息安全管理风险。RAM 授权策略可以细化到对某个 API-Action 和 Resource-ID 的细粒度授权，还支持多种限制条件，如源 IP 地址、安全访问通道 SSL/TLS、访问时间、多因素认证等。RAM 是阿里云账号安全管理和安全运维的基础。通过 RAM 可以为每个 RAM 用户分配不同的密码或 API 访问密钥（Access Key），消除云账号共享带来的安全风险，同时可为不同的 RAM 用户分配不同的工作权限，大大降低了因用户权限过大带来的风险。

（4）日志审计：阿里云为云服务客户提供的日志审计服务包括操作审计（Action Trail）和日志服务（Log Service）。操作审计为用户提供统一的云资源操作日志管理，记录云账号下的用户登录及资源访问操作，包括操作人、操作时间、源 IP 地址、资源对象、操作名称及操作状态。对于通过 Action Trail 保存的所有操作记录，用户可以实现安全分析、入侵检测、资源变更追踪及合规性审计。为了满足合规性审计需要，用户往往需要获取主账户和其子用户的详细操作记录。Action Trail 所记录的操作事件可以满足此类合规性审计需要。日志服务为用户提供针对日志类数据的一站式服务，帮助用户快捷完成日志数据采集、消费、投递及查询分析等功能，提升运维、运营效率，建立海量日志处理能力。所有 Log Service 日志数据都存放在分布式文件系统中，提供三副本存储机制，保障文件存储的可靠性。

（5）负载均衡（Server Load Balancer，SLB）：阿里云 SLB 是对多台云服务器进行流量分发的负载均衡服务。SLB 可以通过流量分发，扩展应用系统对外的服务能力，消除单点故障，提升应用系统的可用性。SLB 采用全冗余设计，无单点，支持同城容灾，搭配 DNS 可实现跨地域容灾，可用性高达 99.95%。同时，SLB 可以根据应用负载进行弹性扩容，在流量波动情况下不中断对外服务。

（6）数据备份：阿里云云服务器镜像文件、快照文件均默认存储三份，分布在不同交换机下的不同物理服务器上，数据可靠性不低于 99.9999999%。当检测到云服务器所在的宿主机发生故障时，系统会启动保护性迁移，将云服务器迁移到正常的宿主机上，恢复实例的正常运行，保障应用的高可用性。阿里云云数据库通过数据备份和日志备份的备份方式保证数据完整可靠，同时，用户可以随时发起数据库备份，关系型数据库服务（Relational Database Service，RDS）能够根据备份策略将数据库恢复至任意时刻，提高数据的可回溯性。阿里云对象存储采用多可用区机制，将用户的数据分散存放在同一 Region 的三个可用区，当某个可用区不可用时，仍然能够保障数据的正常访问。对象存储的同城冗余存储（多可用区）是基于 99.9999999999% 的数据可靠性设计的，并且能够为用户提供 99.95% 的数据可用性 SLA。

阿里云基于自研或第三方安全产品/服务为云服务客户提供安全策略集中管理、入侵检测、恶意代码检测、流量检测、主机安全加固、数据加密和密钥管理等安全措施。

阿里云通过云安全中心实现云服务客户安全威胁识别、分析、预警的集中安全管理，涵盖网络安全、主机安全、应用安全等多层次安全防护模块；通过防勒索、防病毒、防篡改、合规检查等安全能力，帮助用户实现威胁检测、响应、溯源的自动化安全运营闭环，保护云上资产和本地主机并满足监管合规要求。

云防火墙实现云上虚拟环境下的互联网到业务的访问控制策略（南北向）和业务与业务之间的微隔离策略（东西向）的统一管理，内置的 IPS 支持全网流量可视和业务间访问关系可视，是用户业务上云的第一个网络安全基础设施。

Web 应用防火墙能防御 SQL 注入、跨站脚本攻击（XSS）、常见 Web 服务器插件漏洞、木马上传、非授权核心资源访问等开放式 Web 应用程序安全项目（OWASP）常见 Web 攻击，过滤海量恶意访问，避免网站资产数据泄露，保障网站应用的安全性与可用性。

DDoS 高防支持防护全类型 DDoS 攻击，通过 AI 智能防护引擎对攻击行为进行精准识别并自动加载防护规则，保证网络的稳定性。DDoS 高防支持通过安全报表实时监控风险和防护情况，同时支持云上企业客户使用阿里云在全球部署的大流量清洗中心的资源，通过全流量代理的方式实现大流量攻击防护和精细化 Web 应用层资源耗尽型攻击防护。

加密服务帮助云服务客户应用多种加密算法进行加密运算和密钥安全管理。阿里云提供的加密服务，通过在阿里云上使用经国家密码管理局检测认证的硬件密码机，帮助客户满足数据安全方面的监管合规要求，保护云上业务数据的机密性。

密钥管理服务（Key Management Service，KMS）为云服务客户提供密钥安全托管、密码运算等基本功能，支持内置密钥轮转等安全实践。通过密钥管理服务，云服务客户无须花费大量成本来建设专用的密码硬件基础设施及设施之上的管理系统就能获得具有高可用性和高可靠性的云服务，从而可以专注于开发云服务客户真正需要关心的数据加解密、电子签名验签等业务功能场景。

3. 华为公有云安全解决方案

华为公有云云服务客户使用华为云上资源（含云主机、网络、存储、云数据库 RDS 等）构建自身的业务应用系统，为用户提供互联网服务，服务呈现形式有 Web 页面、微信小程序、App、API 等。

华为云以在线方式将华为 30 多年来在 ICT 基础设施领域的技术积累和产品解决方案开放给客户，致力于提供稳定可靠、安全可信、可持续创新的云服务，开拓智能世界的"黑土地"，推进实现"用得起、用得好、用得放心"的普惠 AI。华为云作为底座，为华为全栈全场景 AI 战略提供强大的算力平台和更易用的开发平台。华为云提供 IaaS、PaaS、SaaS 全栈全场景的解决方案，拥有汽车、智慧园区、电商、教育、金融、游戏、卫生保健、基因可寻、制造业、媒体娱乐、零售、交通运输等全行业的解决方案。

针对层出不穷的云安全挑战和无孔不入的云安全威胁与攻击，华为云以数据保护为核心，以云安全能力为基石，以法律法规、业界标准为城墙，以安全生态圈为护城河，依托华为独有的软/硬件优势，形成业界领先的竞争力，构建起面向不同区域、不同行业的完善的云服务安全保障体系，并将其作为华为云的重要发展战略之一。

1）安全防护架构

华为云为云服务客户提供全栈安全防护体系（见图 1-7）。云服务客户可采用华为云上丰富的安全服务，高质量满足网络安全等级保护基本要求。

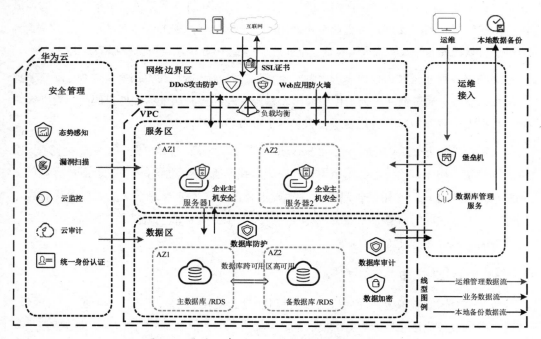

图 1-7　华为公有云 IaaS 模式全栈安全防护体系

2）安全措施

（1）安全通信网络与安全区域边界

性能冗余：公有云提供各种规格的资源，如各种规格的 CPU、内存、磁盘、带宽等，租户根据自身的业务需求按需选用且可弹性扩容，业务处理能力满足业务高峰期需要。

安全区域划分：在公有云上使用 VPC、子网和 EIP 等服务，将网络从逻辑上划分为接入区、服务区、数据区和管理区。

① 接入区：通过华为云 ELB（弹性负载均衡）服务提供互联网服务。建议仅使 ELB 绑定 EIP（弹性 IP 地址，公网 IP 地址）作为业务唯一对外出口，云主机和数据库等不建议绑定 EIP。如有业务外联，建议通过 NAT 网关进行。

② 服务区：华为云主机组在其上搭建 WebServer 等业务服务器，承接 ELB 分发的业务流量。建议采用多 AZ（可用区，即云服务商的不同机房）集群部署，避免因单机房的不可控故障导致单点故障。

③ 数据区：分为数据库和对象存储，使用华为云 RDS 高可用版本，主实例与备实例选用不同的 AZ（华为云的不同 AZ 选址已实现同城双中心标准）；对象数据存储在华为云 OBS 上（华为云 OBS 本身提供多副本的高可用设计）。

④ 管理区：逻辑上的分区，是云计算平台提供的一系列服务化的管理服务，可以满足云计算平台集中管控的要求，包含资源管理、资源监控、身份管理、操作审计、安全管理中心等。

安全区域隔离与访问控制：云上区域隔离除了使用子网，还提供安全组服务，如虚拟防火墙，通过对 IP 地址和端口设置白名单访问策略实现访问控制和隔离，保证云上资源（如云主机、RDS 等）安全，并通过受控端口提供服务；配置安全组前应梳理通信矩阵，梳理云上资源、提供服务的端口和 IP 地址、对外发起访问的端口和 IP 地址等；以资源为单位配置安全组，将相同类型的资源配置为一个安全组，如将提供 WebServer 且有相同通信矩阵的云主机配置为一个安全组。

业务所需最小原则：对安全组的每条策略都明确备注其用途；入方向策略中不出现 IP 地址或端口。

安全通信协议：网络中使用安全的通信协议，特别是在对外提供服务的领域，建议租户使用安全的通信协议，如使用 HTTPS 替代 HTTP。华为云提供 SSL 证书管理服务，为租户提供多品牌的 SSL 证书的购买和管理服务。

入侵防范：华为云提供多维度的纵深防御体系，可针对 4～7 层的各类攻击行为进行监测并抵御，具体内容如下。

① 提供 Anti-DDoS 流量清洗服务，以抵御小流量的 DDoS 攻击行为。如果面临大流量攻击风险，华为云还提供 DDoS 高防服务，展开 T 级流量清洗；

② 提供 Web 应用防火墙，采用数十种的编码还原能力和业内领先的 AI+规则的双引擎，以较低的漏报率和误报率为租户提供 Web 攻击防护能力；

③ 提供企业主机安全服务，入侵检测特性实时检测主机内部的风险异变，可识别并阻止入侵主机的行为，如暴力破解、异地登录、文件变更与篡改、恶意程序、网站后门等；

④ 提供态势感知能力，针对各关键网络节点的攻击行为进行监测和分析，将租户网络中的所有安全事件进行集中管理并展示，提供关联分析能力，以进行攻击行为的追踪溯源，并结合 AI 能力对新型攻击进行检测分析。

恶意代码防范：在公有云上提供云主机恶意代码防范能力，以满足网络安全等级保护"应在关键网络节点处对恶意代码进行检测和清除"的要求。依据责任共担模型，关键网络节点的安全责任主体为平台侧，租户侧只需要负责防范云主机的恶意代码。华为云在云计算平台侧提供了满足网络安全等级保护要求的恶意代码防范措施。

华为云企业主机安全服务（HSS）实时检测服务器上运行的程序，若发现主机可能存在恶意程序如木马、蠕虫等，HSS 会将其隔离查杀并及时通知管理员。华为云安全团队 7×24小时监控威胁情况，及时更新恶意代码特征库。

（2）安全计算环境

主机安全：华为云为云服务客户提供云主机防暴力破解解决方案。结合华为多年的运营商级别安全防护经验，华为云为用户提供覆盖主流操作系统的主机加固及防护解决方案，提升了云主机账户的安全性，预防了暴力破解风险，也满足了网络安全等级保护相关主机加固的要求。该解决方案集检测、加固、监测、防御、管理于一体。

① 检测：利用主机安全漏洞扫描和基线检查能力，开展定期扫描，对云主机漏洞、不安全配置进行检测，以及时发现问题。

②　加固：利用主机加固方案和脚本，对常见不安全配置进行修复；参考漏洞管理中的修复建议，及时测试并修复系统漏洞。

③　监测：利用主机安全服务的资产管理能力，对主机账号、进程、端口等进行统一监测，管理员定期检查以发现可疑资源。

④　防御：利用主机安全服务的入侵检测特性，对各类入侵行为（如暴力破解、异地登录、文件变更与篡改、恶意程序、网站后门等）进行实时发现与拦截。

⑤　管理：通过安全组限制运维操作只能通过堡垒机进行。堡垒机提供命令级权限管理，根据角色限制运维人员可操作的命令，实现细粒度授权，同时，对所有运维操作提供日志审计和录屏回放服务。

应用安全是云服务客户业务安全建设的重点。云服务客户应参考网络安全等级保护相关标准，对身份认证、访问控制、安全审计（业务管理员的审计）、入侵防范（安全编码、测试等）等进行严格的控制。华为提供了 Web 应用防火墙、漏洞扫描和网页防篡改等服务，对租户应用层安全提供保护。

①　Web 应用防火墙：防范企业开发过程中因输入校验不完备而引发的安全漏洞，并提供了防御常见 OWASP 攻击行为的能力。华为云 WAF 提供业内领先的基于加密技术的防爬虫算法，有效防止爬虫导致数据泄露；提供领先的 IP+Cookie 双重验证，阻断 CC 攻击；云端第一时间修复高危 0day 漏洞。

②　漏洞扫描：对普遍采用的 Web 中间件和第三方开发框架（如 Apache、Tomcat、Nginx、thinkPHP、Struts2 等）进行 CVE 漏洞的定期扫描；对不安全配置项进行定期基线扫描，从而及时发现风险，提前处理。

③　网页防篡改：可实时发现并拦截篡改指定目录下文件的行为，并快速获取备份的合法文件来恢复被篡改的文件，从而保护网站的网页、电子文档、图片等文件不被黑客篡改和破坏，支持静态、动态网页及网盘文件的防篡改。

数据安全：华为云为用户提供的 RDS 采用高可用跨 AZ 部署模式，将 RDS 的主实例与备实例部署在不同 AZ，华为不同 AZ 间的距离超过 30km，具备同城主备能力。配置 RDS 的备份策略采取每天一次自动全量备份策略。华为云 RDS 采用浮动 IP 地址策略，在故障时会自动切换，但 IP 地址不变，建议服务端设置自动重连机制。

数据库审计服务可通过实时记录用户访问数据库的行为，形成细粒度的审计报告，对风险行为和攻击行为进行实时告警。同时，数据库安全审计可以生成满足数据安全标准（如Sarbanes-Oxley）的合规报告，对数据库的内部违规和不正当操作进行定位追责，保障数据资产安全。

敏感数据入库加密，可使用华为云的数据加密服务。数据加密服务（Data Encryption Workshop，DEW）是一个综合的云上数据加密服务，可以提供专属加密、密钥管理等功能，其密钥由硬件安全模块（HSM）保护。敏感数据加密的密钥，可以通过 KMS 进行管理，加解密可调用华为接口实现。数据量较大时，可使用云加密机（CloudHSM，DEW 的子服务）。该云加密机符合国家密码管理局认证或 FIPS 140-2 L3 验证，能为高安全性要求的用户提供高性能专属加密服务，保障数据安全，规避风险。

（3）安全管理中心

系统管理：华为云租户通过控制台进行资源的集中管控，通过统一身份认证服务（IAM）对登录控制台的系统管理员进行身份鉴别和权限分配，以满足集中管控的要求。IAM 的安全设置可对管理员的口令强度、登录验证策略、密码策略等进行配置，可配置多因子认证，可对控制台的访问设置白名单策略。

审计管理：提供云审计服务，对云控制台的操作记录进行审记，并可通过配置将审计记录转存到 OBS 中，以满足网络安全等级保护 180 天保存期的要求。提供云堡垒机服务，对云主机进行统一运维管理。云堡垒机对所有运维操作提供审计能力，日志记录保存在其数据库中。用户管理采用基于角色的访问控制（RBAC）模式，提供审计管理员角色，可由运维审计员查看审计记录。

集中管控：提供云监控服务，对云主机、带宽、RDS 等资源的运行状态进行集中实时监控展示，并设置告警阈值，及时告警给管理员。提供漏洞扫描服务，对云主机、数据库、中间件的漏洞进行集中管理，可设置定期扫描任务，并形成扫描报告，对扫出的漏洞提出修复建议，由管理员进行测试并完成修复。漏洞库由华为云维护，结合华为云收集的威胁情报，定期维护、及时更新。提供态势感知服务，进行可视化威胁检测和分析。态势感知能够检测出超过 20 类云上安全风险，包括 DDoS 攻击、暴力破解、Web 攻击、后门木马、僵尸主机、异常行为、漏洞攻击、命令与控制等。利用大数据分析技术，态势感知服务可以对攻击事件、威胁告警和攻击源头进行分类统计和综合分析，为用户呈现全局安全攻击态势。

华为云基于网络安全等级保护基本要求，在不同的安全层面为云服务客户提供不同的安全措施及安全产品/服务如表 1-3 所示。

表 1-3　华为云各安全层面对应的安全措施及安全产品/服务

安全层面	控制点	安全措施	安全产品/服务
安全通信网络	网络架构	性能冗余、设备冗余、区域隔离	VPC、子网、安全组、网络 ACL
	通信传输	采用校验技术或密码技术保障通信过程中数据的完整性和保密性	SSL 证书（若为非 HTTPS 协议，请使用安全通信协议）
	可信验证	无	无
安全区域边界	边界防护	使跨越边界的流量通过受控端口通信，限制非法内联和外联	安全组
	访问控制	五元组过滤、策略优化、根据会话状态提供允许拒绝策略、基于应用协议和应用内容的访问控制	安全组、WAF
	入侵防范	在关键节点上，检测并限制来自内外的网络攻击行为，并提供告警能力；对网络攻击行为进行分析	WAF、DDoS 攻击防护、态势感知
	恶意代码防范	网络防病毒、垃圾邮件过滤	态势感知
	安全审计	网络行为审计、用户行为单独审计和数据分析	态势感知、OBS
	可信验证	无	无
安全计算环境	身份鉴别	身份唯一性、鉴别信息复杂度、登录失败机制、权限控制及双因子认证	计算环境（操作系统、数据库及应用）自身机制
			堡垒机
	访问控制	用户权限管理	堡垒机、应用系统自身机制
	安全审计	用户行为审计	堡垒机、数据库审计、业务自身机制
	入侵防范	最小安装原则、检测入侵行为、非使用端口关闭、漏扫检测、输入合法性校验	企业主机安全、漏洞扫描、WAF
	恶意代码防范	恶意代码检测和防护	企业主机安全
	可信验证	无	无
	数据完整性和保密性	采用密码技术保证关键数据在传输和存储过程中的保密性和完整性	应用自身处理（数据库敏感字段加密）
			DEW
	数据备份恢复	数据本地备份和恢复、提供异地实时备份功能、数据处理系统热冗余	数据与计算多可用区、云备份服务、数据备份恢复解决方案
	剩余信息保护	鉴别信息、敏感信息缓存清除	应用自身机制
	个人信息保护	个人信息最小采原则、访问控制	应用自身机制
安全管理中心	系统管理	集中管理系统且有权限分配	IAM、云管理控制台、堡垒机
	审计管理	审计管理员角色、集中审计且进行日志分析	IAM、云审计、堡垒机、数据库审计
	安全管理	安全管理员角色，集中安全管理策略	IAM、云安全控制台、态势感知（策略编排）
	集中管控	集中网络管理	云监控、态势感知

3）安全产品/服务

华为云基于网络安全等级保护基本要求，为云服务客户提供的安全产品/服务如下。

Anti-DDoS 流量清洗为华为云内资源（ECS、ELB）提供网络层和应用层的 DDoS 攻击防护（如泛洪流量型攻击防护、资源消耗型攻击防护），并提供攻击拦截实时告警，有效提升了用户带宽利用率，保障业务稳定、可靠。DDoS 高防是针对互联网服务器（包括非华为云主机）在遭受大流量 DDoS 攻击后导致服务不可用的情况推出的付费增值服务，用户可以通过配置高防 IP 地址，将攻击流量引流到高防 IP 地址清洗模块，确保源站业务稳定可靠。

Web 应用防火墙对网站业务流量进行多维度检测和防护，结合深度机器学习智能识别恶意请求特征和防御未知威胁，阻挡诸如 SQL 注入、跨站脚本攻击等常见攻击，避免这些攻击影响 Web 应用程序的可用性、安全性或者过度消耗资源，降低数据被篡改、失窃的风险。

漏洞扫描服务（Vulnerability Scan Service，VSS）集成了 Web 漏洞扫描、操作系统漏洞扫描、资产内容合规检测、配置基线扫描、弱密码检测五大核心功能，能自动发现网站或服务器暴露在网络中的安全风险，为云上业务提供多维度的安全检测服务，满足合规要求，让安全弱点无所遁形。

主机安全服务（Host Security Service，HSS）是提升主机整体安全性的服务，能提供资产管理、漏洞管理、入侵检测、基线检查等功能，降低企业主机安全风险。

容器安全服务（Container Guard Service，CGS）能够扫描容器镜像中的漏洞，以及提供容器安全策略设置和防逃逸功能。

数据加密服务是一个综合的云上数据加密服务，可以提供专属加密、密钥管理、密钥对管理等功能。其密钥由硬件安全模块（HSM）保护，并与许多华为云服务集成。用户也可以借此服务开发自己的加密应用。

数据库安全服务（Database Security Service，DSS）是一个智能的数据库安全服务，能基于机器学习机制和大数据分析技术提供数据库审计、SQL 注入攻击检测、风险操作识别等功能，保障云上数据库的安全。

SSL 证书管理（SSL Certificate Manager，SCM）是华为联合全球知名数字证书服务机构为用户提供的一站式证书的全生命周期管理服务,能实现网站的可信身份认证与安全数据传输。

云堡垒机(Cloud Bastion Host,CBH)开箱即用,包含主机管理、权限控制、运维审计、安全合规等功能,支持通过 Chrome 等主流浏览器随时随地远程运维。

态势感知(Situation Awareness,SA)为用户提供统一的威胁检测和风险处置平台,能够帮助用户检测云上资产遭受到的各种典型安全风险,还原攻击历史,感知攻击现状,预测攻击态势,为用户提供强大的事前、事中、事后安全管理能力。

4. 华为私有云安全解决方案

政务云是一种典型的私有云应用场景。政务云分为面向公众、企业提供便民服务的电子政务互联网,以及面向内部各局委办公室服务的政务外网两部分。以市级政务云为例,涉及的政务云资源池以市级为基本结构(描述现网的网络架构),承载市级财政、工商、税务、国资、安监、交通、教育、建委、党务等十多个重要部门的业务,以及区县局委办公室级别部门的业务应用系统。

政务云设计承载的业务信息及系统服务不包含涉及国家安全的信息,其承载的电子政务业务应用系统总体分为如下四类:G2B 企业业务(政府对企业)、G2C 便民服务(政府对公众)、G2E 高效内部办公、G2G 部门协作。

政务云面临的主要威胁有如下三个方面。

(1)互联网接入区威胁:租户数据库被非法下载导致数据泄露,造成公众或政府工作人员身份证、社保参保信息、财务、薪酬等敏感信息泄露,损害公信力或引起法律纠纷;对租户网站服务器的 DoS 攻击,可能导致租户网站无法访问,影响公众办事和工作人员办公;租户网站系统页面被篡改,导致网站失实,影响公信力。

(2)公用网络区与专用网络区威胁:租户业务应用系统服务器账号泄露,被攻击者控制;租户管理员账号泄露,租户云计算资源被攻击者控制;租户开发账户信息泄露,业务应用系统源代码被盗取,攻击者通过分析源代码控制业务应用系统或插入恶意链接。

(3)管理运维威胁:针对租户业务数据库的 DoS 攻击,可能导致数据库无响应,业务数据丢失;内部人员否认对租户业务数据库的操作行为,导致租户数据被内部人员盗取;攻击者删除租户业务数据库日志,长期攻击租户系统;攻击者或内部人员非法获得业务数据库特权，控制租户数据库，盗取数据。

华为私有云安全解决方案参考网络安全等级保护 2.0 要求，通过对政务云业务网络面临的安全威胁及其承载业务特点的安全分析，针对不同网络的防御重点进行了分析，从而设计出能够满足政务云安全要求的政务云安全体系。

华为私有云安全解决方案为电子政务云计算平台提供网络安全等级保护三级合规的基础防护建设能力，实现电子政务云计算平台整体安全有保障、可持续运行且风险可控。与此同时，结合云上业务应用系统运维安全管理的实际需求，采用多形态的安全保障技术，为客户建设面向租户的安全服务能力，为租户提供多种云安全服务，建设完善的云安全服务能力。

1）安全防护架构

按照防护对象的不同，华为私有云安全解决方案分为基础设施安全和云服务客户安全。同时，按照自适应安全框架（ASA）进行展开，分为防护、检测、响应和预测四个维度。

（1）防护：基于策略或者特征，尽量减少整个系统的被攻击面，防止攻击事件发生。例如，加固/保护应用、诱骗攻击等都是可以利用的防护方式。

（2）检测：用于发现那些逃过防御网络的攻击。这需要持续监控，通过监控网络中的日志、安全事件或者流量里面的一些行为构建检测能力。只有发现攻击行为，才能采取行动，防止事件升级，降低损失。

（3）响应：高效及时响应，如马上更新策略、给系统打补丁、加入新的特征。同时，通过审计数据，或对别的一些记录进行溯源，查出到底是谁在搞破坏，将相关信息记录下来，支撑调查取证。

（4）预测：通过防护、检测、响应的结果，不断优化基线系统，主动进行风险评估，从外部发现黑客正在进行的一些破坏活动，整理出信息、情报，逐步精准预测未知的、新型的攻击。

预测、防护、检测和响应这样一个循环系统，构成了华为私有云安全防护架构（见图 1-8）。该架构可以细粒度、多角度、持续地对安全威胁进行实时动态分析，自动适应不断变化的网络和环境威胁，并不断优化自身的安全防御机制。

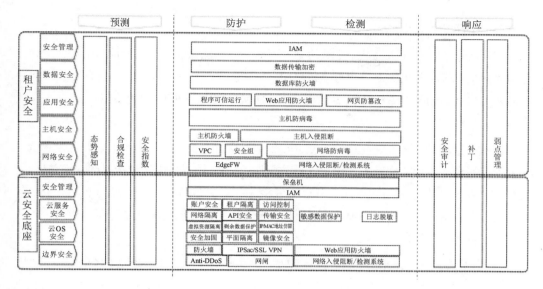

图 1-8　华为私有云安全防护架构

2）安全措施

安全通信网络与安全区域边界的相关安全措施如下。

（1）安全传输：私有云计算平台的互联网区域应建设安全接入平台，通过部署 VPN 系统、接入认证管理系统、移动安全管理系统和防火墙系统，对远程接入用户提供远程接入和数据加密传输功能，防止数据篡改和数据窃听等风险。

（2）运维审计：部署运维审计系统，审计内容包括运维人员行为、网络设备系统资源的异常使用和重要系统命令的使用等系统内重要的安全相关事件；审计记录包括事件的日期、时间、类型、主体标识、客体标识和结果等。运维审计能够根据记录数据进行分析，并生成审计报表；具备审计进程保护功能，避免受到未预期的中断的影响；具备审计记录保护功能，避免受到未预期的删除、修改或覆盖等操作的影响。

（3）Anti-DDoS：在云计算平台的互联网出口处部署 Anti-DDoS 设备，边界路由交换设备通过策略路由将待清洗流量牵引至 DDoS 清洗设备，设备实时对流量进行识别，将 DDoS 攻击流量从混合流量中分离、过滤。Anti-DDoS 系统能有效检测与防御流量型 DDoS 攻击（如 UDP Flood、TCP SYN Flood 等）、Web 型 DDoS 攻击（如 HTTP GET /POST Flood 攻击、慢速攻击、TCP 连接耗尽攻击、TCP 空连接攻击等）、DNS 服务攻击、攻击/僵尸工具发起的 DDoS 攻击等。

（4）防火墙：防火墙通过安全域的划分，提供基础安全隔离，将云计算平台网络和外部边界隔离。核心防火墙通过为每个租户建立虚拟防火墙，实现不同租户之间、同一租户不同业务之间访问控制策略的灵活配置。入侵防御系统还提供防 ARP 欺骗、畸形报文攻击防护、NAT 等功能。

（5）入侵防御系统：在防火墙上插 IPS 子卡，通过对流经核心的流量进行深度检测，为云计算平台提供南北向及东西向的入侵防御能力。IPS 针对应用流量做深度分析与检测，配合攻击特征知识库和用户规则，可以有效检测并实时阻断隐藏在海量网络流量中的病毒、攻击与滥用行为。入侵防御系统还可以对分布在网络中的各种流量进行有效管理，从而实现对网络应用层的保护。

（6）防病毒网关：云计算平台外网区和互联网区核心交换机上各部署两台防病毒网关，在网关处提供病毒防护能力。防病毒网关设备通过对 HTTP、FTP、POP3 等常见应用协议进行病毒的检测和清除，在网关处有效限制病毒随互联网访问、远程运维等途径进入云计算平台，同时防止病毒在云计算平台内传播扩散。

安全计算环境的相关安全措施如下。

（1）虚拟机隔离：实现同一物理机上不同虚拟机之间的资源隔离，避免虚拟机之间的数据窃取或恶意攻击，保证虚拟机的资源使用不受周边虚拟机的影响。

（2）VPC：一个 VPC 相当于一个局域网，用户通过配置不同的 VPC 实现虚拟机之间的通信隔离，以增强虚拟机的安全性。

（3）安全组：通过配置安全组，终端用户可自行控制虚拟机间的互通和隔离关系，以增强虚拟机的安全性。用户可通过配置安全组规则实现虚拟机间的互通或隔离。

（4）主机安全：主机安全防护系统选用的虚拟化安全管理系统，采用 QVM 人工智能引擎、云查杀引擎、AVE 文件修复引擎、QEX 宏病毒检测引擎四大杀毒引擎进行病毒的安全防御，在实现恶意代码防护的同时避免触发启动风暴和查杀风暴。

（5）主机系统加固：主机系统加固措施主要包括关闭不必要的通信端口和服务进程、限制系统访问权限、各账号严格控制访问权限、开启安全日志审计功能、避免黑客通过漏洞攻击系统等。

（6）应用安全：为防范愈发严重的 Web 攻击，在云计算平台的互联网区域核心交换机上旁路部署两台 WAF 设备，通过策略路由的方式将前往 Web 服务器的流量引流到 WAF，实现对 Web 应用层的防护。

（7）数据安全：云计算平台保障不同租户之间的数据隔离及安全共享，通过传输安全、数据存储安全、容灾备份等技术手段加强数据安全保护，并通过数据库审计系统对访问数据库服务器的行为进行全方位的审计。

安全管理中心的相关措施如下。

（1）系统管理：为了保障云计算平台系统正常运转，提高服务和维护水平，特别是要管理分布式的网络、系统环境，有必要使用一套全面的网络运维管理系统（如华为 eSight 系统），制定相应的管理策略和制度，实现集中统一管理。

（2）审计管理：通过部署日志审计系统对分布在系统各部分的安全审计机制进行集中管理。例如，根据安全审计策略对审计记录进行分类，提供按时间段开启和关闭相应类型的安全审计机制，对各类审计记录进行存储、管理和查询，对安全审计员进行严格的身份鉴别并只允许其通过特定的命令或界面进行安全审计操作等。

（3）安全管控、运维堡垒机：云计算平台需要建立一套集中统一的访问控制策略，能够进行身份认证和授权操作，同时能够对操作行为进行审计，能够记录用户操作行为，避免由于运维人员操作不规范、权限滥用及误操作等导致生产系统受到影响。

（4）漏洞扫描：云计算平台部署漏洞扫描系统，通过扫描等手段对指定的虚拟机或物理机系统的安全脆弱性进行检测，发现可利用的漏洞，防御渗透攻击行为，并提供及时的安全防护。

3）安全产品/服务

华为私有云基于网络安全等级保护基本要求，在不同的安全方面为云服务客户提供的安全产品/服务如下。

（1）安全态势感知（Security Situation Awareness）。安全态势感知服务能够帮助用户理解并分析其安全态势，通过收集其他各服务授权的海量数据，对用户的安全态势进行多维度集中、简约化呈现，方便用户从大量的信息中发现有用的数据。同时，结合大数据挖掘和分析技术，提供全覆盖的从对手分析到全局分析的能力，帮助用户准确理解过去发生的所有安全事件，以及预测将来有可能发生的安全事件。

（2）安全指数服务。配置安全检查：根据安全最佳实践和合规性要求，对用户的云环境进行安全配置检查，列出不符合项并提示用户进行进一步的分析和整改。租户合规性检查：根据等级保护合规要求，检测租户的云服务是否进行安全配置，按等级保护的测评项进行呈现，并可导出检测报表。

（3）主机安全服务。主机安全服务是一种终端安全防护服务，通过集成第三方主机安全产品（如 360 网神）提供主机入侵防御（HIDS）等安全功能，保障弹性云主机的安全性。

（4）密钥管理服务。密钥管理服务为平台云服务、租户业务应用提供一种安全可靠、简单易用的密钥托管服务，其密钥安全由硬件安全模块（HSM）保护，帮助用户集中管理云中各类密钥生命周期安全。

（5）数据加密服务。数据加密服务基于国家密码管理局认证的云服务器密码机（CloudHSM）构建虚拟化密码资源池，实现 IT、密码资源统一调度管控，为用户按需提供虚拟密码机（VSM）服务，支持政务、金融等重要行业客户的云上密码服务及国密改造需求。

（6）堡垒机服务。堡垒机服务实现运维集中管理、认证管理、自动化运维、实时报警等能力。

（7）漏洞扫描服务。漏洞扫描服务实现 Web、数据库、操作系统等的扫描、分布式集群、综合报表、基线核查等能力。

（8）网页防篡改服务。网页防篡改服务包括网页文件保护、集中管理、实时报警、日志审计、站点文件保持、系统信息检测、系统自我保护等措施。

（9）Web 应用防火墙服务。租户通过登录 Web 应用防火墙管理控制台配置后端防护网站、防护策略等参数，并配置域名解析为 Web 应用防火墙 IP；当外部访问网站时，流量全部流经 Web 应用防火墙进行检测过滤，使正常访问流量能不受影响地访问后端被防护的网站。

（10）数据库审计服务。数据库审计服务包括用户行为发现审计、多维度线索分析、风险操作告警、异常行为报表等措施。

（11）边界防火墙服务。边界防火墙服务针对云数据中心与外部网络之间的南北向流量，为用户提供边界安全防护的服务。边界防火墙服务支持以用户的弹性公网 IP 地址为防护对象，提供防护控制策略能力。

（12）云防火墙服务。云防火墙服务提供 VM 到 VM 级的细粒度访问规则配置能力（网络 ACL），支持基于业务标签进行防护对象定义的业务标签。

5. 深信服云安全等级保护解决方案

下面针对电子政务云安全防护应用场景，以电子政务外网的典型场景为例，介绍深信服云安全等级保护解决方案。

电子政务外网系统是电子政务重要公共基础设施，是服务于政务部门，满足其经济调节、市场监管、社会管理和公共服务等方面需要的政务公用网络平台。面向电子政务外网网络安全保障体系的建设需求，深信服云安全等级保护解决方案遵循"动态防御、主动防御、纵深防御、精准防护、整体防控、联防联控"的设计原则，全面建立政务云云安全防护体系、运维管理体系和应急响应体系。同时，增强网络信任体系基础设施支撑能力，扩展网络信任服务管理支撑和应用服务能力，持续改善政务外网的信任环境。

采用软件定义安全的架构构建电子政务云安全防护体系，建设面向各个信息系统的云安全服务平台，实现为不同业务应用系统提供独立可视的安全功能需求，充分满足不同部门的个性化安全服务能力，实现安全按需扩展、弹性扩展、灵活部署。基于电子政务云安全防护体系的电子政务外网应用场景如图 1-9 所示。

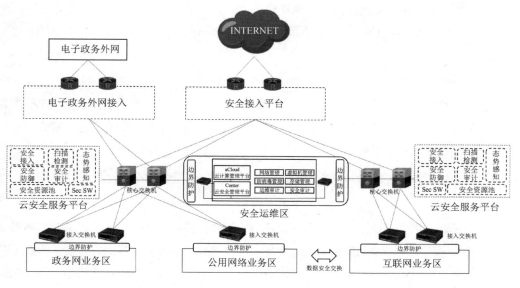

图 1-9　电子政务外网应用场景

1）总体安全架构

电子政务云安全防护体系对安全威胁和实际需求进行分析，云计算平台按照网络安全等级保护基本要求进行总体规划和设计，提供符合网络安全等级保护基本要求的安全环境。

云计算平台数据中心安全框架从分层、纵深防御思想出发，根据层次分为物理安全、IT 基础架构安全（网络安全、主机安全）、虚拟化安全、数据安全、应用安全和安全管理等层面，结合云端安全服务来指导云计算平台安全解决方案的设计。

以"持续保护，不止合规"为指导思想，以安全性、可靠性、可扩展性、易用性、兼容性为指导原则，主要解决思路如下。

（1）以"一个中心，三重防护"为基础构建安全防护体系。具体如下：通过重塑安全边界，缩小攻击面，提升基础防护；构建完善的安全边界，适配数据中心和 IT 建设的特点，包括互联网出口安全改造、安全域改造、微隔离等措施。

（2）加强应用、数据和身份安全。针对数据中心的资产、威胁及风险，以应用和数据为保护对象，使用零信任（身份认证）、基于语义分析的 Web 层攻击防护、日志大数据分析等技术进行持续性保护。

（3）提升数据中心威胁检测及运维管理能力。通过打造安全可视能力，使安全了然于胸。通过持续性的风险评估，构建态势感知平台，提高云数据中心发现威胁能力和运维能力。

在安全防护体系的具体实现过程中，按照"一个中心"管理下的"三重防护"体系框架构建安全机制和策略，形成等级保护对象的安全保护环境。将先进的信息安全技术落实到具体的安全产品中，形成合理、有效、可靠的安全防护体系。整体安全产品部署方案（云计算平台安全逻辑框架）如图 1-10 所示。

云安全资源池为保障云计算平台的安全性，采用三安全资源池统一部署，业务安全功能按需从安全资源池调用的策略。安全资源池拓扑如图 1-11 所示。

由于云计算平台基础设施采用虚拟化技术，因此，在核心交换机上接入引流交换机。引流交换机采用物理旁路加逻辑串联的方式，核心交换机采用策略路由的方式，将云计算平台的业务流量引流到云安全服务平台。通过云安全服务平台的下一代防火墙组件、Web应用防火墙组件、堡垒机组件、数据库审计组件、入侵防御组件、SSL VPN 组件、终端安全 EDR 组件等对数据量进行安全检测，检测完成后再返给流量交换机到出口。由此，完成整个数据流的安全防护，形成南北向和东西向纵深防护体系。

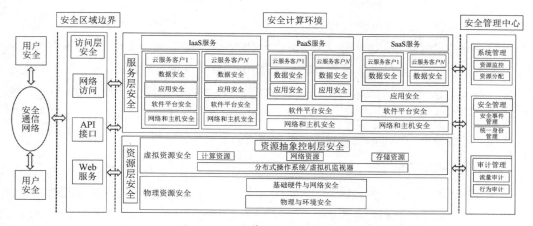

图 1-10　云计算平台安全逻辑框架

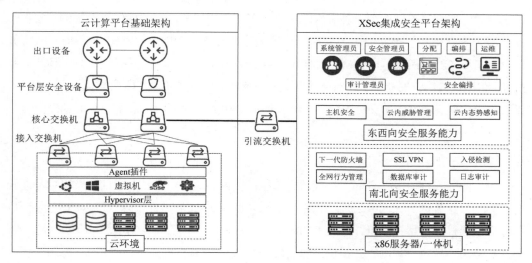

图 1-11　安全资源池拓扑

结合云计算安全扩展要求及第三方的生态产品，实现云计算安全扩展体系的一站式保障。其中，云安全资源池平台底层采用超融合架构，部署在 x86 服务器上；平台中的计算资源、存储资源、网络资源、网络功能资源、安全功能等 IT 基础资源均实现虚拟化，能够实现不同安全功能组件之间的联动，形成纵深防护体系。

2）安全措施

深信服云安全服务平台基于云计算理念构建，提供对深信服安全组件、第三方安全组件的管理和资源调配能力。通过接口自动化部署组件，降低组网难度，减少上架工作量；借助虚拟化技术的优势，提升用户弹性扩充和按需购买安全服务的能力，从而提高组织的安全服务运维效率；能够将各项安全能力以应用服务的形式向云计算使用者输出，实现安全能力的按需分配、快速部署；基于通用硬件基础设施和软件定义技术实现统一建设、统一管理、统一服务。深信服云安全服务平台为用户提供了多种不同的云产品，包括下一代防火墙、入侵防御、Web 应用防火墙、负载均衡、堡垒机、漏洞扫描、数据库审计等。

（1）安全通信网络

深信服云安全服务平台提供不同安全性能的授权产品，用户能够按照需求进行选择。深信服云安全服务平台提供负载均衡组件及上网行为管理组件：负载均衡组件能够对链路和计算资源进行保障、优化；上网行为管理组件能够对历史带宽使用情况进行分析，并据此设定带宽使用策略、验证策略有效性、优化带宽管理，从而有效地保障网络的稳定性。深信服云安全服务平台底层服务器端口采用链路聚合方式实现出/入流量在各接口中的负荷分担，服务器采用集群的方式，实现了自身设备的冗余性，保证深信服云安全服务平台的高可用性；提供云安全服务平台上安全组件的双机功能；在通信传输层面提供 SSL VPN、IPSec VPN 等安全组件，支持国际算法的数据加密功能，保证用户数据在通信过程中的完整性和保密性。

（2）安全区域边界

深信服云安全服务平台的下一代防火墙组件提供了边界访问控制功能，能够对跨边界的访问和数据流进行控制，并进行检测、记录，同时提供通信过程中恶意行为的检测能力，保证通信通过受控接口进行，并对未知的威胁进行检测。在访问控制层面，下一代防火墙组件支持用户自定义规则，并提供细粒度应用 ACL，同时根据策略命中情况和安全效果，针对重复的、无效的访问控制策略的配置进行提醒，保证访问控制策略最优，并提供第七层应用协议和应用内容的访问控制功能。在入侵防范层面，入侵防御组件和 Web 应用防火墙组件提供的 IPS、WAF、APT 等功能对租户的流量进行检测，入侵防御组件对利用高危、常见漏洞的行为提前预警并提供防范措施，通过 APT 模块提供面向未知威胁和已知 APT 攻击行为的检测和防御，在检测的同时记录攻击行为，并提供邮件、短信、SNMP Trap、云安全服务平台 Web 页面告警功能等告知方式。同时，所有安全组件的规则库均可以连接至规则更新平台，能够保证规则库保持最新状态。在恶意代码防范层面，下一代防火墙组件采用流模式和启发式文件扫描技术，在传统的恶意文件检测方案的基础上，通过使用自研的 AI 杀毒引擎 SAVE 对近百万种计算机病毒进行查杀，大幅提高检测能力和自动化程度；同时，基于自身安全市场扩展的反垃圾邮件网关组件可以针对邮件的恶意行为进行检测和防护。在安全审计层面，日志审计组件、堡垒机组件、上网行为管理组件及边界安全设备自身的审计功能为用户提供审计服务。日志审计组件支持以多种途径（如 syslog、WMI等方式）实时采集云服务客户内部各类安全设备、网络设备、主机、操作系统、业务应用系统等日志信息，协助用户进行安全分析及合规审计，及时、有效地发现安全事件及审计违规等。

（3）安全计算环境

深信服云安全服务平台及各安全组件提供口令强度可配置、登录失败处理（锁定、注销账户）和连接超时退出会话等功能，能够基于手机验证码进行二次认证，同时支持 OTP动态令牌、USB KEY、指纹等身份鉴别方式，实现多因素身份认证。在访问控制层面，深信服云安全服务平台可以建立多级管理员账号，租户侧平台也可以设置多级管理员账号进行管理和权限的划分，同时安全组件堡垒机提供了账户管理功能，对服务器、网络、安全设备账户及所有使用运维管理系统的账号进行集中管理、集中授权。在安全审计层面，深信服云安全服务平台及各安全组件均提供审计功能并处于默认开启状态。在此基础上，云服务客户可通过部署堡垒机组件、上网行为管理组件、数据库审计组件、日志审计组件对各层面进行安全审计。在恶意代码防范层面，组件终端安全 EDR 部署在用户虚拟机、终端侧，能够与下一代防火墙、入侵设备等进行联动，对恶意代码进行检测，并提供防病毒、入侵防御等功能。

（4）安全管理中心

深信服云安全服务平台为系统管理员、安全管理员、审计管理员提供独立的管理界面。同时，堡垒机组件能够为用户提供资源授权、访问控制功能，通过灵活的授权管理和细粒度的访问控制管理可以对用户访问的各种资源进行控制和审计。在集中管控层面，深信服云安全服务平台 SSL VPN 组件提供安全传输路径功能，运用 SSL 加密和逻辑隔离的特性为用户的核心数据提供安全防泄密服务，支持 AES、3DES、RSA、RC4、MD5 及国密 SM2、SM3、SM4 等加密算法，以保障数据的安全性，建立安全的传输路径，提供安全管理服务。深信服云安全服务平台网管软件组件能够针对平台的网络链路、安全设备、网络设备的状态及虚拟化形态的安全组件提供集中的监测，并提供对服务器运行状况进行集中监测的功能，包括对 CPU 使用率、内存使用率、实时流量进行集中监测。

深信服基于网络安全等级保护 2.0 基本要求，在不同的安全层面为云服务客户提供不同的安全措施及安全产品/服务如表 1-4 所示。

表 1-4　深信服网络安全等级保护 2.0 基本要求条款对应安全措施及安全产品/服务

网络安全等级保护 2.0 基本要求			安全措施	安全产品/服务
安全层面	控制点	要求项		
安全通信网络	网络架构	b）应实现不同云服务客户虚拟网络之间的隔离	内部网络基于不同的 VLAN 进行隔离和通信，其中包括安全组件业务流转发、内部集群管理、存储数据同步及外部管理四部分，同时，安全组件业务流转发可根据不同云租户进行隔离，实现互相独立运行	深信服云安全服务平台基础功能模块
		c）应具有根据云服务客户业务需求提供通信传输、边界防护、入侵防范等安全机制的能力	① SSL VPN 组件运用 SSL 加密和逻辑隔离的特性为用户的核心数据提供安全防泄密服务，保证通信传输的安全性；② 下一代防火墙组件、WAF 组件、AD（应用交付）组件为用户提供安全边界防护能力；③ 组件入侵防御通过多维度的检测技术，包含基于 AI 和沙箱等技术实现识别的精确性，支持7000 多种攻击特征进行识别，能够检测常见的计算机病毒、蠕虫、后门木马、僵尸网络攻击及缓冲区溢出攻击和漏洞攻击，对异常流量进行检测	深信服云安全服务平台基础功能模块、SSL VPN 组件、下一代防火墙组件、入侵防御组件、Web 应用防火墙组件、负载均衡组件
		d）应具有根据云服务客户业务需求自主设置安全策略的能力，包括定义访问路径、选择安全组件、配置安全策略	提供面向云计算用户的独立 Portal 界面，不同用户间相互隔离。独立的用户界面可以设置已经分配的安全能力的相关安全策略及查看用户自身云上业务产生的安全日志，做到云计算用户安全事件的闭环处置	深信服云安全服务平台基础功能模块
		e）应提供开放接口或开放性安全服务，允许云服务客户接入第三方安全产品或在云计算平台选择第三方安全服务	深信服云安全服务平台能力支撑层提供针对第三方产品整合的入口与环境，第三方安全产品组件按照标准的打包环境和接口即可完成整合到深信服云安全服务平台的操作	深信服云安全服务平台基础功能模块
安全区域边界	访问控制	a）应在虚拟化网络边界部署访问控制机制，并设置访问控制规则	下一代防火墙组件、入侵防御组件、WAF 组件等安全产品旁路部署，可实现云服务客户虚拟网络边界处访问控制策略的配置	下一代防火墙组件、入侵防御组件、WAF 组件
		b）应在不同等级的网络区域边界部署访问控制机制，设置访问控制规则	虚拟拓扑、下一代防火墙组件提供不同等级的网络区域边界部署访问控制功能	深信服云安全服务平台基础功能模块、下一代防火墙组件
	入侵防范	a）应能检测到云服务客户发起的网络攻击行为，并能记录攻击类型、攻击时间、攻击流量等	云服务客户侧发起的攻击行为通过云安全服务平台时，下一代防火墙组件、入侵防御组件、WAF 组件等对行为进行检测，能够记录攻击类型、攻击时间、攻击流量等行为	下一代防火墙组件、入侵防御组件、Web 应用防火墙组件

续表

网络安全等级保护 2.0 基本要求			安全措施	安全产品/服务
安全层面	控制点	要求项		
安全区域边界	入侵防范	b)应能检测到对虚拟网络节点的网络攻击行为,并能记录攻击类型、攻击时间、攻击流量等	虚拟网络节点发起的攻击行为通过云安全服务平台时,下一代防火墙组件、入侵防御组件、WAF 组件等对行为进行检测,能够记录攻击类型、攻击时间、攻击流量等行为	下一代防火墙组件、入侵防御组件、WAF 组件
		c)应能检测到虚拟机与宿主机、虚拟机与虚拟机之间的异常流量	① 虚拟机与宿主机之间的流量检测,需要云计算平台提供相关接口或由云计算平台提供相关的安全能力; ② 云服务客户侧虚拟机与虚拟机间的进出流量均需要通过云安全服务平台中的下一代防火墙组件、入侵防御组件、WAF 组件等进行检测,另外也可以通过在虚拟机上安装 EDR 组件,通过微隔离功能将虚拟机之间的流量可视化,及时发现异常流量	下一代防火墙组件、入侵防御组件、WAF 组件、终端安全 EDR 组件
	安全审计	a)应对云服务商和云服务客户在远程管理时执行的特权命令进行审计,至少包括虚拟机删除、虚拟机重启	管理流量通过云安全服务平台时,通过堡垒机对用户行为进行审计;通过堡垒机登录云服务商管理 Web 界面进行的虚拟机的删除、重启等操作均可通过堡垒机的录屏功能记录下来;同时,针对通过 SSH、RDP 进行的远程运维工作,均可通过堡垒机记录命令的执行、回显	堡垒机组件
		b)应保证云服务商对云服务客户系统和数据的操作可被云服务客户审计	云服务商登录云服务客户的系统和对数据的操作均需要通过 SSL VPN 组件和堡垒机组件展开,同时,针对系统的运维动作可以被堡垒机记录,针对云服务客户数据库的运维操作可以被数据库审计组件记录;此外,云安全服务平台提供独立云服务商界面,云服务商在做安全运维工作时,均需要通过云服务商界面进入,同时所有安全运维操作均会被平台记录、留存	SSL VPN 组件、堡垒机组件
安全计算环境	身份鉴别	当远程管理云计算平台中设备时,管理终端和云计算平台之间应建立双向身份验证机制	① 云安全服务平台及其上安全组件通过堡垒机统一管理,堡垒机支持 CA 认证; ② 云安全服务平台相关安全组件支持云服务商、云服务客户的双向身份验证机制	深信服云安全服务平台基础功能模块、SSL VPN 组件、堡垒机组件

续表

网络安全等级保护 2.0 基本要求			安全措施	安全产品/服务
安全层面	控制点	要求项		
安全计算环境	访问控制	a）应保证当虚拟机迁移时，访问控制策略随其迁移	① 下一代防火墙、上网行为管理、WAF 等安全组件发生故障或迁移时，副本运行保证访问控制策略迁移； ②云服务客户虚拟机 IP 地址不变时，云安全服务平台相关的安全访问控制策略不受影响；若 IP 地址变化，安全访问控制策略缺失，云安全服务平台防火墙、IPS、WAF 等安全组件能够提示、预警	深信服云安全服务平台基础功能模块
		b）应允许云服务客户设置不同虚拟机之间的访问控制策略	终端安全 EDR 组件支持微隔离的访问控制策略统一管理，支持对安全事件的一键隔离处置	深信服云安全服务平台终端安全 EDR 组件
	入侵防范	c）应能够检测恶意代码感染及在虚拟机间蔓延的情况，并进行告警	终端安全 EDR 组件能够针对虚拟机商的恶意代码感染进行统计并及时清除感染的恶意代码	终端安全 EDR 组件
	镜像和快照保护	a）应针对重要业务系统提供加固的操作系统镜像或操作系统安全加固服务	提供安全基线核查，对虚拟机镜像进行上线前检测，并提供安全加固服务	漏洞扫描及基线核查组件
	数据完整性和保密性	b）应确保只有在云服务客户授权下，云服务商或第三方才具有云服务客户数据的管理权限	云安全服务平台安全组件相关数据仅在云服务客户授权下，才允许云服务商通过堡垒机进行访问	深信服云安全服务平台基础功能模块、堡垒机组件
		c）应使用校验码或密码技术确保虚拟机迁移过程中重要数据的完整性，并在检测到完整性受到破坏时采取必要的恢复措施	① 云计算平台侧虚拟机迁移过程中的完整性由云服务商提供相应的安全防护能力； ② 深信服云安全服务平台安全组件所承载的虚拟机在迁移时，通过密码技术保证虚拟机在迁移过程中的完整性，在检测到完整性受到破坏时，通过副本机制进行恢复	深信服云安全服务平台基础功能模块
	剩余信息保护	a）应保证虚拟机使用的内存和存储空间回收时得到完全清除	① 云服务商提供相应的安全防护能力； ② 深信服云安全服务平台使用的虚拟机在删除后，内存会立刻释放，释放的内存会被重新分配给其他的虚拟机	深信服云安全服务平台基础功能模块
		b）云服务客户删除业务应用数据时，云计算平台应将云存储中所有副本删除	① 云服务商提供相应的安全防护能力； ② 深信服云安全服务平台的数据在用户删除后，删除信息会同步到每个副本。同时为了保证数据已经被完全删除，用户可以选择复写两次从而完全删除数据	深信服云安全服务平台基础功能模块

网络安全等级保护 2.0 基本要求			安全措施	安全产品/服务
安全层面	控制点	要求项		
安全管理中心	集中管控	a）应能对物理资源和虚拟资源按照策略做统一管理调度与分配	① 云服务商提供相应的安全防护能力； ② 深信服云安全服务平台运营平台实现物理资源和虚拟资源的统一调度	深信服云安全服务平台基础功能模块
		b）应保证云计算平台管理流量与云服务客户业务流量分离	① 云服务商提供相应的安全防护能力； ② 深信服云安全服务平台业务和管理流量由不同的物理网口转发	深信服云安全服务平台基础功能模块
		c）应根据云服务商和云服务客户的职责划分，收集各自控制部分的审计数据并实现各自的集中审计	① 云服务商提供相应的安全防护能力； ② 深信服云安全服务平台日志审计组件能够实时不间断地采集汇聚云租户主机、操作系统和业务应用系统的日志信息，协助用户进行安全分析及合规审计，及时、有效地发现异常安全事件及违规事件	深信服云安全服务平台基础功能模块、日志审计组件
		d）应根据云服务商和云服务客户的职责划分，实现各自控制部分，包括虚拟化网络、虚拟机、虚拟化安全设备等的运行状况的集中监测	① 云服务商提供相应的安全防护能力； ② 深信服云安全服务运营平台对自身的安全组件资源进行监控	深信服云安全服务平台基础功能模块

6. 天融信云安全等级保护解决方案

本部分针对电子政务云数据中心云安全防护应用场景，以电子政务云数据中心基础通用安全防护、云内安全防护和云服务客户安全防护的典型场景为例，介绍天融信云安全等级保护解决方案。

为建立与政府履职相适应的电子政务体系，不断提升政府管理能力和公共服务水平，各地政府充分运用云计算、大数据等先进理念和技术，按照"集约高效、共享开放、安全可靠、按需服务"的原则，以"云网合一、云数联动"为构架，建设市、区两级电子政务云计算平台，实现市政府各部门基础设施共建共用、信息系统整体部署、数据资源汇聚共享、业务应用有效协同，为政府管理和公共服务提供有力支持，提升政府现代治理能力。

电子政务云计算平台要充分考虑政务云的特性，按照纵深防御理念，从外到内解决云数据中心基础通用安全、云内安全和云租户安全问题，覆盖云计算平台外层边界接入安全、云计算平台虚拟化边界、云计算平台内部安全。

（1）基础通用安全防护。通用安全防护体系是云计算平台安全运行的基础保障，通过部署安全防护设备，为网络可用性、网络边界完整性、网络入侵及恶意代码等多个方面提供专业的安全防护，保障信息系统网络（包括局域网、广域网、接入用户等）的安全可靠运行，保障在网络上传输的信息的安全。

（2）云内安全防护。通用安全防护体系能够为云计算平台提供强大的边界安全防护措施，却无法为云内东西向流量提供有效的安全检测与防御机制，因此，一旦云计算平台被攻击者渗入，而云计算平台内部无法提供足够的访问控制及应用层安全防护能力，那么数据将会完全暴露，极易发生泄露，给单位带来巨大的损失。天融信通过微隔离+主机安全防护相结合的方式，为云内东西向流量提供全面的安全守护。

（3）云服务客户安全防护。在云计算环境下，网络构架正在发生变化，网络边界不仅包含内外网物理边界和安全域的边界，还增加了云服务客户之间的虚拟安全边界。在传统政务云环境下，云服务客户安全策略由电子政务云计算平台统一提供，云服务客户不具备根据业务需求自主设置安全策略的能力，形成了安全管理盲区，限制了用户业务的发展。天融信利用安全池化技术，根据云服务客户不同的防护等级需求，为云服务客户提供动态弹性可扩展的安全防护体系。

1）安全防护架构

天融信云计算安全防护体系以云计算基础安全为根本，以云计算安全为重点，以安全管理为手段，通过软硬件结合的方式为云计算环境提供从内外网边界到云服务客户边界和云内东西向流量的安全；通过安全管理体系对安全投入、设备、设备技术和运维进行规范，提升运维人员岗位专业技能、安全意识及人员运维能力，实现电子政务云计算平台安全、稳定、高效运行。电子政务云数据中心云安全防护体系架构如图1-12所示。

（1）网络安全等级保护2.0基础通用安全：通过部署天融信防火墙、入侵防御、防病毒网关等安全防护设备（硬件），为通信网络提供安全防护，满足网络安全等级保护2.0基础通用安全防护要求。

（2）网络安全等级保护2.0云内安全：通过部署天融信虚拟化分布式防火墙系统及天融信终端威胁防御系统，为云内环境提供专业的东西向安全防护，满足网络安全等级保护2.0云内安全防护要求。

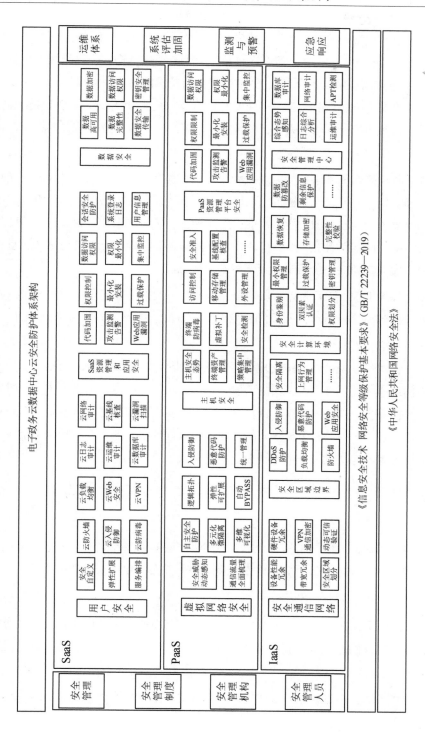

图 1-12　电子政务云数据中心云安全防护体系架构

天融信虚拟化分布式防火墙系统基于网络安全等级保护 2.0，以"微隔离、零信任"为设计理念。系统以虚机的形式分布式部署在云计算平台上，通过严格的微隔离技术控制虚机之间的安全通信，明确访问来源，同时，凭借高级威胁防护能力解决虚机之间的入侵威胁及恶意代码防护等安全威胁。系统引入多维可视化模型，通过云内业务通信可视化及攻击可视化等功能，深度剖析业务通信关系，快速定位攻击源，为客户提供强有力的云计算安全保障。

天融信终端威胁防御系统基于独特的虚拟沙盒技术，具有强大的病毒扫描、病毒脱壳和恶意代码行为分析能力，可以深度解析恶意代码的本质特征，实时感知静态代码的威胁信息及动态代码的攻击行为和意图，能够精准识别各种已知威胁和未知威胁。产品深度融合反病毒、主动防御、智能拦截三大防御模块，有效抵御各类流行的计算机病毒及恶意软件对终端的入侵，为客户提供一个纯净、安全的系统环境。

（3）网络安全等级保护 2.0 云服务客户安全：通过部署天融信云安全资源池系统，根据云服务客户不同的防护等级需求，为云服务客户提供动态、弹性、可扩展的安全防护体系，满足网络安全等级保护 2.0 云服务客户安全防护要求。

天融信云安全资源池系统针对虚拟化环境下特殊的网络结构，将安全能力池化，为云环境多租户虚拟网络边界提供弹性、灵活的云安全服务，防护范围覆盖网络安全、主机安全、应用安全、数据安全，满足云计算平台自身及云服务客户的安全需求。系统可实现集中管理和统一策略下发，同时，除了提供防护，通过与云计算平台的深度对接，系统还可对云中租户及云服务客户选择的安全服务内容进行管理。

2）安全防护措施

通用安全防护措施如下。

安全通信网络：为保证通信网络安全，在重要网络区域部署高性能网络安全设备，不仅满足业务高峰期的需求，还提供关键网络安全设备硬件冗余，保证系统的可用性。

安全区域边界相关的安全防护措施如下。

（1）DDoS 攻击防护：在云计算平台数据中心边界部署专业的负载均衡设备，自动选择最优路径，将来自内外网的流量分流到最佳的链路上，保证带宽的有效利用，并达到最佳访问速度。

（2）防火墙：在云计算平台数据中心边界部署专业的下一代防火墙设备，对网络及其中重要的安全域提供边界访问控制，严格控制进出网络及各重要安全区域的访问，明确访问的来源、访问的对象及访问的类型，确保合法访问的正常进行，杜绝非法及越权访问。

（3）入侵防御：在云计算平台数据中心边界部署专业的入侵防御系统，实时检测外部人员利用网络和系统自身薄弱点进行的非法入侵和攻击，并对检测到的非法流量进行及时阻断。

（4）网络防病毒：在云计算平台数据中心边界部署专业的病毒过滤网关，对进出的网络数据流进行恶意代码扫描和过滤处理，彻底阻断外部网络的病毒、蠕虫、木马及其他各种恶意代码向数据中心网络内部传播。

（5）Web 应用防火墙：在云计算平台数据中心边界部署专业的 Web 应用防火墙，对 Web 应用服务和网页内容进行防护，屏蔽对网站的攻击和篡改行为，实现防跨站攻击、防 SQL 注入、防黑客入侵、网页防篡改等功能，更有效地对网站服务器系统及网页内容进行安全保护，从应用和业务逻辑层面真正解决 Web 安全问题。

（6）安全隔离网闸：在云计算平台重要区域边界部署专业的安全隔离系统，通过数据安全隔离技术，在保持内外网络有效隔离的基础上实现两网间安全受控的数据交换。

安全计算环境相关的安全防护措施如下。

（1）VPN 传输隧道加密：在云计算平台内部部署集 SSL VPN 与 IPSec VPN 功能于一体的 VPN 网关设备，根据远程访问节点类型和资源访问需求灵活地提供不同的 VPN 安全接入服务。对于在云计算平台网络范围之外进行远程运维或移动应用接入的用户，建议采用基于 SSL 的加密通信方式，通过互联网安全、方便地访问云数据中心网络中的特定资源，防止数据在访问过程中被窃取或篡改。对于在云数据中心与各地分支机构网络之间进行的远程数据交互，可采用基于 IPSec 协议的 VPN 机制，结合可靠的认证、授权和密码技术，保护远程通信过程和传输数据的真实性、完整性、保密性，防止重要业务数据在传输过程中被窃取、篡改和破坏。

（2）数据存储备份：在云存储区部署备份一体机，实现对云计算平台存储区域的各种重要文件、数据的备份。云计算平台管理员可自定义备份策略，保证实现系统及重要数据实时恢复。

（3）数据库防火墙（DBFW）：在业务区的裸金属服务器区部署硬件数据库防火墙系统，实现对裸金属服务器区部署的数据库的防护。作为数据库系统的第一道防线，所有对数据库服务器的访问必须经过本系统进行检测和控制。

（4）数据库安全审计：在业务核心交换机上旁路部署数据库审计系统，通过旁路方式获取相关流量。实时、智能地审计数据库相关的登录、注销及对数据库表和字段的插入、删除、修改、查询、执行存储过程等操作，能够精确到 SQL 操作语句，及时发现违规操作行为并进行记录、报警，实现对数据库的实时监控，从而在网络上建立起一套数据安全告警和审计机制，为数据库系统的安全运行及事后审计提供有力保障。

安全管理中心相关的安全防护措施如下。

（1）安全运维审计：在安全管理中心部署专业的运维审计系统，在系统运维人员和信息系统（网络、主机、数据库、应用等）之间搭建唯一的入口和统一的交互界面，对信息系统中关键软硬件设备运维的行为进行管控及审计。通过强制策略路由的方式将各设备、应用系统的管理接口转发至堡垒主机，从而完成反向代理的部署，实现对管理用户的身份鉴别。

（2）日志综合审计：在云安全管理中心部署日志审计。通过被动采集（syslog、SNMP Trap）或主动采集（安装 Agent 程序）的方式对云数据中心网络中所有网络设备、服务器操作系统、应用系统、安全设备、安全软件管理平台等产生的日志数据进行统一采集、存储、分析和统计，为管理人员提供直观的日志查询、分析、展示界面，并长期妥善保存日志数据以便需要时查看。

（3）安全态势感知：在安全管理中心部署网络安全态势感知。网络安全态势感知是构建在安全管理系统平台基础之上的一种具体安全业务，在大规模网络环境中，通过对致使网络态势发生变化的安全要素进行获取、理解、显示，预测未来短期的发展趋势。

（4）云内安全：在云计算平台上部署天融信虚拟化分布式防火墙系统，通过严格的微分段安全防护策略，控制虚机之间的安全通信，明确访问来源，实现云计算平台内东西向威胁的防护。同时，以多维可视化模型展示云内业务通信关系及威胁传播轨迹，深度剖析业务通信关系，快速定位恶意威胁传播途径。vSecCenter 安全管理中心如图 1-13 所示。

在云计算平台虚机上安装天融信终端威胁防护系统，基于独特的虚拟沙盒技术，深度解析恶意代码的本质特征，实时感知静态代码的威胁信息及动态代码的攻击行为和意图，精准识别各种已知威胁和未知威胁，有效抵御各类流行病毒及恶意软件对终端的入侵，为客户提供一个纯净、安全的系统环境。

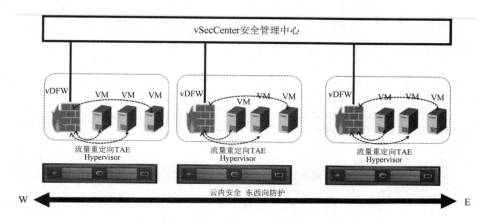

图 1-13   vSecCenter 安全管理中心

（5）云服务客户安全：在云数据中心部署天融信安全资源池系统。通过安全资源池将安全能力池化，同时利用专业流量管理技术实现安全服务链的动态编排，满足网络、主机、应用、数据多个层面的安全防护，根据云服务客户不同的防护等级需求，为云服务客户提供动态弹性可扩展的安全防护体系，满足云计算平台自身及云计算平台租户的安全需求。资源池内的各种安全资源可通过服务目录的形式为租户展现，租户可按需选择甚至通过购买方式获得自己在云中需要的安全资源，填补云服务客户无法根据业务需求自主设置安全策略能力的空白，全面满足网络安全等级保护 2.0 云服务客户安全防护要求。天融信安全资源池如图 1-14 所示。

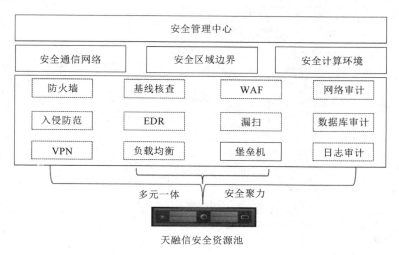

图 1-14   天融信安全资源池

天融信基于网络安全等级保护 2.0 基本要求，在不同的安全层面为云服务客户提供不同的安全措施及安全产品/服务如表 1-5 所示。

表 1-5　深信服网络安全等级保护 2.0 基本要求条款对应安全措施及安全产品/服务

网络安全等级保护 2.0 基本要求			安全措施	安全产品/服务
安全层面	控制点	要求项		
安全通信网络	网络架构	b）应实现不同云服务客户虚拟网络之间的隔离	使用网络隔离技术隔离不同云服务客户，可采用云防火墙	虚拟化分布式防火墙
		c）应具有根据云服务客户业务需求提供通信传输、边界防护、入侵防范等安全机制的能力	提供通信传输、边界防护、入侵防范等云安全产品或安全服务	安全资源池（云防火墙、云 IPS）
		d）应具有根据云服务客户业务需求自主设置安全策略的能力，包括定义访问路径、选择安全组件、配置安全策略	能够在控制台自主选择安全组件或配置安全策略	安全资源池
安全区域边界	访问控制	a）应在虚拟化网络边界部署访问控制机制，并设置访问控制规则	虚拟网络边界采用访问控制机制	安全资源池（云防火墙）
		b）应在不同等级的网络区域边界部署访问控制机制，设置访问控制规则	虚拟网络边界和虚拟机到虚拟机采用访问控制机制	安全资源池（云防火墙+虚拟化分布式防火墙）
	入侵防范	a）应能检测到云服务客户发起的网络攻击行为，并能记录攻击类型、攻击时间、攻击流量等	提供流量审计组件、入侵防御组件、恶意代码防护等组件	安全资源池（云 EDR+云 IPS+云网络审计）
		b）应能检测到对虚拟网络节点的网络攻击行为，并能记录攻击类型、攻击时间、攻击流量等	能够使用入侵检测安全组件或服务检测异常流量	虚拟化分布式防火墙+安全资源池（网络审计）
		c）应能检测到虚拟机与宿主机、虚拟机与虚拟机之间的异常流量	提供东西向异常流量检测安全组件或服务	虚拟化分布式防火墙
		d）应在检测到网络攻击行为、异常流量情况时进行告警	能够使用入侵检测安全组件或服务检测异常流量	虚拟化分布式防火墙
	安全审计	a）应对云服务商和云服务客户在远程管理时执行的特权命令进行审计，至少包括虚拟机删除、虚拟机重启	提供审计工具对特权命令进行控制和审计	安全资源池（云堡垒机）
		b）应保证云服务商对云服务客户系统和数据的操作可被云服务客户审计	提供审计工具记录云服务商对云服务客户的数据操作	安全资源池（云堡垒机）
安全计算环境	身份鉴别	当远程管理云计算平台中设备时，管理终端和云计算平台之间应建立双向身份验证机制	提供双向身份验证机制	安全资源池（云堡垒机）

网络安全等级保护 2.0 基本要求			安全措施	安全产品/服务
安全层面	控制点	要求项		
安全计算环境	访问控制	a）应保证当虚拟机迁移时，访问控制策略随其迁移	提供虚拟机迁移安全策略自动跟随的安全服务或组件	虚拟化分布式防火墙
		b）应允许云服务客户设置不同虚拟机之间的访问控制策略	提供云防火墙或安全组的访问控制策略	虚拟化分布式防火墙
	入侵防范	b）应能检测非授权新建虚拟机或者重新启用虚拟机，并进行告警	提供安全监视工具审计特殊操作并能够产生告警	安全资源池（云堡垒机）
		c）应能够检测恶意代码感染及在虚拟机间蔓延的情况，并进行告警	提供检测和防护恶意代码的安全组件或服务	安全资源池（云 EDR）
	镜像和快照保护	a）应针对重要业务系统提供加固的操作系统镜像或操作系统安全加固服务	提供安全镜像或者安全加固基线服务	安全资源池（云基线）
	安全审计	c）应根据云服务商和云服务客户的职责划分，收集各自控制部分的审计数据并实现各自的集中审计	为云服务商和云服务客户分别提供日志审计类产品	安全资源池（云日志审计）

第2章　移动互联安全扩展要求

2.1　移动互联安全概述

2.1.1　移动互联系统特征

移动互联系统是在传统信息系统的基础上采用移动通信技术、互联网技术及互联网应用技术的信息系统。主要特征如下。

（1）方便快捷。移动互联系统是以移动通信设备为基础的系统，其基本载体是移动通信设备，即移动终端。移动终端可能是智能手机、平板电脑，也可能是智能眼镜、智能手表等各类随身物品。这些移动终端和传统的台式机、笔记本电脑相比体积更小，更方便携带，用户可以随时随地使用。

（2）网络接入方式多样。采用移动互联技术的信息系统采用了移动通信网和互联网，多种方式都可以接入，如 GPRS、EDGE、3G、4G 和 WLAN 或 WiFi 构成的无缝覆盖，移动终端可以通过上述任何形式连接网络。用户在连接网络时不再是仅仅使用网线连接，而是可以随时随地无线互通。

（3）移动应用多样。移动应用与传统信息系统有所不同，移动应用用于满足用户某方面的特定需求。因此，移动应用更注重设计的简洁性，使得用户可以快速使用。同时，移动终端的新功能，如照相、摄像、二维码扫描、地理位置定位等更提升了移动应用的多样性。

2.1.2　移动互联系统框架

移动互联系统的移动互联部分由移动终端、移动应用和无线网络三部分组成。移动终端通过无线通道连接无线接入设备接入，无线接入网关通过访问控制策略限制移动终端的访问行为，后台的移动终端管理（MDM）系统负责对移动终端的管理，包括向客户端软件发送移动设备管理策略、移动应用管理策略和移动内容管理策略等。移动互联框架如图 2-1 所示。

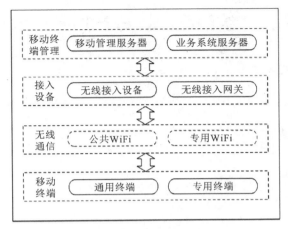

图 2-1 移动互联框架

具体的安全防护包括四个方面：移动终端、无线通信、接入设备、MDM。在移动终端层面，分为通用终端和专用终端，通用终端与专用终端所处环境不同，因此面临的风险也有所不同，在具体的应用场景中需要采用不同的安全防护策略与措施。在无线通道方面，主要考虑局域网络环境——WiFi 环境，特别是要关注各企业单位自行搭建的 WiFi 网络安全。在接入设备方面，包括无线接入设备和无线接入网关，重点控制无线接入与无线的访问控制。在 MDM 方面，重点是通过 MDM 系统对移动应用和移动终端进行统一管理。

2.1.3 移动互联系统等级保护对象

等级保护对象是指网络安全等级保护工作中的对象，其中包括采用移动互联技术的移动互联系统。移动互联系统包括传统的信息系统，同时增加了移动互联部分，用户通过移动终端上安装的移动应用，采用无线网络通信的方式访问传统的信息系统。移动终端、移动应用、无线网络和传统的信息系统全部属于采用移动互联技术的移动互联系统等级保护对象。移动互联系统典型对象类型如表 2-1 所示。

表 2-1 移动互联系统典型对象类型

移动互联系统层面	典型对象类型
移动应用	App、MDM 系统、企业移动管理（EMM）系统等
无线网络	无线接入网关（AC）、无线访问接入点（AP）等
移动终端	手机、平板、笔记本电脑及专用终端等

2.2　第一级和第二级移动互联安全扩展要求解读

2.2.1　安全物理环境

无线网络设备的部署与传统网络设备集中部署在机房不同，无线网络设备一般部署在公共区域，面临的攻击风险要高于传统网络设备。因此，为无线网络设备选择安全的物理位置尤为重要，这是无线网络安全防护的基础。

物理位置的选择

【标准要求】

第一级和第二级安全要求如下：

应为无线接入设备的安装选择合理位置，避免过度覆盖和电磁干扰。

【解读和说明】

无线接入设备的安装位置选择不当，易被攻击者利用，特别是攻击者会通过无线信号过度覆盖的弱点进行无线渗透攻击，因此要选择合理的位置安装无线接入设备。

无线网络覆盖涉及无线网络覆盖范围和信号强度，衡量无线网络覆盖范围的指标包括覆盖半径和传输距离。

通常把天线周边信号强度大于网络规划指标值的区域称为无线网络覆盖范围。无线网络覆盖范围边缘的场强称为边缘场强，如普通覆盖区信号强度指标值为-75dBm，网络规划设计时边缘场强就要大于或等于-75dBm。

在无线网络中，使用 AP 设备和天线来实现有线和无线信号互相转换。有线网络侧的数据从 AP 设备的有线接口进入 AP 设备后，经 AP 设备处理为射频信号并从发射端经过线缆发送到天线，从天线处以高频电磁波（2.4GHz 或 5GHz 频率）的形式将其发射出去。高频电磁波通过一段距离的传输后，到达无线终端位置，由无线终端的接收天线接收，再输送到无线终端的接收端处理。反之，从无线终端的发射端发送出去的数据按照上述的流程逆向处理一遍，输送给 AP 设备的接收端。所以，在不考虑干扰、线路损耗等因素时，接收信号强度的计算公式为：

$$接收信号强度 = 射频发射功率 + 发射端天线增益 - 路径损耗$$

$$- 障碍物衰减 + 接收端天线增益$$

　　当路径损耗外的其他参数确定后，就可以确定路径损耗，再根据有效传输距离和路径损耗的关系计算出有效传输距离。

【相关安全产品或服务】

　　无线接入设备、AC 等提供无线接入的网络设备。

【安全建设要点及案例】

　　场景：某会议现场无线网络环境建设。

　　1）建设需求

　　某单位组织召开大型会议，会议期间需要搭建无线网络环境供参会人员使用，并且要保证无线网络的安全；未参加此次会议的人员不能接入本次会议搭建的无线网络；无线网络覆盖范围控制在一定区域内，防止无线信号过度覆盖。因此，建设方需要根据会场的实际物理环境进行无线网络安全设计和网络优化建设等。

　　2）安全建设内容

　　本次无线网络环境建设要部署 AP 和 AC 等设备，在进行无线部署前需要明确覆盖要求，确定覆盖区域、参会人数、覆盖范围、是否加密等。首先，要进行现场勘测，勘测过程中要求勘测覆盖区域平面情况（包括覆盖区域的大小、平面图等）、覆盖区域障碍物的分布情况（用来分析对信号的阻挡）、需要接入的用户数量和带宽要求、设备的安装位置及安装方式、设备的供电方式、现有有线网络的组网情况、出口资源等。然后，进行组网方案设计，方案中要包括 AP 和 AC 部署及信道规划（具体见实施要点及说明）、网络设备及物料清单、进度安排及人员分工、增值业务功能测试验证等。建设完成后的主会场无线部署如图 2-2 所示。

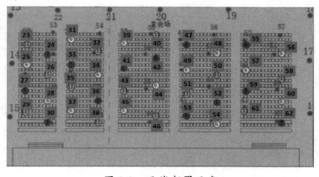

图 2-2　无线部署示意

3）建设效果

通过会议现场无线网络环境建设，参会人员可以通过已经认证的无线终端在会场内方便地接入无线网络，方便地下载会议资料并审阅。在会场外，移动终端不能获取本次会议的无线网络信号，保证了无线网络覆盖范围在可控范围之内，强化了无线网络的物理安全。

【实施要点及说明】

实施要点的第一项是频点划分。WLAN 系统主要应用两个频段：2.4GHz 和 5.0GHz。2.4GHz 频段为 2.4GHz～2.4835GHz 的连续频谱，信道编号 1～14，非重叠信道共有 3 个，一般选取 1、6、11 的非重叠信道。5.0GHz 频段分配的频谱并不连续，主要有两段：5.15GHz～5.35GHz、5.725GHz～5.85GHz。在 5.15GHz～5.35GHz 频段有 8 个非重叠信道，分别为 36、40、44、48、52、56、60、64；在 5.725GHz～5.85GHz 频段有 4 个非重叠信道，分别为 149、153、157、161，可以根据实际部署情况，选择相应的非重叠信道。

实施要点的第二项是信道覆盖。WLAN 信道规划需要遵循两个原则：蜂窝覆盖、信道间隔。根据覆盖密度、干扰情况选择 2.4GHz/5GHz 单频或双频覆盖。AP 交替使用 2.4GHz 频段的 1、6、11 信道及 5.0GHz 频段的 36、40、44 信道，避免信号相互干扰；一般情况下单独使用 2.4GHz 频段或 5.0GHz 频段，对于高密度用户接入的场所，可以选择双频覆盖，以便提供更好的接入能力。单频覆盖和双频覆盖如图 2-3 所示。

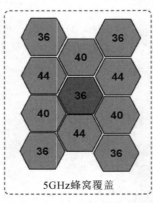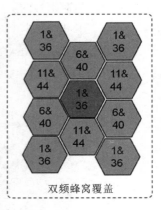

图 2-3　单频覆盖和双频覆盖示意 1

实施要点的第三项是链路预算。WLAN 链路预算一般经过边缘场强确认、空间损耗计算、覆盖距离计算等步骤。边缘场强确认是指：在 WLAN 工程部署中，要求重点覆盖区域内的 WLAN 信号到达用户终端的电平不低于-75dBm。这样可以保障用户与 AP 的协商速率和收发数据质量。

根据 WLAN 覆盖边缘场强要求，到达终端用户的信号电平不低于-75dBm, 100mW AP 的输出电平为 20dBm，天线增益为 4dBm，距离 AP 60m 处信号的衰减量为 90dBm。由于 20dBm+4dBm-90dBm＝-66dBm，大于-75dBm，因此，室内 AP 的覆盖范围理论上大于 60m。考虑到室内环境比较复杂，无线信号需要穿越墙体等障碍物，因此，还要考虑中间 的信号衰减等影响因素。

2.2.2　安全区域边界

为了防止无线网络边界与有线网络边界发生混乱，需要在无线网络与有线网络之间进 行明确的网络安全边界划分，通过无线接入网关设备实现访问控制。同时，在无线设备上 开启安全的认证协议对移动终端/无线接入终端进行认证；为防止未授权无线设备和移动终 端接入无线网络中，需要进行无线入侵防范监测，防止私搭乱建无线网络和非授权接入带 来的安全风险。

1.　边界防护

【标准要求】

第一级和第二级安全要求如下：

应保证有线网络与无线网络边界之间的访问和数据流通过无线接入网关设备。

【解读和说明】

这里的无线网络主要是指各企业单位自行搭建的无线局域网（Wireless Local Area Networks，WLAN）。WLAN 利用无线技术在空中传输数据、话音和视频信号。有线网络 则是指各企业单位采用传统网络布线的方式搭建的网络。两者的边界就是有线网络与无线 网络的边界。企业单位内部搭建的有线网络由于采用线缆铺设，因此网络边界比较清晰； 无线网络搭建则不需要铺设线缆，因此一个 WLAN 内部很容易出现多个无线网络，影响 无线网络、有线网络及整体网络的安全。为了防止企业单位内部无线网络边界与有线网络 边界发生混乱，需要在无线网络与有线网络之间划分明确的网络安全边界。无线接入网关 作为网络安全边界划分的重要设备，边界划分完成后要求访问和数据流应通过无线接入网 关设备进行统一管控，这样既保证了无线接入的可管可控，也保证了有线网络的安全。

【相关安全产品或服务】

AC、无线接入设备、交换机等提供访问控制功能的设备或相关安全组件。

【安全建设要点及案例】

场景：某单位内部移动办公网络环境建设。

1）建设需求

随着社会信息化程度的不断提高，办公中的电子化、信息化程度也越来越高。尽管办公自动化系统实现了政府/企业电子办公，信息快速共享，为日常管理带来了便利，但对移动办公和移动客户的支持存在不足。随着工作场地的变化和突发性事件的不断增多，以往的需要依赖固定办公地点、固定网络和设施的模式面临压力，因此，需要部署无线网络设备搭建无线办公网络环境，以满足单位内部用户访问内部办公网络和通过无线网络访问互联网的需求。

2）安全建设内容

为了满足企业用户的需求，同时考虑到无线网络与有线网络的整体安全，需要进行无线网络边界的规划，在有线网络与无线网络之间部署 AC 设备，在 AC 设备上对无线网络进行 VLAN 划分，保证 AP 设备之间、无线网络和有线网络之间进行逻辑隔离，对从无线网络进出的访问数据流进行统一管理如图 2-4 所示。

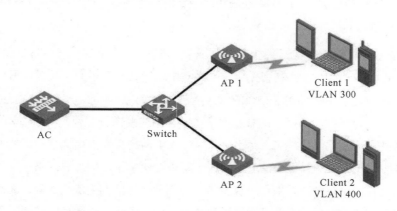

图 2-4　无线网络边界隔离示意

为了满足单位内部用户访问内部办公网络和互联网的业务需求，需要在 AC 上进行配置。在 AC 上开启 DHCP 服务，同时分别为 Client 和 AP 分配 IP 地址。配置基于 AP 的无线客户端进行 VLAN 划分，将通过 AP 1 接入的 Client 1 划分到 VLAN 300，将通过 AP 2 接入的 Client 2 划分到 VLAN 400，VLAN 之间逻辑隔离。在 AC 上设置访问控制策略，不同的 Client 通过分配的 AP 连接 AC，最后通过有线网络访问内网的业务系统或互联网。

3）建设效果

内部移动办公网络环境建设为企业单位内部用户提供了无线上网的便利，同时在有线网络和无线网络之间进行了明确的边界划分，并且开启了设备认证与终端 MAC 地址绑定等相关安全策略，保证了包括无线网络与有线网络在内的整体网络的安全。

【实施要点及说明】

略。

2. 访问控制

【标准要求】

第一级和第二级安全要求如下：

无线接入设备应开启接入认证功能，并且禁止使用 WEP 方式进行认证，如使用口令，长度不小于 8 位字符。

【解读和说明】

为避免无线终端随意接入网络，保证无线终端的可控、可信，需要通过无线接入设备实现接入控制，提高移动互联网络的安全性。该控制点主要从认证启用情况和认证方式等方面提出要求，具体为在无线接入设备上开启接入认证功能，并且对认证方式与口令长度做了规定。网络安全等级保护基本要求（标准）中禁止使用 WEP 方式进行认证。这里的 WEP 是 Wired Equivalent Privacy（有线等效保密）的简称，WEP 协议是 IEEE 802.11b 标准里定义的一个用于 WLAN 的安全性协议。WEP 协议使用的数据加密算法是 RSA 数据安全有限公司开发的 RC4 加密算法。WEP 采用对称加密机制，数据的加密和解密采用相同的密钥和加密算法，WEP 支持 64 位和 128 位加密。WEP 加密采用静态的保密密钥，各无线终端使用相同的密钥访问无线网络。WEP 加密的缺陷在于其加密密钥为静态密钥而非动态密钥，一旦密钥被获取则带来较大的安全风险，数据完整性也得不到保护，因此，无线接入设备禁止采用 WEP 方式进行认证。

【相关安全产品或服务】

无线接入设备、AC 等提供无线接入的网络设备。

【安全建设要点及案例】

场景：某企业无线网络加固升级改造。

1）建设需求

某企业自己搭建了无线网络环境，AP 开启了 WEP 认证，但经常发现非认证授权终端接入的情况，企业无线网络出现了潜在安全风险。用户希望网络安全服务商提出解决方案，协助解决无线网络攻击问题。

2）安全建设内容

根据用户反馈情况，网络安全服务商认为 WEP 认证方式存在很多安全隐患，因此对企业内部所有 AP 的认证方式进行了修改。认证方式从原来的 WEP 认证修改为安全性更高的 WPA2-PSK 加密认证，并需要输入 8 位以上数字、字母混合的 WiFi 密码。无线网络设备安全配置示意如图 2-5 所示。

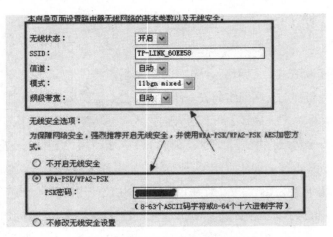

图 2-5　无线网络设备安全配置示意

3）建设效果

通过修改 AP 的认证方式，开启了 WPA2-PSK 加密认证方式，并且修改了具有复杂度的口令，在一定程度上避免了企业内部非法终端的接入，有效地保护了企业内部无线网络的安全。

【实施要点及说明】

略。

3. 入侵防范

【标准要求】

第二级安全要求如下：

a）应能够检测、记录、定位非授权无线接入设备；

b）应能够对非授权移动终端接入的行为进行检测、记录、定位；

c）应具备对针对无线接入设备的网络扫描、DDoS 攻击、密钥破解、中间人攻击和欺骗攻击等行为进行检测、记录、分析定位；

d）应能够检测到无线接入设备的 SSID 广播、WPS 等高风险功能的开启状态；

e）应禁止多个 AP 使用同一个认证密钥。

【解读和说明】

AP 作为移动互联的重要汇聚点，需要保证接入无线网络中的设备均为已授权设备，防止私搭乱建无线网络带来的安全隐患；另外需要保证 AP 和 AC 的安全性，检测并禁用存在风险的功能。该控制点主要从检测设备接入行为、检测攻击行为、检测 AP 高风险功能开启状态和认证密钥等方面来要求。

这里的"入侵防范"指的是针对非授权的连接、扫描、攻击欺骗等行为，通过无线入侵检测系统（Wireless Intrusion Detection System，WIDS）、无线入侵防御系统（Wireless Intrusion Prevention System，WIPS）等实现入侵检测、定位、记录等。

在实际环境中，WIDS、WIPS 实现的功能主要有两个，第一个主要功能是无线射频信号的发现。一般来说，要实现无线射频信号的发现需要满足以下几点：

（1）支持 IEEE 802.11a/b/g/n（WiFi）全系列协议，支持 2.4GHz、5.8GHz 双频段；

（2）可发现覆盖区域中的所有 AP、终端，可发现无线网卡的品牌/生产商，可发现终端与 AP 的连接信息、加密方式、安全设置等；

（3）可自动学习覆盖区域内的所有 AP、终端；

（4）在防护区域内，可通过定制的无线安全策略（黑名单、白名单），在 WLAN 链路层上杜绝未经授权的 AP 和终端接入；

（5）实时检测网络扫描、欺骗攻击、DDoS 攻击、密钥破解等各类针对无线网络链路层的攻击行为，并采取攻击阻断和警报。

第二个主要功能是智能化的射频攻击阻断技术。一般来说实现智能射频阻断技术需要满足以下几点：

（1）支持对覆盖范围内指定的或所有的 AP 进行攻击阻断；

（2）支持对覆盖范围内指定的或所有已连接/未连接的客户端进行攻击阻断；

（3）支持基于事件的阻断策略的制定和执行，比如当某合法客户端连接了某合法 AP 时并不阻断，若发现该客户端有违规行为，则根据事先定义的策略进行阻断；

（4）支持即时攻击阻断：当工作区内没有出现需要阻断的对象时，设备处于监听状态，不发射射频信号；当需要被阻断的对象出现后，开始进行攻击阻断；

（5）支持自定义攻击阻断：允许工作区内的某些无线设备可用，而其他无线设备被阻断，该策略可由用户自定义。

防止非法设备的入侵，在需要保护的网络空间中部署监测 AP，利用 WIDS，监测 AP 根据侦听到的无线信号对周围无线设备的类型进行识别，通过 AP 了解无线网络中的设备的情况，监控无线网络范围内未经授权、伪装接入点的出现及无线攻击工具的使用，对非法设备采取相应的防范措施。这个过程通常是通过比较接入的无线设备的 MAC 地址达到侦测的目标的，之后配合 WIDS 对威胁和攻击进行识别，通过 WIPS 对威胁和攻击进行快速响应。

【相关安全产品或服务】

WIDS、WIPS、AC 等提供入侵防范功能的设备或相关安全组件。

【安全建设要点及案例】

场景：某企业部署 WIDS 防御无线网络攻击。

1）建设需求

某企业自己搭建了无线网络环境，但经常遭到内部无线网络扫描或攻击，导致企业无线网络经常出现网络延迟、网络拥塞等情况。用户希望网络安全服务商提出解决方案，协助用户解决无线网络攻击问题。

2）安全建设内容

网络安全服务商根据用户反馈情况进行调研分析，发现用户的无线网络没有对无线接入进行严格控制，导致攻击者能够很方便地接入无线网络随后进行无线网络扫描或攻击，同时，企业也未搭建 WIDS/WIPS，不能及时监测到无线网络攻击行为。因此，网络安全服务商提出了安全方案，在无线网络内部署 WIDS/WIPS，对无线网络攻击进行检测，部署图如图 2-6 所示。

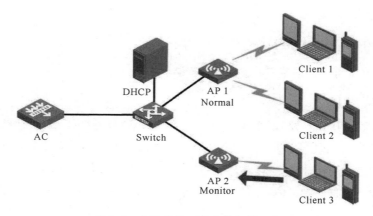

图 2-6　无线网络入侵防范部署示意

如图 2-6 所示，为了禁止非法用户接入，AC 上需要配置 Monitor 模式的 AP，并开启非法用户检测功能。配置 AP 1 为 Normal 模式，只提供 WLAN 服务；配置 AP 2 为 Monitor 模式，并配置 WIDS 规则，将合法客户端的 MAC 地址添加到允许接入的 MAC 地址列表中。通过以上配置，能够对非授权设备的接入和攻击进行监测，及时发现非授权终端的接入行为。

3）建设效果

通过重新调整安全防护策略，开启 AC 的 WIDS 功能，能够及时发现非法终端对企业内部无线网络的接入，有效地保护企业内部无线网络的安全。

【实施要点及说明】

略。

2.2.3　安全计算环境

移动应用管控

为了实现移动应用软件（App）在安装与使用过程中的安全可控，需要使用可靠的签名证书来验证移动应用软件的完整性，保证移动终端安装的应用软件的安全性。

【标准要求】

第二级安全要求如下：

a）应具有选择应用软件安装、运行的功能；

b）应只允许可靠证书签名的应用软件安装和运行。

【解读和说明】

这里的"移动应用管控"是指对在移动终端上安装、运行的 App 进行管理和控制，通过移动应用管控可以限制哪些 App 必须安装，哪些 App 可选择安装，哪些 App 禁止安装。目前，移动终端的应用环境比较复杂，App 市场也不规范，用户下载安装的 App 中经常携带病毒和木马，移动终端一般又不安装防病毒软件，导致用户的移动终端被远程控制、重要信息泄露等。

因此，移动应用管控方面要求移动终端应能够让用户自主决定安装、卸载、运行 App，包括将 App 安装过程中需要的相关权限明确告知用户，用户同意授权后才能继续 App 的安装与运行。此外，增加了可靠证书签名的要求，其中的"可靠证书"是指 App 签名证书的签发者是可靠的，是移动互联信息系统管理者认可的，如国内数字证书分发机构（CA 机构）、社会组织机构签发的签名证书。对 App 进行密码签名可以防止 App 被恶意修改，保证 App 的安全性。

【相关安全产品或服务】

MDM 系统、EMM 系统、证书签发服务等。

【安全建设要点及案例】

场景：某企业移动应用平台建设。

1）建设需求

随着移动互联技术的快速发展，某企业需要建设一套移动应用平台，为单位内部用户提供安全可靠的 App 下载安装渠道。需要提供的 App 包括：可执行 OA 办公、邮件收发、办公资料查询等综合类办公业务 App、来自互联网的 App。

2）安全建设内容

服务厂商根据用户需求在企业部署了移动应用平台（含有移动应用管控功能），然后把通过安全检测和签名过的相关 App 纳入平台内，并设置 App 管控策略，主要内容如下。

（1）建立企业内部应用程序分发库

通过移动应用平台建立企业自己的应用程序分发库，进行集中管理和无线分发。该分发库中的 App 采用国内数字证书分发机构的证书进行签名，确认后才能放入应用程序分发库内。

（2）终端应用程序跟踪

统计终端设备上所有已安装 App 的清单并进行后期跟踪。

3）建设效果

该企业通过移动应用平台建设，构建的移动应用平台系统已经收录了约 30 个 App，并在上线之前对这些 App 进行了安全检测和可靠证书签名，整体加强了企业 App 的管控。

【实施要点及说明】

略。

2.2.4　安全建设管理

1. 移动应用软件采购

【标准要求】

第二级安全要求如下：

a）应保证移动终端安装、运行的应用软件来自可靠分发渠道或使用可靠证书签名；

b）应保证移动终端安装、运行的应用软件由可靠的开发者开发。

【解读和说明】

这里的"移动应用软件采购"是指企业对通用 App 进行免费或购买下载、安装等。其中的"可靠分发渠道"是指信息系统管理者认可的 App 分发（下载）渠道，如国内外知名 App 市场，应保证移动终端安装、运行的 App 由可靠的开发者开发。"可靠的开发者"是指信息系统管理者对 App 开发者进行相关资质核查后确认的开发者。

【相关安全产品或服务】

MDM 系统、EMM 系统、移动应用签名服务。

【安全建设要点及案例】

场景：某企业移动应用采购上线。

1）建设需求

为了满足企业内部员工 App 的使用需求，某企业准备通过采购第三方 App 接入企业用户内部移动应用商店，但是由于 App 的下载渠道众多，大量 App 被假冒或携带病毒，因此，该企业请相关安全服务厂商提供解决方案，保证 App 的安全性。

2）安全建设内容

安全服务商根据用户需求部署 MDM 系统，在 MDM 上对采购的或下载的 App 进行统一管理，具体包括以下两项内容。

（1）官方下载渠道。App 下载通过官方网站进行，下载完成后进行病毒查杀，检测未发现问题才能加入应用程序分发库。

（2）App 应用签名。如果下载和采购的 App 采用了应用签名机制，则对签名进行验证，并通过 App 签名对应用的权限进行管理。原则上只能申请 App 需要的设备权限，权限由签名获取，App 无法使用没有授权的设备功能，保证权限申请、授权、权限使用都安全可控。App 证书签名示意，如图 2-7 所示。

3）建设效果

该企业对 App 进行管控之后，App 下载渠道更清晰了，采用了可靠证书签名机制后对 App 的管控更加到位，显著减少了员工随意下载导致的内部病毒传播和恶意攻击。

图 2-7　App 证书签名示意

2. 移动应用软件开发

【标准要求】

第二级安全要求如下：

a）应对移动业务应用软件开发者进行资格审查；

b）应保证开发移动业务应用软件的签名证书合法性。

【解读和说明】

这里的"移动业务应用软件"是指企业根据业务需求委托应用软件开发厂商或由企业内部组织开发 App。定制开发的 App 完成企业专项业务，有别于移动通用 App。App 开发首先要求开发者单位及个人具备专业的国家机构的相关认证证书，然后要求应用软件开发商熟悉需求方的总体规划和安全设计方案，开发完成后要求提供软件开发文档和使用指南，对开发的 App 进行软件安全检测和代码审计，明确软件存在的安全问题和可能存在的恶意代码、后门和隐蔽信道。经检测无安全风险的 App，应满足应用代码安全加固要求，同时提供必要的应用封装安全能力，包括权限控制、数据防泄露控制、安全水印控制等，经过企业认可的可靠证书签名后，允许上架推送使用。"App 的签名证书合法性"是指论证签名证书是否由第三方签发、密码签名算法是否采用国密算法（如国密 SM2 算法等）。

【相关安全产品或服务】

MDM 系统、EMM 系统、移动应用签名服务、第三方移动应用软件安全服务平台。

【安全建设要点及案例】

场景：某单位 App 开发管理。

1）建设需求

随着企业移动办公的快速发展，某单位需要开发 App，但企业对 App 开发者的资质、App 采用的签名证书及 App 的管理存在疑问，因此，该单位委托第三方移动应用软件安全服务平台承担相关工作。

2）安全建设内容

第三方移动应用软件安全服务平台为党政机关、政府、企业移动互联系统开发运维实施合规、安全、责任可追溯的移动应用软件生命周期管理，包括 App 开发者审核、App 安全检测、App 实名签名、App 托管、App 运行策略管理服务、软件安全服务平台等。第三方移动应用软件安全服务平台包括开发者管理、软件市场、软件仓库管理。

（1）开发者管理。App 开发者在平台进行注册，平台对开发者资质进行审核，并发放 App 签名证书。

（2）软件市场。App 开发者开发 App 后将签名的 App 提交软件市场进行安全审核、检测，上架供政企单位下载。

（3）软件仓库管理。平台为政企单位提供 App 存储空间，建立 App 白名单，设置 App 运行策略，减少政企单位 App 安全管理成本。

第三方移动应用软件服务平台如图 2-8 所示。

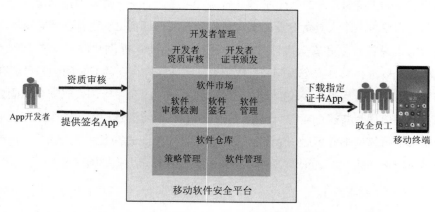

图 2-8　第三方移动应用软件服务平台

3）建设效果

企业通过第三方移动应用软件服务平台对 App 开发者进行资质审核，减少了审核时间和成本，提高了审核效率。同时，App 采用的签名是由第三方移动应用软件服务平台提供的，App 的签名证书合法性由平台验证，减少了用户的相关验证工作，从整体上在保证安全的前提下加快了 App 的开发速度。

【实施要点及说明】

略。

2.2.5　第二级以下移动互联安全整体建设方案示例

1. 项目背景

为了给单位员工提供方便快捷的移动办公环境，单位信息部准备在单位内部进行移动办公环境的建设，搭建移动 OA、移动电子邮件等应用。同时，为保证移动办公安全，在建设过程中参考了网络安全等级保护第二级的安全要求。

2. 建设依据

项目建设依据为网络安全等级保护相关标准：

（1）《信息安全技术　网络安全等级保护基本要求》（GB/T 22239—2019）

（2）《信息安全技术　网络安全等级保护安全设计技术要求》（GB/T 25070—2019）

（3）《信息安全技术　网络安全等级保护实施指南》（GB/T 25058—2019）

（4）《信息安全技术　网络安全等级保护测评要求》（GB/T 28448—2019）

3. 建设需求

1）移动终端的安全需求分析

需要对登录移动办公系统的移动终端用户进行身份标识和鉴别，身份标识具有唯一性，口令具有一定复杂度。

2）移动应用的安全需求分析

（1）移动应用需要对登录的用户分配账户和权限，且授予管理用户所需的最小权限，实现管理用户的权限分离。

（2）移动应用需要对网络传输的数据进行完整性校验。

（3）移动应用本地存储的数据需要定期进行数据备份。

（4）移动应用后台服务需要开启审计功能，对移动应用的各类访问进行审计。

（5）对移动终端安装的移动应用进行管控，允许可靠证书签名的应用软件安装和运行。

3）移动网络的安全需求分析

（1）在有线网络和移动网络之间进行明确的网络划分，移动终端用户通过无线通信网络安全接入。

（2）无线网络认证口令不少于8位字符，并具有一定复杂度。

（3）对非授权移动终端和移动设备接入的行为进行检测。

4. 建设内容

根据网络安全等级保护基本要求第二级中的移动互联安全扩展要求，结合以上移动办公业务需求，从移动终端安全、移动应用安全、网络通信安全三个维度对移动应用系统展开安全防护设计，技术与管理策略相互结合，互为补充。具体建设框架如图2-9所示。

1）安全技术防护设计

（1）移动终端安全

设备鉴别

移动终端设备接入内部网络前需要进行设备鉴别，通过 MAC 地址或其他设备特征对终端设备进行唯一标识和鉴别。当使用人需要更换终端设备时，系统需要对遗留在设备上的应用进行卸载，对数据进行清除，更新设备注册信息。

对于已标识的移动终端，应在无线接入网关上执行安全准入控制策略，进行安全防控。对于移动终端，应启用设备解锁密码设置。

（2）移动应用安全

a）身份鉴别

采取身份鉴别机制实现用户访问移动应用的身份识别和认证。根据业务具体需求，可考虑采用基于复杂口令的身份鉴别方式。所选择的身份鉴别机制应满足相关信息安全要求。

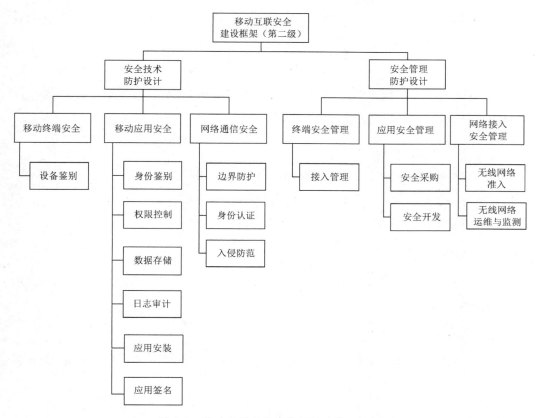

图 2-9　移动互联安全建设框架（第二级）

b）权限控制

根据最小授权原则，为用户分配相应的应用资源访问权限，确保权限授予最小化。移动应用后台服务所提供的调用接口应实现访问控制（身份识别和权限控制）功能。

c）数据存储

针对数据类型，确定数据存储的安全防护措施。对于终端本地存储的配置类数据，应采用防篡改措施，实现数据被破坏后的完整性检测。对于终端本地存储的临时数据，在其生命周期结束时应及时清除。

d）日志审计

业务日志由后台服务器记录；终端应用异常操作由移动应用记录，并能够上传至后台服务器。日志记录要素至少包括：事件发生时间、主体、客体、操作类型、操作结果。日志应采取防篡改措施。

e）应用安装

对移动终端安装的软件范围进行控制，并在移动应用安装时，验证是否采用可靠应用发布签名，验证通过后方可安装。

f）应用签名

应用主管单位对移动应用进行发布签名，以保证应用的可溯源性、真实性、完整性。当用户安装移动应用时，能通过移动应用门户验证发布签名。

（3）网络通信安全

a）边界防护

将移动应用部署在隔离区（DMZ），并通过数据交换平台实现 DMZ 和后台系统之间的数据交换。

b）身份认证

在网络接入时，身份认证采用复杂口令，实现对终端用户与接入设备的身份识别和接入认证。

c）入侵防范

对非授权接入的无线网络设备、无线终端进行入侵检测，部署无线探针对非授权接入的设备进行发现，在无线接入网关上部署安全防护策略，采用静态黑名单、动态黑名单或其他方式对非授权设备进行阻断。同时，对非授权设备的攻击行为进行日志记录。

2）安全管理防护设计

（1）终端安全管理

接入管理

对于所有移动设备，只有经过批准方可接入。接入流程为：使用单位向所属直属技术部门提出接入申请，申请中需要对申请接入原因和移动设备相关信息进行描述，审核通过后移动设备才能接入网络。

（2）应用安全管理

a）安全采购

在进行安全采购时要对移动应用开发者进行资格审查，保证开发移动应用的签名证书的合法性。

b）安全开发

制定移动应用安全开发规范，以保证所开发的移动应用具备身份鉴别、权限控制、数据安全传输、数据安全存储、日志审计、会话保护等安全防护机制，并具有能够实现应用签名等功能的自身安全防护机制。

（3）网络接入安全管理

a）无线网络准入

建立无线网络准入机制，制定无线网络准入规范，在管理制度层面对无线网络接入进行管理。

b）无线网络运维与监测

在现有有线网络基础上增加对无线网络的使用情况的运维与监测，监控无线网络设备状态和无线网络使用情况。

2.3　第三级和第四级移动互联安全扩展要求解读

2.3.1　安全物理环境

无线网络设备的部署与传统网络设备集中部署在机房不同，无线网络设备一般部署在公共区域，面临的攻击风险要大于传统网络设备。因此，为无线网络设备选择安全的物理位置尤为重要，是无线网络安全防护的基础。

物理位置的选择

【标准要求】

第三级以上安全要求如下：

应为无线接入设备的安装选择合理位置，避免过度覆盖和电磁干扰。

【解读和说明】

无线接入设备的安装位置选择不当，易被攻击者利用，特别是攻击者会通过无线信号过度覆盖的弱点进行无线渗透攻击，因此要选择合理的位置安装无线接入设备。

无线网络覆盖涉及网络覆盖范围和信号强度，衡量无线网络覆盖范围的指标包括覆盖半径和传输距离。

覆盖半径通常把天线周边信号强度大于网络规划指标值的区域称为无线网络覆盖范围。网络覆盖范围边缘的场强称为边缘场强，如普通覆盖区信号强度指标值为-75dBm，网络规划设计时边缘场强就要大于等于-75dBm。

在无线网络中，使用 AP 设备和天线来实现有线和无线信号互相转换。有线网络侧的数据从 AP 设备的有线接口进入 AP 设备后，经 AP 设备处理为射频信号并从发送端经过线缆发送到天线，从天线处以高频电磁波（2.4GHz 或 5GHz 频率）的形式将其发射出去。高频电磁波通过一段距离的传输后，到达无线终端位置，由无线终端的接收天线接收，再输送到无线终端的接收端处理。反之，从无线终端的发送端发出去的数据按照上述的流程逆向处理一遍，输送给 AP 设备的接收端。所以，在不考虑干扰、线路损耗等因素时，接收信号强度的计算公式为：

$$接收信号强度 = 射频发射功率 + 发射端天线增益 - 路径损耗$$
$$- 障碍物衰减 + 接收端天线增益$$

当路径损耗外的其他参数确定后，就可以确定路径损耗，再根据有效传输距离和路径损耗的关系计算出有效传输距离。

【相关安全产品或服务】

无线接入设备、AC 等提供无线接入的网络设备。

【安全建设要点及案例】

场景：某会议现场无线网络环境建设。

1）建设需求

某单位组织召开大型会议，会议期间需要搭建无线网络环境供参会人员使用，并且要保证无线网络的安全；未参加此次会议的人员不能接入本次会议搭建的无线接入网络设备；无线信号范围控制在一定区域内，防止无线信号的过度覆盖。因此，需要建设方根据会场的实际物理环境进行无线网络安全设计和网络优化建设等。

2）安全建设内容

本次无线网络安全建设要部署 AP 和 AC 等设备，在进行无线部署前需要明确覆盖要求，确定覆盖区域、参会人数、覆盖范围、是否加密等。首先需要现场勘测，勘测过程中要求勘测覆盖区域平面情况，包括覆盖区域的大小、平面图，覆盖区域障碍物的分布情况，以分析对信号的阻挡，需要接入的用户数量和带宽要求，设备的安装位置及安装方式，设备的供电方式，现网有线网的组网情况，出口资源等。然后，进行组网方案设计，方案中要包括 AP 和 AC 部署及信道规划（具体见实施要点说明）、网络设备及物料清单、进度安排及人员分工、增值业务功能测试验证等。建设完成后主会场无线设备部署示意如图 2-10所示。

图 2-10　无线设备部署示意

3）建设效果

通过会议现场无线 WiFi 网络环境建设，参会人员通过已经认证的无线终端在会场内可以方便接入会场无线网络环境，方便参会人员下载会议资料阅览和审阅，在会场外移动终端不能获取到本次会议的无线网络信号，保证了无线网络的覆盖范围在可控范围之内，加强了无线网络的物理安全。

【实施要点及说明】

实施要点的第一项是频点划分，WLAN 系统主要应用两个频段：2.4GHz 和 5.0GHz。2.4GHz 频段具体频率范围为 2.4GHz ~ 2.4835GHz 的连续频谱，信道编号 1 ~ 14，非重叠信道共有三个，一般选取 1、6、11 这三个非重叠信道。5.0GHz 频段分配的频谱并不连续，主要有两段：5.15GHz～5.35GHz、5.725GHz～5.85GHz。不重叠信道在 5.15GHz～5.35GHz 频段有八个，分别为 36、40、44、48、52、56、60、64；在 5.725GHz～5.85GHz 频段有四个，分别为 149、153、157、161，可以根据实际部署情况，选择相应的非重叠信道。

实施要点的第二项是信道覆盖，WLAN 信道规划需遵循两个原则：蜂窝覆盖、信道间隔。根据覆盖密度、干扰情况，选择 2.4G/5G 单频或双频覆盖。AP 交替使用 2.4GHz 频段的 1、6、11 信道及 5.0GHz 频段的 36、40、44 信道，避免信号相互干扰；一般情况单独使用 2.4GHz 或 5.0GHz 的频段，对于密度用户接入的场所，可以启用双频进行覆盖，以便提供更好的接入能力。单频覆盖和双频覆的示意图如图 2-11 所示。

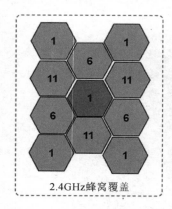
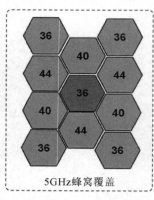
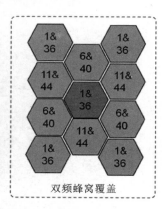

图 2-11　单频覆盖和双频覆盖示意图

实施要点的第三项是链路预算。WLAN 链路预算一般经过边缘场强确认、空间损耗计算、覆盖距离计算等步骤。边缘场强确认是指：在 WLAN 工程部署中，要求重点覆盖区域内的 WLAN 信号到达用户终端的电平不低于-75dBm。这样可以保障用户与 AP 的协商速率以及收发数据质量。

根据 WLAN 覆盖边缘场强要求，到达终端用户的信号电平不低于-75dBm，100mW AP 的输出电平为 20dBm，天线增益为 4dBm，距离 AP 60m 处信号的衰减量-90dBm，由于 20dBm+4dBm-90dBm = -66dBm，大于-75dBm，因此理论上，室内 AP 的覆盖范围大于 60m。考虑到室内环境复杂，无线信号需要穿越墙体等障碍物，因此，还要考虑中间的信号衰减等影响因素。

2.3.2　安全区域边界

　　为了防止无线网络边界与有线网络边界发生混乱，需要在无线网络与有线网络之间进行明确的网络安全边界划分，通过无线网关设备实现访问控制。同时，为防止未授权无线设备接入无线网络中，需要对部署认证服务器对无线接入设备和无线终端进行认证和监测，发现非授权终端接入时可以进行阻断，防止非授权接入所带来的安全风险，保证无线接入终端的可管可控。

1．边界防护

【标准要求】

第三级以上安全要求如下：

应保证有线网络与无线网络边界之间的访问和数据流通过无线接入网关设备。

【解读和说明】

　　这里指的无线网络主要是指各企业单位自行搭建的 WLAN。WLAN 利用无线技术在空中传输数据、话音和视频信号。有线网络则是指各企业单位采用传统网络布线的方式搭建的网络。两者的边界就是有线网络与无线网络的边界。企业单位内部搭建的有线网络由于采用线缆铺设，因此网络边界比较清晰，而无线网络搭建则不需要铺设线缆，因此在单位一个 WLAN 内部很容易出现多个无线网络，影响无线网络、有线网络以及整体网络的安全，为了防止单位内部无线网络边界与有线网络边界发生混乱，需要在无线网络与有线网络之间划分明确网络安全边界，无线接入网关则作为网络安全边界划分的重要设备，划分完成后要求访问和数据流应通过无线接入网关设备进行统一管控，这样既保证了无线接入的可管可控，也保证了有线网络的安全。

【相关安全产品或服务】

　　AC、无线接入设备、交换机等提供访问控制功能的设备或相关安全组件。

【安全建设要点及案例】

　　场景：某单位内部移动办公网络环境建设

　　1）建设需求

　　随着社会信息化程度的不断提高，办公中的电子化、信息化程度也越来越高。尽管办公自动化系统实现了政府/企业电子办公，信息快速共享，为日常管理带来了便利，但对移动办公和移动客户的支持存在不足。随着工作的场地的变化，突发性事件的不断增多，以往的需要依赖固定办公地点、固定网络和设施的模式面临压力，因此，需要部署无线网络设备搭建无线办公网络环境，以满足企业单位内部用户访问内部办公网络和通过无线网络访问互联网的需求。

2）安全建设内容

为了满足企业用户的需求，同时考虑到无线接入安全与有线网络安全整体安全，因此首先要进行无线网络边界的规划，在有线网络与无线网络之间部署 AC 设备，在 AC 设备上对无线网络进行 VLAN 划分，保证无线接入 AP 之间、无线网络和有线网络之间进行逻辑隔离，对从无线网络进出的访问数据流进行统一管理。具体如图 2-12 所示。

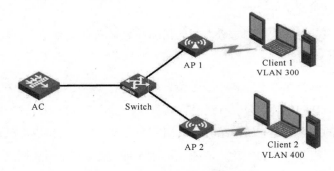

图 2-12　无线网络边界隔离示意图

对于访问内网和互联网的业务需求需要在 AC 上进行配置。在 AC 开启 DHCP 服务，同时分别为 Client 和 AP 分配 IP 地址。配置基于 AP 的无线客户端划分 VLAN，将通过 AP 1 接入的 Client 划分到 VLAN 300，将通过 AP 2 接入的 Client 划分到 VLAN 400，VLAN 之间逻辑隔离。在 AC 上设置访问控制策略，不同的 Client 通过分配的 AP 连接 AC，最后通过有线网络访问内网的业务系统或访问互联网。

3）建设效果

本项目建设为单位内部用户提供了无线上网的便利，同时在有线网络和无线网络之间进行了明确的边界划分，并且开启了设备认证与终端 MAC 地址绑定等相关安全策略，保证了无线网络安全，也保证了整体网络的安全。

【实施要点及说明】

略。

2. 访问控制

【标准要求】

第三级以上安全要求如下:

无线接入设备应开启接入认证功能,并支持采用认证服务器认证或国家密码管理机构批准的密码模块进行认证。

【解读和说明】

为避免无线终端随意接入网络,保证无线终端的可控、可信,需要通过无线接入设备实现接入控制,增强移动互联网络的安全性。第三级以上安全要求在第二级安全要求的基础上增加了采用认证服务器认证或国家密码管理机构批准的密码模块进行认证的要求。具体为,在无线接入设备上开启认证功能,部署认证服务器对无线终端进行认证,也可以采用国家密码管理机构批准的密码技术对其进行认证。

目前,无线认证方式主要有以下三种。

1)PSK 认证

PSK(Pre-shared Key,预共享密钥)认证需要实现在无线客户端和设备端配置相同的预共享密钥。如果密钥相同,PSK 接入认证成功;如果密钥不同,PSK 接入认证失败。

2)802.1X 认证

802.1X 协议是一种基于端口的网络接入控制协议(Port Based Network Access Control Protocol)。"基于端口的网络接入控制"是指在 WLAN 接入设备的端口这一级对所接入的用户设备进行认证和控制。连接在端口上的用户设备如果能通过认证,就可以访问 WLAN 中的资源;如果不能通过认证,则无法访问 WLAN 中的资源。

3)MAC 地址认证

MAC 地址认证是一种基于端口和 MAC 地址对用户的网络访问权限进行控制的认证方法,它不需要用户安装任何客户端软件。无线接入设备在首次检测到用户的 MAC 地址后,即启动对该用户的认证操作,认证过程中不需要用户手动输入用户名或者密码。在 WLAN 网络应用中,MAC 地址认证需要预先获知可以访问无线网络的终端设备 MAC 地址,所以一般适用于用户比较固定的、小型的无线网络,比如家庭、小型办公室等的无线网络。具体的 MAC 地址认证包括以下两种。

（1）本地 MAC 地址认证。选用本地认证方式进行 MAC 地址认证时，直接在设备上完成对用户的认证，此时需要在设备上配置本地用户名和密码。通常情况下，可以采用 MAC 地址作为用户名，需要事先获知无线用户的 MAC 地址并配置为本地用户名。无线用户接入网络时，只有 MAC 地址已存储在设备上的用户可以通过认证，其他用户将被拒绝接入。

（2）通过 RADIUS 服务器进行 MAC 地址认证。选用 RADIUS 服务器进行 MAC 地址认证时，设备作为 RADIUS 客户端，与 RADIUS 服务器配合完成 MAC 地址认证操作。RADIUS 服务器完成对该用户的认证后，通过认证的用户可以访问无线网络并获得相应的授权信息。采用这种认证方式进行 MAC 地址认证时，可以通过在各无线服务下分别指定各自的域，将不同 SSID 的 MAC 地址认证用户信息发送到不同的远端 RADIUS 服务器。

【相关安全产品或服务】

无线接入设备、AC、RADIUS 服务器等。

【安全建设要点及案例】

场景：配置基于 AP 的用户接入控制。

1）建设需求

某单位在原有有线网络环境的基础上自行搭建了无线网络环境，用于企业内部用户的无线上网。由于之前未考虑无线网络安全问题，因此出现了大量未授权无线设备和无线终端接入网络的问题，企业内部无线网络随意接入情况严重，需要网络安全服务商提出解决方案以解决内部无线网络的安全问题。

2）安全建设内容

根据用户需求，网络安全服务商分析了目前存在的安全问题，产生问题的原因主要是未对无线设备和无线终端进行接入认证，从而导致无线接入的随意性。网络服务商搭建了 RADIUS 认证服务器，在 AC 上配置 802.1X 认证，配置主认证服务器的 IP 地址指向 RADIUS 认证服务器，并配置安全策略，使得 Client 1 和 Client 2 访问无线网络时先要通过 RADIUS 服务器进行认证，认证完成后才能通过 AP 1 和 AP 2 访问网络，这样就可以确保无线设备和无线终端只能通过认证授权才能访问网络资源，如图 2-13 所示。

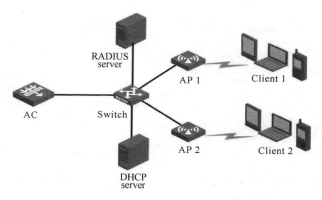

图 2-13　无线网络设备认证示意

3）建设效果

通过本项目对无线网络进行优化后，非授权设备不能再接入单位内部无线网络，只有认证的无线设备和无线终端才能访问单位内部无线网络，这大大减少了无线接入的安全隐患，无线网络安全防护能力得到整体加强，无线网络接入安全实现了较大提升。

3. 入侵防范

【标准要求】

第三级以上安全要求如下：

a）应能够检测、记录、定位非授权无线接入设备；

b）应能够对非授权移动终端接入的行为进行检测、记录、定位；

c）应具备对针对无线接入设备的网络扫描、DoS 攻击、密钥破解、中间人攻击和欺骗攻击等行为进行检测、记录、分析定位；

d）应能够检测到无线接入设备的 SSID 广播、WPS 等高风险功能的开启状态；

e）应禁止多个 AP 使用同一个认证密钥；

f）应能够阻断非授权无线接入设备或非授权移动终端。

【解读和说明】

无线接入设备作为移动互联重要汇聚点，需要保证接入到无线网络中的设备均为已授权设备，防止私搭乱建无线网络所带来的安全隐患；另外需要保证无线接入设备和无线接入网关的安全性，检测并禁用存在风险的功能。该控制点在二级安全要求的基础上增加了能够阻断非授权无线接入设备或非授权移动终端的要求。

这里的入侵防范是指的是针对非授权的连接、扫描、攻击欺骗等行为，通过 WIDS、WIPS 等实现入侵检测、定位、记录等能力。

在实际环境中，WIDS、WIPS 主要实现的功能主要有两个，第一是无线射频信号的发现。一般来说，要实现无线射频信号的发现需要满足以下几点。

（1）支持 IEEE 802.11a/b/g/n（WiFi）全系列协议，支持 2.4GHz、5.8GHz 双频段。

（2）可发现覆盖区域中所有的 AP、终端；无线网卡的品牌/生产商，可发现终端与 AP 的连接信息、加密方式、安全设置等。

（3）可自动学习覆盖区域内的所有 AP、终端。

（4）在防护区域内，可通过定制的无线安全策略（黑名单、白名单），在 WLAN 链路层上杜绝未经授权的 AP 和终端接入。

（5）实时检测扫描、欺骗、DoS、暴力破解等各类针对无线网络链路层的攻击行为，并采取攻击阻断和警报。

第二是智能化的射频攻击阻断技术。一般来说，要实现智能射频阻断技术需要满足以下几点。

（1）支持对覆盖范围内指定的或所有的 AP 进行攻击阻断。

（2）支持对覆盖范围内指定的或所有已连接/未连接的客户端进行攻击阻断。

（3）支持基于事件的阻断策略的制定和执行，例如某合法客户端连接了某合法 AP，并不阻断，发现该客户端有违规行为，则根据事先定义的策略，对其阻断。

（4）支持即时攻击阻断：当工作区内没有出现需要阻断的对象时，设备处于监听状态，不发射射频信号。当需要被阻断的对象出现后，开始进行攻击阻断。

（5）支持自定义攻击阻断：允许所工作区内的某些无线设备可用，而其他无线设备被阻断，该策略可由用户自定义。

防止非法设备的入侵，在需要保护的网络空间中部署监测 AP 设备，利用 WIDS，AP 根据侦听到的 802.11 帧对周围无线设备的类型进行识别，通过 AP 了解无线网络中设备的情况，监控无线范围内未经授权、伪装接入点的出现及无线攻击工具的使用，对非法设备采取相应的防范措施。通常这个过程是通过比较接入的无线设备的 MAC 地址以达到侦测的目标。之后配合 WIDS 对威胁和攻击的识别，通过 WIPS 对威胁和攻击进行快速的响应。

【相关安全产品或服务】

WIDS、WIPS、AC、MDM 系统等提供入侵防范功能的设备或相关安全组件。

【安全建设要点及案例】

场景：某企业部署 WIDS 防御无线网络攻击。

1）建设需求

某企业自己搭建了无线网络环境，但经常遭到内部无线网络扫描或攻击，导致企业无线网络出现不稳定情况，经常出现网络延迟、网络拥塞等情况，用户希望网络安全服务商提出解决方案，协助用户解决无线网络攻击问题。

2）安全建设内容

网络安全服务商根据用户反馈情况进行调研分析，发现用户的无线网络对无线接入没有进行严格控制，导致攻击者能很方便地接入随后进行无线网络扫描攻击，同时，企业也未搭建 WIDS/WIPS，不能及时监测到无线网络入侵攻击行为，因此，网络安全服务商提出了安全方案，在无线网络内部署 WIDS/WIPS，对无线网络的攻击进行检测。无线网络入侵防范部署图如图 2-14 所示。

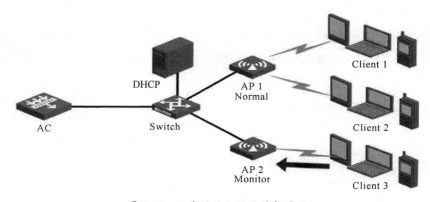

图 2-14　无线网络入侵防范部署图

如图 2-14 所示，为实现禁止非法用户接入，AC 上需要配置 Monitor 模式的 AP，并开启非法用户检测功能和阻断功能。配置 AP 1 的工作模式为 Normal 模式，只提供 WLAN 服务，配置 AP 2 的工作模式为 Monitor 模式。配置 WIDS 规则，将合法客户端的 MAC 地址添加到允许接入的 MAC 地址列表中。配置 AC 的阻断策略，根据静态配置的禁止 MAC 地址列表进行阻断。通过以上配置，能够对非授权设备的接入和攻击进行抵御。另外，也可以在 MDM 系统上设置 WiFi 黑白名单来进行无线入侵防御如图 2-15 所示。

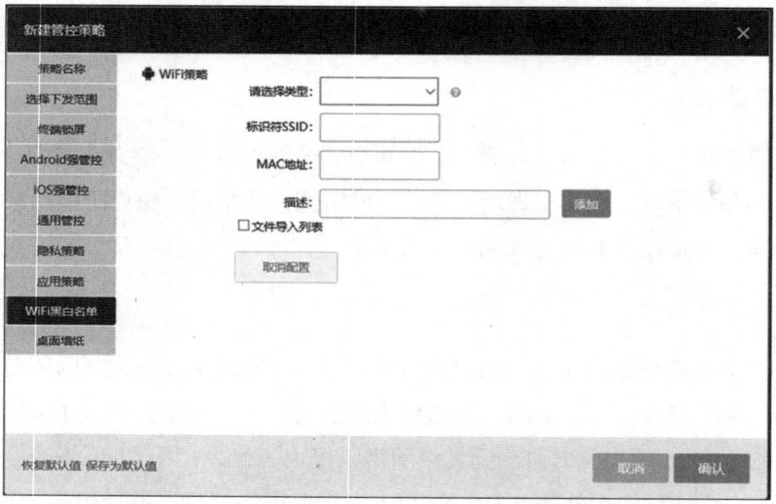

图 2-15　WiFi 黑白名单配置策略

3）建设效果

通过重新调整安全防护策略，开启移动安全网关的入侵检测功能，能够及时发现对企业内部非法终端的接入，并且通过阻断机制进行阻断，有效地保护了企业内部无线网络的安全。

【实施要点及说明】

略。

2.3.3　安全计算环境

为降低移动终端面临的安全风险，保证移动终端的安全可控，需要在移动终端上安装移动终端客户端软件，并进行统一的注册与管理。

1．移动终端管控

【标准要求】

第三级以上安全要求如下：

a）应保证移动终端安装、注册并运行终端管理客户端软件；

b）移动终端应接受移动终端管理服务端的设备生命周期管理、设备远程控制，如：远程锁定、远程擦除等；

c）应保证移动终端只用于处理指定业务。

【解读和说明】

移动终端与传统终端相比较最大的优势是便携性好，但随之而来的是可控性降低。传统终端的管理已经有一套比较成熟完善的终端安全管理策略和措施，可控性比较高。移动终端往往是手机或平板设备，体积小、数量多，管控难度比较大。为了保证移动终端的安全可控，第三级安全要求增加了在移动终端上安装 MDM 系统软件，并进行统一的注册与管理的要求。一旦移动终端设备丢失，可以马上通过 MDM 客户端软件进行远程锁定和远程数据擦除，防止数据泄露。第四级安全要求则是在第三级安全要求的基础上要求采用专用移动终端。

本项扩展要求是针对业务移动化场景中的个人移动终端与企业配发设备（Corporate-Owned Personally Enabled，COPE）模式提出的移动终端管控要求。对于个人移动终端，要求在移动终端上统一安装、注册、运行 MDM 客户端软件，并通过客户端软件与移动安全管理平台之间的交互，实现对移动终端的设备生命周期管理。COPE 模式往往被特定的行业移动应用推广所采用，企业为用户统一配发智能移动设备，本着专机专用的原则，仅能够在设备上使用行业移动应用，保证移动终端只用于处理指定业务，仅允许运行行业特定 App，禁止安装第三方个人应用，移动终端由用户统一配发、使用、回收；不允许处理非业务应用的其他场景。例如，在银行业的移动展业应用、政府部门的无纸化会议应用、能源行业的移动巡检应用中，配发设备仍然是主要的应用模式。该模式存在建设和维护成本高的局限，但是适配简单的优点十分突出。

通过移动终端管控，在移动终端上实现的能力包括以下类别。

（1）设备硬件模块管控，包括 WLAN、移动数据网络、蓝牙、NFC、摄像头、麦克风、GPS 等。

（2）终端基本功能管控，主要涉及各种终端策略配置功能，包括通话功能、短信功能、APN 配置功能、开发调试模式控制、锁屏控制、截屏功能控制、网络共享功能控制等。

（3）远程控制管控，包括终端锁定/解锁、设备关机/重启、数据擦除等。

（4）管控策略围栏，包括时间围栏、地理围栏、电子围栏等。

（5）数据采集监控。

【相关安全产品或服务】

MDM 系统和 EMM 系统等具有移动终端管控功能的产品或服务。

【安全建设要点及案例】

场景：某医院移动终端管控建设。

1）建设需求

医院医护工作普遍面临"最后 20 米"难题，比如护士在查房的时候仍然需要通过手工方式记录和录入病人的血压等常规体征，另外，护士需要多次核对医嘱纸质内容和电子内容，这些都会增加工作量、降低效率，并且容易因人为原因出错。

针对以上问题，某医院决定建设移动护理系统，通过专有移动设备及系统，实现快速调入病人电子病历、查询以及录入长期/临时医嘱、查询以及录入体温单和护理单、提供负责人电子签名、表格打印等功能，在简化工作流程的同时降低出错的概率，始终保持医生和护士之间信息的一致性和同步性。

该医院移动护理系统提供的移动护士站设备是基于安卓操作系统定制的专用智能移动终端，由医院统一采购配发给医护人员使用，医院对移动终端设备有如下的明确的管控需求。

（1）移动终端设备资产管理。对于医院的固有资产而言，资产管理是首要解决问题，需要建立完善的资产管理流程及明确责任人，有效管控资产的软件情况、硬件属性、责任部门及人员、资产变更及淘汰等。

（2）移动终端设备安全管理。确保做到设备专机专用，限制非授权应用安装使用、非授权外设（如存储卡）使用、非授权网络连接（如接入医院无线网络之外的其他网络）等违规操作，有效控制移动护士站设备感染恶意程序以及业务数据泄露等安全风险。

2）安全建设内容

移动护理系统由无线网络基础设施、移动护理终端、移动护理系统软件以及条码识别系统四部分组成，通过与医院信息系统/电子病历（HIS/EMR）等系统的集成对接，能够支撑床旁治疗护理工作的准确、高效完成，包括确认患者身份、查询/统计患者信息、输液给药信息核对、患者生命体征数据实时采集、医嘱查询执行与统计等，同时提供护理数据的统计分析，辅助支持对护理工作以及医护人员绩效的管理。

医院选择了 MDM 系统为移动护理系统的移动护士站设备提供安全管控能力，MDM 系统主要包括 MDM 客户端和 MDM 平台。

（1）MDM 客户端

在移动护士站设备上强制安装 MDM 管控客户端，依靠安卓操作系统提供的设备级管控 API，实现设备管控。MDM 管控客户端从 MDM 平台接收并执行下发的设备管控策略，主要包括：

① 限制通信的受控使用，包括 WiFi、数据网络（2G/3G/4G）、蓝牙、热点等；

② 限制外设的受控使用，包括摄像头、麦克风、SIM 卡、存储卡、GPS 等；

③ 限制设备参数修改行为，包括修改日期/时间、开启开发者选项、USB 调试及数据传输等；

④ 限制应用的受控安装使用，如禁止安装除医院专属移动应用外的其他未授权应用。

（2）MDM 平台

在医院内网部署 MDM 平台，实现以下主要管理功能：

① 覆盖设备注册激活、策略推送执行、远程控制和数据擦除、设备删除等环节移动设备资产的全生命周期管理；

② 可灵活定制针对安卓移动设备的安全管控策略，包括存储卡、WiFi、数据网络、热点、蓝牙、GPS 等允许/禁止的策略，确保移动设备受控使用；

③ 可定制应用黑白名单，确保专机专用；

④ 对使用中的受控移动终端的操作系统版本、外设变更、电量、存储空间、应用安装情况等进行持续监测，发现异常情况自动告警；

⑤ 日志审计和报表输出，对移动终端及移动应用使用情况记录使用日志，并进行集

中存储和审计分析，输出支持系统运维管理的报表。

（3）建设效果

MDM 系统经过试点实施，目前已经在该医院全院推广，管控着全院超过 100 台移动护士站设备。该系统在提升医疗护理效率和质量的同时确保了移动设备的安全可控使用。

【实施要点及说明】

略。

2. 移动应用管控

为了加强移动应用软件（App）在安装与使用过程中的安全可控性，需要使用移动应用软件白名单、验证指定证书签名、远程管控等措施，降低移动应用软件带来的安全风险。

【标准要求】

第三级以上安全要求如下：

a）应具有选择应用软件安装、运行的功能；

b）应只允许**指定证书**签名的应用软件安装和运行；

c）应具有软件白名单功能，应能根据白名单控制应用软件安装、运行；

d）应具有接受移动终端管理服务端推送的移动应用软件管理策略，并根据该策略对软件实施管控的能力。

【解读和说明】

为了进一步加强移动应用软件在安装与使用过程中的安全可控，第三级安全要求在第二级安全要求的基础上提出了使用移动应用软件白名单、验证指定证书签名、远程管控等措施，降低移动应用软件带来的安全风险；第四级安全要求是在第三级安全要求基础上提出了要接受 MDM 服务端推送的移动应用软件管理策略，并根据该策略对软件实施管控。

移动应用软件应有开发者及官方机构（第三方）的密码签名，并且 App 的密码签名证书必须是移动互联系统建设单位指定的，而不是任意的证书。这里的"指定"是指该证书是经信息系统管理者确认并通过审定程序（书面）明确指定的签名证书，如国内数字证书分发机构（CA 机构）、社会组织机构和信息系统建设单位签发的签名证书。移动终端应能识别 App 是否具有指定的签名证书：如果有，则可以安装、运行；如果没有，则不能安装。

对 App 进行密码签名，既可以防止 App 被恶意篡改，还可以溯源 App 开发者责任。

MDM 系统要有允许运行的 App 清单，企业能够根据这个清单控制各移动终端的 App 安装、运行，没有列入名单的 App 禁止安装、运行。

【相关安全产品或服务】

MDM 系统、EMM 系统、证书签发服务等。

【安全建设要点及案例】

场景：银行移动应用管控系统建设。

1）建设需求

某银行建设综合办公管理系统能够支持 PC 终端的浏览器访问和智能移动终端的 App 访问。在移动端接入方面，银行员工在自携设备上下载安装移动办公 App，实现方便快捷的资源访问和办公操作。在移动办公 App 内部，集成了多个 H5 轻应用，以实现细分的办公服务功能，比如邮件、HR 等。

但是，大量恶意 App 混杂在软件市场内，一旦用户下载、安装带有木马、后门的软件，用户的个人信息和隐私、公司内部的来往信息、客户的资料信息等数据都将受到严重威胁。因此，银行提出管控移动应用的需求。

2）安全建设内容

服务厂商根据用户需求，在企业部署 MDM 系统，然后把相关移动终端纳入管控范围内，设置移动应用管控策略，主要内容如下。

（1）建立企业内部应用程序分发库

MDM 系统建立企业自己的应用程序分发库，进行集中管理和无线方式分发。该分发库中的 App 应进行签名，确认后才能放入应用程序分发库内。

（2）程序控制策略

MDM 系统设置程序白名单或黑名单，以过滤用户终端上的所有程序如图 2-16 所示。如果违反此策略，用户会收到警告通知，用户终端的配置文件也会被删除。

（3）移动终端策略配置下发

MDM 系统对移动终端实时进行移动应用的安全管理和远程策略配置下发，及时更新移动终端的安全策略。移动终端配置策略下发如图 2-17 所示。

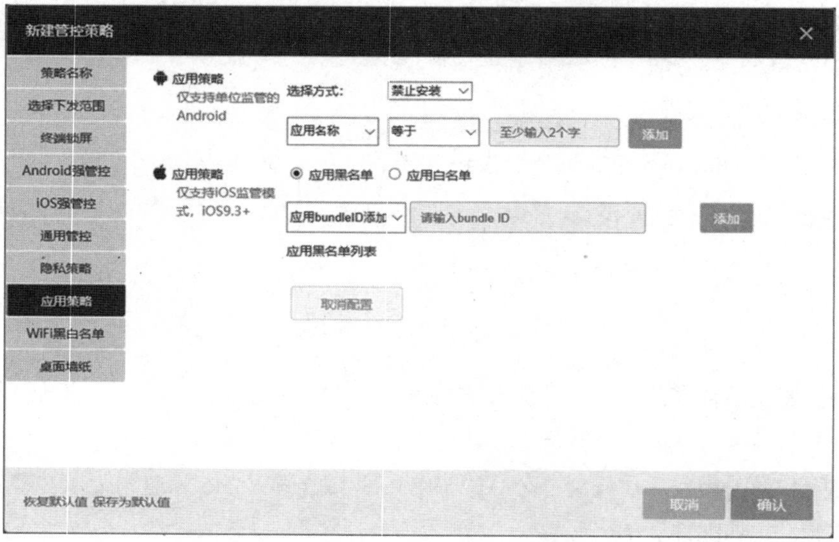

图 2-16　移动应用黑白名单配置策略

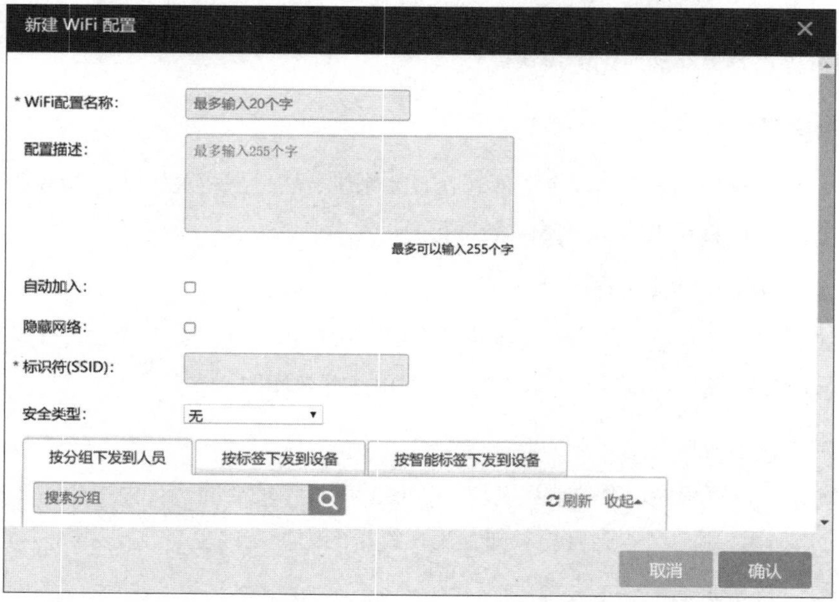

图 2-17　移动终端配置策略下发

（4）终端应用程序跟踪

统计终端设备上所有已安装软件的清单并进行后期跟踪。

3）建设效果

该银行移动应用管控系统的安全保障方案实施以后，MDM 系统已将约 1500 名员工纳入，承载移动办公应用服务（1 个原生门户应用和 10 个 H5 轻应用），从整体上加强了对银行员工 App 的管控。

【实施要点及说明】

略。

2.3.4　安全建设管理

移动安全建设管理包括移动应用软件采购和移动应用软件开发。为防止移动应用软件采购、下载及使用中的安全风险，需要对移动应用软件采购中的软件来源和开发者提出要求，保证移动应用软件采购环节的安全。为防止移动应用软件开发中的安全风险，需要对开发者的资格及签名证书的合法性等方面提出要求，保证移动应用软件开发的安全。

1．移动应用软件采购

【标准要求】

第三级以上安全要求如下：

a）应保证移动终端安装、运行的应用软件来自可靠分发渠道或使用可靠证书签名；

b）应保证移动终端安装、运行的应用软件由**指定的**开发者开发。

【解读和说明】

"移动应用软件采购"是指企业对通用 App 进行免费或购买下载、安装等。"可靠分发渠道"是指信息系统管理者确认并认可的 App 分发（下载）渠道，如国内外知名 App 市场。"指定的开发者"是指经信息系统管理者知晓并通过审定程序（书面）明确指定的 App 开发者。

在采购 App 的过程中，需要提供相应的产品国家认证机构的专业检测报告，提供产品白皮书和操作使用指南，同时需要提供软件安全检测报告和代码审计报告，明确软件存在的安全问题和可能存在的恶意代码、后门和隐蔽信道。经检测无安全风险的 App，满足应用代码安全加固要求，同时提供必要的应用封装安全能力如权限控制、数据防泄露控制、安全水印控制等，经过企业认可的可靠证书签名后，允许上架推送使用。

【相关安全产品或服务】

MDM 系统、EMM 系统、移动应用签名服务。

【安全建设要点及案例】

场景：某企业移动应用采购上线。

1）建设需求

为了满足企业内部员工 App 的使用需求，某企业准备通过采购第三方 App 接入企业用户内部移动应用商店，但是由于 App 的下载渠道众多，大量 App 被假冒或携带病毒，因此，该企业请相关安全服务商提供解决方案，保证 App 的安全性。

2）安全建设内容

安全服务商根据用户需求部署 MDM 系统，在 MDM 系统上对采购的或下载的 App 进行统一管理，具体包括以下四项内容。

（1）官方下载渠道

App 下载通过官方网站进行，下载完成后进行病毒查杀，检测未发现问题才能加入应用程序分发库。

（2）App 应用签名

如果下载和采购的 App 采用了应用签名机制，则对签名进行验证，并通过 App 签名对应用的权限进行管理。原则上只能申请 App 需要的设备权限，权限由签名获取，App 无法使用没有授权的设备功能，保证从权限申请、授权、权限使用都安全可控。

（3）App 在线运行监测与融合分析

App 在线运行监测与融合分析子系统，提供 App 在线运行状态、用户行为和安全威胁等数据的实时监测、采集、分析与呈现能力。通过在 App 嵌入功能代码的方式实现手机端应用数据的实时采集，通过后台服务端的大数据计算分析实现数据的融合分析，并进行可视化呈现。App 在线运行监测如图 2-18 所示。

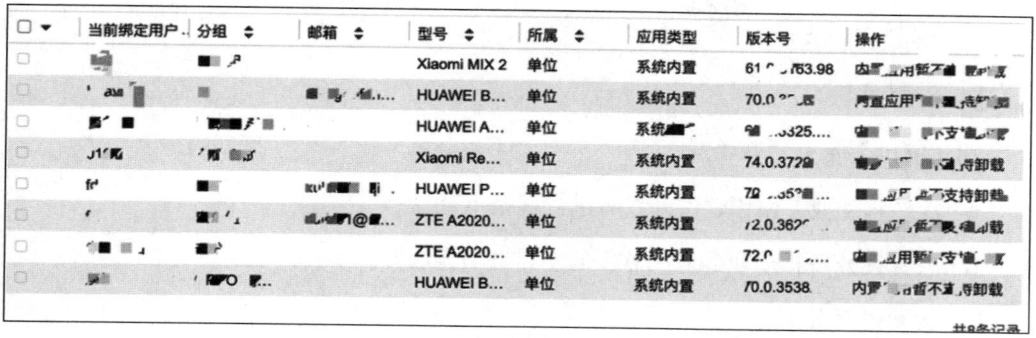

图 2-18　App 在线运行监测

（4）App 在线管理

独立企业具有独立的移动应用商店，管理员可以将内部办公 App 上传到该企业移动应用商店中，并设定全策略规则，从管理系统设置设备动/静态标签并分发给指定移动设备和用户。用户可接收到 App 安装和更新的提醒，从而进行安装和升级。App 在线管理如图 2-19 所示。

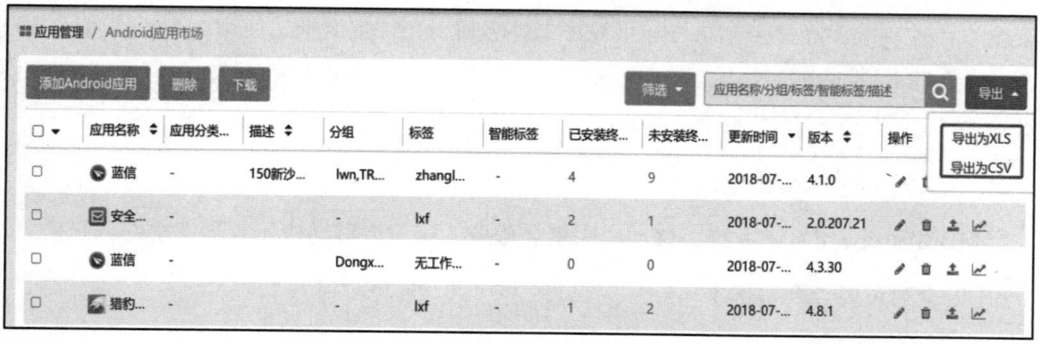

图 2-19　App 在线管理

3）建设效果

该企业对 App 进行管控之后，App 下载渠道更清晰了，对 App 的管控更加切合实际，显著减少了由于员工随意下载导致的内部病毒传播和恶意攻击。

【实施要点及说明】

略。

2. 移动应用软件开发

【标准要求】

第三级以上安全要求如下：

a）应对移动业务应用软件开发者进行资格审查；

b）应保证开发移动业务应用软件的签名证书合法性。

【解读和说明】

这里的"移动业务应用软件"是指企业单位根据业务需求委托软件开发商或由企业内部组织开发移动应用软件（App）。定制开发的 App 完成企业专项业务，有别于移动通用 App。App 开发首先要求开发者单位及个人具备专业的国家机构的相关认证证书，然后要求应用软件开发商熟悉建设方整体的总体规划和安全设计方案，开发完成后要求提供软件开发文档和使用指南，对开发的 App 进行软件安全检测和代码审计，明确软件存在的安全问题和可能存在的恶意代码、后门和隐蔽信道。经检测无安全风险的 App，应满足应用代码安全加固要求，同时提供必要的应用封装安全能力，包括权限控制、数据防泄露控制、安全水印控制等，经过企业认可的可靠证书签名后，允许上架推送使用。App 签名证书的合法性是指签名证书是否由第三方签发，密码签名算法是否采用国密算法，比如国密 SM2 算法。

【相关安全产品或服务】

MDM 系统、EMM 系统、移动应用签名服务、第三方移动应用软件安全服务平台。

【安全建设要点及案例】

场景：某单位移动办公 App 开发管理。

1）建设需求

随着企业移动办公的快速发展，某单位需要开发移动办公 App，但企业对 App 开发者的资质、App 所采用的签名证书以及 App 的管理都存在疑问，因此，委托第三方移动应用软件安全服务平台承担相关工作。

2）安全建设内容

第三方移动应用软件安全服务平台为党政机关、政府企业移动互联系统开发运维实施合规、安全、责任可追溯的移动应用软件生命周期管理，包括 App 开发者审核、App 安全检测、App 实名签名、App 托管、App 运行策略管理服务、软件安全服务平台等，第三方平台包括：开发者管理、软件市场、软件仓库管理。

（1）开发者管理。App 开发者在平台进行注册，平台对开发者资质进行审核，并发给 App 签名证书。

（2）软件市场。App 开发者开发 App 后，将签名的 App 提交软件市场进行安全审核、检测、上架，供政企单位进行下载。

（3）软件仓库管理。平台为政企单位提供 App 存储空间，建立 App 白名单，设置 App 运行策略，减少政企单位 App 安全管理成本。

第三方移动应用软件服务平台如图 2-20 所示。

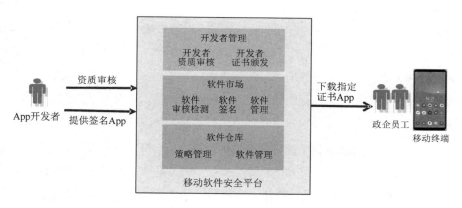

图 2-20　第三方移动应用软件服务平台

3）建设效果

企业通过第三方移动应用软件服务平台对 App 开发者进行资质审核，减少了审核时间和成本，提高了审核效率。同时，App 所采用的签名是由第三方移动应用软件服务平台提供的，移动业务应用软件的签名证书合法性由平台验证，也减少了用户的相关验证工作，从整体上在保证安全的前提下加快了移动应用软件的开发速度。

【实施要点及说明】

略。

2.3.5 安全运维管理

在移动互联系统运维过程中，为防止非授权无线设备的接入，加强无线设备安全运维管理，需要建立无线设备配置库来识别非授权设备，保证无线设备运维过程的安全。

配置管理

【标准要求】

第三级以上安全要求如下：

应建立合法无线接入设备和合法移动终端配置库，用于对非法无线接入设备和非法移动终端的识别。

【解读和说明】

这里的"合法无线接入设备和合法移动终端配置库"即设备的白名单。白名单包含允许接入的无线客户端的 MAC 地址及其他相关信息。如果设置了白名单，则只有白名单中指定的无线客户端可以接入 WLAN，其他的无线客户端将被拒绝接入。无线接入设备和移动终端的无线接入管控是移动互联安全运维管理中需要特别强调的一点，无线接入带来的便利性可能导致无线安全防护边界的缺失。为了加强无线接入管控，以及无线安全防护边界的安全管理，应建立合法无线接入设备和合法移动终端配置库。

移动互联安全运维管理过程中配置的合法无线接入设备和合法移动终端配置库，用于对非法无线接入设备和非法移动终端的识别。MDM 服务器统一安全推送 MDM 系统的企业 WiFi、APN 等配置信息，移动终端接入企业网络需要经过网络访问控制（NAC）统一认证，与白名单比对确认移动终端身份信息后，移动终端可接入企业网络，进行数据安全交互。

【相关安全产品或服务】

MDM 系统、NAC 设备、EMM 系统、无线接入设备。

【安全建设要点及案例】

场景：某企业建设无线设备配置库。

1）建设需求

某企业在原有有线网络环境基础上自行搭建了无线网络环境，用于企业内部用户的无线上网。由于之前未考虑无线网络安全问题，因此出现了大量未授权无线设备和无线终端接入网络的问题，企业内部无线网络随意接入情况严重，需要网络安全服务商提出解决方案解决内部无线网络的安全问题。

　　2）安全建设内容

　　网络安全服务商根据用户需求，统计了合法无线接入设备和合法无线接入终端，并形成了无线设备配置库，在 MDM 系统中存入相关设备配置库信息。同时，无线接入端采用 NAC 设备与 MDM 客户端联动的策略，移动终端连接企业无线接入网关时采用 802.1X 认证方案，NAC 设备对移动终端上报的 ID 进行对比判断。如果 MDM 系统已配置相关移动终端和企业用户信息为正确值，NAC 设备则将其判定为合法终端，允许其访问企业网络；如果未匹配已存储的企业用户和移动终端关联信息，则禁止该终端访问企业网络。

　　（1）移动终端连接企业无线网络，首先通过准入策略判断其是否为合法移动终端，图 2-21 示例了移动终端准入策略。

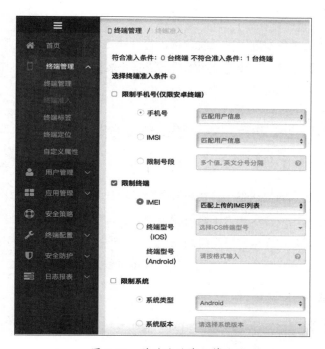

图 2-21　移动终端准入策略

　　（2）配置合理的无线接入设备配置信息如图 2-22 所示。

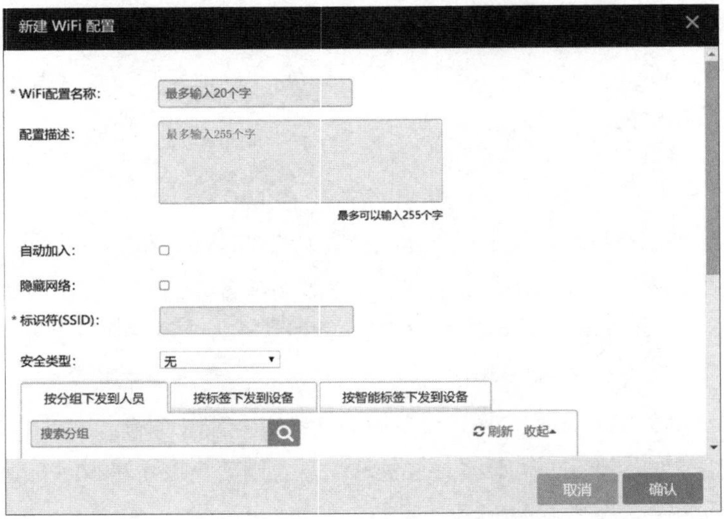

图 2-22　新建 WiFi 配置

３）建设效果

本项目通过无线设备配置库对无线设备进行自动比对，只有在配置库内的无线设备才能访问企业内部无线网络，减轻了企业无线网络安全运维管理的压力，减少了无线接入的安全隐患，提升了无线网络的安全性。

2.3.6　第三级以上移动互联安全整体建设方案示例

1.　项目背景

随着移动互联技术的快速发展，在政务办公、业务处理、监控指挥、对外服务等方面涌现出大量移动应用建设需求。为了满足相关业务需求，需要开展移动互联安全平台总体建设，构建包括移动终端安全、移动应用安全、网络通信安全等内容在内的移动安全防护体系，为各类移动业务应用的安全使用、运行提供良好基础环境。

2.　建设依据

项目建设依据的网络安全等级保护相关标准如下：

（１）《信息安全技术　网络安全等级保护基本要求》（GB/T 22239—2019）

（２）《信息安全技术　网络安全等级保护安全设计技术要求》（GB/T 25070—2019）

（3）《信息安全技术　网络安全等级保护实施指南》（GB/T 25058—2019）

（4）《信息安全技术　网络安全等级保护测评要求》（GB/T 28448—2019）

3. 建设原则

1）总体建设规划、分步建设原则

在前期应该进行移动安全总体建设规划的设计，包括安全架构、安全策略、安全部署等，并根据总体建设规划分步开展建设工作。

2）分层防护、分级防护原则

根据移动终端、移动应用、无线网络不同层面及移动办公业务不同的敏感级别，对不同类别的业务采取分级防护措施。

4. 建设需求

1）移动终端的安全需求分析

（1）需要对移动终端设备本地存储的敏感数据进行安全加密保护，防止终端被盗或者丢失后设备所存数据外泄。

（2）需要对移动终端设备进行病毒代码库检测，防止病毒程序感染该终端，影响正常业务办理。

（3）需要对移动终端网络连接情况进行安全控制，并监控 WiFi、蓝牙、红外等无线输出端口的使用情况；需要对移动终端系统及应用程序进行越权检测，保证系统安全稳定运行。

（4）需要对移动终端设备从注册、接入、运行监控和回收各阶段实施全生命周期安全管理，保证终端硬件软件的安全。

2）移动应用的安全需求分析

（1）移动应用需要对网络传输的敏感数据进行加密处理，对关键操作进行数字签名，防止网络监听和数据篡改、行为抗抵赖风险。

（2）对于需要进行本地存储的移动应用数据，需要进行分级安全处理。对于敏感数据，需要采用一定的加密方式，防止数据外泄风险。加密算法需要采用国家密码管理局认可的加密算法。

（3）移动应用需要有应用隔离和数据隔离机制，应用之间数据不可被相互访问。

（4）移动应用需要对运行环境进行检测，确保应用未被非法篡改，操作系统未被破解、Root 或者越狱，网络状态符合要求。

（5）移动应用后台服务需要对提供的接口进行身份认证和访问控制。移动应用需要具备会话保护功能，避免被非法人员使用。

3）移动网络的安全需求分析

（1）移动应用在网络接入上面临身份冒用、访问风险、链路风险等安全风险，需要通过相应的安全设计来达到安全、稳定、可信地访问内网移动应用资源的目的。

（2）移动网络应解决移动终端用户通过有线网络或无线网络的安全可信接入问题，控制资源访问范围，关键业务在网络传输过程中使用安全链路，确保数据传输的完整性与保密性。

5. 建设内容

根据网络安全等级保护基本要求第三级中的移动互联安全扩展要求，结合以上移动办公业务需求，从移动终端安全、移动应用安全、网络无线网络接入安全三个维度对移动应用系统进行安全防护设计，技术与管理策略相互结合，互为补充。移动互联安全建设框架如图 2-23 所示。

1）安全技术防护设计

（1）移动终端安全

所有移动终端设备必须从注册、接入、运行监控到回收各阶段实施全生命周期安全管理。不同的应用场景对应不同的终端安全管理策略。不同应用场景必须满足相关的安全策略后，方可接入；若检测发现移动终端违反相关安全策略，系统将进行锁屏、终端提醒、审计日志上报服务器、阻断网络等操作。

① 设备注册

用于普通办公类和重要业务类的终端设备在接入内部网络前须进行注册。注册可通过 IMEI 或客户端证书存储介质的标识等方式实现，对终端设备进行唯一标识。注册时需要填写单位名称、部门名称、使用人、联系方式等相关注册信息。设备注册之后，管理部门可通过管理后台对移动终端进行安全管控策略下发、运行状态检测、设备变更、锁定、注销等管理控制操作。

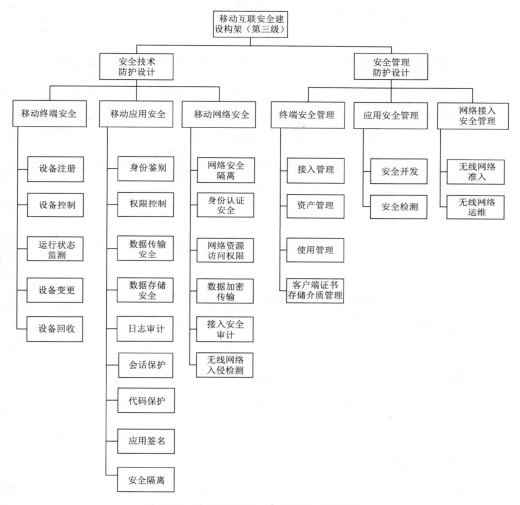

图 2-23　移动互联安全建设框架（第三级）

② 设备控制

对于已注册的移动终端应统一部署安全控制策略，进行安全防控。

a. 密码策略

设置终端设备密码保护策略。

Ⅰ. 对于普通办公类终端，应启用设备解锁密码设置。

Ⅱ．对于重要业务类终端，应启用设备解锁密码设置，并启用身份鉴别失败次数限制，超过一定次数自动锁定设备。

b．数据保护

所有终端设备应提供安全存储区域以对存入该区域的敏感业务数据实施保护，防止未授权访问。

c．网络连接控制

采取适当的网络连接控制措施，保护内部网络的边界。

Ⅰ．对安全性要求较高的普通办公类终端不能在访问内部网络的同时访问外部网络。

Ⅱ．重要业务类终端仅允许访问内部网络。

d．软件安装控制

对移动终端安装的软件范围进行控制，并在移动应用安装时，验证应用发布签名，验证通过后方可安装。

Ⅰ．对普通办公类终端设置软件黑名单，仅允许黑名单以外的软件安装和运行。

Ⅱ．对重要业务类终端设置软件白名单，仅允许许可的软件安装和运行。

e．移动存储控制

对移动终端外接存储设备或介质的行为进行控制。

Ⅰ．对于普通办公类终端，应对其外接存储行为进行管理与审计。

Ⅱ．对于重要业务类终端，不允许其外接客户端证书存储介质以外的存储设备。

③ 运行状态监测

对所有移动终端的安全状态进行定期和不定期的监测。不同类别业务所使用的移动终端安全控制策略不同，应相应地做出不同级别的响应，包括记录日志、提示、告警或断网等。支持对检测记录进行统计分析。具体监测内容如下。

a．密码策略检测：检测终端密码策略设置情况。

b．上网行为审计：检测终端用户上网行为。

c．越权检测：检查终端设备系统及应用程序是否已经获得最高权限。

d．病毒代码库更新监测：监测病毒代码库是否是最新版本。

e. 违规外联检测：检测终端是否同时连接内部网络和外部公共网络。

f. 软件安装的检测：检测系统内是否已经安装规定的软件及软件状态。

g. 移动存储使用监测：监测移动终端是否有外接存储设备/介质的行为。

h. 外设通信监测：监测终端设备的 2G/3G/4G、WiFi、蓝牙、红外等端口的开放和使用情况。

i. 终端位置轨迹监测：对于终端所在位置及轨迹进行跟踪记录。

其中，a 和 h 适用于普通办公类终端，g 仅适用于重要业务类终端。

④ 设备变更

对于普通办公类终端和重要业务类终端，在使用人需要更换或不慎丢失终端设备时，应采取相应的安全控制措施。

当使用人需更换终端设备时，系统需要对遗留在设备上的应用进行卸载，对数据进行清除，更新设备注册信息。

当使用人的终端设备丢失时，挂失后，系统需要停用客户端证书存储介质，冻结用户访问权限。对于智能终端设备，条件允许的情况下可采取远程应用卸载、数据清除等措施。

⑤ 设备回收

当使用人离职、离岗时，系统对已回收的用于普通办公类和专项业务类业务的终端设备进行应用卸载、数据清除、恢复出厂设置操作，并注销设备注册信息和认证凭证信息。

（2）移动应用安全

① 身份鉴别

采取身份鉴别机制实现用户访问移动应用的身份识别和认证。根据业务具体需求，可考虑采用基于口令、动态令牌或数字证书与硬件介质结合等身份鉴别方式。移动应用身份鉴别可直接使用网络接入身份鉴别结果，所选择的身份鉴别机制应满足相关信息安全要求。

如果选用数字证书与硬件介质结合的方式实现身份鉴别，则数字证书应由安全认证系统签发。

在重要业务关键操作执行前，应再次进行身份鉴别。

② 权限控制

根据最小授权原则，为用户分配相应的应用资源访问权限，确保权限授予最小化。移动应用后台服务所提供的调用接口应实现访问控制（身份识别和权限控制）功能。

③ 数据传输安全

根据数据类型确定数据传输的安全防护措施。传输身份鉴别信息时，应采取密码算法进行安全保护；传输审批类、关键操作类数据时，应采用数据防篡改、抗抵赖等措施，对数据进行完整性保护和数字签名；传输其他敏感数据（仅指终端到前台服务，前台服务到后台数据处理）时，可结合业务需求采用密码算法进行加密处理。

④ 数据存储安全

根据数据类型确定数据存储的安全防护措施。对于终端本地存储的配置类数据，应采用防篡改措施，实现对被破坏数据的完整性检测。对于终端本地存储的敏感业务数据，应按最小授权原则进行数据操作权限控制，并采用国家密码管理局认证的密码算法进行加密处理。对于终端本地存储的临时数据，在其生命周期结束时应及时清除。

⑤ 日志审计

业务日志由后台服务器记录，终端的异常操作由移动应用记录，并能够上传至后台服务器。日志记录要素至少包括事件发生时间、主体、客体、操作类型、操作结果等。日志应具有防篡改措施。

⑥ 会话保护

应为普通办公类业务的应用设置专用密码，用于解除锁定。业务类的移动应用在会话处于非活跃状态（不应长于 10 分钟）或切换到其他应用时，应锁定该应用。

⑦ 应用自身的安全防护

a. 代码保护：移动应用应采用代码混淆等技术，对代码实施保护。

b. 应用签名：应用主管单位对移动应用进行发布签名，以保证应用的可溯源性、真实性、完整性。当用户安装移动应用时，能通过移动应用门户验证发布签名。

c. 安全隔离：移动应用应与非移动应用隔离，包括进程的隔离和存储区域的隔离等。对于业务类和安全性要求较高的综合普通办公类业务，应采用与公共网络隔离的安全通道进行连接。

（3）移动网络安全

对于安全性要求较低的普通办公类业务，其业务应用前置机可部署在隔离区，并通过数据交换平台实现隔离区和后台系统之间的双向数据交换。

对于安全性要求较高的业务类应用，网络接入过程应遵循以下安全策略。

① 网络安全隔离

移动终端网络接入隔离区，通过防火墙或网闸等安全措施访问移动应用。接入链路各设备开放权限应遵循最小授权原则，仅开放访问所需的最小权限。

② 身份认证安全

在网络接入时，身份认证应基于 PKI/CA 体系，实现对终端用户与接入设备的双向身份识别和接入认证。身份认证过程中，应用调用终端安全组件向接入设备发送认证请求，接入设备向 CA 认证服务器发送身份验证申请并接收认证结果。接入设备将最终认证结果转发给终端安全组件。

③ 网络资源访问权限

终端接入时应对终端的资源访问权限进行控制，根据用户身份分配相应的应用服务器访问权限。应考虑资源访问权限管理和身份认证与权限管理系统相结合。

④ 数据加密传输

移动网络安全接入需要提供移动终端与接入设备之间的数据传输加密功能。移动终端安全组件在收到上层应用传输数据的请求时，通过算法加密数据并将其传输到接入设备，接入设备解密数据后转发给后台应用；后台应用接收数据后请求返回响应，接入设备对响应结果进行加密后转发给移动终端安全组件；安全组件解密响应数据后反馈给上层应用。接入设备应采用国家保密部门认可的加密算法，密码设备应具有商用密码产品资质，涉及的密码算法所用数字证书应由安全认证系统签发。

⑤ 接入安全审计

移动网络安全接入需要对接入者进行审计，记录应包括接入日期、时间、用户、事件类型、是否成功及其他与审计相关的信息。

⑥ 无线网络入侵检测

对非授权接入的无线网络设备、无线终端进行入侵检测，部署无线探针对非授权接入的设备进行发现，在无线控制器上部署安全防护策略，采用静态黑名单、动态黑名单或其他方式对非授权设备进行阻断。同时，对非授权设备的攻击行为进行日志记录。

2）安全管理防护设计

（1）终端安全管理

① 接入管理

对于所有移动设备，只有经过批准方可接入网络。接入流程为：使用单位向所属直属技术部门提出接入申请，申请中需要对申请接入原因和移动设备相关信息（如 IMEI 码、SIM 卡信息等）进行描述，直属技术部门负责审核移动设备。审核通过的移动设备才能接入网络。

② 资产管理

统一管理所有移动办公设备配置及状态信息，例如设备详情（型号、版本、序列号等）、硬件信息（固件、内存等）、操作系统的类型及版本、已安装应用程序的名称及版本、网络详情、IP 地址和运营商信息等。

③ 使用管理

制定移动设备使用管理规定，做好日常使用、维护、监控等方面工作。管理制度应包括对移动设备的接入管理、防病毒管理、应用软件管理、接口管理、介质管理、维修管理、配置管理、退出管理及丢失管理等。

④ 客户端证书存储介质管理

根据客户端证书存储介质管理有关规定，制定移动设备用户客户端证书存储介质管理制度，做好用户客户端证书存储介质的发放、授权及日常管理等方面的工作。管理制度应涵盖用户客户端证书存储介质制作和发放、用户口令操作、挂失与补发、注销、停用/启用、证书更新与重签及日常使用等内容。

（2）应用安全管理

① 安全开发

制定移动应用安全开发规范，以保证所开发的移动应用具备身份鉴别、权限控制、数据安全传输、数据安全存储、日志审计、会话保护等安全防护机制，并能实现应用签名、安全启动、安全隔离等自身安全防护机制。

② 安全检测

根据应用项目上线安全检测相关规定，制定移动应用上线和变更前的安全检测规范，明确安全检测内容、安全检测流程、安全检测结果处理机制。

移动应用开发单位在交付移动应用程序时，应同时提交由相关单位认可的检测机构出具的安全检测报告。

（3）网络接入安全管理

① 无线网络准入

建立无线网络准入机制，制定无线网络准入规范，在管理制度层面对无线网络准入进行管理。

② 无线网络运维

在现有有线网络的基础上增加对无线网络的使用情况的运维与监测，监控无线网络设备状态和无线网络使用情况。

6.　建设效果

通过移动互联平台的整体安全建设，为移动应用系统安全建设打下基础，同时规范了移动互联的无线网络通信、移动终端接入、移动应用开发等相关工作，极大地提升了移动互联平台的整体安全性，保障了业务系统安全、稳定、高效运行。

第3章 物联网安全扩展要求

3.1 物联网安全概述

3.1.1 物联网系统特征

物联网是信息技术的一种综合应用系统，包括数据采集、数据传输、数据处理、数据应用等过程。许多行业应用中的物联网系统使用大量资源受限的终端感知节点设备，如传感器、电子标签、控制调整器、网络控制开关等。这些资源受限的设备在计算、通信、体积、成本等多个方面都有限制，因此这类设备面临较大的网络安全风险，需要使用专门设计的轻量级网络安全技术或通过传统网络安全技术的轻量化来实现对这些设备的保护。另外，对传感器的保护不同于对传统信息处理设备的保护，因为传感器为了采集真实的环境数据需要暴露于所处的环境中，所以不能像对待传统信息处理设备那样对它进行安全保护。RFID 设备本身可能没有电力供应，因此也不能像传统网络设备一样需要可靠的电力供应。如果要求物联网感知节点设备具有可靠的电力供应，就意味着设备要一直处于工作状态，因为一些无源电子标签虽然在不工作时不需要电力供应，但是在工作时可以通过与电子标签读写器发生电磁感应获得电流而工作。因此，无源 RFID 应符合工作状态有可靠电力供应这一要求。

3.1.2 物联网安全架构

物联网没有一个标准的定义，通常通过物联网的特征描述来阐述其概念。物联网架构是反映物联网特征的一种有效的方法，但是从不同的视角可以得到不同的物联网架构描述。目前，有多种物联网架构，对应地也可以得到多种物联网安全架构。典型的物联网架构包括感知层、网络传输层、处理应用层。对物联网系统来说，具有物联网特点的安全问题主要反映在物联网感知层安全领域，因此，《信息安全技术 信息系统安全等级保护基本要求》（GB/T 22239—2019）中物联网安全扩展要求部分主要针对物联网感知层提出相应的安全要求，与"物联网安全通用要求"一起构成对物联网的完整安全要求。物联网的构成如图 3-1 所示。

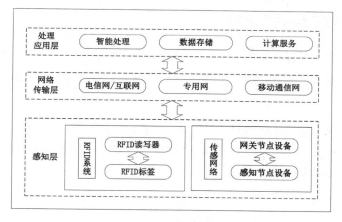

图 3-1　物联网的构成

　　对应物联网的安全架构，可以在每个逻辑层使用安全保护技术，但是这种每层独立的安全保护技术不能保证物联网系统在整体上的安全性。为了将物联网系统作为一个整体进行安全保护，根据安全需求和安全技术的不同，在考虑物联网安全架构时，可以将处理应用层的安全进一步分为处理层安全和应用层安全。同时，为了保证物联网系统的整体安全性，需要建立信任机制与密钥管理体系，并开展安全运维与安全测评等工作。综上所述，物联网安全架构包括感知层安全、网络传输层安全、处理层安全、应用层安全四个逻辑层以及信任机制与密钥管理、安全运维与安全测评两个技术支撑域如图 3-2 所示。

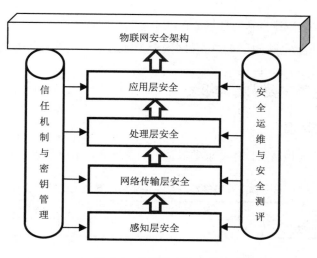

图 3-2　物联网安全架构

3.1.3　物联网安全关键技术

根据物联网安全架构，物联网安全关键技术包括感知层安全技术、网络传输层安全技术、处理层安全技术、应用层安全技术、信任机制与密钥管理技术、安全运维与安全测评技术等。

感知层安全技术主要针对感知层的设备、网络和数据处理安全问题，包括轻量级密码算法、轻量级身份鉴别技术、RFID 非法读写和非法克隆等安全技术（有些 RFID 安全方面的技术应该划分为应用层安全技术）、控制安全技术、抗重放安全技术、抗侧信道攻击技术等。

网络传输层安全技术主要针对广域网和移动通信网的传统网络安全问题，包括数据融合安全、网络冗余、防火墙、VPN、数据传输安全、数据流量保护等。

处理层安全技术主要面向系统安全、访问控制、入侵检测、安全审计、应用软件安全等，解决各类服务的安全问题（如 SaaS 安全、PaaS 安全、虚拟服务安全等）和数据安全问题（如数据存储安全、数据访问安全、安全计算等）。

应用层安全技术主要针对行业应用的安全问题，比如用户终端的管理、隐私保护策略等。

信任机制与密钥管理技术包括初始密钥的建立、根证书的生成与管理、公钥证书体系及应用技术、会话密钥的产生与应用、口令管理等。

安全运维与安全测评技术包括系统运维相关的支撑技术、平台以及管理制度、物联网安全指标体系（主要是感知层）、物联网安全测评方法、物联网安全测评工具等。

3.1.4　物联网基本要求标准级差

1. 安全物理环境

安全物理环境的控制点在各要求项数量上的逐级变化情况如表 3-1 所示。

表 3-1　安全物理环境的控制点在各要求项数量上的逐级变化情况

控制点	第一级	第二级	第三级	第四级
感知节点设备物理防护	2	2	4	4

第一级：要求感知节点设备所处的物理环境应该不对感知节点设备造成物理破坏且应

该能正确反映环境状态。

第二级：与第一级安全要求相同。

第三级：第三级在第二级安全要求的基础上，增加了对感知节点设备工作状态下所处物理环境的要求，要求不应在工作中遇到强干扰或阻挡屏蔽；进一步要求应具有保障关键感知节点设备长时间工作的电力供应。

第四级：与第三级安全要求相同。

2. 安全区域边界

安全区域边界的控制点在各要求项数量上的逐级变化情况如表 3-2 所示。

表 3-2　安全区域边界的控制点在各要求项数量上的逐级变化情况

控制点	第一级	第二级	第三级	第四级
接入控制	1	1	4	4
入侵防范	0	2	2	2

1）接入控制

第一级：应保证只有授权的感知节点可以接入。

第二级：与第一级安全要求相同。

第三级：第三级与第二级安全要求在文字描述上相同，但在技术要求上会更高。在第一级和第二级安全要求中，判断一个感知节点是否为授权节点的方法是识别，但是对第三级安全要求来说，需要使用身份鉴别技术。

第四级：与第三级安全要求相同。

2）入侵防范

第一级：无该方面的安全要求。

第二级：第二级比第一级安全要求增加了入侵防范要求。要求限制与感知节点设备和网关节点设备通信的目标地址，确保感知节点设备和网关节点设备不受来自陌生地址的数据攻击，也不成为攻击陌生地址的帮凶。

第三级：与第二级安全要求相同。

第四级：与第二级安全要求相同。

3. 安全计算环境

安全计算环境的控制点在各要求项数量上的逐级变化情况如表 3-3 所示。

表 3-3　安全计算环境的控制点在各要求项数量上的逐级变化情况

控制点	第一级	第二级	第三级	第四级
感知节点设备安全	0	0	3	3
网关节点设备安全	0	0	4	4
抗数据重放	0	0	2	2
数据融合处理	0	0	1	2

1）感知节点设备安全

第一级：无该方面的安全要求。

第二级：无该方面的安全要求。

第三级：要求只有授权用户才可以对感知节点设备的软件应用进行配置或变更；能识别与感知节点设备连接的网关节点设备或其他感知节点设备，并具有对与其连接的设备进行身份鉴别的能力。

第四级：与第三级安全要求相同。

2）网关节点设备安全

第一级：无该方面的安全要求。

第二级：无该方面的安全要求。

第三级：要求网关节点设备具有对与其连接的设备进行标识和鉴别的能力，具有过滤非法节点伪造数据的能力；要求授权用户具有对设备的关键密钥和关键配置参数进行在线更新的能力。

第四级：与第三级安全要求相同。

3）抗数据重放

第一级：无该方面的安全要求。

第二级：无该方面的安全要求。

第三级：要求对通信数据进行新鲜性保护，能识别数据的重放攻击和修改重放攻击。

第四级：与第三级安全要求相同。

4）数据融合处理

第一级：无该方面的安全要求。

第二级：无该方面的安全要求。

第三级：要求对来自传感网的数据进行数据融合处理，使不同种类的数据可以在同一个平台被使用。

第四级：第四级比第三级安全要求增加了对不同数据之间的依赖关系和制约关系等进行智能处理能力的要求，这种要求来源于不同数据以及对数据的控制指令之间的相互关联。

4. 安全运维管理

安全运维管理的控制点在各要求项数量上的逐级变化情况如表 3-4 所示。

表 3-4　安全运维管理的控制点在各要求项数量上的逐级变化情况

控制点	第一级	第二级	第三级	第四级
感知节点管理	1	2	3	3

第一级：要求指定人员定期巡视感知节点设备、网关节点设备的部署环境，对可能影响感知节点设备、网关节点设备正常工作的环境异常进行记录和维护。

第二级：第二级在第一级安全要求的基础上，增加了对感知节点设备和网关节点设备的入库等过程的全程管理，要求明确管理设备的入库、存储、部署、携带、维修、丢失和报废等过程。

第三级：第三级在第二级安全要求的基础上，增加了对感知节点设备、网关节点设备部署环境保密性管理，要求负责检查和维护的人员调离工作岗位时应立即交还相关检查工具和检查维护记录等。

第四级：与第三级安全要求相同。

3.2　第一级和第二级物联网安全扩展要求解读

3.2.1　安全物理环境

【标准要求】

第一级和第二级安全要求如下：

a）感知节点设备所处的物理环境应不对感知节点设备造成物理破坏，如挤压、强振动；

b）感知节点设备在工作状态所处物理环境应能正确反映环境状态（如温湿度传感器不能安装在阳光直射区域）。

【解读和说明】

该控制点下的全部条款包括两个方面：物理环境不应对感知节点设备造成破坏导致其不能正常工作；感知节点设备也要安装或放置在适当位置，从而可采集到环境的正确数据。

在物联网感知节点设备和网关节点设备的安装过程中，应确认设备的安装位置符合该项条款的要求。首先，需要确认设备安装的位置不易被环境破坏。例如，检测水质的传感器在流动的水中应该被固定，如果使用重物压在传感器上则容易破坏传感器，就不符合该项条款的要求。

然后，考虑物联网感知节点设备与环境的关系。例如，考虑环境的空气温湿度传感器是否安装在了太阳直晒的位置，因为太阳直晒条件下该传感器所采集的数据可能不是真实的空气温湿度数据；即使该传感器安装在了阴凉处，也应该考虑时间的变化是否影响到了温湿度条件的采集，比如上午的阴凉处到下午可能就成为被阳光照射的地方了。同样，采集光照的传感器在安装时也应该检查是否能够在环境中采集到正确的光源，光源信号是否被环境遮挡，是否会在不同时段出现光源被遮挡的情况。

在物联网感知层或感知层之上添加的数据处理层，比如后期发展的边缘计算[①]和雾计

---

① 边缘计算（Edge Computing）是一种物联网感知层内部的计算处理方式，其功能是在感知层对数据进行初步处理，比如过滤重复发送的感知数据。边缘计算产业联盟（ECC）定义了边缘计算的参考架构，该架构包括设备域、网络域、数据域和应用域，这些不同的域是完成边缘计算的几个方面，仍然在物联网的感知层之内。在具体实现上，边缘计算与雾计算没有严格的边界区分。一般地，如果使用了边缘计算，就无须使用雾计算。

算①设备，其作用是在物联网感知数据上传到云计算平台之前对其进行本地处理，以减少不必要的网络通信资源和云计算平台资源的占用，这类设备实际是信息处理设备，不在该项条款的要求之内。

【相关安全产品或服务】

防护罩。

【安全建设要点及案例】

以室外安装的道路监控网络摄像机为例。

（1）采用具备物理防护能力的一体机，或者将摄像头安装在摄像机防护罩内；防护罩采用铝合金材质，具有一定的物理防护作用。监控防护一体机如图 3-3 所示。

图 3-3　监控防护一体机

（2）道路监控网络摄像机一般长期暴露在室外环境中，为防风、防雨、避光，宜采用具备防护罩的摄像机。防护罩的外壳采用导热、散热设计，无风扇结构，避免防护罩内外空气流通，以确保防护罩内部环境的相对清洁；防护罩配备自动加热系统，防水、防雾；防护罩外部安装防尘装置，可遮挡灰尘和雨水，避免外部环境对成像效果造成影响。

---

① 雾计算（Fog Computing）是一种近距离接收物联网感知层数据，并进行处理的模式。物联网感知层的大量原始数据经过雾计算处理后，可以减少上传到处理应用层进行处理的数据量，一方面可以节省数据传输的通信资源，另一方面也减轻处理应用层应对海量数据的计算压力。由于雾计算的处理过程是在数据传输到处理应用层之前完成的，因此，雾计算可以作为感知层数据的内部处理，属于感知层的组成部分。雾计算功能通常与物联网网关合为一体，使用物联网网关的数据接收功能收集感知节点的数据，经过计算后的结果再通过网关节点的数据上传功能传输给处理应用层。复杂的雾计算架构可以在不同的雾计算平台之间进行交互，形成分布式雾计算。还可以纵向细分，形成不同层级的雾计算。

3.2.2　安全区域边界

1．接入控制

【标准要求】

第一级和第二级安全要求如下：

应保证只有授权的感知节点可以接入。

【解读和说明】

由于物联网感知层的数据传输多采用无线传输方式，当数据处理层接收物联网感知节点设备的数据时，可能有其他物联网系统的同类数据也被接收到。这时应该能识别提供数据的感知节点设备是否为授权设备，即是否为系统中正确的感知节点设备。不同应用系统的感知节点设备对它们所服务的系统来说是授权设备，但对当前考虑的应用系统来说则不属于授权设备。将这一要求延伸，当有假冒的设备向当前的应用系统的数据处理层传输伪造的数据时，应能识别。

【相关安全产品或服务】

Atlas 边缘计算设备的感知节点管理模块。

【安全建设要点及案例】

边缘计算感知节点组网如图 3-4 所示。

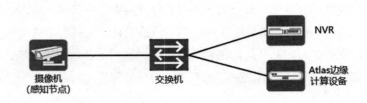

图 3-4　边缘计算感知节点组网

边缘计算设备的感知节点管理模块只允许对授权的感知节点设备进行添加等配置管理操作，以保证只有授权的感知节点设备才可以接入边缘计算设备。

常见的感知节点设备接入边缘计算设备的场景是摄像机接入场景，该场景向边缘计算设备接入授权的摄像机，在满足安全认证授权能力后，可以提供媒体网关服务、媒体存储服务、媒体中心服务、日志管理服务、媒体转发服务以及其他服务等多种服务，满足不同的业务场景需求。图 3-5 为添加摄像机的操作界面。

图 3-5　添加摄像机的操作界面

2. 入侵防范

【标准要求】

第二级安全要求如下：

a）应能够限制与感知节点通信的目标地址，以避免对陌生地址的攻击行为；

b）应能够限制与网关节点通信的目标地址，以避免对陌生地址的攻击行为。

【解读和说明】

第二级安全要求比第一级安全要求增加了入侵防范要求。从安全要求项不难看出，该项要求限制与感知节点设备和网关节点设备通信的目标地址，确保感知节点设备和网关节点设备不受来自陌生地址的数据攻击，也不成为攻击陌生地址的帮凶。

【相关安全产品或服务】

对于条款 a），相关安全产品或服务：摄像机安全配置。

对于条款 b），相关安全产品或服务：NVR 安全配置。

【安全建设要点及案例】

（1）摄像机安全配置：通过"配置"→"用户安全"→"IP 地址过滤"路径，选择相应的 IP 地址过滤方式：禁止、黑名单或白名单如图 3-6 所示。

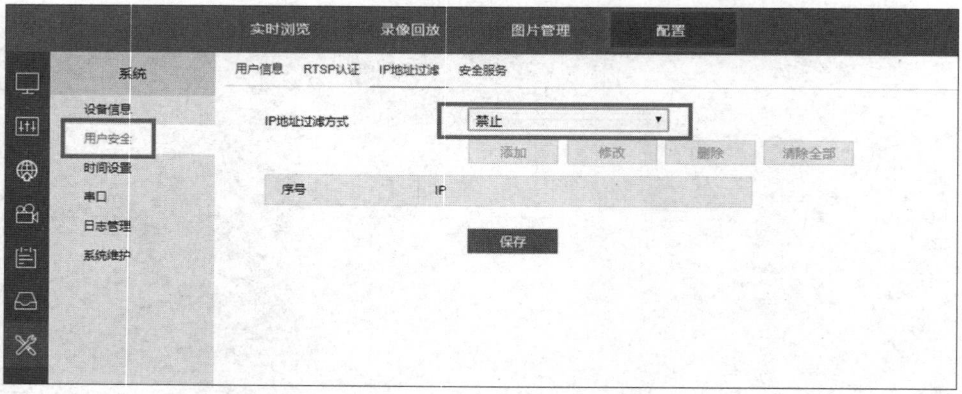

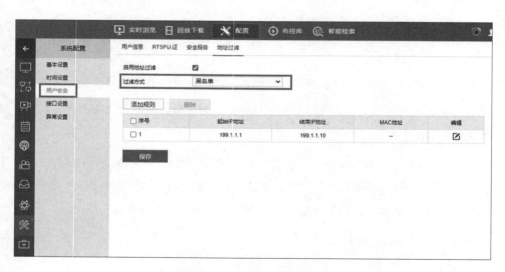

图 3-6　摄像机安全配置

（2）NVR 安全配置：通过"配置"→"用户安全"→"地址过滤"路径，启动 IP 地址过滤功能，并根据需求添加相应的 IP 地址如图 3-7 所示。

图 3-7　NVR 安全配置

3.2.3　安全运维管理

感知节点管理控制点解读如下。

【标准要求】

第一级和第二级安全要求如下：

a）应指定人员定期巡视感知节点设备、网关节点设备的部署环境，对可能影响感知节点设备、网关节点设备正常工作的环境异常进行记录和维护；

b）应对感知节点设备、网关节点设备入库、存储、部署、携带、维修、丢失和报废等过程作出明确规定，并进行全程管理。

【解读和说明】

物联网感知节点设备在安装之后不应该被置之不理，即使是对部署在野外或高处的设备，也要定期检查。如今无人飞行器等先进技术为定期检查提供了许多便利。这里的"定期"，不是指固定检查的时间间隔，而是指在一定时间段内需要进行检查，比如每半年检查一次，实际检查时间间隔的长短由具体行业根据实际情况确定。这里的"检查"，也不一定要亲自到现场，可以借助先进的仪器设备（如望远镜、携带视频设备的飞行器、网络摄像头等）进行检查。检查中发现问题应进行记录并及时进行维护处理。

第二级安全要求在第一级安全要求的基础上，增加了对感知节点设备和网关节点设备的入库等过程的全程管理，要求明确管理设备的入库、存储、部署、携带、维修、丢失和报废等过程。

【相关安全产品或服务】

智能运维管理系统。

【安全建设要点及案例】

对于城市监控系统，运维人员应当定期巡检摄像机运行情况，可以采用智能运维管理系统进行远程运维，发现监控图像异常的摄像机。

（1）智能运维管理系统可以自动对全网设备进行图像检查，能够发现设备下线、图像遮挡、模糊、偏色等故障如图 3-8 所示。

（2）智能运维管理系统可以对入库设备在线运行情况、服务器运行状态、存储情况以及故障维修进展进行全面跟踪，其设备管理界面如图 3-9 所示。

（3）智能运维管理系统可以提供设备入网、退网、设备信息修改等基础管理功能，同时还能够提供设备参数查看、磁盘分区信息查看、设备检测/重启/升级、版本变迁等功能。

图 3-8　智能运维系统图像检查界面

图 3-9　设备管理界面

3.2.4　第二级以下物联网安全整体解决方案示例

1. 智慧社区

1）智慧社区典型场景

智慧社区可以充分利用物联网、人工智能、大数据、云计算、移动互联等技术，为社区居民提供一个安全、舒适、便利的现代化、智慧化生活环境。如图 3-10 所示，智慧社区典型场景由三部分组成，分别是前端感知子系统、安全接入平台、智慧社区综合安防管理平台。

（1）前端感知子系统主要由视频监控子系统、人脸识别子系统、车辆识别子系统、智能门禁子系统、实有人口管理子系统、访客管理子系统、一键报警子系统、周界入侵子系统组成，实现对前端数据、事件的全面感知。

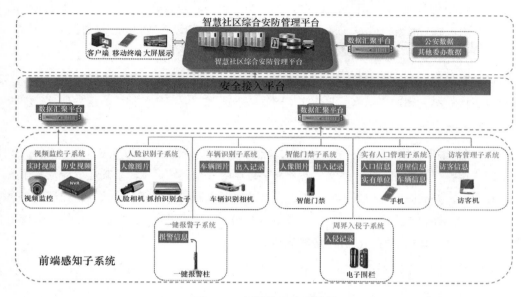

图 3-10　智慧社区典型场景

其中，视频监控子系统提供视频流的实时预览、监控、存储、回放等功能。人脸识别子系统提供人脸相机、视频流相机等人脸数据的识别、提取等功能。车辆识别子系统提供车牌识别、车辆出入控制、出入车辆数据记录等功能。智能门禁子系统提供人员识别、人员进出控制、进出人员数据记录等功能。实有人口管理子系统提供小区实有人口信息录入并传输至智慧社区综合安防管理平台的功能。访客管理子系统提供小区访客的登记、出入等记录。一键报警子系统提供一键报警功能，以应对紧急事件。周界入侵子系统负责小区围墙边界的防护。

（2）安全接入平台提供可靠传输链路，将前端感知子系统采集的数据传输至智慧社区综合安防管理平台。

（3）智慧社区综合安防管理平台通过对海量社区业务数据的存储、计算和处理，挖掘数据的实际价值，为各管理部门进行一体化综合治理提供业务支撑。

由于智慧社区采用了物联网、云计算、大数据、移动互联等技术，多种技术的集中使用在一定程度上增大了其所面临的安全风险，主要表现在以下三个方面。

① 感知设备安全风险：大量的智能感知设备（人脸相机、门禁等）接入网络，接入环

境和方式复杂多样，设备本身的安全防护能力缺失使得感知设备易遭到攻击和破坏；另外，感知设备收集的是用户生活相关数据，泄露数据的风险较高，一方面，汇聚平台可能遭受外部攻击导致用户数据泄露，另一方面，同一网段或相邻网段的设备之间也存在数据泄露渠道。

② 通信网络安全风险：每个小区内的感知设备节点数量庞大，攻击者可以利用控制的节点向网络发送恶意数据包，发动 DoS 攻击，导致网络拥塞、瘫痪、服务中断；另外，会存在非授权接入和访问网络、非法使用网络资源或者获取网络数据（如用户信息、配置信息、路由信息等）的行为。

③ 服务端平台安全风险：平台存储大量业务和基础数据，会成为攻击焦点，一旦受到攻击或入侵将导致数据泄露、系统业务功能被控制等安全问题。平台基础环境涉及操作系统、数据库、Web 应用等组件，这些组件自身的漏洞或设计缺陷容易导致非授权访问、数据泄露、远程控制等安全问题。平台业务接口开放、应用逻辑多样，可能造成接口未授权调用，产生敏感数据泄露、消耗资源等风险。

智慧社区的安全防护重点如下。

① 集成的各个感知设备使用鉴别、加密等技术，实现接入控制、入侵防范等，同时，使用数据加密技术，直接把数据传输至汇聚平台，以防数据泄露。

② 汇聚平台是收集各个前端感知数据，并上传至平台做业务应用的网关节点设备，是防护的重点，可以采用身份认证、接入控制、数据加密、数据完整性校验等安全策略进行防护。

③ 智慧社区综合安防管理平台汇聚了各项感知数据、第三方基础数据以及经过业务应用产生的业务数据，是比较敏感的。首先，可以借助安全接入平台划分好网关节点设备与平台之间的边界，采用身份认证、接入控制等手段防止外界攻击；同时，平台自身利用身份认证、鉴权、加密、安全审计等技术保证平台和数据的安全性。

2）保护对象

（1）感知层设备（见表 3-5）

表 3-5　感知层设备

序号	设备类型	设备名称	用途	重要程度	备注
1	感知节点设备	视频流相机	视频监控	非常重要	
2		人脸相机	人脸抓拍	非常重要	

序号	设备类型	设备名称	用途	重要程度	备注
3	感知节点设备	车辆识别相机	车辆抓拍	重要	
4		智能门禁	开关门	重要	
5		访客机	访客登记	一般	
6		一键报警柱	一键报警	一般	
7		电子围栏	周界入侵报警	一般	
8	网关节点设备	视频汇聚平台	负责视频接入和转发	非常重要	
9		数据汇聚平台	负责图片、结构化数据的接入和转发	非常重要	

（2）系统管理或业务应用软件/平台（见表 3-6）

表 3-6　系统管理或业务应用软件/平台

序号	系统管理软件/平台名称	主要功能	重要程度	备注
1	智慧社区综合安防管理平台	通过对海量社区感知数据和业务数据的存储、计算和处理，挖掘数据的实际价值，为各管理部门进行一体化综合治理提供业务支撑	非常重要	
2	安全接入平台	汇聚平台和智慧社区综合安防管理平台之间的边界划分，提供可靠安全传输链路，将前端感知子系统采集的数据传输至智慧社区综合安防管理平台	非常重要	
3	视频监控子系统	提供视频流的实时预览、监控、视频存储、回放等功能	非常重要	
4	人脸识别子系统	提供人脸相机、视频流相机等人脸数据的识别、提取等功能	非常重要	
5	车辆识别子系统	提供车牌识别、车辆出入控制、出入车辆数据记录等功能	重要	
6	智能门禁子系统	提供人员识别、人员进出控制、进出人员数据记录等功能	重要	
7	实有人口管理子系统	提供小区实有人口信息录入并传输至智慧社区综合安防管理平台的功能	非常重要	
8	访客管理子系统	提供小区访客的登记、出入等记录	一般	
9	一键报警子系统	提供一键报警功能，以应对紧急事件	一般	
10	周界入侵子系统	负责小区围墙边界的防护	一般	

（3）数据类别（见表 3-7）

表 3-7　数据类别

序号	数据类别	安全防护需求	重要程度
1	感知设备身份数据	保密性、完整性	非常重要

序号	数据类别	安全防护需求	重要程度
2	感知数据	保密性、完整性	非常重要
3	基础数据	保密性、完整性	非常重要
4	鉴别数据	保密性、完整性	非常重要
5	配置数据	保密性、完整性	非常重要
6	日志数据	保密性、完整性	非常重要

　　3）安全措施

　　以智慧社区场景为例，按照 GB/T 22239—2019 中等级保护对象的第二级安全要求，阐述其所应采取的安全措施。其中，在安全通用要求方面仅描述了与本场景关联性较强的方面，其余方面可遵照安全通用要求。

　　（1）安全物理环境。在物理位置选择方面，视频汇聚平台、数据汇聚平台的服务器选择部署在各个小区的机房内，机房的建设可以参照通用的安全要求；智慧社区综合安防管理平台的服务器部署在云服务上，遵循云服务的安全防护措施。在物理访问控制方面，汇聚平台所在的小区机房应该配置智能门禁或安排专人值守。在感知节点设备物理防护方面，每个前端感知设备上都有二维码，作为自己唯一的设备标识；设备周围需要独立空间，避免被其他设备挤压；设备本身必须具备室外应用条件，包括耐高温、耐寒、防潮、防水、防静电、防雷击等；不同类型的设备所处的物理环境要适合其工作，比如摄像机需要视野开阔、防强光的环境等。

　　（2）安全通信网络：在通信传输方面，所有的数据通过写文件形式传输。根据不同的文件类型，通过文件校验技术，保障数据传输的完整性。

　　（3）安全区域边界：在边界防护方面，汇聚平台和智慧社区综合安防管理平台之间通过安全接入平台进行边界划分，由安全接入平台配置端口和允许访问的设备 IP 地址，进行访问和数据流通。在访问控制方面，安全接入平台设置访问规则，规定固定 IP 地址、固定端口可以访问和通信；配置的规则在满足业务需求的情况下必须最小化，并且任何需求或者前端设备发生变化，都需要及时更新访问控制规则；安全接入平台对访问的请求都会详细记录，包括源地址、目的地址、源端口、目的端口和协议等，从而判断是否允许数据流进出；对于非法进出的数据流，安全接入平台会直接拒绝通行，并记录异常。在接入控制方面，每个前端感知设备都有固定的、唯一的设备标识和自身设备分配的 IP 地址，需要在汇聚平台上进行注册，已注册的设备才被允许接入和进行数据流传输。在入侵防范方面，前端感知设备只允许向指定 IP 地址的网关节点传输数据，同时，网关节点会校验前端感知设备的唯一标识和 IP 地址，已注册的设备才能进行数据流传输，陌生的设备会被直接拒绝，防止来自陌生地址的攻击行为；网关节点设备和智慧社区综合安防管理平台之间只能通过安全接入平台进行通信，安全接入平台上设置访问规则，对源设备的 IP 地址、目标设备的 IP 地址、端口等进行识别，防止陌生地址的入侵。

（4）安全计算环境：在数据完整性方面，汇聚平台主要通过写文件的方式进行传输和存储，过程中采用校验数据的文件长度、类型、时间戳等方式来保障数据的及时性和完整性。

（5）安全运维管理：安排运维人员定点、定时地进行设备的巡视，通过手机扫描设备二维码记录巡视线路，同时对设备部署环境、设备状态等进行记录和维护；搭建运维管理平台，在该平台上展开设备入库、存储、部署、携带、维修、丢失和报废等流程，并由业务部门、物资部门、信息化部门进行全程管理和监督。

3.3 第三级和第四级物联网安全扩展要求解读

3.3.1 安全物理环境

感知节点设备物理防护

【标准要求】

第三级以上安全要求如下：

a）感知节点设备所处的物理环境应不对感知节点设备造成物理破坏，如挤压、强振动；

b）感知节点设备在工作状态所处物理环境应能正确反映环境状态（如温湿度传感器不能安装在阳光直射区域）；

c）感知节点设备在工作状态所处物理环境应不对感知节点设备的正常工作造成影响，如强干扰、阻挡屏蔽等；

d）关键感知节点设备应具有可供长时间工作的电力供应（关键网关节点设备应具有持久稳定的电力供应能力）。

【解读和说明】

条款 a）和条款 b）项要求感知节点设备所处的物理环境和工作状态应能够保证其正常工作。条款 c）和条款 d）在条款 b）的基础上增加了对感知节点设备在工作状态所处物理环境的要求，要求设备不应在工作中遇到强干扰或阻挡屏蔽，并且进一步要求关键感知节点设备应具有保障其长时间工作的电力供应。

感知节点设备物理防护对物理环境的要求是明确的。对设备长时间工作能力的判断如下：如果使用电池供电，则使用的电池应保证设备在电池设计寿命时间内能正常工作，包括正常的数据采集、处理、传输、指令的接收与执行、异常情况处理等；如果使用交流电供电，则可理解为该设备符合"具有可供长时间工作的电力供应"这一要求，一般应用场景中无须考虑交流电异常断电的可能。

【相关安全产品或服务】

应用场景一：针对条款 a），有金属围栏、防护罩等；针对条款 b），有室内照明系统等；针对条款 c），有金属外壳与 RVVP 屏蔽线等；针对条款 d），有充电接口与自动充电服务等。

应用场景二：防护罩。

【安全建设要点及案例】

场景一：仓储智能设备

以仓储智能设备为例，设备工作环境一般位于室内，且会使用金属围栏与周边进行隔离，提供安全防护以避免人员伤亡，同时也对关键感知节点设备提供物理防护。机械臂设备中包含智能相机等图像传感器，采用室内照明系统提供光源，不受室外光线影响，机械臂工作环境如图 3-11 所示。

机械臂小件进箱拣选工作站主要通过视觉技术实现对来源箱商品进行拣选，并将商品放进订单箱进入下一物流环节。智能相机等图像传感器可对商品位置进行计算，是整个机械臂的核心传感器部件，因此需要定期检查智能相机的外观和探头，保证传感器的正常运行，同时为智能相机安装相应的防护装置，防止因被撞击而导致的损坏或失灵如图 3-12 所示。

（1）为使所处物理环境不对感知节点设备造成物理破坏，可通过金属围栏、防护罩等装置防范外部人员、机动设备等外部环境对设备造成干扰和阻挡如图 3-13 所示。同时也可采取高支架进行架高处理等保护措施如图 3-14 所示，支架高度大于或等于 3 米，避免直接与设备产生干涉碰撞。

图 3-11　机械臂工作环境

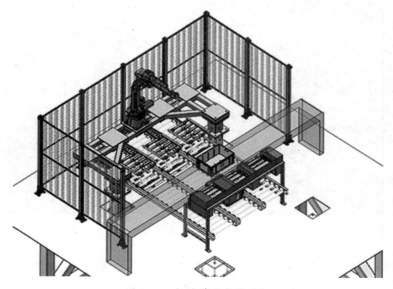

图 3-12　机械臂的金属围栏

金属防护罩　　　　　　　塑料防护罩

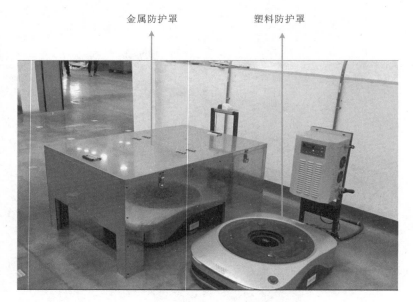

图 3-13　感知节点设备防护罩

图 3-14　高支架进行架高处理

　　（2）机械臂设备在室内环境下工作，采用室内照明系统提供采光条件，不受外部阳光照射影响，全天均可正常进行图像数据采集和识别如图 3-15 所示。

图 3-15　机械臂设备在室内环境工作

（3）智能相机加装金属外壳，主动散热；供电线和通信线分开布线，均采用带屏蔽层的工业线缆，这种线缆对电磁干扰起屏蔽作用如图 3-16 所示。

图 3-16　RVVP 屏蔽线

（4）以 AGV 设备为例，为了保证长时间工作的电力供应，AGV 设备本身配有 40AH
供电电源，一次充满电可满载运行 8 小时以上，同时设备具有充电接口，可以接受服务器
调度自动完成充电如图 3-17 所示。

电池及充电装置

图 3-17　AGV 设备

场景二：室外安装的道路监控网络摄像机

（1）采用具备物理防护能力的监控防护一体机，或者将摄像头安装在摄像机防护罩内；
防护罩采用铝合金材质，具有一定的物理防护作用如图 3-18 所示。

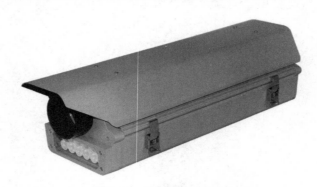

图 3-18　监控防护一体机

（2）道路监控网络摄像机一般长期暴露在室外环境中，为防风、防雨、避光，宜采用
具备防护罩的摄像机。防护罩的外壳采用导热、散热设计，无风扇结构，避免防护罩内外
空气流通，以确保防护罩内部环境的相对清洁；防护罩配备自动加热系统，防水、防雾；

防护罩外部安装防尘装置，可遮挡灰尘和雨水，避免外部环境对成像效果造成影响。

（3）应安装在立杆上或其他合适的安装位置，安装时应注意规避遮挡物，如树木等。为提升夜间监控效果，应根据监控场景夜间情况选用可在夜间成像的低照度摄像机或红外摄像机，或者增加补光灯。监控立杆及 LED 补光灯如图 3-19 所示，夜间红外成像如图 3-20 所示。如果摄像机可能出现被强光直射的情况，如上午/傍晚时段太阳光直射在摄像机视野内或夜间行驶车辆大灯正对摄像机，需要考虑使用具备强光抑制功能的摄像机，以提升监控效果。

图 3-19　监控立杆及 LED 补光灯

图 3-20　夜间红外成像

（4）摄像机取电一般因地制宜，典型场景是通过设备供电箱使用市政供电，设备供电箱如图 3-21 所示。

图 3-21　设备供电箱

3.3.2　安全区域边界

1. 接入控制

【标准要求】

第三级以上安全要求如下：

应保证只有授权的感知节点可以接入。

【解读和说明】

在接入控制方面，第三级安全要求和第四级安全要求与第一级安全要求和第二级安全要求在文字描述上相同，但在实际执行时更为严格。在第一级安全要求和第二级安全要求中，判断一个感知节点是否为授权节点的方法是识别，用于排除应用系统之外的同类感知节点的接入；对于第三级安全要求和第四级安全要求来说，需要使用身份鉴别技术，除能排除应用系统之外的同类感知节点的接入，还能避免非法恶意接入，如通过假冒和伪造身份试图接入一个物联网应用系统。

【相关安全产品或服务】

应用场景一：PLC-IoT 通信模组的身份鉴别模块。

应用场景二：感知节点身份验证管理服务、仓库网络安全管理服务。

应用场景三：符合 GB 35114—2017 标准的监控摄像机和监控平台。

【安全建设要点及案例】

场景一：PLC-IoT 网络

电力线通信（Power Line Communication，PLC），是一种利用电力线传输数据和媒体信号的通信方式（技术）。

PLC-IoT 网络由边缘计算网关、电力网络和感知节点组成。其中边缘计算网关内置设备通信模块（Device Communication Module，DCM），并支持容器，App 部署于边缘计算网关上的容器中；终端的感知节点内置 DCM，与边缘计算网关通过 PLC-IoT 技术通信。容器中 App 的数据经 IPv6 转发后，由 DCM 通过 PLC 技术耦合进电力线中，通过电力网络传输到感知节点的 DCM 上，实现与远端感知节点的通信功能。PLC-IoT 网络如图 3-22所示。

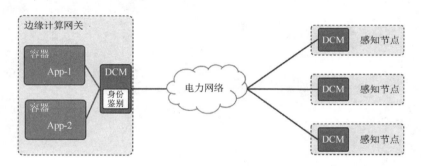

图 3-22　PLC-IoT 网络

PLC 感知节点应首先通过接入认证，才能接入网络。PLC 感知节点支持基于数字证书的接入认证，认证交互协议则采用数据包传输层安全性协议（DTLS）。为使数字证书轻量化，采用 ECC（椭圆加密算法）证书，密钥交换算法宜采用 ECDHE，数字签名算法宜采用 ECDSA。

场景二：感知节点身份验证和仓库网络安全

（1）感知节点身份验证管理服务。首先为所有感知节点建立安全标识，安全标识包括出厂时每台感知节点的设备编号、库房名称、内部局域网络的账号和密码四部分，通过提取和验证设备的安全标识，对感知节点进行身份验证，防止非法节点的接入。仓库使用过程中单台感知节点只有和仓库数据库信息一致时才能加入系统，进行正常生产任务。

（2）仓库网络安全管理服务。感知节点需要通过 WiFi 接入仓库内部局域网。每个局域网通过对感知节点的 MAC 地址过滤的方式实现网络管理，防止非法设备加入系统。

场景三：监控摄像机和监控平台

在监控摄像机执行 GB 35114—2017 标准进行监控联网时，监控平台基于数字证书方式对所有接入的监控摄像机进行双向身份验证，任何一方身份不合法，都无法成功接入监控平台如图 3-23 所示。

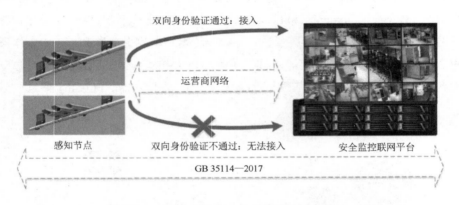

图 3-23　基于数字证书的双向验证方式

2. 入侵防范

【标准要求】

第三级以上安全要求如下：

a）应能够限制与感知节点通信的目标地址，以避免对陌生地址的攻击行为；

b）应能够限制与网关节点通信的目标地址，以避免对陌生地址的攻击行为。

【解读和说明】

在入侵防范方面，第三级安全要求和第四级安全要求与第一级安全要求和第二级安全要求相同，该项标准要求限制与感知节点设备和网关节点设备通信的目标地址，确保感知节点设备和网关节点设备不受来自陌生地址的数据攻击，也不成为攻击陌生地址的帮凶。

【相关安全产品或服务】

应用场景一：针对条款 a），如 Atlas 边缘计算设备的登录规则模块。

应用场景二：针对条款 b)，如设备控制服务器。

【安全建设要点及案例】

场景一：边缘计算感知节点

边缘计算感知节点组网如图 3-24 所示。

图 3-24 边缘计算感知节点组网

边缘计算设备或边缘计算设备的登录规则模块支持设置其他设备、用户访问边缘设备的目标地址的配置规则，包括时间段、IP 地址段和 MAC 地址，对于满足地址约束条件的访问予以放行。

边缘计算设备需要与其他设备进行连接和通信，经过配置的边缘计算设备，通常需要限定其与指定地址的感知设备、网关设备等进行通信，以防止出现未知地址的设备对边缘计算设备的非法访问以及攻击等行为。因此，边缘计算设备需要具备限定与其通信的其他设备的目标地址的功能，其操作流程如下所示。

（1）边缘计算设备管理员用户登录边缘计算设备的安全策略设置界面。

（2）选择"登录规则"标签页。

（3）选择"新增"按钮，并根据图 3-25 所示的页面填写符合要求的目标地址。

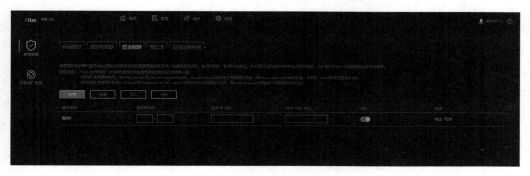

图 3-25 "新增"操作界面

（4）填写完成后，单击"确认"按钮，则此登录规则配置完成。登录规则支持导入和导出，可以批量进行规则的导入。

登录规则配置完成后，后续的外部访问信息需要按照配置约束条件进行过滤，比如需要满足时段、IP 地址段、MAC 地址等多个过滤规则。

场景二：智能仓储网络

智能仓储网络典型的网络拓扑方案如图 3-26 所示。

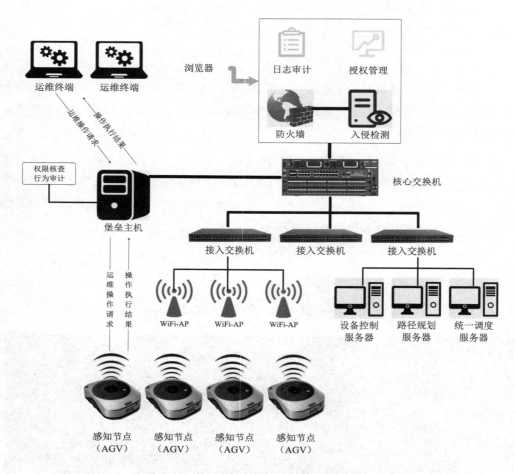

图 3-26　智能仓储网络典型的网络拓扑方案

在上述智能仓储网络中，通过 WiFi-AP、网关节点（接入交换机、核心交换机）设置

ACL 进行网络划分和网络隔离如图 3-27 所示。

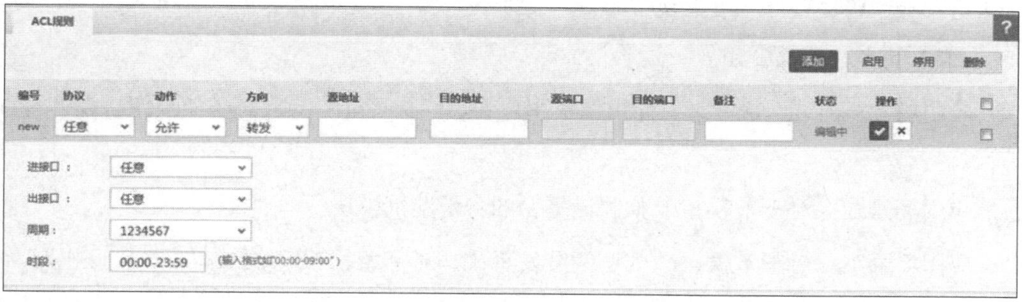

图 3-27　"ACL 规则"设置界面

配置 ACL 后，可以允许特定设备访问网络，指定转发特定端口数据包等。在智能仓储网络中，感知节点设备与控制台服务器之间使用特定的 TCP/UDP 端口和私有应用协议进行通信，并通过建立访问白名单来限制物联网感知节点（AGV）和网关节点（如核心交换机、接入交换机）的通信目标地址范围。只接收和处理在特定 IP 地址范围内的流量数据，不处理和转发其他 IP 地址的流量数据。

3.3.3　安全计算环境

1. 感知节点设备安全

【标准要求】

第三级以上安全要求如下：

a）应保证只有授权的用户可以对感知节点设备上的软件应用进行配置或变更；

b）应具有对其连接的网关节点设备（包括读卡器）进行身份标识和鉴别的能力；

c）应具有对其连接的其他感知节点设备（包括路由节点）进行身份标识和鉴别的能力。

【解读和说明】

在安全计算环境方面，第三级安全要求和第四级安全要求比第一级安全要求和第二级安全要求增加了对感知节点设备安全的要求，要求只有授权用户才可以对感知节点设备的软件应用进行配置或变更；能识别与感知节点设备连接的网关节点设备或其他感知节点设备，并具有对与其连接的设备进行身份鉴别的能力。

该控制点要求包括用户对感知节点设备进行配置性操作的规定和感知节点设备对与其连接的其他设备进行身份鉴别的能力，包括完成身份鉴别所需要的预先配置。

【相关安全产品或服务】

应用场景一：对于条款 a），如摄像机用户管理模块；对于条款 b），如摄像机设备管理模块。

应用场景二：对于条款 a），如物流平台的身份鉴别模块。

应用场景三：对于条款 a），如密钥分发系统；对于条款 b），如双向身份验证机制。

应用场景四：符合 GB 35114—2017 标准的监控摄像机的安全模块。

【安全建设要点及案例】

场景一：视频监控系统

在视频监控系统中，管理员通常通过用户名和口令的方式对用户的身份进行鉴别。视频监控系统管理员接入摄像机组网如图 3-28 所示。

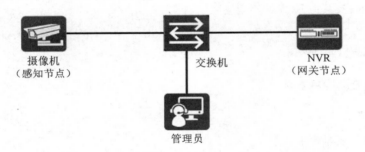

图 3-28　视频监控系统管理员接入摄像机组网

管理员登录摄像机用户管理模块，登录界面的流程如下所示。

（1）在浏览器地址栏中输入网络摄像机的 IP 地址，系统显示 Web 登录页面。

（2）输入登录账号和口令。

（3）单击"登录"按钮，系统显示 Web 主页面，进入登录界面如图 3-29 所示。

摄像机遵循 GB/T 28181—2016 标准要求的会话初始协议（SIP），与支持 SIP 的服务器连接，进行双向身份验证。

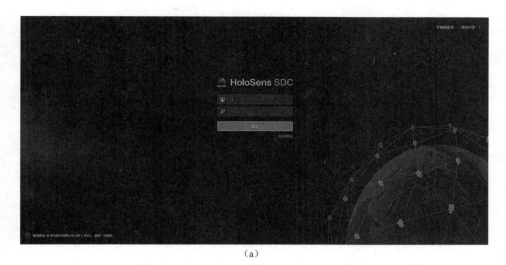

（a）

（b）

图 3-29　登录界面

场景二：智能仓储系统

在智能仓储系统中，仓储管理人员通过控制台修改感知节点（AGV）设备的相关配置。仓储管理人员登录物流平台时需要通过用户名和口令方式进行身份鉴别。同时，只有拥有修改配置权限的仓储管理人员才能对感知节点设备的相关配置进行修改。

场景三：双向身份验证机制

以电子标签与读写器之间身份认证为例，电子标签与读写器之间采用双向身份验证机制进行认证如图 3-30 所示。在认证过程中采用分组加密算法 SM7 完成鉴别报文数据的加密与解密。认证采用的密钥由密钥系统分发，密钥分发即为用户授权，认证通过后才可对电子标签用户区进行操作。

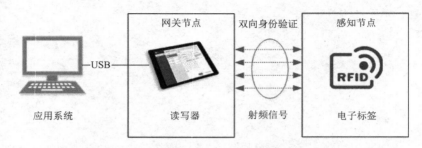

图 3-30　电子标签与读写器之间的双向身份验证

场景四：监控摄像机管理场景

以监控摄像机管理场景为例，网络摄像机通过网络连接本地的硬盘录像机（DVR）或网络视频录像机（NVR）进行录像，同时，DVR/NVR 也可以通过广域网连接后端的大型视频监控系统，以统一管理如图 3-31 所示。

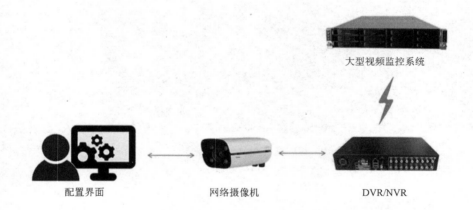

图 3-31　监控摄像机管理场景

要对摄像机进行配置和变更，首先需要通过用户身份鉴别，通过后才可以对其进行配置和变更。

摄像机应当对接入的 DVR/NVR 等设备进行身份鉴别。需要在摄像机中配置允许接入的设备信息，若采用口令方式，应避免使用默认口令。宜使用符合 GB 35114—2017 标准的摄像机和 DVR/NVR，使用基于数字证书的双向身份验证方案。摄像机保存自身私钥和 DVR/NVR 公钥，DVR/NVR 保存摄像机公钥和自身私钥。使用 GB 35114—2017 定义的双向身份验证流程，DVR/NVR 对摄像机进行身份鉴别的同时，摄像机对 DVR/NVR 也进行身份鉴别。

2. 网关节点设备安全

【标准要求】

第三级以上安全要求如下：

a）应具备对合法连接设备（包括终端节点、路由节点、数据处理中心）进行标识和鉴别的能力；

b）应具备过滤非法节点和伪造节点所发送的数据的能力；

c）授权用户应能够在设备使用过程中对关键密钥进行在线更新；

d）授权用户应能够在设备使用过程中对关键配置参数进行在线更新。

【解读和说明】

在安全计算环境方面，第三级安全要求和第四级安全要求比第一级安全要求和第二级安全要求增加了对网关节点设备安全的要求，要求网关节点设备具有对与其连接的设备进行标识和鉴别的能力，具有过滤非法节点和伪造节点的数据的能力；授权用户应能够对设备的关键密钥和关键配置参数进行在线更新。

【相关安全产品或服务】

应用场景一：AR502H 边缘计算网关的 PLC 通信单元。

应用场景二：网关白名单服务；对于 b）条款，如网关访问控制管理服务。

应用场景三：符合 GB 35114—2017 标准的安全摄像机和 DVR/NVR 的安全模块。

【安全建设要点及案例】

场景一：AR502H 边缘计算网关

AR502H 边缘计算网关具备通过以太网接口扩展支持 PLC 网络的能力，即边缘计算网关通过以太网接口连接 PLC 路由节点，再通过 PLC 路由节点组建 PLC 网络，接入 PLC 感知节点。其中，PLC 路由节点即盒式 PLC 通信单元 Module-PLC-1。PLC 感知节点接入如图 3-32 所示。

图 3-32　PLC 感知节点接入

因边缘计算网关与 PLC 路由节点是两个独立的整机设备，其相互连接需要通过身份鉴别，下面介绍对应的身份鉴别流程。

边缘计算网关和 PLC 路由节点均预置 X.509 数字证书，认证过程采用 EAP-TLS，通过交换数字证书完成双向认证。其中，PLC 路由节点作为客户端主动发起认证请求，边缘计算网关作为服务器端响应请求。认证交互协议则采用 DTLS。为使数字证书轻量化，采用 ECC 证书，密钥交换算法宜采用 ECDHE，数字签名算法宜采用 ECDSA。

AR502H 边缘计算网关具备过滤非法节点和伪造节点所发送的数据的能力。AR502H 丢弃所有来自未认证的 PLC 路由节点（非法节点）的数据报文。证书校验合法后，边缘计算网关与 PLC 路由节点之间会协商加密通道，认证完成后，边缘计算网关与 PLC 路由节点间的所有数据报文和管理报文都会做数据加密和完整性保护。由于伪造节点无法获得加密密钥，无法构造正确的加密报文，会在解密和完整性校验阶段被网关作为非法报文丢弃。

AR502H 边缘计算网关授权用户应能够在设备使用过程中对关键密钥进行在线更新。边缘计算网关与 PLC 路由节点之间的链路层加密密钥，支持周期性自动更新。具体方法为：边缘计算网关周期性（比如 8 小时）发起 EAP-TLS 握手，通过 TLS 的 ECDHE 算法协商出新的加密密钥，之后边缘计算网关和 PLC 路由节点之间即切换为新的密钥。切换过程存在新旧密钥共存阶段，通过报文中的密钥 ID 字段指示当前消息使用哪个密钥加密。

AR502H 边缘计算网关授权用户应能够在设备使用过程中对关键配置参数进行在线更新。在 PLC 网络工作过程中，边缘计算网关可发送管理消息到 PLC 路由节点，要求在线更新 PLC 网络的工作频段、发射功率等基本参数，以及链路层和物理层等高级参数。PLC 路由节点进一步通过信标帧或网络管理消息，将新参数通知到 PLC 网络中的所有 PLC 感知节点，完成配置参数在线更新。

场景二：网关白名单服务

在网关设备（如接入交换机、核心交换机）中使用 IP 地址和 MAC 地址绑定的网关白名单服务可以限制非法连接，同时能够过滤非法节点和伪造节点发送的数据，并且通过鉴别与访问控制管理模块/网关访问控制管理服务对所有的连接设备进行认证，确保仅合法设备可以接入网络。

场景三：监控摄像机管理场景

以监控摄像机管理场景为例，网络摄像机通过网络连接本地的硬盘录像机（DVR）或网络视频录像机（NVR）进行录像，同时 DVR/NVR 也可以通过广域网连接后端的集中式监控系统，以统一管理。

DVR/NVR 基于 GB 35114—2017 标准的协议和前端摄像机进行双向身份验证。基于数字证书的双向身份验证注册流程如图 3-33 所示。

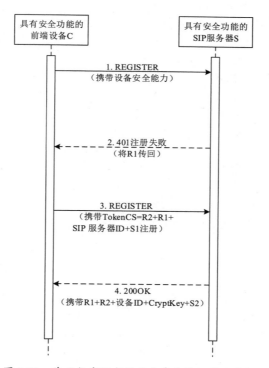

图 3-33　基于数字证书的双向身份验证注册流程

在第一步注册登录的时候，非法摄像机或者伪造摄像机如果无法通过身份认证环节，DVR/NVR 将直接拒绝与该设备通信。

DVR/NVR 设备应当符合 GB 35114—2017 标准对密钥变更的规定，从大型视频监控系统获得视频密钥加密密钥（Video Key Encryption Key，VKEK），并对摄像机动态下发不同的 VKEK。VKEK 的更新周期不超过 24 小时。其中，VKEK 的下发应当使用设备公钥加密后发送，使用设备私钥解密得到。

    DVR/NVR 设备，在授权用户登录后，应当提供管理摄像机的能力，比如新增/修改/删除摄像机，也应当提供配置接入后端监控系统的能力。添加 IP 通道和编辑 IP 通道的操作如图 3-34 和图 3-35 所示。新增、修改、删除设备界面如图 3-36 所示。

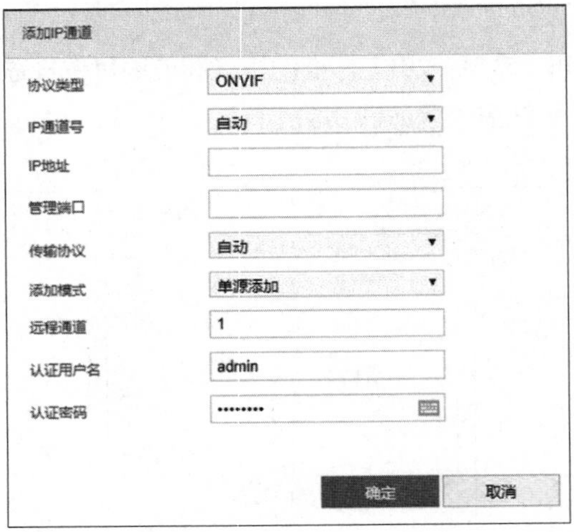

图 3-34   添加 IP 通道

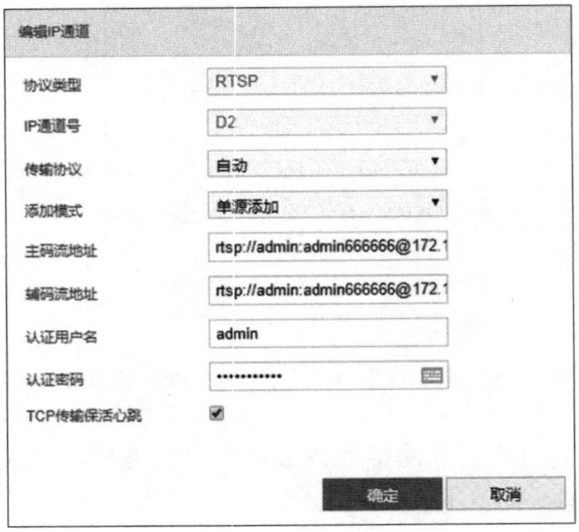

图 3-35   编辑 IP 通道

图 3-36　新增、修改、删除设备界面

3. 抗数据重放

【标准要求】

第三级以上安全要求如下：

a）应能够鉴别数据的新鲜性，避免历史数据的重放攻击；

b）应能够鉴别历史数据的非法修改，避免数据的修改重放攻击。

【解读和说明】

在安全计算环境方面，第三级安全要求和第四级安全要求比第一级安全要求和第二级安全要求增加了抗数据重放攻击能力的要求，要求对通信数据进行新鲜性保护，能识别数据的重放攻击和修改重放攻击。

数据重放攻击无须了解数据内容，因此即使对数据进行了加密处理或实施了数据完整性保护，也可能无法抵抗数据的重放攻击。数据的新鲜性是识别数据重放攻击的主要技术手段，可以通过计数器或时间戳来标记数据，这就是条款 a）所要求的。但是智能攻击者可以修改这种标记信息，实施修改重放攻击。因此，抵抗数据重放攻击时，还应考虑抵抗攻击者对数据新鲜性标记信息进行随意修改情况下的修改重放攻击，比如将时间戳改为当前时间的非法修改。

【相关安全产品或服务】

应用场景一：对于条款 a）和条款 b），如 PLC-IoT 通信模块。

应用场景二：对于条款 a），如序列号和时间戳机制；对于条款 b），如数据篡改检测机制；对于条款 a）和条款 b），如异常信息监控告警。

应用场景三：对于条款 a）和条款 b），如随机数和时间戳参与的 SM1 加密和校验计算。

【安全建设要点及案例】

场景一：PLC-IoT 网络

PLC 是一种利用电力线传输数据和媒体信号的通信方式（技术）。

如图 3-37 所示，PLC-IoT 网络由终端感知节点、DCM、边缘计算网关、应用软件（Application，App）及容器组成。第三方应用部署于边缘计算网关上的容器中，其应用数据经 IPv6 转发后，由 DCM 通过 PLC 技术耦合进电力线中，通过电力网络传输到终端感知节点的 DCM 上，实现与远端感知节点的通信功能。

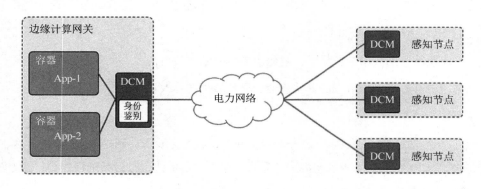

图 3-37　PLC-IoT 网络

PLC-IoT 通信模块支持链路层安全机制，通过数据加密保证数据机密性，通过完整性校验保证数据防篡改，通过序列号校验防止重放攻击，从而增强链路安全性，防止网络攻击。

链路层帧结构包括 MAC 帧头（帧头中包含源地址、目的地址以及其他控制字段）、安全首部、数据域、安全尾部和链路层帧校验（一般为 FCS 校验字段，位于安全尾部之后）。

其中，安全首部由安全控制、帧计数、密钥标识组成如图 3-38 所示；安全尾部作为报文的完整性校验字段。

链路层安全机制应支持 8 种安全等级如表 3-8 所示。默认宜使用等级 5。

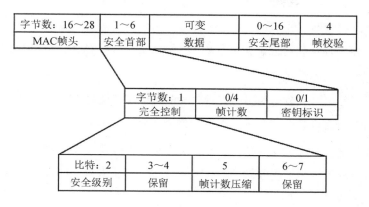

图 3-38 安全首部结构

表 3-8 链路层安全机制应支持 8 种安全等级

安全等级	是否加密	完整性校验字段长度
0	否	0
1	否	4
2	否	8
3	否	16
4	保留	保留
5	是	4
6	是	8
7	是	16

链路层安全方法采用 AES-CCM，具体加密算法宜采用 128 位 AES 的 CTR 模式，完整性校验算法宜采用 128 位 AES 的 CBC-MAC 模式。

防重放攻击通过链路层帧中的帧计数实现，帧计数即序列号，由每个节点独立累加，初始值可以是 1 个随机值，每发送 1 个报文后加 1，接收方可以根据这个计数值判断是否收到了同一个发送方的重复报文。由于 MAC 帧头和安全首部都在 CBC-MAC 的计算范围之内，且 CBC-MAC 计算之后又做了 CTR 加密，因此攻击者截获报文后无法解析出帧计数值，也无法仅更改帧计数后重放。另外，链路层的帧计数域是可选的，如果报文的上层载荷中已经做了防重放攻击防护，那么链路层防重放攻击可以不用设置。

场景二：智能仓储系统

在智能仓储系统中，客户端和服务端数据报文包括序列号、时间戳和校验位等信息。

首先，双方建立连接初期，采用时间同步机制，由客户端向服务端请求时间戳数据签名，以保证双方时间同步。

其次，采用 RSA 非对称加密算法对双方传递数据进行加密，对加密后的报文进行 Hash，产生校验位后一并发给服务端。

最后，当服务端接收数据解码后，对数据校验位进行核对，防止数据在传输过程中被篡改，并根据时间窗口对识别为重放攻击的数据进行拦截和抛弃。

除此之外，双方通过一定规则序列号生成算法，对收发报文序列号进行校验，严格按照期待序列号对数据进行过滤和处理，在一定程度上防止大规模的重放攻击。字段标识、字段名称及说明如表 3-9 所示。

表 3-9　字段标识、字段名称及说明

字段标识	字段名称	说明
MsgType	消息类型	
Length	消息长度	报文字节长度
Sequence	序列号	
AccessToken	协议令牌	双方约定
TimeStamp	时间戳	数据新鲜性检测
CheckCode	校验码	用于对报文加密后校验

通过智能流量监控和报警平台对异常数据进行记录、分析和追踪，自动进行有效拦截和反攻击。平台采用大数据分析建模，对所有接入数据的异常特征进行提取，对系统流量、方法、心跳及存活状态进行监控；在识别设备数据异常情况下，系统及时触发告警，经人工排查后解除或处理告警事件。智能监控平台应用面板如图 3-39 所示。

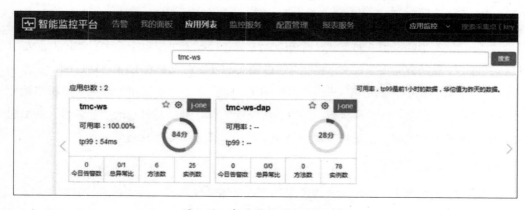

图 3-39　智能监控平台应用面板

该智能监控平台可按照不同维度创建监控点，对业务、方法、应用等进行异常监控监控，同时也支持用户自定义和定制化监控业务和触发报警机制。该平台的监控服务页面如图 3-40 所示。

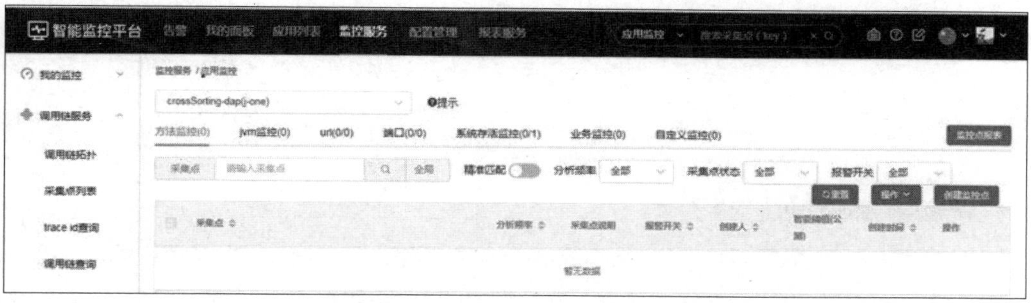

（a）

（b）

图 3-40　监控服务页面

当监控到异常情况并满足设置的报警阈值时，系统根据提前配置的报警联系人和报警机制及时通知相关人员进行后续处理。该平台的报警页面如图 3-41 所示。

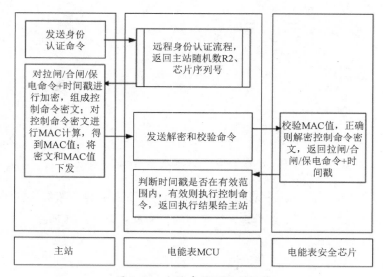

图 3-41　报警页面

场景三：智能用电采集系统

在智能用电采集系统中，主站可以远程对用户电能表进行跳闸或者合闸操作，跳闸或合闸等命令加上时间戳（YYMMDDHHMMSS）组成电能表控制命令。在执行控制命令时，主站会先与电能表进行身份认证，身份认证通过后主站通过 SM1 算法 ECB 模式加密控制命令后得到控制命令密文，通过 SM1 算法 CBC 模式加密控制命令密文后得到 MAC 值，MAC 值需要电能表返回的随机数 R2 参与计算。主站下发控制命令密文和 MAC 值到电能表，电能表用自身产生的随机数 R2 计算验证 MAC 值，验证通过后进行控制命令解密，电能表判断控制命令时间戳是否超时，未超时则执行控制命令。在电能表远程控制场景中，通过时间戳和随机数的参与实现了电能表控制命令抗重放攻击。电能表远程控制场景如图 3-42 所示。

图 3-42　电能表远程控制场景

4. 数据融合处理

【标准要求】

第三级以上安全要求如下：

a）应对来自传感网的数据进行数据融合处理，使不同种类的数据可以在同一个平台被使用；

b）应对不同数据之间的依赖关系和制约关系等进行智能处理，如一类数据达到某个门限时可以影响对另一类数据采集终端的管理指令。

【解读和说明】

在安全计算环境方面，第三级安全要求比第一级安全要求和第二级安全要求增加了对数据融合处理的要求，要求对来自传感网的数据进行数据融合处理，使不同种类的数据可以在同一个平台被使用。

一般情况下，对不同业务数据的处理都有一个平台，比如农业大棚对环境温湿度数据的监控。但农业大棚还需要监控光照、土壤元素的含量、对通风口和喷灌设备的控制等，这些数据相互之间有联系，因此应该放在同一个平台进行处理和使用。由于不同类别的数据在格式上一般不相同，因此需要数据融合技术。一般的规模稍大的数据处理平台都能满足这一要求。

第四级安全要求比第三级安全要求增加了对不同数据之间的依赖关系和制约关系等进行智能处理的要求，这种要求来源于不同数据以及对数据的控制指令之间的相互关联。例如，当温室大棚内的温度超过某个特定值时，应启动开启通风口的指令，当温度低于某个特定值时，应启动能使大棚温度升高的某个或某些指令，如关闭通风口、打开遮阳板、加温等系列措施。

【相关安全产品或服务】

应用场景一：AR502H 边缘计算网关即插即用服务。

应用场景二：仓储大脑数据平台。

应用场景三：报警设备和符合 GB 35114—2017 标准的 DVR/NVR。

【安全建设要点及案例】

场景一：物联网场景

在物联网场景中，不同类型的感知节点通过多种链路接口连接到边缘计算网关，在边缘计算网关对数据进行融合，然后统一进行处理。图 3-43 所示为 AR502H 边缘计算网关即插即用服务。

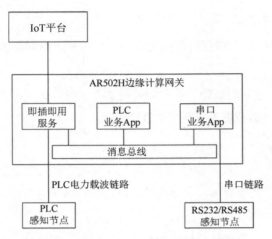

图 3-43　AR502H 边缘计算网关即插即用服务

　　AR502H 边缘计算网关的即插即用服务会对所有 App 发送的数据进行融合，然后统一与上层 IoT 平台通信。

　　上述过程中 AR502H 边缘计算网关内的消息总线为 MQTT，消息体采用 JSON over MQTT 的方式进行传输，包括感知设备身份注册消息、数据传输消息。

　　在 AR502H 边缘计算网关内部，App 统一使用下述格式上报数据，数据会被按照下述格式发送给即插即用服务，在即插即用服务进行融合处理，再转换成 IoT 平台所需要的格式。图 3-44 为 MQTT 消息格式，表 3-10 为 MQTT 消息字段及其意义。

应用 App------------>即插即用服务订阅	
MQTT	@app/terminal/dataReport/@manufacturerId/@manufacturerName/@deviceType/@model/@nodeId

MQTT 消息体	{
	"body":{
	　　"serviceId": "xxxxxx",
	　　"serviceProperties": {\"status\":\"OPEN\"}
	},
	"token": "4d4a36a4-bfdf-11d3-9ab7-06e863fbd23d",
	"timestamp": "2000-01-01T00:06:31Z"
	}

图 3-44　MQTT 消息格式

表 3-10　MQTT 消息字段及其意义

字段（长度）	值定义
manufacturerId（string 32）	终端厂家 ID
manufacturerName（string 32）	厂家名称
deviceType（string 32）	终端类型
model（string 32）	终端型号
nodeId（string 32）	终端序列号，必须唯一
serviceId（string 32）	服务 ID
serviceProperties（string 10240）	服务属性，即具体上报的数据内容
event-time（string 32）	UTC 时间信息

图 3-45 和图 3-46 分别呈现了 AR502H 边缘计算网关在 PLC 链路与串口链路的两种处理场景（并不局限于这两种场景，以太/蓝牙/WiFi 等连接场景参考串口链路场景处理即可）。

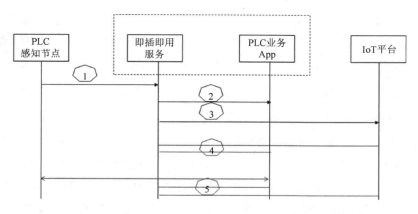

图 3-45　AR502H 边缘计算网关在 PLC 链路处理场景

对于 PLC 链路，PLC 感知节点连接上后，首先向即插即用服务注册感知节点身份相关信息，包括感知节点内部 App 名称与 App 端口、通道加密 Key、设备 ID、厂商名称、设备类型、设备模块型号、设备协议类型；即插即用服务收到感知节点身份信息后，发送给对应的业务 App，即图 3-45 中的 PLC 业务 App；即插即用服务收到感知节点身份信息后，向 IoT 平台注册感知节点信息；IoT 平台返回注册成功结果，通知即插即用服务，即插即用服务再通知 PLC 业务 App；PLC 业务 App 在收到感知节点注册成功结果后才会将采集的数据发送到即插即用服务，即插即用服务对数据进行融合处理，转换成统一格式，上报到 IoT 平台。

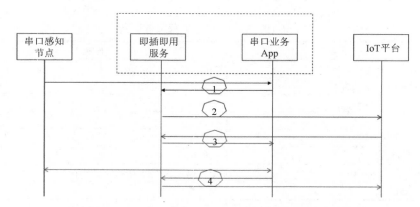

图 3-46　AR502H 边缘计算网关在串口链路处理场景

对于串口链路，串口业务 App 监控串口感知节点，监控到后，采集串口感知节点身份信息，将身份信息发送给即插即用服务；即插即用服务收到身份信息后，向 IoT 平台注册感知节点信息；IoT 平台返回注册成功结果，通知即插即用服务，即插即用服务再通知串口业务 App；串口业务 App 在收到感知节点注册成功结果后才会发送采集的数据到即插即用服务，即插即用服务对数据进行融合处理，转换成统一格式，上报到 IoT 平台。

场景二：智能仓储应用场景

在智能仓储应用场景中，各类设备整体运营情况（包括订单生产效率、设备监控、远程控制、智能规划等）会产生各种各样的数据。通过统一平台对所有设备运营过程中产生的数据进行汇总、分析、建模和智能决策，从而指导仓库智能、高效和精细化生产运营。仓储大脑数据平台对各类设备上报的信息进行实时数据的分析、运算和决策，对不同种类的设备数据进行集中化处理，从而实现大规模分布式数据融合处理。仓储大脑数据平台主页面如图 3-47 所示。

为了进一步展示该平台的作用，以生产实况功能为例展开说明，生产实况展示页面如图 3-48 所示。

资源监控：通过收集可用小车数据、可用工作站、可用充电桩数据、可用库存数据形成当前资源监控，可以实时了解库房的资源使用情况，根据资源使用情况协调资源平衡。

数据融合处理的两种方案如下。

（1）将多种类型的数据展现在一张表单中，可统一展示多种类型的数据。

（2）将每一种类型的数据单独展现在一张表单中。

图 3-47　仓储大脑数据平台主页面

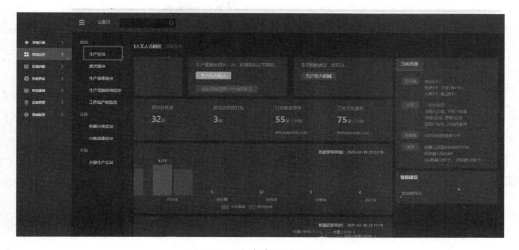

图 3-48　生产实况展示页面

订单生产进度：包括待分配订单数据、待拣货订单数据、待复核打包数据、今日已接收订单数据、今日已完成订单数据、昨日订单接收数据、昨日完成订单数据等。将所有业务数据汇总制成柱状图，能够帮助现场人员实时和有效地分析订单生产进度以及产能输出。根据这些数据，现场运营管理者可以判断出当天生产情况和影响效率的环节，可有效地进行协调管理，保证生产。

通过资源和订单数据的分析，仓储大脑数据平台可以给出一些生产建议、资源协调参考意见等进一步帮助现场运营人员进行生产管理。

场景三：楼宇安防监控场景

在楼宇安防监控场景中，可能出现 DVR/NVR 产品同时接入网络摄像机和报警设备或报警主机的情况如图 3-49 所示。在这种情况下，DVR/NVR 产品应当将视频数据和报警数据进行融合处理，统一使用 GB/T 28181—2016 或 GB 35114—2017 的协议，将视频数据和报警数据统一发送到后端系统中。

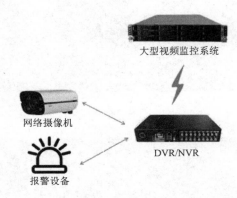

图 3-49   楼宇安防监控场景

在 NVR 中，可将报警输入 ID 填写到对应的告警 ID 中。保存好配置之后，NVR/DVR 会将报警数据和视频数据发送给监控平台，监控平台可以显示报警信息。

3.3.4 安全运维管理

感知节点管理

【标准要求】

第三级以上安全要求如下：

a）应指定人员定期巡视感知节点设备、网关节点设备的部署环境，对可能影响感知节点设备、网关节点设备正常工作的环境异常进行记录和维护；

b）应对感知节点设备、网关节点设备入库、存储、部署、携带、维修、丢失和报废等过程作出明确规定，并进行全程管理；

c）应加强对感知节点设备、网关节点设备部署环境的保密性管理，包括负责检查和维护的人员调离工作岗位应立即交还相关检查工具和检查维护记录等。

【解读和说明】

　　第一级安全要求和第二级安全要求应保证定期巡视感知节点和网关节点设备的部署环境，并对其进行全流程的管理。第三级安全要求和第四级安全要求在第一级安全要求和第二级安全要求的基础上，增加了对感知节点设备、网关节点设备部署环境保密性管理，要求负责检查和维护的人员调离工作岗位时应立即交还相关检查工具和检查维护记录等。

【相关安全产品或服务】

　　应用场景一：对于条款 a)，如使用 Atlas500 边缘计算设备的巡检模块定期巡检。

　　应用场景二：对于条款 a)、条款 b)、条款 c)，如安全运维管理制度与机制。

【安全建设要点及案例】

　　场景一：Atlas500 边缘计算设备

　　边缘计算设备或边缘计算设备的巡检模块支持对于边缘计算设备及其常见问题进行巡检，以确认其工作于正常的工作环境和工作状态中。当巡检过程中发现部分常见问题时，会执行自动修复操作。

　　Atlas500 边缘计算设备智能小站支持巡检功能。操作人员在巡检工作开始前，应该首先从网站下载并在服务器或本地 PC 上安装巡检工具软件；在保证服务器或本地 PC 与智能小站的网络连接正常的情况下，运行巡检工具，对设备进行巡检操作，操作步骤如下。

　　（1）双击"startStandalone.bat"文件，运行巡检工具。运行成功后，弹出如图 3-50 所示的界面。

　　（2）填写巡检设备信息。按照图 3-51 所示界面填写相应的信息。

　　（3）添加设备。

　　（4）（可选）如果不需要巡检工具执行锁定时间修复操作，请将"install_pam.tar.gz"文件从"Atlas_inspect\tools\bin"目录中删除。

　　（5）（可选）当 MCU 版本为 1.2.0 时，如果不需要巡检工具执行 MCU 升级操作，请将"mcubootloader.bin"与"mcuimage.bin"文件从"Atlas_inspect\tools\bin"目录中删除。

　　（6）（可选）如果不需要修复"platform_init.tar.gz"，请将"platform_init.tar.gz"从"Atlas_inspect\tools\bin"目录下删除。

　　（7）勾选需要巡检的设备，单击"执行巡检"按钮。

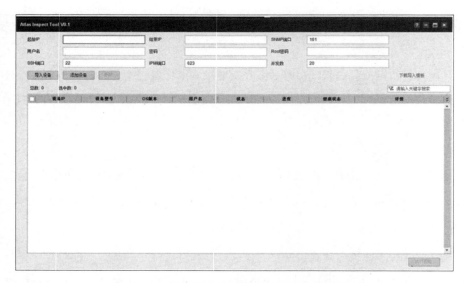

图 3-50　Atlas500 边缘计算设备的巡检模块页面

（8）观察"进度"列，当进度达到100%后，可通过"健康状态"列查看设备健康状态。

（9）在解压后的"Atlas_inspect.tar.gz"软件包中找到"log"目录。

（10）在"log"目录下，获取"xxx_health_report.json"文件，查看检查报告。

场景二：智能仓储

（1）在智能仓储系统中建立了一套包括设备管理和人员管理的完整的安全运维巡检管理制度如表3-11所示。各类物联网节点设备由专门的设备维护保养人员定期巡检，并进行设备的全生命周期管理。

表 3-11　智能仓储系统安全运维巡查管理制度

日常巡检记录表格								
排查项	内容	方法	问题内容	改进方法	排查日期	改进时间	排查人	结论
地码	损坏或污损情况	肉眼检测	合格	纸质打印，粘贴，新码提采				
车辙检查	是否有弯曲	肉眼检测		重新贴码、查地面平整度				
货架地脚线	是否达到标准	肉眼检测		重新画地脚线				

续表

日常巡检记录表格								
排查项	内容	方法	问题内容	改进方法	排查日期	改进时间	排查人	结论
货架垂直度	货架是否垂直	三角尺或铅锤		货架修整				
导向锥	导向锥是否有松动	手拧检查		拧上，然后用螺丝刀紧固				
导航摄像头	是否脏或者有遮挡	肉眼		擦拭、除去遮挡物				
充电桩	高低、远近、左右精度	肉眼		调节定位螺栓				
鱼丝带	是否覆盖	肉眼		安装鱼丝带				
纸盒	是否有支出	肉眼		整理				
小车异响	反馈问题小车							

根据巡检作业规范，按照表 3-11 中的要求对各排查项进行巡检和记录。巡检作业规范（部分）如图 3-51 所示。

图 3-51　巡检作业规范（部分）

（2）为了更好地对感知节点等设备进行全程管理，仓储大脑数据平台提供专门的设备管理页面如图 3-52 所示。系统中由专门的管理员详细记录设备 SN、设备编号、设备类型、代次、主版本、状态、检验人、生产日期、出厂日期、电池型号、电压，并详细记录部署地点（库房）、维修记录、上下线信息等。

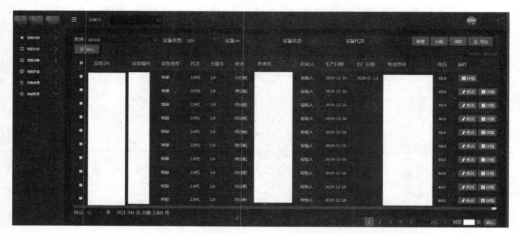

图 3-52　仓储大脑系统截图

（3）仓储运营管理中心对感知节点设备部署环境的保密性有着严格的管理制度，巡检人员、维护人员在日常工作时需要按表 3-12 所示的仓库外来人员出入登记表进行登记。

表 3-12　仓库外来人员出入登记表

日期	姓名	来客单位	证件号码	联系电话	进入时间	进入事由	陪同人员	携带物品名称	携带物品编号	离开时间	仓库主管	备注
2019.11.21	张三	X 事业部	4311031983xxxx6733	173xxxx9192	10:30	AGV 设备维修				18:30	万经理	物品留在仓内

　　进入时，采用人脸识别认证方式识别具体操作人员，并记录进入时间、来访单位、目的、工作内容、携带物品清单及 SN 信息。离开时，需要记录离开时间、携带物品清单及 SN 信息，最后由管理员最终确认。在日常巡检和维护过程中，负责检查和维护的人员需要记录相关结果并形成巡检记录表。在负责检查和维护的人员调离工作岗位时，立即交还相关检查工具和检查维护记录等，并按表 3-13 所示的工作交接表进行登记备案。

表 3-13　工作交接表

工作交接单				
姓名		岗位		联系方式	
类别	移交事项			备注
物资移交				
文档移交				
工作移交				
应办未办或已办未结				
其他事项				

移交人签字　　　　　　　　日期
接收人签字　　　　　　　　日期
部门经理签字

3.3.5 第三级以上物联网安全整体解决方案示例

1. 智能家居

1）智能家居典型场景

智能家居系统是对用户家庭生活信息进行数字化感知、分析处理、场景联动与远程交互的服务系统，智能家居系统的典型三层架构包括：边缘感知层（设备端），包含智能家居物理设备、传感器、控制器或网关等；应用层，包括可远程操控设备的物联网应用系统或用户界面等；物联网平台层（云端），包括可提供数据存储、智能分析、运营等操作的云端服务，如图 3-53 所示。边缘感知层通过传感器收集数据，通过网络传输给物联网平台层，物联网平台层通过服务网络将分析处理的数据传输给应用层（如 App），用户可以通过应用层的 App 或 Web 用户界面查看相关数据，并发送相关操控指令等。

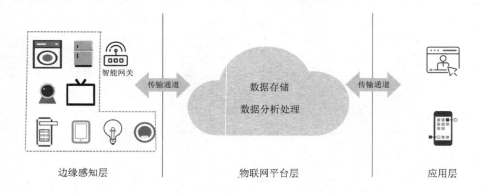

图 3-53　智能家居系统典型架构

智能家居系统中的物理设备通过传感器收集和处理数据，并通过不同的无线通信技术将这些数据传输给其他设备或传统互联网，以达到物体和网络数据交互的目的。智能家居系统中常用的无线通信技术有 WiFi、BLE、ZigBee 等，根据不同的协议及其固有属性，这些技术将被应用到智能家居系统的不同场景中，如果需要实现设备间的远距离操控，就需要通过 WiFi 进行；如果只是设备间的近距离操控，就可以选择 BLE；如果需要实现家庭范围内的组网，就需要 ZigBee 网关设备的参与来完成。

智能家居系统因其自身特性和所处场景的不同，所需的安全防护能力也会不同。例如，一般用户会认为室内是相对安全的场所，所以企业在安全防护上对边缘感知的物理防护、设备运维方面的安全要求更多依赖于用户室内环境的安全性。如果是门铃、门锁这些会暴露在室外且可能影响用户人身和财产安全的物品，就需要考虑其物理环境的安全防护了。通常来说，大部分的智能家居系统的安全防护重点将落在数据传输通道安全、设备可信执行环境、通信协议安全、设备端数据保护、设备之间联动操作安全性、云端和 App 端的安全防护领域。

智能家居系统具有复杂的产品种类、较多的设备接入量等特点，主要面临的安全风险有以下几个方面。

（1）设备伪造。身份验证环节如果有安全漏洞，可能被恶意人员伪造设备，进而远程访问到物联网平台层，或者将用户设备引入到恶意人员私自建立的云端。

（2）传输通道协议安全。设备端和云端、App 端和云端之间的传输通道可能被恶意窃听或被中间人控制。

（3）隐私风险。主要体现在以下几个方面：授权困难，因设备交互限制等需要重新获取用户同意系统收集或处理个人信息的方式；明文存储用户敏感信息，因设备本身存储空间、算力等原因无法在设备本地进行复杂的加解密计算；传输协议存在安全漏洞，如 App 和其他设备互联过程中的安全漏洞，可能存在传输数据被窃取的安全风险；儿童隐私问题，现在很多智能家居设备的特定用户群体为儿童，不同国家或地区对儿童信息的收集和处理的合规性都有额外的法律要求，儿童隐私问题处理更加复杂化。

（4）固件升级安全性。设备 OTA 固件升级时，可能被篡改升级包，植入恶意代码到设备中，也可能被恶意人员恶意篡改固件版本，使设备被降级到不安全的固件版本进而进一步利用设备上的安全漏洞实施攻击行为。

（5）API 安全风险。云端 API 存在被恶意调用、未授权访问或篡改数据的风险。恶意攻击者可利用 API 漏洞使用户无法使用设备或侵入云端窃取数据。

（6）智能家居生态安全风险。智能家居设备种类繁杂，数量庞大，会引入不同的生产企业对设备进行生产制造，或者因设备互操作等需求需要接入第三方平台或引入第三方平台，所以也存在因引入生产企业和第三方平台带来的相关安全风险。

根据以上智能家居系统面临的主要安全风险分析，其需要的主要安全能力包括：用户身份认证、隐私保护、数据传输和存储加密、API 访问控制、云端分析、上行消息与下行消息即时推送、固件安全更新（如加密、验签）、供应商和三方安全管理等。

2）保护对象

（1）感知层设备（见表 3-14）

表 3-14　感知层设备

设备类型	设备名称	用途	重要程度	备注
感知节点设备	摄像头	室内视频、录像	非常重要	
	门铃	智能门铃	重要	
	门锁	智能门锁，指纹、密码等操作	非常重要	
	电饭煲	智能电饭煲，可以远程操控以及和其他设备联动	一般	
	智能灯	远程操控开关状态以及其他场景联动	一般	
	冰箱	远程操作温度以及和其他设备联动	一般	
	洗衣机	远程操控以及和其他设备联动	一般	
	扫地机器人	智能控制	一般	
	智能音箱	家居场景的语音交互设备	非常重要	
	电视	—	一般	
	净水器	—	一般	
	空气净化器	—	一般	
	智能插座	—	一般	
	智能手表	智能穿戴设备，运动睡眠、支付、其他应用安装等	非常重要	
	温湿度仪	—	一般	
网关节点设备	智能家庭网关	与其他感知节点的智能控制和联动	重要	

（2）系统平台和应用软件（见表 3-15）

表 3-15　系统平台和应用软件

系统管理软件/平台名称	主要功能	重要程度	备注
IoT 云端	为感知节点设备收集的数据进行分析处理、数据存储或命令下达等	非常重要	
智能设备管理软件	控制智能设备的应用软件，展示设备参数、修改信息、下达操作命令等	非常重要	

（3）数据类别（见表 3-16）

表 3-16　数据类别

数据类别	安全防护需求	重要程度
配置数据	完整性、保密性	非常重要
用户数据	完整性、保密性	非常重要
日志数据	完整性、保密性	非常重要

3）安全措施

以智能家居场景为例，按照 GB/T 22239—2019 中等级保护对象的第三级安全要求，阐述其所应采取的安全措施。其中，安全通用要求方面仅描述了与本场景关联性较强的方面，其余方面可遵照安全通用要求。

（1）安全扩展要求

① 安全物理环境：在感知节点设备物理防护方面，智能家居设备因为通用场景为用户家中，环境属性需要用户侧来保障。

② 安全区域边界：在接入控制方面，为确保仅授权的感知节点接入，需要在设备端和云端建立证书链验签，并在设备出厂时预烧入唯一的设备 ID 与对应的加密密钥，并预置安全根证书等初始化安全认证因子，用户购买设备并配网后，为设备与用户账号建立可靠的绑定关系，以确保仅授权的设备才可接入并和云端通信。在入侵防范方面，为确保感知节点和网关节点仅能访问授权的目的地址，应在感知节点和网关节点固件中植入只能由授权服务端访问的 SDK，并确保固件不被恶意篡改或替换。设备出厂需要采用 Secure Boot 保证合法固件的启动，并以非对称算法对下载的固件进行验签，保证固件的合法性；OTA 远程更新固件可采用非对称加密算法对升级固件进行验签。以上确保设备仅能运行授权的固件，固件系统中预置程序仅能访问授权云端，无法篡改。此外，设备本身仍应该有相应的物理防拆机制，加入特定的防篡改螺丝以确保在恶意拆机时可以明显识别，设备端需要保留尽量少的调试接口，且调试接口需要在特定的 bug 环境下才可接入，并设置访问密码或其他访问控制机制，经过授权才可进行操作。

③ 安全计算环境：在感知节点设备安全方面，智能家居场景中，感知节点设备和网关节点设备均处于相同的物理环境，任何设备端的变更和配置的修改需要通过 App 端或物理接触设备来实现。App 端需要通过用户的密码或多因素验证机制登录后方可操作，这一点确保了仅有授权用户才能对感知节点设备上的 App 进行配置或变更。为确保仅与授权的网关节点设备或其他感知节点设备间通信，感知节点设备需要和用户账号建立对应的绑定关系，与其他网关节点设备或感知节点设备的操作也需要建立在同一账号体系下，并且感知节点设备与其他网关节点设备或感知节点设备处于同一局域网下，同账号下感知节点设备间的配对或联动机制必须经过用户主动确认或二次校验后才可进行。在网关节点设备安全方面，感知节点设备和网关节点设备需要物理接触或授权 App 上操作才可进行配对识别，并建立账号和绑定设备的映射关系，这也就限制了非授权的设备或链接和网关节点的通

信，即使有非授权的设备或伪造设备向网关节点发送数据，也会因其未能通过映射关系的验证而被丢弃。此外，如上针对感知节点设备的描述，对于网关节点来说，用户也需要在其授权的 App 上对网关节点设备的登录密码进行在线配置的变更。在抗数据重放方面，主要在于 API 防重放机制，需要对每一次的授权请求加入时间戳，接收方验证无误后才可应答本次请求。在数据融合方面，智能家居场景下，同一用户的不同类型的数据技术上可确保在同一平台进行处理，但用户数据仅能在用户知情和同意的有限情况下被融合并处理。

④ 安全运维管理：感知节点设备都在用户私人空间，此条并不适用于智能家居场景。

（2）安全通用要求

① 安全物理环境：沿用安全基本要求的安全措施，针对物联网新增部分前文已经描述。

② 安全通信网络：在网络架构方面，沿用无新增。在通信传输方面，数据传输到云端需要对传输过程进行加密，如视听数据需要逐帧加密传输，并且定期自动更新加密密钥，以此保证数据的传输安全，如上传云端数据采用 HTTPS 与应用层加密传输并且对数据内容做签名校验；家庭网络内采用真随机生成加密密钥，并可通过诸如 AES128-CBC 的对称加密模式加密传输。在可信验证方面，沿用安全基本要求，扩展要求已经在上文中描述。

③ 安全区域边界：在边界防护和可信验证方面，感知节点和网关节点边界防护已经在上述的安全扩展要求中阐述（参照以上针对安全启动和固件更新的相关描述），传统边界防护沿用安全基本要求中的安全措施即可。身份鉴别、访问控制、安全审计、入侵防范、恶意代码和垃圾邮件防范、安全审计方面沿用安全基本要求中的安全措施。

④ 安全计算环境：在身份鉴别和访问控制方面，沿用安全基本要求中的安全措施，但需要额外注意接口安全性，云端与设备端和 App 端以及其他第三方平台对接的接口，可采用接口验签、接口 Token 机制进行相互校验，非客户端的接口请求需在被请求的服务端配置白名单，API 时间戳和随机数确认唯一请求避免接口重放。在数据保密性和完整性方面，数据存储包含了设备端数据存储和物联网平台端数据，其中，设备端数据存储是指，需要对敏感信息进行加密，且将加密密钥保存在防篡改位置（如安全芯片中）；物联网平台端数据存储是指，需要对敏感信息加密，可采用 RSA1024 非对称算法交换 AES128 对称密钥的 CBC 模式进行加密存储，且设定严格的访问控制策略，密钥管理方面需要建立密钥管理中心，确保密钥生命周期的安全性，如定期更换密钥。在个人信息保护方面，产品在需求评估阶段需要通过隐私风险评估，根据不同国家的法律法规要求，评估风险点，如确认收集

字段的合理性与必要性，明确获取用户同意的授权形式、用户权利行使的方式等。剩余信息保护、安全审计、入侵防范、恶意代码防范、可信验证、数据备份恢复方面均可沿用安全基本要求中的常用安全措施。

⑤ 安全管理制度：增加硬件产品相应的安全流程制度，并融入企业本身的安全策略和制度体系。

⑥ 安全建设管理：在测试验收方面，安全测试的范围不单单涵盖应用、Web 和服务端的相关安全问题，也需要涵盖 IoT 产品硬件、固件相关的安全测试。其他控制点的管控均可沿用安全基本要求中的安全措施实施。

安全管理中心、安全管理架构、安全管理人员、安全运维方面均可沿用安全基本要求中的安全措施实施。

2. 车联网

1）车联网典型场景

车联网产业是汽车、电子、信息通信、道路交通运输等行业深度融合的新型产业，是全球创新热点和未来发展制高点之一。车企通过部署车联网系统，为车主提供更好的出行服务体验，提升产品竞争力。依托云、边、端协同优势，提供满足车联应用的云计算、大数据、人工智能、物联网等云服务，助力车企打造智能网联汽车，让客户享受人车智能生活。

随着政府相关政策标准的制定与监管部门的积极推动，车联网全产业链，包括汽车、通信、互联网及出行服务等行业，对智能化、网联化、电动化、共享化的"新四化"概念认知走向高度趋同。其中以中国汽车工程学会 2015 年 10 月定义的"智能网联汽车"产品形态为代表，目标是以汽车工业为本，将车载高级驾驶辅助系统（ADAS，包含激光雷达、毫米波雷达、摄像头视觉识别、超声波等）与通信技术结合，实现智能化与网联化的高度融合，实现车辆个体的"自动行为"（包括收集、感知、辨识、追踪、判断、决策）能通过网络被传播、被共享、被分析，进一步提高交通安全和效率，并最终发展出可替代人来操作的新一代汽车。

车联网平台实现车辆物理资产安全、可靠、高效地连接到云端转换成数字资产。车联网组网形式如图 3-54 所示。

车联网包括 IoT 平台、运营商系统、车厂 IT 系统、业务应用（包括 App、CP/SP、RMS

新能源监控、第三方 OTA 服务、Internet 等）和车辆终端。

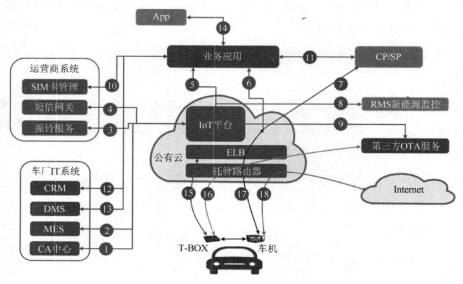

图 3-54　车联网组网形式

IoT 平台主要部署于公有云，通过不同接口与车联网内的运营商系统、车厂 IT 系统、业务应用和车辆终端等其他组成部分实现业务交互。

运营商系统由 SIM 卡管理、短信网关、振铃服务组成，其中 SIM 卡管理实现销卡、开卡、流量包套餐管理等；短信网关实现短信通知用户，即发短信给车上的 SIM 卡唤醒 T-BOX；振铃服务是指振铃服务器可以拨打车上的 SIM 卡进行振铃，实现唤醒 T-BOX 的功能。

车厂 IT 系统由 CRM、DMS、MES 和 CA 中心组成，其中：CRM（Customer Relationship Management，客户管理系统）用以获取、同步车主相关信息；DMS（Distribution Management System，经销商管理系统）用以获取车辆经销商销售相关数据；MES（Manufacture Executive System，制造执行系统）包含车辆 VIN 码、IMEI、IMSI、T-BOX 系列号、生产日期、车企等车辆生产数据；CA 中心是车厂自建的证书中心，为车辆和车厂系统提供双向认证的证书，提供证书合法性校验。IoT 平台校验车机及 T-BOX 的证书合法性时需要与 CA 中心对接。CA 中心一般为车厂自建（合资车厂），也有专门提供安全解决方案的第三方公司提供相应的证书服务和校验服务，车厂购买第三方服务提供 CA 中心相关能力。

业务应用包括 App、CP/SP、RMS 新能源监控、第三方 OTA 服务、Internet 等。App

通过接口享受车联网服务，如查看驾驶行为分析，远程控制车辆等；CP/SP（Content Provider/Service Provider）是内容供应商和服务供应商；RMS 新能源监控通过相关接口获取新能源车辆相关数据；第三方 OTA 服务是通过集成第三方 OTA 服务器，实现软固件 OTA 升级；Internet 提供除上述业务以外的其他互联网服务。

车辆终端包括 T-BOX 和车机两部分。T-BOX 与 IoT 平台连接，实现各类通信业务：各个车厂使用的协议不一样，如 JT/T808、NGTP、ACP 等。T-BOX 与升级服务器连接：实现车辆软固件升级；车机与平台连接，通过平台转发 CP/SP 业务访问；车机与互联网直接连接，访问相关的 Internet 服务。

车联网平台面临的典型业务场景包括设备发放、设备接入、设备数据上报、配置下发、远程控制、OTA、车机业务等。

（1）设备发放：车联网平台通过导入车辆信息，创建设备和设备关联信息，并将相关设备信息同步到应用平台与第三方平台，完成车辆的初始化配置。

（2）设备接入：车辆通过长连接或者短连接的形式与车联网平台建立安全连接，通过证书机制完成认证。

（3）设备数据上报：车辆周期性或触发性地上报车辆数据到车联网平台，平台将根据预配置的规则将收集的数据上报给应用平台进行进一步的业务处理。

（4）配置下发：管理员通过应用平台或 Portal 向车联网平台下发配置并进行业务激活，车联网平台通过与车辆之间建立的安全连接进行业务配置。

（5）远程控制：应用平台通过调用车联网平台 API，对车辆执行远程控制命令。

（6）OTA：管理员通过应用平台或 Portal 向车联网平台发送 OTA 升级包，并由车联网平台执行完整的升级流程。

（7）车机业务：驾驶员在车内通过车机触发业务，如查询天气、新闻，车联网平台将相关业务进行聚合并转发给应用平台。

车联网平台将面临全新的安全威胁，主要安全威胁如下。

（1）海量设备接入：车联网接入设备的类型复杂、数量巨大，这些设备不仅包括车机设备，还包括具备 V2X（Vehicle to Everything，车与万物互联）通信功能的路边通信单元 RSU（Road Side Unit，路侧单元）、行人手持设备等，不同的车联网设备的防护水平和等级参差不齐，给攻击者入侵带来便利。

（2）应用类型丰富：车联网极大地扩展了应用范围，新应用的引入也带来了新的安全风险，比如黑客可以通过车联网服务应用入侵车机系统，进而通过系统漏洞控制整车等。

（3）用户隐私保护：智能网联汽车与用户存在明确的关联关系，因此涉及更多的用户数据，如用户个人信息、驾驶信息、车机支付应用信息等，这些都需要得到妥善的保护。

（4）用户生命安全：车联网安全最大的挑战在于，如果车辆被攻击者远程控制，进而在车辆行驶过程中对其进行不当操控，很有可能对乘车人和行人的生命安全带来直接的威胁，这一点是传统互联网和物联网不具备的安全挑战。

根据上述安全威胁，车联网需要的主要安全能力包括：安全协议、安全传输、认证授权、访问控制、隐私保护、匿名处理、入侵检测、防 DDoS 攻击、安全升级、应用安全、统一运维中心、备份与容灾等。

2）保护对象

车联网系统主要包括三大类保护对象：终端设备（车）、车联网平台、第三方服务供应商。

（1）感知层设备（见表 3-17）

表 3-17　感知层设备

设备类型	设备名称	用途	重要程度	备注
感知节点设备	车内各类传感器	采集车速、温度、胎压、油量等数据	非常重要	
网关节点设备	T-BOX	实现各类通信业务；实现车辆软固件升级	非常重要	

（2）系统管理或业务应用软件/平台（见表 3-18）

表 3-18　系统管理或业务应用软件/平台

系统管理软件/平台名称	主要功能	重要程度	备注
IoT 平台	对接车联网中各子系统，提供车联网服务	非常重要	

（3）数据类别（见表 3-19）

表 3-19　数据类别

数据类别	安全防护需求	重要程度
系统管理数据	完整性、保密性	非常重要
业务信息	完整性、保密性	非常重要
鉴别信息	完整性、保密性	非常重要

3）安全措施

现以车联网场景为例，按照 GB/T 22239—2019 中等级保护对象的第三级安全要求，阐述其所应采取的安全措施。其中，安全通用要求方面仅描述了与本场景关联性较强的方面，其余方面可遵照安全通用要求。

（1）安全物理环境：感知节点设备和网关节点设备（如传感器、T-BOX、车机）安装在汽车内部，通过支架等方式固定在车内，避免由于振动导致脱落。汽车本身是一个相对隔离的封闭环境，感知节点设备需要满足车辆 EMC 和可靠性要求。感知节点设备通过接口连接器连通其他设备节点，并通过车上蓄电池获取电力供长时间使用。车辆与车联网平台通信时应尽量处在室外，因为需要接收 GPS 信号和移动通信网络信号。

（2）安全区域边界：在接入控制方面，只有安全证书验证通过的网关节点设备才能接入平台。在车辆出厂时，会在网关节点设备里内置安全证书以及唯一设备 ID，在设备与平台建立通信连接时，会验证设备是否合法以及是否有相应的业务授权，即开户签约信息核对。在入侵防范方面，网关节点设备会通过软件防火墙和白名单等手段指定目标访问地址，其他非法地址数据包都会被丢弃。其自身固件通过安全启动保证软件完整性，即自身软件不被非法篡改。固件升级前会验证升级包的完整性和合法性，从而保证升级安全，即无法升级到非法版本从而阻断非法控制。

（3）安全计算环境：只有被平台验证合法身份的用户才能通过 App 或 Web Portal 修改网关节点设备的配置，当配置文件下载到网关节点设备时，设备会验证其完整性和合法性，只有验证通过才能生效。当远程控制车载设备（如开关车门、闪灯鸣笛）时，被控制设备会要求其提供合法性检验，比如 Challenge-Response，只有被控制设备验证通过才会执行相应动作。远程控制命令会携带新鲜值，该值参与合法性校验，以防止数据重放攻击。只有白名单里的数据包才能通过 T-BOX 路由到蜂窝网络中，其他数据包均被丢弃。IoT 平台为云计算平台，遵从云计算安全扩展要求的相关安全要求。

（4）安全通信网络：感知节点设备（车内各类传感器）和网关节点设备（T-BOX）之间的通信通过车内有线连接，不存在安全问题；网关节点设备与云计算平台之间的通信使用移动通信网络，其安全保护应符合 3GPP 的相关国际标准。

3. 智能仓储

1）智能仓储典型场景

智能仓储是一种仓储管理理念，是通过信息化、物联网和机电一体化共同实现的智慧物流，能够有效降低仓储成本、提高运营效率、提升仓储管理能力。

　　智能仓储是物流过程的一个环节，智能仓储的应用，保证了货物仓库管理各个环节数据输入的速度和准确性，确保企业及时准确地掌握库存的真实数据，合理保持和控制企业库存。利用仓储管理系统（WMS）的管理功能，可以及时掌握所有库存货物当前所在位置，有利于提高仓库管理的工作效率。

　　智能仓储系统架构分为设备感知层、数据处理层和业务应用层三个部分如图 3-55 所示。设备感知层指智能仓储中的各种智能化设备，包括智能叉车、AGV、机械臂等，这些设备用于货物的分拣等操作。数据处理层是任务下发和设备调度系统，系统通过订单数据对仓内的货物进行管理，下发指令调度设备感知层对货物进行分发和转移。同时，设备会上报自身的状态信息给数据处理层，由数据处理层对设备状态进行监控和调整。图 3-56 为智能仓储网络拓扑图。

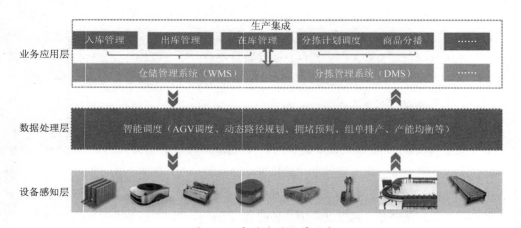

图 3-55　智能仓储场景示意

　　智能仓储面临以下的安全威胁。

　　（1）感知设备安全：仓储中智能设备是运送货物的基础设备，设备和设备、设备和管理系统间交互频繁。如果出现未经认证的设备，或设备运行异常，将会影响整个仓内作业的正常运转。

　　（2）网关安全：网关是仓内感知设备和操作系统交互的中间设备，网关设备一旦被入侵，数据下发、设备认证等环节都会受到影响，导致整个仓内设备管理发生混乱。

　　为应对以上安全威胁，智能仓储应重点对以下三方面进行安全防护：一是建立仓内感知设备的认证和管控机制;二是建立感知设备状态监控机制;三是建立感知设备物理安全防护。

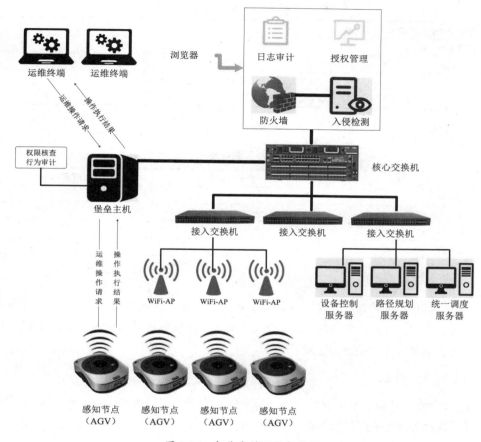

图 3-56　智能仓储网络拓扑图

2）保护对象

（1）感知层设备（见表 3-20）

表 3-20　感知层设备

设备类型	设备名称	用途	重要程度	备注
感知节点设备	AGV 设备	货物或货架搬运	重要	
	机械臂	货物拣选	重要	
网关节点设备	核心交换机	数据交换与安全机制	重要	
	接入交换机	终端连接到网络	重要	

（2）系统管理或业务应用软件/平台（见表 3-21）

表 3-21　系统管理或业务应用软件/平台

系统管理或业务应用软件/平台名称	主要功能	重要程度	备注
仓储管理系统（WMS）	仓内货物管理	重要	
仓库控制系统（WCS）	对仓内货物进行拣选调度	重要	
仓储大脑	提供智能运营、智能诊断、智能罗盘、设备管理、基础配置	重要	

（3）数据类别（见表 3-22）

表 3-22　数据类别

数据类别	安全防护需求	重要程度
系统管理数据	完整性、保密性	重要
业务信息	完整性、保密性	重要
鉴别信息	完整性、保密性	重要
设备运行数据	完整性、保密性	重要

3）安全措施

现以智能仓储场景为例，按照 GB/T 22239—2019 中等级保护对象的第三级安全要求，阐述其所应采取的安全措施。其中，安全通用要求方面仅描述了与本场景关联性较强的方面，其余方面可遵照安全通用要求。

（1）安全通用要求

① 安全物理环境：智能仓储室内环境应保证能够维持货物和设备的安全性，仓内仓外配置监控设备保证防盗窃和防破坏，同时有值班人员会对仓内环境进行日常检查和维保。

② 安全通信网络：智能仓储使用局域网，通过 VPN 方式和业务系统交互，保证仓内系统和设备不会暴露在互联网上。同时仓储中业务系统间数据通信采用 HTTPS 进行数据传输，并对重要数据进行加密处理。

③ 安全管理机构：机构负责智能仓储的信息安全网络安全工作，具备较为完善的安全管理体系，并定期针对智能仓储内的安全风险进行评估，提出整改意见。

④ 安全运维管理：智能仓储的设备和网络有专门的运维小组或部门负责办公设备、网络环境的搭建和维护。

（2）物联网安全扩展要求

① 安全物理环境：感知节点设备物理防护、感知节点设备所处的物理环境应不对感

知节点设备造成物理破坏。以机械臂的仓储智能设备为例，设备工作环境一般位于室内，且会使用金属围栏与周边进行隔离，提供安全防护避免人员伤亡，同时也对关键感知节点设备提供物理防护。机械臂中包含智能相机等图像传感器，采用室内照明系统提供光源，不会受室外光线影响。同时，智能相机安装相应的防护措施，防止撞击导致的损坏或失灵。

② 安全区域边界：接入控制主要包括感知节点身份验证管理服务、仓库网络安全管理服务。在智能仓储中使用设备编号等为所有感知节点建立系统中的唯一安全标识，并通过在仓库管理系统的控制台中进行注册管理，实现对所有感知节点统一的准入控制。确保只有在控制台注册的设备才能对其下发指令，并接收其数据。在设备下线时，由控制台对设备进行注销或移除操作。在入侵防范方面，通过设置 ACL 规则进行网络划分和网络隔离，实现授权管理。可以允许特定设备访问，指定转发特定端口数据包等。

③ 安全计算环境：在感知节点设备安全方面，在智能仓储系统中，仓储管理人员通过物流平台修改感知节点设备的相关配置，仓储管理人员登录物流平台时需要通过用户名和口令方式进行身份鉴别。同时，只有拥有修改配置权限的仓储管理人员才能对感知节点设备的相关配置进行修改。在网关节点设备安全方面，通过标识与鉴别、安全网关访问控制功能，在网关节点中使用 IP 地址和 MAC 地址绑定的功能限制非法连接，并通过鉴别与访问控制管理模块对所有的连接设备进行认证，确保仅合法设备可以接入网络。抗数据重放通过序列号和时间戳机制来保证。通信双方协商初始序列号及递增策略机制，客户端发送请求时添加时间戳及序列号，服务端拦截解密报文后，校准并记录双方时间差，后续请求对序列号和时间窗口进行检测，确保数据新鲜性。数据融合处理方面使用仓储大脑数据融合平台。该系统通过感知节点设备的身份标识来判断数据来源，根据数据来源和数据类型匹配机制，对不同设备进行分类处理，从而实现多场景多类型数据融合和监控。

（4）安全运维管理：感知节点管理建立安全运维管理制度与机制，并持续地执行和优化，确保安全运维管理制度与机制的完备性和有效性。以搬运 AGV 设备为例，在设备运行过程中执行相应的安全运维工作，制定了《产品售后保养手册》，售后人员定期对设备上的传感器进行维护和保养。

4. 智慧交通

1）智慧交通典型场景

智慧交通在整个交通运输领域充分利用物联网、空间感知、云计算、移动互联网等新一代信息技术，综合运用交通科学、系统方法、人工智能、知识挖掘等理论与工具，以全面感知、深度融合、主动服务、科学决策为目标，通过建设实时的动态信息服务体系，深度挖掘交通运输相关数据，形成问题分析模型，实现行业资源配置优化能力、公共决策能力、行业管理能力、公众服务能力的提升，推动交通运输更安全、更高效、更便捷、更经济、更环保、更舒适地运行和发展，带动交通运输相关产业转型、升级。

如图 3-57 所示，智慧交通主要由前端系统、中心平台系统、数据支撑平台三大部分组成。

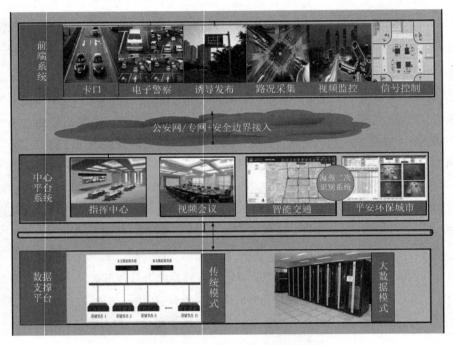

图 3-57　智慧交通组网示意图

前端系统主要由卡口、电子警察（用以违法抓拍）、诱导发布、路况采集、视频监控、信号控制六大部分组成。

中心平台系统主要由指挥中心、视频会议、智能交通、平安环保城市四大模块组成。

数据支撑平台主要有传统模式和大数据模式。大数据模式用于海量数据存储、交通数据分析、挖掘等。

智慧交通典型场景有视频监控、违法抓拍、行人过街、智慧检查站、智慧服务区等。

智慧交通面临的安全风险主要有以下几个方面。

（1）感知节点存在设备被仿冒以及非法接入后端系统的风险。

（2）设备存在弱口令，容易被入侵。

（3）系统数据存在被篡改和泄露的风险。

智慧交通安全防护重点如下。

（1）感知节点安全：一般通过感知节点本身提高安全防护，如强制修改初始用户名和初始密码口令，并对口令强度做出提示。

（2）传输安全：GB 28181—2016 解决了不同厂家之间的互联互通问题，但是在传输过程中，通过抓包很容易获取设备敏感信息。因此，在此基础上，采用 GB 35114—2017 对设备身份进行认证，对视频进行签名和加密，保障数据传输过程中的安全。

（3）运维管理安全：智慧交通涉及诸多前端感知设备，有多少摄像机正常运行、正常在线，图像质量是否出问题、不可用等问题的解决需要庞大的维护运维人员。因此，需要一套智能运维管理系统，对整个监控系统内的所有设备和业务系统进行一体化运维管理，重点实现对各种设备资源的运行状态管理，高效处理各种设备告警信息，提供详实可靠的分析报表，建立一套可靠的运维管理流程以及全网的一体化管理，最终解决传统运维所需的人力投入和效率低下问题，减轻售后人员的工作压力。

2）保护对象

（1）感知层设备（见表 3-23）

表 3-23　感知层设备

设备类型	设备名称	用途	重要程度	备注
感知节点设备	摄像机	视频数据采集	非常重要	
网关节点设备	NVR/DVR	视频的录像、存储、转发	非常重要	

（2）系统管理或业务应用软件/平台（见表 3-24）

表 3-24　系统管理或业务应用软件/平台

系统管理软件/平台名称	主要功能	重要程度	备注
视频监控平台	视频汇聚	非常重要	
智能运维管理系统	运维管理	重要	

（3）数据类别（见表 3-25）

表 3-25　数据类别

数据类别	安全防护需求	重要程度
系统管理数据（设备状态、录像状态等）	完整性、保密性	非常重要
业务信息（车牌识别数据、道路录像数据、司乘人员数据等）	完整性、保密性	非常重要
鉴别信息（用户口令等）	完整性、保密性	非常重要

3）安全措施

现以智慧交通场景为例，按照 GB/T 22239—2019 中等级保护对象的第三级安全要求，阐述其所应采取的安全措施。其中，安全通用要求方面仅描述了与本场景关联性较强的方面，其余方面可遵照安全通用要求。

（1）安全通用要求

① 安全通信网络：通信传输采用 GB 35114—2017 对视频和信令进行数字签名，保障通信数据的完整性；对视频数据进行加密，保障数据的保密性。

② 安全区域边界：智慧交通一般部署在视频专网内，数据如果要跨过边界进入公安网或者共享到互联网，需要增加安全边界设备，如防火墙、IPS、IDS、网闸类边界产品（网闸、视频交换系统、数据交换系统、光闸、可信边界等），以保证跨边界访问行为受控和受限制，IPS 和 IDS 配合可以对入侵行为产生报警，并有效阻断攻击。

③ 安全计算环境：采用 GB 35114—2017 的身份认证流程，对登录的用户进行身份认证和标识，保障用户的唯一性和真实性。平台启动 iptables 可以对通信目标施加访问控制策略。系统主要设备具备热冗余属性，可以保障系统的高可用性。

（2）物联网安全扩展要求

① 安全物理环境：在感知节点设备物理防护方面，终端摄像机采用保护罩对设备进行物理防护，在有强光直射的地方，建议采用具有强光抑制功能的摄像机；同时，在摄像机部署过程中，可通过杆子固定并调整摄像机的镜头方向和焦距，避免被树木或其他物体遮挡；夜间为了提高清晰度，可采用红外或星光级别摄像机。

② 安全区域边界：在接入控制方面，前端摄像机通过 GB 35114—2017 的身份认证流程，方可注册接入视频监控平台。在入侵防范方面，可以通过摄像机准入设备进行通信地址限制，也可以通过摄像机自身的网络限制功能对通信的目标地址进行限制。

③ 安全计算环境：在感知节点设备安全方面，用户登录的客户端在对摄像机进行操作配置之前，需要按照 GB 35114—2017 的身份认证流程进行双向认证，认证通过方可对摄像机配置进行修改，否则无法修改。在网关节点设备安全方面，摄像机和网关节点之间需要进行符合 GB 35114—2017 的身份验证，确保彼此的合法性，同时，网关节点也需要和后端的监控平台之间进行双向身份验证，确保彼此的合法性。网关节点设备按照 GB 35114—2017 对于密钥变更的规定，从视频监控平台获得 VKEK，并对摄像机动态下发不同的 VEKE。VEKE 的更新周期不超过 24 小时。其中，VKEK 的下发，应当使用设备公钥加密后发送，使用设备私钥解密得到。在授权用户登录后，网关节点需要提供管理摄像机的能力，包括新增/修改/删除摄像机同时提供配置接入后端监控系统的能力。

④ 安全运维管理：视频监控系统采用智能运维系统进行远程运维，发现监控图像异常的摄像机。智能运维系统可以自动对全网设备进行图像检查并发现设备下线、图像遮挡、模糊、偏色等故障。对于故障设备，应当及时进行维修/更换等必要的操作。

5．智能用电采集

1）智能用电采集典型场景

随着电网业务的迅速发展和用户对电力日益增加的需求，需建设智能用电采集系统为电网营销业务和电力市场正常运营服务，使电网公司能够及时准确、完整地掌控电力用户用电信息的情况。智能用电采集系统包括数据采集、数据管理、控制、综合应用，实现了用电信息的自动采集、费控管理、计量异常和电能质量监测、用电分析和管理、电能质量数据统计、信息发布及交互等功能，是实现电力营销管理信息化、自动化、现代化的必要条件，使电力营销和需求侧现代化管理的技术支持得以实现。加强智能用电采集系统建设，切实提高系统的管理和运用水平，是顺应改革形势的需要，能够有效提高电能计量、远程自动抄表、预付费等营销业务处理自动化程度，为营销业务提供及时、准确、完整的数据支撑，提升电力优质服务，实现供电企业与客户共赢的良好局面。

智能用电采集系统是对电力用户的用电信息进行采集、处理和实时监控的服务系统，分为应用层、传输层、感知层三部分如图 3-58 所示。

应用层主要包括主站管理系统、密钥管理系统、发卡子系统和售电系统。主站管理系统是整个智能用电采集系统的核心，负责相关指令的下发，对信息采集、数据传输等环节进行管控。密钥管理系统是智能用电采集系统的核心安全系统，承担了密钥的生成、传递、备份、恢复、更新、应用的全过程管理，以保证智能用电采集系统的安全运行。发卡子系统用于发行安全模块和购电卡。售电系统负责电能表预付费售电管理，实现智能电能表参数设置、用户售电管理及用电管理工作。

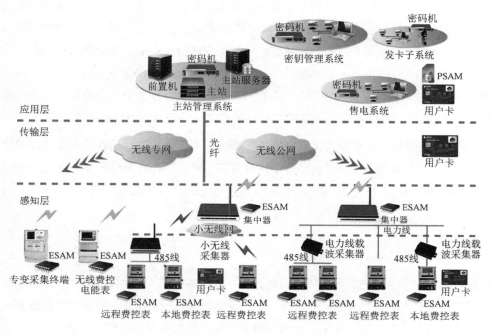

图 3-58　智能用电采集典型场景

传输层主要有电力专用光纤、无线专网和无线公网三种传输方式。

感知层主要由集中器、专变采集终端、小无线采集器、电力线载波采集器、智能电能表（无线费控电能表、本地费控表、远程费控表）组成。集中器是感知层的管理设备和控制设备，负责定时读取终端数据、主站系统命令转发、数据通信、网络管理、事件记录、数据的横向传输等功能。采集器可以实现智能电能表数据的采集、电能计量设备工况和供电电能质量监测，以及客户用电负荷和电能量的监控，并对采集数据进行管理和双向传输。智能电能表由测量单元、数据处理单元、通信单元等组成，具有电能量计量、数据处理、实时监测、自动控制、信息交互等功能。

目前，智能用电采集系统面临如下的安全威胁。

（1）感知层终端风险：集中器、采集器和智能电能表等终端面临被恶意攻击（利用终端硬件或操作系统漏洞）、感染病毒、木马、被恶意控制、终端丢失、仿冒终端非法接入等风险，可能导致终端数据、用户数据等敏感信息泄露、数据被篡改。同时也面临利用终端非法入侵内网、攻击内网业务系统、获取用户口令等风险。

（2）网络层风险：网络层的无线公网传输方式面临来自互联网的网络攻击风险，如DDoS 攻击、端口扫描等。

（3）应用层风险：在应用层，密钥管理系统、发卡子系统、主站管理系统和售电系统容易遭受来自信息内网的 Web 攻击，如 SQL 注入、跨站脚本攻击、网页挂马等。

为应对上述安全威胁，智能用电采集安全防护的重点如下：一是建立主站与集中器、主站与智能电表能之间的身份认证机制；二是对传输的业务数据和配置数据进行加密和防篡改处理；三是将智能电能表内重要数据存储在安全芯片中。

2）保护对象

智能用电采集系统主要的保护对象为集中器、智能电能表、用电数据、控制指令、充值数据和配置参数等。

集中器是收集、处理和储存各采集器和电能表的数据，同时能够和主站或手持设备进行数据交换的设备。

智能电能表由测量单元、数据处理单元、通信单元等组成，是具有电能计量、信息存储及处理、实时监测、自动控制、信息交互等功能的电能表。

业务数据包括用电数据（总电能量、各费率电能量、组合有功电能、负荷数据等）、控制指令（包括保电、跳闸、合闸等控制指令）和充值数据（用户充值金额和充值次数）。

配置数据包括费率参数、电价参数、费率切换时间等配置参数。

（1）感知层设备（见表 3-26）

表 3-26 感知层设备

设备类型	设备名称	用途	重要程度	备注
感知节点设备	智能电能表	用电计量、计费、数据采集和控制执行	重要	
	专变采集终端	对专变用户用电信息进行采集，可以实现电能表数据采集、电能质量监测、负荷监控、管理和双向传输	重要	
网关节点设备	集中器	收集各采集器和电能表的数据，并进行处理和储存	重要	

（2）系统管理或业务应用软件/平台（见表 3-27）

表 3-27　系统管理或业务应用软件/平台

系统管理软件/平台名称	主要功能	重要程度	备注
密钥管理系统	密钥的生成、传递、备份、恢复、更新、应用的全过程管理	重要	
主站管理系统	包括智能电能表和集中器等设备，进行数据采集和远程控制	重要	
发卡子系统	发行 ESAM 和购电卡	重要	
售电系统	智能电能表预付费售电管理	重要	

（3）数据类别（见表 3-28）

表 3-28　数据类别

数据类别	安全防护需求	重要程度
业务数据	完整性、保密性	重要
控制指令	完整性、保密性	非常重要
配置数据	完整性、保密性	重要

3）安全措施

现以智能用电采集场景为例，按照 GB/T 22239—2019 中等级保护对象的第三级安全要求，阐述其在物联网安全扩展要求方面所应采取的安全措施，其余方面可遵照安全通用要求。

（1）安全物理环境：在感知节点设备物理防护方面，智能电能表一般安装在小区单元/楼道的计量箱内，所处的物理环境不会对智能电能表造成挤压或强振动等物理破坏。智能电能表安装时会对安装环境进行检测，避免安装在强干扰的环境中，智能电能表所处物理环境不会对设备的正常工作造成影响。智能电能表接入低压电网中，具有长时间工作的电力供应。

（2）安全区域边界：在接入控制方面，智能用电采集系统中由对称密钥管理系统为智能电能表下发密钥，下发密钥过程即授权，保证了只有授权的智能电能表（感知节点）可以接入系统。在入侵防范方面，智能用电采集系统中的集中器可以配置智能电能表（感知节点）网络地址，主站系统可以配置集中器（网关节点）网络地址，以避免对陌生地址的攻击行为。

（3）安全计算环境：在感知节点设备安全方面，只有合法主站的授权用户才能对智能电能表软件进行配置或变更；智能电能表和集中器之间的通信首先需要进行基于 SM1 算法的双向身份鉴别,具备对其连接的网关节点设备(包括读卡器)进行身份标识和鉴别的能力。在网关节点设备安全方面,集中器和主站之间采用基于 SM1、SM2、SM3 算法的双向身份鉴别,集中器和智能电能表之间采用基于 SM1 算法的双向身份鉴别,具备对合法连接设备(包括终端节点、路由节点、数据处理中心)进行标识和鉴别的能力;集中器中具有白名单机制,具备过滤非法节点和伪造节点发送的数据的能力;主站和集中器完成双向身份鉴别后,主站可以在集中器使用过程中采用 SM1 密文+MAC 验证方式对关键密钥和关键配置参数进行在线更新。在抗数据重放方面,智能用电采集系统关键数据采用 SM1 算法的加密和校验处理,在这个过程中采用随机数和时间戳参与密文计算的方式保证数据新鲜性,避免历史数据的重放攻击;根据 SM1 算法和 MAC 校验能够鉴别历史数据的非法修改,避免数据的修改重放攻击。在数据融合方面,智能用电采集系统中主站和集中器之间通信数据采用 376.1 协议帧格式,集中器和智能电能表之间通信数据采用 DLT645 协议帧格式,通过协议帧数据的融合处理,保证了不同种类的数据可以在同一个平台被使用。

(4)安全运维管理:在感知节点管理方面,各电力公司指定巡检人员定期巡视智能电能表、集中器的部署环境,对可能影响设备正常工作的环境异常进行记录和维护;对智能电能表、集中器设备入库、存储、部署、携带、维修、丢失和报废等过程制定管理规章制度,并进行全过程管理;负责检查和维护的人员调离工作岗位时应立即交还相关检查工具和检查维护记录。

6. 电力生产管控

1)电力生产管控典型场景

电力生产管控是关于电力输变电设备运行监测、实物资产管理、安全生产作业监控的复合应用场景。根据物联网建设的需要,电力生产管控系统通过物联网设备采集输变电的设备信息、运行状态、监控数据等,通过网关对数据进行初步筛选及处理后,将数据回传到后台相应的业务系统进行业务和数据的二次处理。电力生产管控系统覆盖了从输电线路到变电站,再到配电网络的全业务场景,包含基建施工、巡视、检修等业务范围,为电力从变电站到最终用户的过程提供支撑,为电力生产的安全、稳定运行提供保障。

电力生产管控系统架构分为四个部分,包括感知层、网络传输层、安全接入平台和业务层如图 3-59 所示。

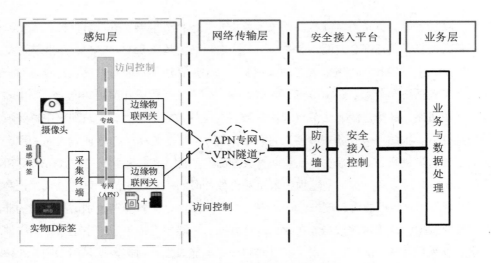

图 3-59　电力生产管控系统架构

感知层包括温感标签、实物 ID 标签、采集终端、摄像头、边缘物联网关等，用于采集设备信息、运行数据、视频数据等，并由边缘物联网关汇聚后上传。网络传输层采用 APN 专网加 VPN 隧道的网络传输模式，将网关的数据安全传输至安全接入平台。安全接入平台负责感知层设备的接入认证、密钥分发、接入控制等工作，并将端侧的数据解密后分发给业务层。业务层负责对感知层采集到的数据进行处理，实现其自身业务。

本场景的安全依赖于边缘物联网关和安全接入平台实现的联防控制策略。边缘物联网关作为上行和下行的通道，对于接入的终端采用身份认证、接入控制、数据加密、数据完整性校验等安全策略。安全接入平台则负责控制边缘物联网关的身份认证、接入控制和数据保护。边缘物联网关的安全防护是电力生产管控系统安全防护的重点。

当前场景面临的安全风险及威胁如下。一是攻击者通过物联网设备攻击内网：攻击者利用采集终端、边缘物联网关上的漏洞加载非法程序，并以采集终端或者边缘物联网关为跳板攻击电力内网系统。二是重放攻击：攻击者利用非法接入的终端或者网关上的端口，向网关和系统发起重放攻击，导致物联网数据不真实或操作混乱。三是非法远程控制：通过非法程序破解网关控制指令，远程控制网关节点和感知节点设备。四是数据窃取：通过非法程序拦截网关中的应用程序及数据，或通过应用程序直接访问内网业务系统扒取数据。五是数据欺诈：改变采集对象或者替换采集的数据来欺骗业务系统，达到数据替换的目的。六是数据准确性：感知节点设备安装不当导致数据采集不准确。七是持续性工作：

摄像头、采集终端等因电力供应不足而无法保障正常工作时间。

2）保护对象

（1）感知层设备（见表 3-29）

表 3-29　感知层设备

设备类型	设备名称	用途	重要程度	备注
感知节点设备	普通电子标签	用于记录设备 ID 信息	重要	
	温感电子标签	用于感应设备运行温度	重要	
	摄像头	用于施工现场采集视频，以布控球为主	重要	
网关节点设备	采集终端	用于收集普通电子标签和温感电子标签的数据	重要	
	边缘物联网关	用于连接摄像头、采集终端，数据通过网关汇聚后再由网关回传至内网	非常重要	

注：布控球是一种采用蓄电池供电的便携式摄像头，云台、主机、摄像机一体式设计，并集成 4G 通信。

（2）系统管理或业务应用软件/平台（见表 3-30）

表 3-30　系统管理或业务应用软件/平台

系统管理软件/平台名称	主要功能	重要程度	备注
物联网管理平台	物联网设备管控，物联网数据采集、处理、汇总、分发	非常重要	

（3）数据类别（见表 3-31）

表 3-31　数据类别

数据类别	安全防护需求	重要程度
系统管理数据	完整性、保密性	重要
设备数据	完整性、保密性	非常重要
业务数据	完整性、保密性	非常重要
认证数据	完整性、保密性	非常重要
日志数据	完整性、保密性	重要

3）安全措施

以电力生产管控场景为例，按照 GB/T 22239—2019 中等级保护对象的第三级安全要求，阐述其所应采取的安全措施。其中，安全通用要求方面，仅描述了与本场景关联性较强的方面，其余方面可遵照安全通用要求。

（1）安全通用要求

① 安全物理环境：在物理位置选择方面，平台内网服务器的部署由云环境统一提供，遵循云服务的安全防护措施；终端则根据不同的类型置于不同的物理环境中，其中普通电子标签通过粘贴、绑定的方式固定在设备上，温感标签置于密闭的开关柜内，边缘物联网关置于不干扰 4G 信号的室内或室外。在物理访问控制、防盗窃和防破坏方面，变电站和配电室均有电子门禁及视频监控系统。

② 安全通信网络：在网络架构方面，遵循云服务的安全防护措施。在通信传输方面，物联网中的数据传输均采用基于 SM1、SM2 技术的加密传输方式。

③ 安全区域边界：在边界防护方面，所有的边缘物联网关接入电力内网都需要通过安全接入平台的授权及认证；不同系统的网关只能定向访问各自的内网系统，不同的内网系统只能定向访问各自的网关；网络传输若涉及无线传输，则只能使用电力无线专网（运营商移动专网 APN）。在访问控制方面，只允许固定的内网系统端口向边缘物联网关开放，只允许固定的边缘物联网关端口向采集终端开放，只允许固定的边缘物联网关端口向摄像头开放；标签类数据采用 HTTPS，只允许通过安全接入网关接入内网，视频数据通过 RTCP 协议，只允许通过视频接入网关接入内网。在安全审计方面，边缘物联网关对采集终端和摄像头接入的审计由物联网管理平台负责，包括终端身份认证审计、应用运行审计、数据采集审计等；边缘物联网关接入内网的审计遵循内网安全接入平台的要求。

④ 安全计算环境：在身份鉴别方面，物联网管理平台登录通过口令的形式进行通用性身份鉴别和认证；物联网感知层，包括感知节点设备和网关节点设备，均通过数字证书的形式进行身份鉴别及认证。在数据保密性方面，标签数据只能被加密采集，采集终端对采集的数据进行解密，并进行去重校验、非法数据校验后对数据进行二次加密；边缘物联网关对采集终端的数据进行解密，预处理后再通过 CA 证书中的密钥对数据进行加密，通过 VPN 隧道传输至内网进行解密再做处理；对于压缩后的摄像头视频流，边缘物联网关通过 CA 证书中的密钥对数据进行加密，通过 VPN 隧道传输至内网进行解密再做处理。在数据完整性方面，对于采集终端上传的数据，边缘物联网关根据不同的业务场景、依据不同的规则校验数据的合法性、完整性、及时性，包括但不限于：数据的特殊字段、字段长度、类型、时间戳。在可信验证方面，边缘物联网关系统在每次开机启动时运行启动链验证机制，启动链前后校验，防止被刷机等。

⑤ 安全管理中心：在系统管理方面，遵循云服务的系统管理规则。在审计管理方面，

平台记录所有的用户登录、使用轨迹、数据修改记录、数据查询记录等信息，所有审计日志只能查看不能修改，并配备审计账号，只有审计账号拥有数据查看权限。在安全管理方面，遵循云服务的安全管理规则。在集中管理方面，平台为物联网设备管理员配备特定的账号及权限，管理员可配置物联网设备，可开展设备管理、密钥管理、配置管理等工作；管理员的所有操作会被记录，这些记录只能通过审计账号进行查阅。

⑥ 安全管理体系：在安全管理制度方面，遵循电力信息化系统的安全管理制度，包括系统的备份与恢复、应急预案、事件处理等。

（2）物联网安全扩展要求

① 安全物理环境：在感知节点设备物理防护方面，普通电子标签的正面与其他装置无接触，前方开阔无遮挡（不同类别的标签的作用距离不尽相同），不得置于强电磁干扰环境之下，温感标签的温度感应器不得与其他物体直接接触；采集终端、边缘物联网关、摄像头均具备在没有电力供应的情况下通过自身携带的电池持续工作 8 小时的能力，边缘物联网关在可接通电源的情况下具备持续工作的能力。

② 安全区域边界：在接入控制方面，标签拥有自身的唯一序列号，且通过头部的特殊字段来识别其是否属于本系统，标签同时具备数字证书，数字证书作为身份标识；采集终端和摄像头均内置 CA 证书，CA 证书作为身份标识；网关校验接入采集终端和摄像头的物理地址和通信地址是否和系统设置的关联关系保持一致。在入侵防范方面，采集终端和摄像头只允许向指定 IP 地址的网关传输数据。同时，在网关侧通过物理和通信地址的关联关系校验接入的采集终端和摄像头设备；边缘物联网关访问指定的 IP 地址，并使用运营商移动专网，实现移动漫游情况下终端的专网接入。

③ 安全计算环境：在感知节点设备安全方面，感知节点设备管理员通过物联网管理平台管理感知节点设备，比如摄像头，感知节点设备管理员通过用户名和口令的方式登录物联网管理平台，以确保只有授权的用户才能登录该平台，并对感知节点设备上的软件应用进行配置或变更；感知节点设备通过物理地址、通信地址、CA 证书等方式，对其连接的网关节点设备（比如边缘物联网关）进行身份鉴别。在网关节点设备安全方面，边缘物联网关校验摄像头和采集终端中的 CA 证书，校验其合法性，同时匹配摄像头和采集终端的物理地址和通信地址；边缘物联网关除了对数据进行数字证书验证，还对所约定的特殊字段进行甄别，比如标识数据类型的字段，以过滤非法节点和伪造节点发送的数据；边缘物联网关的密钥由安全接入平台统一更新，由安全接入系统的管理员统一负责；边缘物联

网关可以由网关节点设备管理员远程进行关键参数配置，包括 APN 参数配置、应用名单配置、网络地址参数配置、外围接口参数配置等。在抗数据重放方面，采集终端对采集到的数据进行数据长度及特殊字段校验，同时增加时间戳向边缘物联网关上报数据；边缘物联网关对标签终端上报的数据长度及特殊字段执行屏蔽持续性错误上报（持续超过 5 次），并校验数据时间戳，根据不同的业务场景配置不同的时间间隔。在数据融合方面，边缘物联网关具备一定的计算能力，在网关中对不同单元采集的数据做分类标记和预处理，然后将数据回传至物联网管理平台；平台对数据进行汇总和筛选，根据业务需要对数据进行统一处理，也可以根据需要将数据提供给各业务系统。

④ 安全管理体系：在安全运维管理方面，配备巡视专职，按照月度巡视计划、周巡视计划、日巡视计划、临时巡视计划对物联网设备开展巡视工作，巡视设备部署环境、设备状态等，并通过移动互联的手段进行记录；配备维护专职，根据巡视组反馈的问题进行维护；定制物联网设备入库、出库、安装部署、运行、维修、丢失和报废等流程制度，并由业务部门、物资部门、信息化部门进行全程管理和监督；所有的感知节点均存储于变电站内，由专人看守，外人出入需要出具相应的证明。

第4章 工业控制系统安全扩展要求

4.1 工业控制系统安全概述

4.1.1 工业控制系统概述

工业控制系统（ICS）是几种类型控制系统的总称，包括数据采集与监视控制系统（SCADA）、集散控制系统（DCS）和其他控制系统，如在工业部门和关键基础设施中经常使用的可编程逻辑控制器（PLC）。工业控制系统通常用于电力、水和污水处理、石油和天然气、化工、交通运输、制药、纸浆和造纸、食品和饮料以及离散制造（如汽车、航空航天和耐用品）等行业。

4.1.2 工业控制系统功能层级模型

本指南参考国际标准 IEC 62264-1 中针对工业控制系统的层次结构模型划分，同时抽象总结 SCADA、DCS、PLC 系统、SIS（Safety Instrumentation System，安全仪表系统）、ESD 系统、BAS、FCS 等常见工业控制系统模型中的共性部分，由图 4-1 总结出工业控制系统功能层级模型。该层级模型将工业控制系统功能划分为五个层级，由上至下依次为企业资源层、生产管理层、过程监控层、现场控制层和现场设备层，层级的划分也体现工业控制系统不同功能层级对数据通信实时性及数据记录时间需求的不同要求。

工业控制系统主要由过程级、操作级以及各级之间和内部的通信网络构成，对于大规模的控制系统，也包括管理级。过程级包括被控对象、现场控制设备和测量仪表等，操作级包括工程师和操作员站、人机界面和组态软件、控制服务器等，管理级包括生产管理系统和企业资源系统等，通信网络包括商用以太网、工业以太网、现场总线等。

依据国际标准 IEC 62443-1-1，本指南给出了工业控制系统参考模型如图 4-2 所示。根据工业控制系统的特点及工业典型层次模型架构，工业控制系统参考模型给出了工业控制系统涵盖的层级范围。根据工业控制系统参考模型给出的典型工业控制系统层级隶属关系，可以进一步明确本指南中相关基本要求的适用对象和范围。

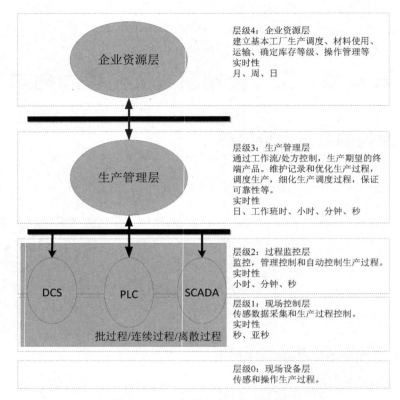

图 4-1　工业控制系统功能层级模型

注：此图为工业控制系统经典层级模型，参考了国际标准 IEC 62264-1，但是随着工业 4.0、信息物理系统的发展，已不完全适用，因此，对于不同的行业企业实际发展情况，允许部分层级合并。

　　根据工业控制系统参考模型，本指南中提到的工业控制系统的范围涵盖生产管理层、过程监控层、现场控制层以及现场设备层。

　　生产管理层包括管理生产所需的工作流程涉及的主要功能和系统，比如调度生产、生产计划、可靠性保障和现场控制业务优化等功能系统。生产管理层主要包括生产管理系统（MES）、能源管理系统（EMS）、生产调度系统等系统，主要用于将决策层生产计划等信息转化成车间的生产调度计划，并将计划细化到作业工位。依据底层控制系统提供的设备、人员、物料等实时数据，进行分析、计算与处理。

　　过程监控层包括监视和控制过程涉及的功能和系统，过程监控层系统是提供操作员人机界面功能、提供报警和过程历史记录收集等功能的系统。过程监控层主要用于对生产过程中不同方面的数据进行采集与集中监控，组态友好易用的控制系统上位数据展示平台，搭建易用的人机界面（HMI），实现对工业生产的监视、控制、分析、报警等功能。

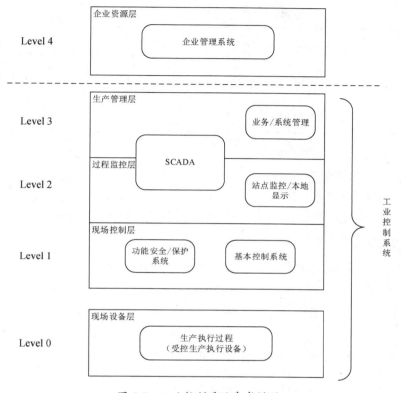

图 4-2　工业控制系统参考模型

现场控制层包括直接用于工业控制过程的安全保护系统和基本控制系统，比如用以完成连续控制、顺序控制、批量控制和离散控制的工业自动化控制系统。直接用于工业控制过程的基本控制系统包括但不限于 DCS、PLC、RTU 等，安全保护系统如 SIS 等。

现场设备层是指实际参与工业生产和业务的工业控制物理过程，该层涉及的生产设施为直接连接工艺和工业设备且受现场控制层系统控制的传感器和执行器等。

4.1.3　工业控制系统功能层级的保护对象

结合国际标准 IEC 62264-1 和 IEC 62443-1-1，本指南给出 GB/T 22239—2019 中工业控制系统各层级所覆盖的典型生产控制系统和装置，供工业控制系统安全建设和监督管理时参考使用。

可参考的工业控制系统层级参考对象类型如表 4-1 所示。

表 4-1　工业控制系统层级参考对象类型

工业控制系统层级	涵盖的典型对象类型
生产管理层	MES、MIS、厂级监控信息系统（Supervisory Information System in plant level，SIS）、SCADA 等
过程监控层	SCADA、人机界面（HMI）、工程师站（Engineer Station）、操作员站（Operator Station）等
现场控制层	DCS、现场总线控制系统（FCS）、PLC、远程终端单元（RTU）等
现场设备层	传感器、控制阀、变送器、变频器等

工业控制系统通常是对可用性要求较高的等级保护对象。工业控制系统中的一些装置如果要实现特定类型的安全措施可能会终止系统的连续运行，原则上安全措施不应对高可用性的工业控制系统基本功能产生不利影响。例如，用于基本功能的账号不应被锁定，甚至短暂的被锁定也不行；安全措施的部署不应显著增加延迟而影响系统响应时间；对于高可用性的控制系统，安全措施失效不应中断其基本功能等。

经评估，当因对可用性有较大影响而无法实施和落实安全等级保护要求的相关条款时，应进行安全声明，分析和说明此条款实施可能产生的影响和后果，以及实施此条款的补偿措施。

4.1.4　工业控制系统安全扩展要求概述

GB/T 22239—2019 明确了安全通用要求和安全扩展要求共同构成了对等级保护对象的安全要求。

工业控制系统安全扩展要求主要体现在安全物理环境、安全通信网络、安全区域边界、安全计算环境、安全建设管理五个安全层面，相关控制点与安全层面的隶属关系如表 4-2 所示。

表 4-2　工业控制系统安全扩展要求的控制点与安全层面的隶属关系

安全层面	控制点
安全物理环境	室外控制设备物理防护
安全通信网络	网络架构、通信传输
安全区域边界	访问控制、拨号使用控制、无线使用控制
安全计算环境	控制设备安全
安全建设管理	产品采购和使用、外包软件开发

工业控制系统安全扩展要求在安全通用要求的基础上新增了室外控制设备物理防护、网络架构、通信传输、访问控制、拨号使用控制、无线使用控制、控制设备安全、产品采购和使用、外包软件开发等控制点。

工业控制系统安全扩展要求的控制点在各要求项数量上的逐级变化情况如表 4-3 所示。

表 4-3　工业控制系统安全扩展要求的控制点逐级变化情况

控制点	第一级	第二级	第三级	第四级
室外控制设备物理防护	2	2	2	2
网络架构	2	3	3	3
通信传输	0	1	1	1
访问控制	1	2	2	2
拨号使用控制	0	1	2	3
无线使用控制	2	2	4	4
控制设备安全	2	2	5	5
产品采购和使用	0	1	1	1
外包软件开发	0	1	1	1

4.2　第一级和第二级工业控制系统安全扩展要求解读

4.2.1　安全物理环境

1. 安全通用要求

工业控制系统的"安全物理环境（通用）"的安全要求同通用要求部分的"安全物理环境"。在工业控制系统中，机房应该包括中控室机房、现场控制室等。如果工业控制系统中控制设备放置于特定工业作业环境，此时，安全物理环境的安全通用要求不适用于该控制设备。

2. 安全扩展要求

1）室外控制设备物理防护

【标准要求】

第一级和第二级安全要求如下：

a）室外控制设备应放置于采用铁板或其他防火材料制作的箱体或装置中并紧固；箱体或装置具有透风、散热、防盗、防雨和防火能力等；

b）室外控制设备放置应远离强电磁干扰、强热源等环境，如无法避免应及时做好应急处置及检修，保证设备正常运行。

【解读和说明】

第一级安全要求和第二级安全要求相同。

为了防止室外控制设备被盗以及免受火灾、雨水、电磁干扰、高温等外部环境的影响，室外控制设备需要采用防火箱体装置和远离强电磁干扰、强热源等实现物理防护，以保证室外控制设备的正常运行。

【安全建设要点及案例】

该控制点对工业控制系统各个功能层级的适用情况如表 4-4 所示。

表 4-4　室外控制设备物理防护适用情况

控制点	功能层级				
	企业资源层	生产管理层	过程监控层	现场控制层	现场设备层
室外控制设备物理防护	不适用	不适用	不适用	适用	适用

对于室外控制设备，需要保证其物理环境安全，应将其放置在采用铁板或其他防火材料制作的箱体或装置中，并紧固于箱体或装置中。

箱体或装置具有透风、散热、防盗、防雨和防火能力等，确保控制系统的可用性，使控制设备工作在正常工作温度范围内，保护控制设备免受火灾、雨水等外部环境的影响，避免控制设备因宕机、线路短路、火灾、被盗等因素引发其他生产事故，从而影响生产运行。

高电压、高场强等强电磁干扰，可能使控制设备工作信号失真，性能发生有限度的降级，甚至可能使控制系统或控制设备发生故障，严重时会使控制系统或控制设备失灵或导致其他严重事故。高温等强热源会导致环境温度偏高，若超过控制设备最高工作温度，则会导致控制设备无法正常工作，同时加速控制设备老化。

因此，室外控制设备应远离雷电、沙暴、尘爆、太阳照射、大功率启停设备、高压输电线等强电磁干扰环境和加热炉、反应釜、蒸汽等强热源环境，确保物理环境的电磁干扰水平和温度在控制设备的正常工作范围之内，以保证控制系统的正常运行。

对于确实无法远离强电磁干扰、强热源环境的室外控制设备，应做好应急处置及检修，保证控制设备的正常运行。

4.2.2 安全通信网络

1. 安全通用要求

1）网络架构

【标准要求】

第一级和第二级安全要求如下：

a）应划分不同的网络区域，并按照方便管理和控制的原则为各网络区域分配地址；

b）应避免将重要网络区域部署在边界处，重要网络区域与其他网络区域应采取可靠的技术隔离手段。

【解读和说明】

在工业控制系统中，一般按功能层级划分为企业资源层、生产管理层、过程监控层、现场控制层和现场设备层，各层级之间通过技术手段进行网络隔离。

应避免将工业控制系统中的关键业务区（生产网）和管理区划分在网络边界处，同时结合该场景所需的技术隔离手段，在生产网边界处采取工业网闸等具有访问控制隔离功能的安全设备实现生产网与管理区的有效隔离防护。

应根据业务特点和安全防护要求，将控制网络内部划分为不同的安全域，并根据方便管理及控制的原则分配地址，结合该场景所需的技术隔离手段，在控制网络内部各层级间采取工业控制系统专用防火墙实现网络隔离防护。各层级内部安全域之间可采取具有 ACL 功能的管理型交换机或工业控制系统专用防火墙设备进行隔离防护。

【相关安全产品或服务】

企业资源层与生产管理层之间使用工业网闸或工业控制系统专用防火墙进行技术隔离。生产管理层、过程监控层、现场控制层应首先合理划分安全域，不同层级之间采取工业控制系统专用防火墙实现技术隔离，各层级内部安全域之间采取工业控制系统专用防火墙或管理型交换机等具有访问控制功能的产品实现区域网络之间的安全隔离。

【安全建设要点及案例】

为了隔离工控生产网和企业其他信息系统，实现关键系统与非关键系统的安全隔离，采取工业网闸或工业控制系统专用防火墙对工控生产网和企业资源层办公网进行应用层的技术隔离，明确只有允许的应用协议才能通过，除此之外的信息无论是否有害均无法通过。工控生产网内部区域之间采取工业控制系统专用防火墙进行隔离，以路由或者透明模式进行部署，保障控制指令及生产数据安全。

该控制点对工业控制系统各个功能层级的适用情况如表 4-5 所示。

表 4-5　网络架构适用情况

控制点	功能层级				
	企业资源层	生产管理层	过程监控层	现场控制层	现场设备层
网络架构	适用	适用	适用	适用	不适用

根据工业控制系统分层分域的特点，从网络架构上进行分层分域隔离，从上到下共分为 5 个层级，依次为企业资源层、生产管理层、过程监控层、现场控制层和现场设备层。控制网络内部应根据业务特点和安全防护要求划分为不同的安全域，并根据方便管理及控制的原则分配地址。工业控制系统与企业其他系统之间应采用技术手段进行隔离。

2）通信传输

【标准要求】

第一级和第二级安全要求如下：

应采用校验技术保证通信过程中数据的完整性。

【解读和说明】

通信过程中应采用校验技术来保护数据的完整性，防止关键信息因被第三方篡改而造成信息破坏。

【相关安全产品或服务】

支持通信校验的工业控制系统，或具备校验技术的网络通信设备。

【安全建设要点及案例】

采用支持通信校验的工业控制系统，包括 SCADA、DCS、PLC 系统、SIS 等。

该控制点对工业控制系统各个功能层级的适用情况如表 4-6 所示。

表 4-6　通信传输适用情况

控制点	功能层级				
	企业资源层	生产管理层	过程监控层	现场控制层	现场设备层
通信传输	适用	适用	适用	适用	不适用

采用支持通信校验的工业控制系统，如不具备完整性校验条件，应确保无完整性校验的工业控制系统和通信链路处于受控的物理环境中。

通信过程中的数据可以使用 CRC 校验、奇偶校验或散列校验等方式进行校验。

现场设备层与现场控制层之间多数情况使用总线或硬接线连接，一般不存在以太网环境，因此现场设备层不适用于该控制点要求。

3）可信验证

【标准要求】

第一级和第二级安全要求如下：

可基于可信根对通信设备的系统引导程序、系统程序、重要配置参数和通信应用程序等进行可信验证，并在检测到其可信性受到破坏后进行报警，并将验证结果形成审计记录送至安全管理中心。

【解读和说明】

通过可信验证手段，基于可信根，构建可信链，对通信设备的操作系统引导、操作系统、参数、应用等进行验证，对非法行为进行记录、告警，并形成日志，发送至安全管理中心。

【相关安全产品或服务】

可信通信设备。

【安全建设要点及案例】

该控制点对工业控制系统各个功能层级的适用情况如表 4-7 所示。

表 4-7　可信验证适用情况

控制点	功能层级				
	企业资源层	生产管理层	过程监控层	现场控制层	现场设备层
可信验证	适用	适用	适用	适用	不适用

通信设备需要具备可信验证功能，对于企业资源层，可参考传统 IT 领域进行可信计算建设。

2. 安全扩展要求

1）网络架构

【标准要求】

第一级和第二级安全要求如下：

a）工业控制系统与企业其他系统之间应划分为两个区域，区域间应采用技术隔离手段；

b）工业控制系统内部应根据业务特点划分为不同的安全域，安全域之间应采用技术隔离手段；

c）涉及实时控制和数据传输的工业控制系统，应使用独立的网络设备组网，在物理层面上实现与其他数据网及外部公共信息网的安全隔离。

【解读和说明】

根据工业控制系统分层分域的特点，从网络架构上进行分层分域隔离。工业控制系统与企业其他网络系统应采取技术手段实现网络隔离。根据控制系统内部的业务特点所造成的隔离强度的不同，采取不同的安全隔离措施，保证工业控制系统通信网络架构的安全。

通常工业企业网络系统被划分为不同的安全工作区，这反映了各安全区中业务系统的重要性的差别。不同的安全区确定了不同的安全防护要求，从而决定了不同的安全等级和防护水平。防护的重点通常是生产网与信息网之间的边界，工业控制系统网络与管理信息网络在此进行数据交换（如 ERP、能源监测等），而管理信息网络通常可以连接 Internet，病毒感染与入侵的概率较大，所以生产网与信息网之间的边界是目前防护的重点，应具备必要的隔离防护手段。故在条款 a）的解读中，重点考虑在生产网和信息网之间部署网络隔离设备。

条款 b）要求工业控制系统内部根据承载的业务能力和网络架构及设备组网状态的不同，进行合理的分区分域。通常将具有相同业务特点的控制设备和网络资产划分为一个独立区域，将不同业务特点的资产设备划分为不同安全域。为了避免某个区域的网络病毒对其他区域造成影响，有必要在不同区域之间进行工控技术隔离。

条款 c）要求对实时性要求较高的工业场景应在物理层面实现与管理网或其他网络的隔离，禁止生产网与其他网络之间直接进行通信的行为。

【相关安全产品或服务】

具备 VLAN 划分功能的管理型交换机、工业网闸、工业控制系统专用防火墙等具有安全隔离功能的设备或相关安全组件。

【安全建设要点及案例】

为了隔离工控生产网和企业其他信息系统，实现关键系统与非关键系统的安全隔离，可采用工业网闸、工业控制系统专用防火墙对工控生产网和企业信息网进行网络隔离。工控生产网内部区域之间采用工业控制系统专用防火墙进行隔离，以路由或者透明模式进行部署，保障控制指令及生产数据安全。

该控制点对工业控制系统各个功能层级的适用情况如表 4-8 所示。

表 4-8　网络架构适用情况

控制点	功能层级				
	企业资源层	生产管理层	过程监控层	现场控制层	现场设备层
网络架构	适用	适用	适用	适用	不适用

工业控制系统中现场设备层、现场控制层、过程监控层、生产管理层与生产过程强相关，而企业资源层等企业其他系统与生产过程弱相关。同时，企业其他系统可能与互联网相连。因此，工业控制系统与企业其他系统应划分为两个区域，工业控制系统与企业其他系统之间应采用技术手段进行隔离。

工业控制系统内部应根据承载业务的不同和网络架构的不同，进行合理的分区分域，通常将具有相同业务特点的工业控制系统划分为一个独立区域，将不同业务特点的工业控制系统划分为不同的安全域，在不同安全域之间采用工业控制系统专用防火墙、虚拟局域网等技术手段进行隔离。

涉及实时控制和数据传输的工业控制系统，应使用独立的网络设备进行组网，禁止与其他数据网共用网络设备，在物理层面上实现与其他数据网及外部公共信息网的安全隔离，禁止生产网与其他网络之间直接进行通信的行为。

2）通信传输

【标准要求】

第一级和第二级安全要求如下：

在工业控制系统内使用广域网进行控制指令或相关数据交换的应采用加密认证技术手段实现身份认证、访问控制和数据加密传输。

【解读和说明】

在工业控制系统中，生产数据常采用传统的封包方式在广域网中传输，数据仍以明文方式传递。为了防止控制指令或相关数据被窃取以及工业控制系统被非授权访问和恶意控制，工业控制系统在广域网中进行控制指令或相关数据交换时采用加密认证手段进行身份认证、访问控制和数据加密传输，保证工业控制系统控制指令或相关数据交换的通信传输安全。

【相关安全产品或服务】

VPN 加密机等具有加密认证功能的设备或相关安全组件。

【安全建设要点及案例】

根据数据流方向，认证加密装置应部署在访问控制装置外侧，确保流量经过访问控制装置时为明文，便于进行管控。对工业控制系统的通信应通过部署加密网关或工业控制系统内部通信加解密机制，实现对传输过程的数据进行加密处理。

该控制点对工业控制系统各个功能层级的适用情况如表 4-9 所示。

表 4-9　通信传输适用情况

控制点	功能层级				
	企业资源层	生产管理层	过程监控层	现场控制层	现场设备层
通信传输	不适用	适用	适用	适用	不适用

SCADA、RTU 等工业控制系统可能使用广域网进行控制指令或相关数据的交换。在控制指令或相关数据交换过程中，应采用加密认证手段实现身份认证、访问控制和数据加密传输，只有目标身份认证通过后，才能进行数据交互。在数据交互过程中进行访问控制，即对通信的五元组甚至控制指令进行管控，并在广域网传输过程中进行数据加密传输，防止非授权、恶意用户进入工业控制系统，防止控制指令或相关数据被窃取。

可以通过在企业资源层与生产管理层之间或生产管理层与过程监控层之间部署 VPN 加密机，对指令和数据进行加密和解密认证。

4.2.3　安全区域边界

1. 安全通用要求

1）边界防护

【标准要求】

第一级和第二级安全要求如下：

应保证跨越边界的访问和数据流通过边界设备提供的受控接口进行通信。

【解读和说明】

工业控制系统中不同层级和安全域一般处于不同的网络区段，通过工业控制系统专用防火墙或网络隔离设备进行防护。跨越边界的通信需要经过受控接口进行，并且遵循最小化原则，只允许工业控制系统中使用的专有协议通过，并对协议内容进行深度检测。

【相关安全产品或服务】

工业控制系统专用防火墙、网络隔离设备。

【安全建设要点及案例】

（1）工业网闸

工业网闸是专门为满足工业企业生产控制网络安全隔离需求而设计的专用网络通信设备，利用最先进的网络隔离技术和数据摆渡技术，解决控制网络安全接入信息网络、控制网络内部不同安全区域之间的安全防护等问题。工业网闸的网络拓扑结构如图 4-3 所示。

工业网闸的部署方式如下：以串联方式接入工业控制网络；支持路由部署和桥接部署。

工业网闸（双向网闸）采用数据摆渡模式，实现数据安全摆渡，防止数据泄露和被窃取。工业网闸（单向网闸）采用独特的无协议数据摆渡技术，对所需的各类工控专用数据进行隔离网络间的单向传输。

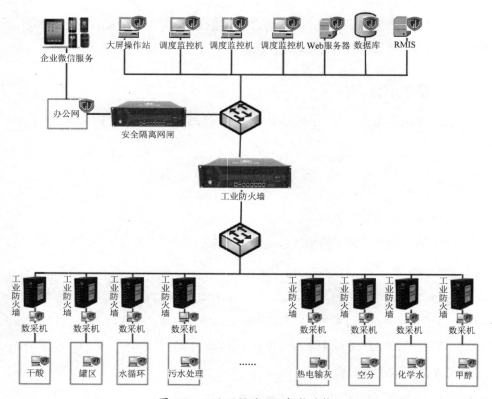

图 4-3　工业网闸的网络拓扑结构

工业网闸根据管理员定义的安全策略完成数据帧的访问控制，规则策略包括"允许通过"和"禁止通过"。支持对源 IP 地址、目的 IP 地址、源端口、目的端口、服务、流入网口、流出网口等的控制。

另外，工业网闸根据管理员定义的基于角色控制的用户策略及安全策略完成访问控制，包括限制用户在什么时间及哪些源 IP 地址可以登录网闸，规定该用户通过认证后能够享受的服务。

（2）工业控制系统专用防火墙

工业控制系统专用防火墙可灵活部署于各类工业场景中，支持深度检测各类工控协议，包括 OPC、Modbus TCP 等主流工控协议。工业控制系统专用防火墙可进行行为级、数值级的安全监测，以保护工业控制系统安全。工业控制系统专用防火墙的网络拓扑结构如图 4-4 所示。

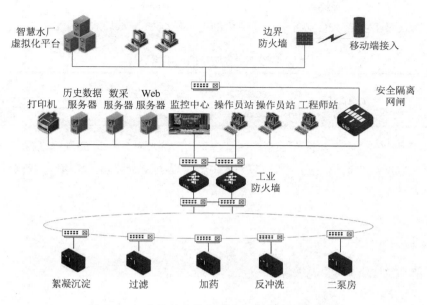

图 4-4　工业控制系统专用防火墙的网络拓扑结构

工业控制系统专用防火墙的部署方式如下：以串联方式接入工业控制网络；支持无 IP 地址透明方式部署；支持路由部署和桥接部署，以及桥接和路由的混合部署。

工业控制系统专用防火墙可对系统内未知的设备接入和违规数据传输进行实时告警，迅速发现系统中存在的非法接入和非法外连，并对其进行阻断。

在安全域边界和安全层级之间布置工业控制系统专用防火墙、网络隔离设备等，并设置相应的访问控制规则。跨网络的通信需要在工业控制系统专用防火墙、网络隔离设备的控制下进行。工业控制系统专用防火墙访问控制规则如图 4-5 所示。

工控防火墙GW031 v1.2											
首页											
监控 统计信息 流量报表	安全策略配置										
序号	源MAC	目的MAC	源地址	目的地址	源掩码	目的掩码	服务类型	执行动作	流方向	编辑	删除
0	Any	Any	172.21.5.2	172.21.1.254	0.0.0.255	0.0.0.255	OPC-Classical	通过	Any		
1	Any	Any	172.21.5.2	172.21.1.254	0.0.0.255	0.0.0.255	Modbus-TCP	通过	Any		
2	Any	Any	Any	Any	0.0.0.255	0.0.0.255	Any	阻断	Any		

图 4-5　工业控制系统专用防火墙访问控制规则

该控制点对工业控制系统各个功能层级的适用情况如表 4-10 所示。

表 4-10　边界防护的适用情况

控制点	功能层级				
	企业资源层	生产管理层	过程监控层	现场控制层	现场设备层
边界防护	适用	适用	适用	适用	不适用

不同层级和安全域之间设置工业控制系统专用防火墙或网络隔离设备进行网络控制，只允许受控数据进行通信。交换机可以对授权设备进行 mac 绑定，限制未授权设备联入网络。

2）访问控制

【标准要求】

第一级和第二级安全要求如下：

a）应在网络边界或区域之间根据访问控制策略设置访问控制规则，默认情况下除允许通信外受控接口拒绝所有通信；

b）应删除多余或无效的访问控制规则，优化访问控制列表，并保证访问控制规则数量最小化；

c）应对源地址、目的地址、源端口、目的端口和协议等进行检查，以允许/拒绝数据包进出；

d）应能根据会话状态信息为进出数据流提供明确的允许/拒绝访问的能力，控制粒度为端口级。

【解读和说明】

工业控制系统中网络相对稳定，跨区域跨边界的通信相对较少，通过设置访问控制策略拒绝不可信的所有通信是一种相对安全的做法。对于受控接口内的通信，还需要根据源地址、目的地址、源端口、目的端口、应用协议和应用内容等方面进行检查，提供允许/拒绝访问的能力。对于跨区域跨边界的通信，如 OPC、Modbus TCP 等工控协议的通信，应进行基于内容的深度检测。在进行访问控制策略设置时，应考虑多余或无效的访问控制规则的问题，从而提高网络隔离设备的工作效率，保证实时性。

【相关安全产品或服务】

工业控制系统专用防火墙、网络隔离设备、交换机等。

【安全建设要点及案例】

工业控制系统专用防火墙可灵活部署于各类工业场景中，支持深度检测各类工控协议，包括 OPC、Modbus TCP 等主流工控协议。工业控制系统专用防火墙可进行行为级、数值级的安全监测，保护工业控制系统安全。

工业控制系统专用防火墙的部署方式如下：以串联方式接入工业控制网络；支持无 IP 地址透明方式部署；支持路由部署和桥接部署，以及桥接和路由的混合部署。

工业控制系统专用防火墙可针对控制系统进行指令级控制，对于每个工控协议的每个指令可以设置阻断或放行等策略；也可针对控制系统控制数值进行阈值检测，包括开关设定、参数设定等。防火墙的安全策略配置如下：支持手动配置基于五元组的访问控制规则；支持基于 OT 操作行为的访问控制策略；支持基于白名单的访问控制策略；支持 IP/MAC 地址绑定规则；支持主机白名单功能，以发现并识别网络中的设备；支持 ACL 时间段控制；支持动态插入 ACL 规则。

在安全域边界和安全层级之间布置工业控制系统专用防火墙、网络隔离设备等，并设置相应的访问控制规则。跨网络的通信需要在工业控制系统专用防火墙、网络隔离设备的控制下进行。Modbus TCP 操作地址白名单控制如图 4-6 所示，OPC 指令读写模式控制如图 4-7 所示。

图 4-6　Modbus TCP 操作地址白名单控制

图 4-7　OPC 指令读写模式控制

该控制点对工业控制系统各个功能层级的适用情况如表 4-11 所示。

表 4-11　访问控制适用情况

控制点	功能层级				
	企业资源层	生产管理层	过程监控层	现场控制层	现场设备层
访问控制	适用	适用	适用	适用	不适用

企业资源层和生产管理层之间可以考虑设置 IT 防火墙或网闸等设备，保证数据流只能由工业控制系统单向流向企业其他系统。工业控制系统网络不同安全区域之间可以通过工业控制系统专用防火墙、虚拟局域网等进行访问控制，并且应遵循最小化原则，只允许工业控制系统中使用的专有协议通过，对 OPC、Modbus TCP 等工控协议进行深度检测。工业控制系统内部（如现场控制层和现场设备层之间）的网络，可以配置交换机 ACL 和端口级访问控制策略。

3）入侵防范

【标准要求】

第一级和第二级安全要求如下：

应在关键网络节点处监视网络攻击行为。

【解读和说明】

入侵防范是一种可识别潜在威胁并迅速地做出应对的网络安全防范办法。入侵防范技术作为一种积极主动的安全防护技术，提供了对外部攻击、内部攻击和误操作的实时保护，在网络系统受到危害之前进行拦截和响应。入侵防范在不影响网络和主机性能的情况下能对网络和主机的入侵行为进行监测，在发生严重入侵事件时提供报警。

【相关安全产品或服务】

IDS、沙箱、威胁情报等。

【安全建设要点及案例】

　　一般在过程监控层部署 IDS，通过分析网络流量中的异常行为并进行拦截和响应，或者通过镜像流量的方式，将流量传输至应用了基于沙箱或威胁情报等的入侵防范技术的产品，对流量中的可疑行为进行告警。

　　工控安全入侵检测系统是面向工业领域的入侵检测类产品，采用专有的工控入侵行为检测库，可针对工业控制系统的各类扫描、探测、漏洞、远程连接、设备控制等行为进行检测。

　　工控安全入侵检测系统通常采用旁路方式接入工业控制系统，通过数据口与网络设备的镜像口相连。

　　工控安全入侵检测系统采用如下多种入侵检测技术。

　　（1）采用 DPI（Deep Packet Inspection，深度报文检测）技术进行协议和应用识别，在此基础上进行漏洞、攻击等的检测。

　　（2）采用 DFI（Deep/Dynamic Flow Inspection，深度/动态流检测）技术进行异常流量检测和分析。

　　（3）可以准确识别和检测各种抗 IDS 的逃逸技术和攻击行为。

　　（4）采用独有的技术检测各种非法内联和外联。

　　当检测到攻击行为时，工控安全入侵检测系统会自动记录攻击源 IP 地址、攻击类型、攻击目的、攻击时间，并通过 SNMP、syslog 等多种响应方式进行实时推送并报警。

　　该控制点对工业控制系统各个功能层级的适用情况如表 4-12 所示。

表 4-12　入侵防范适用情况

控制点	功能层级				
	企业资源层	生产管理层	过程监控层	现场控制层	现场设备层
入侵防范	适用	适用	适用	适用	不适用

　　基于网络的入侵防范主要是通过分析网络流量中的异常攻击行为并进行拦截和响应。当前比较流行的网络入侵防范技术包括基于特征签名的入侵防范技术、基于网络异常检测

的入侵防范技术、基于沙箱的入侵防范技术、基于网络行为白名单的入侵防范技术和基于威胁情报的入侵防范技术。工业控制系统环境中网络流量和主机行为较为简单，基于白名单的入侵防范技术适用性更好，各企业可以根据自身条件选择适宜的入侵防范技术。

4）恶意代码和垃圾邮件防范

【标准要求】

第一级和第二级安全要求如下：

应在关键网络节点处对恶意代码进行检测和清除，并维护恶意代码防护机制的升级和更新。

【解读和说明】

工业控制系统中常采用工业专有协议和专有应用系统。在工业控制系统的过程监控层、现场控制层和现场设备层等关键网络节点处部署恶意代码防范产品时要保证工业控制系统的业务通信性能和连续性，推荐采用白名单形式的恶意代码防范产品，并应以最小化原则，只允许工业控制系统中使用的专有协议通过。

【相关安全产品或服务】

路由器、交换机、防火墙、网闸、无线接入网关等提供访问控制功能的设备或相关安全组件。

【安全建设要点及案例】

工业控制系统专用防火墙可灵活部署于各类工业场景中，支持深度检测各类工控协议，包括 OPC、Modbus TCP 等主流工控协议。工业控制系统专用防火墙可进行行为级、数值级的安全监测，保护工业控制系统安全。

工业控制系统专用防火墙的部署方式如下：以串联方式接入工业控制网络；支持无 IP 地址透明方式部署；支持路由部署和桥接部署，以及桥接和路由的混合部署。

工业控制系统专用防火墙可针对控制系统进行指令级控制，对于每个工控协议的每个指令可以设置阻断或放行等策略，也可针对控制系统控制数值进行阈值检测，包括开关设定、参数设定等。工控安全规则是白名单性质的，不匹配该规则的数据包默认被阻断。

该控制点对工业控制系统各个功能层级的适用情况如表 4-13 所示。

表 4-13　恶意代码和垃圾邮件防范适用情况

控制点	功能层级				
	企业资源层	生产管理层	过程监控层	现场控制层	现场设备层
恶意代码和垃圾邮件防范	适用	不适用	不适用	不适用	不适用

工业控制系统中常采用工业专有协议和专有应用系统，而 E-mail 等通用应用和协议是网络攻击最常用的载体。在工业控制系统区域边界、工业控制系统与企业其他系统之间部署访问控制设备，在保证业务正常通信的情况下，以最小化原则，只允许工业控制系统中使用的专有协议通过，拒绝 E-mail 等通用网络服务穿越区域边界进入工业控制系统网络。

5）安全审计

【标准要求】

第一级和第二级安全要求如下：

a）应在网络边界、重要网络节点进行安全审计，审计覆盖到每个用户，对重要的用户行为和重要安全事件进行审计；

b）审计记录应包括事件的日期和时间、用户、事件类型、事件是否成功及其他与审计相关的信息；

c）应对审计记录进行保护，定期备份，避免受到未预期的删除、修改或覆盖等。

【解读和说明】

安全审计是指按照一定的安全策略，利用记录、系统活动、用户活动和网络变化等信息，检查、审查和检验操作事件的环境及活动，从而发现网络异常、系统漏洞、入侵行为的过程，也是审查评估系统安全风险并采取相应措施的一个过程，是提高系统安全性的重要举措。安全审计不但能够监视和控制来自外部的入侵，还能够监视来自内部人员的违规和破坏行为，为网络违法与犯罪的调查取证提供有力支持。

【相关安全产品或服务】

日志审计系统、工控安全审计系统、安全管理平台。

【安全建设要点及案例】

一般在过程监控层部署日志审计系统、上网行为管理设备、工业网络审计系统或安全管理平台等产品，对日志进行集中管控。在关键设备上安装 Agent 程序或通过 syslog 等协议，将系统日志、操作日志等数据上送至日志审计系统，进行集中管控并及时发现异常行为。

工控安全审计系统是专门针对工业控制网络设计的实时监控、实时告警、安全审计的系统，通过特定的安全策略，快速识别系统中存在的非法操作、异常事件和外部攻击等。

工控安全审计系统通常采用旁路方式接入工业控制系统，通过数据口与网络设备的镜像口相连。

工控安全审计系统在行为审计界面中展示的信息主要包括发生时间、告警名称、操作次数、源地址、目的地址、传输层协议、应用层协议、长度（字节）、操作行为、功能码和操作地址等。

工控安全审计系统可以新增日志服务器，对审计记录进行保护并定期备份，避免其受到未预期的删除、修改或覆盖等。

该控制点对工业控制系统各个功能层级的适用情况如表 4-14 所示。

表 4-14　安全审计适用情况

控制点	功能层级				
	企业资源层	生产管理层	过程监控层	现场控制层	现场设备层
安全审计	适用	适用	适用	适用	不适用

工业控制系统中网络边界、重要节点各设备需要做好审计记录留存，审计记录内容需要包含事件的日期和时间、用户、事件类型、事件是否成功及其他与审计相关的信息等关键信息。日志的完整性和保密性需要符合相关规定。各设备的日志可收集至日志审计系统，进行日志统一审计，以便发现潜在风险。

6）可信验证

【标准要求】

第一级和第二级安全要求如下：

可基于可信根对边界设备的系统引导程序、系统程序、重要配置参数和边界防护应用程序等进行可信验证，并在检测到其可信性受到破坏后进行报警，同时将验证结果形成审计记录送至安全管理中心。

【解读和说明】

可信验证是基于可信根构建可信链，一级度量一级，一级信任一级，把信任关系进行传递的过程，从而保证设备运行过程和启动过程的可信性。针对可信验证过程中产生的可信性被破坏的行为，需要安全管理中心建立报警和审计机制。

【相关安全产品或服务】

支持内置可信计算的防火墙、边界路由等区域边界设备。

【安全建设要点及案例】

该控制点对工业控制系统各个功能层级的适用情况如表 4-15 所示。

表 4-15　可信验证适用情况

控制点	功能层级				
	企业资源层	生产管理层	过程监控层	现场控制层	现场设备层
可信验证	适用	适用	适用	适用	不适用

2. 安全扩展要求

1）访问控制

【标准要求】

第二级安全扩展要求如下：

a）应在工业控制系统与企业其他系统之间部署访问控制设备，配置访问控制策略，禁止任何穿越区域边界的 E-mail、Web、Telnet、Rlogin、FTP 等通用网络服务；

b）应在工业控制系统内安全域和安全域之间的边界防护机制失效时，及时进行报警。

【解读和说明】

工业控制系统中常采用工业专有协议和专有应用系统。E-mail、Web、Telnet、Rlogin、FTP 等通用应用和协议是网络攻击最常用的载体。在工业控制系统区域边界、工业控制系统与企业其他系统之间部署访问控制设备，在保证业务正常通信的情况下，以最小化原则，只允许工业控制系统中使用的专有协议通过，拒绝 E-mail、Web、Telnet、Rlogin、FTP 等一切通用网络服务穿越区域边界进入工业控制系统网络。

工业控制系统内安全域和安全域之间的边界防护一般采用工业控制系统专用防火墙。工业控制系统专用防火墙具有 Bypass（旁路）功能，一旦机制失效，工业控制系统专用防火墙会立刻启用所有协议全部通行的策略，此时需要及时进行报警。

【相关安全产品或服务】

工业控制系统专用防火墙、网络隔离设备。

【安全建设要点及案例】

在安全域边界和安全层级之间布置工业控制系统专用防火墙、网络隔离设备等，并设置相应的访问控制规则，禁止任何穿越区域边界的 E-mail、Web、Telnet、Rlogin、FTP 等通用网络服务。

工业控制系统专用防火墙可灵活部署于各类工业场景中，支持深度检测各类工控协议，包括 OPC、Modbus TCP 等主流工控协议。工业控制系统专用防火墙可进行行为级、数值级的安全监测，保护工业控制系统安全。部署方式如下：以串联方式接入工业控制网络；支持无 IP 地址透明方式部署；支持路由部署和桥接部署，以及桥接和路由的混合部署。

工业控制系统专用防火墙可针对控制系统进行指令级控制，对于每个工控协议的每个指令可以设置阻断或放行等策略，也可针对控制系统控制数值进行阈值检测，包括开关设定、参数设定等。防火墙的安全策略配置如下：支持手动配置基于五元组的访问控制规则；支持基于白名单的访问控制策略；支持 IP/MAC 地址绑定规则；支持主机白名单功能，发现并识别网络中的设备；支持 ACL 时间段控制；支持动态插入 ACL 规则。

该控制点对工业控制系统各个功能层级的适用情况如表 4-16 所示。

表 4-16　访问控制适用情况

控制点	功能层级				
	企业资源层	生产管理层	过程监控层	现场控制层	现场设备层
访问控制	不适用	适用	适用	适用	不适用

为了防止跨越工业控制系统安全域的网络安全风险，工业控制系统与企业其他系统之间采取访问控制措施，对通用网络服务穿越区域边界行为进行限制及告警，保证工业控制系统不受通用网络服务的安全影响，同时对安全域间策略失效进行告警，避免边界防护失效。

工业控制系统中常采用工业专有协议和专有应用系统，在保证工业控制系统区域边界、工业控制系统与企业其他系统之间业务正常通信的情况下，要求工业控制系统的过程监控层、现场控制层和现场设备层应以最小化原则，只允许工业控制系统中使用的专有协议通过。

2）拨号使用控制

【标准要求】

第一级和第二级安全要求如下：

工业控制系统确需使用拨号访问服务的，应限制具有拨号访问权限的用户数量，并采取用户身份鉴别和访问控制等措施。

【解读和说明】

为了防止拨号访问服务被窃听、被篡改和通信被假冒，工业控制系统中使用拨号访问服务的，拨号服务器和客户端操作系统需要安全加固，限制用户数量，并采取身份认证和访问控制等安全措施，保证工业控制系统拨号访问服务的安全使用，同时将其对工业控制系统正常运行的安全影响降到最低。

【安全建设要点及案例】

该控制点对工业控制系统各个功能层级的适用情况如表 4-17 所示。

表 4-17　拨号使用控制适用情况

控制点	功能层级				
	企业资源层	生产管理层	过程监控层	现场控制层	现场设备层
拨号使用控制	不适用	适用	适用	适用	不适用

对于采用拨号方式进行网络访问的工业控制系统，在网络访问过程中对用户的连接数量及会话数量进行限制，限制用户数量，同时对网络访问者进行身份鉴别验证，只有身份鉴别验证通过后才能建立连接，并对采用拨号方式的用户进行访问控制，限制用户的访问权限。

3）无线使用控制

【标准要求】

第一级和第二级安全要求如下：

a）应对所有参与无线通信的用户（人员、软件进程或者设备）提供唯一性标识和鉴别；

b）应对所有参与无线通信的用户（人员、软件进程或者设备）进行授权以及执行使用进行限制。

【解读和说明】

第一级安全要求和第二级安全要求在条款 b）上存在差别。在第一级安全要求中，条款 b）应对无线连接的授权、监视及执行使用进行限制。

为防止无线通信内容被篡改和通信被假冒，对参与无线通信的用户进行标识、鉴别、授权和执行使用限制，保证工业控制系统的无线使用安全。

【相关安全产品或服务】

无线准入设备、无线通信网关、无线路由器。

【安全建设要点及案例】

该控制点对工业控制系统各个功能层级的适用情况如表 4-18 所示。

表 4-18　无线使用控制适用情况

控制点	功能层级				
	企业资源层	生产管理层	过程监控层	现场控制层	现场设备层
无线使用控制	适用	适用	适用	适用	不适用

无线通信网络是一个开放性网络，无线通信中需要进行身份鉴别。在借助运营商（无线）网络的组网中，需要对通信端（通信应用设备或通信网络设备）建立基于用户的标识（用户名、证书等），标识具有唯一性且支持对设备属性进行鉴别。在工业现场自建无线（WiFi、WirelessHART、ISA100.11a、WIA-PA）网络中，通信网络设备应在组网过程中具备唯一标识，且支持对设备属性进行鉴别。

无线通信中的应用设备或网络设备需要支持对无线通信策略进行授权，非授权设备或应用不能接入无线网络，非授权功能不能在无线通信网络中执行响应动作，同时，该控制点对授权用户的执行使用权限进行策略控制。

4.2.4　安全计算环境

1. 安全通用要求

1）身份鉴别

【标准要求】

第一级和第二级安全要求如下：

　　a）应对登录的用户进行身份标识和鉴别，身份标识具有唯一性，身份鉴别信息具有复杂度要求并定期更换；

　　b）应具有登录失败处理功能，应配置并启用结束会话、限制非法登录次数和当登录连接超时自动退出等相关措施；

　　c）当进行远程管理时，应采取必要措施防止鉴别信息在网络传输过程中被窃听。

【解读和说明】

　　身份鉴别是工业软件系统、工业应用服务器和工作站终端以及计算机网络系统中确认操作者身份的过程。为确保安全，确定用户是否具有对某种资源（包括操作系统和数据库系统等）的访问和使用权限，需要对登录的用户进行身份标识和鉴别，对身份鉴别信息的复杂度和长度进行限制并定期更换。这样可以有效降低系统被暴力破解或撞库成功的概率，进而使计算机和网络系统的访问策略能够可靠、有效地执行，防止攻击者假冒合法用户获得操作系统日志、SCADA 监控数据、数据库实时数据等资源的访问权限，既保证了用户身份标识和鉴别的唯一性，也保证了系统和数据的安全以及授权访问者的合法利益。工业业务应用系统（工业软件系统）、工业应用服务器和工作站终端等设置口令的复杂度至少为字母+数字+特殊符号组合，并在不影响生产运行的情况下定期进行口令更新。

　　对于在工业控制系统、工业应用服务器和工作站终端以及计算机网络系统中登录的用户，为确保用户身份是可信的，应对登录操作系统、应用程序失败的用户启用结束会话、限制非法登录次数等措施。

　　用户登录失败次数超过最大限制次数和连接超时自动退出的措施可应用于企业资源层工业应用服务器、工作站终端等操作系统账号登录、数据库用户登录等场景，以避免未确认身份的用户进行重复性非法登录操作，影响计算环境安全。对于生产管理层、过程监控层而言，需要对生产过程进行实时监控，因此，监控软件的登录账号需要始终保持登录在线状态。由于此种场景下无法对监控软件的登录账号采取登录连接超时自动退出的安全措施，可以增加安全声明，并通过管理措施对该场景进行管控。

　　在工业应用服务器和工作站终端以及计算机网络系统以远程管理方式进行用户登录的过程中，应采取传输信息加密的方式确保鉴别信息的保密性。

【相关安全产品或服务】

　　安全基线管理系统、加密机、CA 认证系统、身份验证服务器产品。

【安全建设要点及案例】

采用主机安全基线管理系统对服务器和终端进行安全基准扫描可快速判断身份鉴别的安全配置是否合规。

采用加密机防止鉴别信息在网络传输过程中被窃听。

以下对身份鉴别场景进行详细介绍。

（1）身份鉴别合规检查场景

主机安全基线管理系统可根据工业应用服务器和工作站终端及计算机网络系统类型、业务、数据库、账号、中间件等多项配置，通过预设的模板进行安全合规判断，对存在的风险点进行统计并展示，能够对身份验证、口令复杂度、认证失败次数、口令使用天数、账号锁定时间等多个合规项进行检测，帮助企业实现身份鉴别要求。

（2）加密防窃听场景

当控制系统使用不安全或未加密的信息传输方式和协议进行远程管理时，可以使用加密机进行加固。加密机支持对传输信息进行加密认证，并支持多种认证方式，如静态用户名+口令、数字证书、短信、硬件特征码绑定、图形码、人脸识别认证等。口令或证书认证加密策略示例、证书认证加密示例、加密算法示例如图4-8、图4-9和图4-10所示。

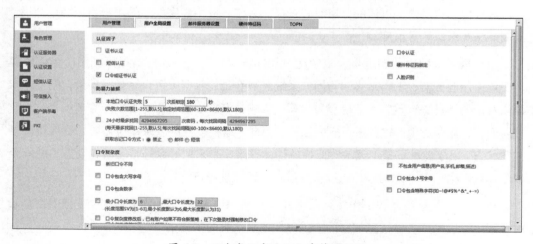

图 4-8　口令或证书认证加密策略示例

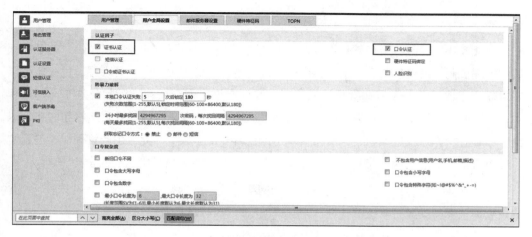

图 4-9　证书认证加密示例

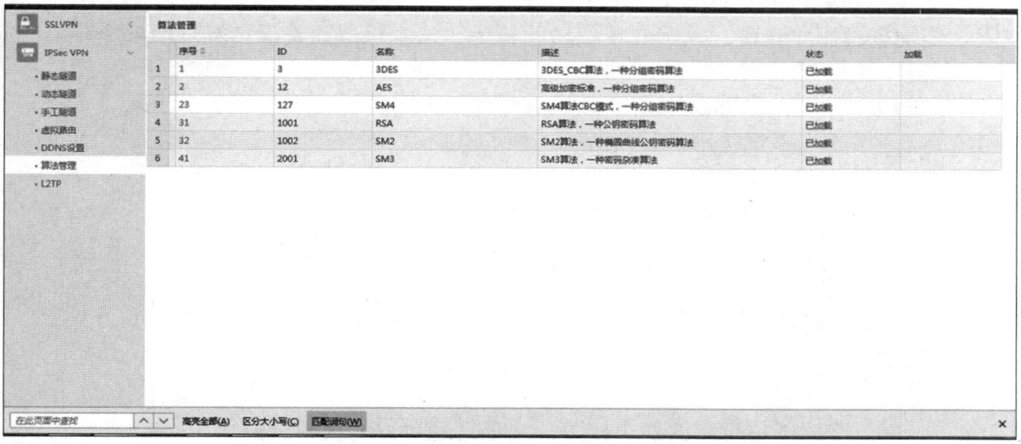

图 4-10　加密算法示例

该控制点对工业控制系统各个功能层级的适用情况如表 4-19 所示。

表 4-19　身份鉴别适用情况

控制点	功能层级				
	企业资源层	生产管理层	过程监控层	现场控制层	现场设备层
身份鉴别	适用	部分适用	部分适用	部分适用	不适用

集成商进行业务应用软件设计时，应考虑业务应用系统在用户名+口令的基础上进一步实现通过密码技术对登录用户的身份进行鉴别的问题，同时应避免业务应用系统的弱口

令问题。

集成商在进行业务应用软件设计时，还应充分考虑用户权限的控制以及用户登录失败后的处理机制。由于生产运行中可能出现危及设备安全的情况，生产管理层、过程监控层通常需要采取紧急停车等非常规性操作以保障生产设备安全。在进行紧急停车操作过程中，如果因为操作用户登录失败而被强制结束会话、限制登录次数或登录连接超时自动退出，势必对操作过程造成阻碍，从而引发生产设备安全事故。因此，生产管理层、过程监控层应该依据工业控制系统自身业务需求，考虑是否需要满足身份鉴别安全要求。

企业在业务运营期间不可通过不可控的网络环境进行远程管理，以防轻易被监听，并防止数据被泄露甚至被篡改。

企业资源层、生产管理层中构成计算环境的主体为服务器、工程师站、操作员站等主机设备，主机设备的用户登录、远程管理需要严格遵守身份鉴别安全要求，合理分配用户权限、鉴别登录用户身份、杜绝非授权访问行为，从主机层面确保计算环境安全。

2）访问控制

【标准要求】

第一级和第二级安全要求如下：

a）应对登录的用户分配账号和权限；

b）应重命名或删除默认账号，修改默认账号的默认口令；

c）应及时删除或停用多余的、过期的账号，避免共享账号的存在；

d）应授予管理用户所需的最小权限，实现管理用户的权限分离。

【解读和说明】

默认账号通常是具备一定权限的管理账号，必须要对默认账号重命名并修改默认口令，不可以使用系统默认名和默认口令。要及时删除多余、无效、长期不用的账号，建议定时（每周、每月、每季度等）对无用账号进行清理。不能存在共享用户即一个账号多人或多部门使用的情况，因为这样不便于审计，在出现事故时无法准确定位故障点，不能进行追责。针对不同用户的操作权限，应该根据其所需的操作提供最小的权限范围。

【相关安全产品或服务】

工控主机卫士系统、安全基线管理系统等提供访问控制功能的软件系统或相关安全组件、安全基线核查服务。

【安全建设要点及案例】

工业控制相关系统应为用户分配账号和权限，并配置相关设置情况；应为系统账号重新注册或者删除默认账号，如果无法删除默认账号，则必须对默认账号的口令进行更改；应查询并删除多余、过期的账号，防止出现共享账号的存在；应禁用或限制匿名、默认账号的访问权限，实现管理员用户和普通用户的权限分离。

该控制点对工业控制系统各个功能层级的适用情况如表 4-20 所示。

表 4-20　访问控制适用情况

控制点	功能层级				
	企业资源层	生产管理层	过程监控层	现场控制层	现场设备层
访问控制	适用	适用	适用	适用	不适用

企业或集成商在进行系统配置时，应为用户分配账号和权限，删除或重命名默认账号及默认口令，删除过期、多余和共享的账号。

3）安全审计

【标准要求】

第一级和第二级安全要求如下：

a）应启用安全审计功能，审计覆盖到每个用户，对重要的用户行为和重要安全事件进行审计；

b）审计记录应包括事件的日期和时间、用户、事件类型、事件是否成功及其他与审计相关的信息；

c）应对审计记录进行保护，定期备份，避免受到未预期的删除、修改或覆盖等。

【解读和说明】

对用户进行安全审计的主要安全目标是保持对系统用户行为的跟踪，以便事后追溯分析。应关注用户操作日志和行为信息的安全审计，审计覆盖范围应覆盖工作站、服务器、控制器等每个系统资源相关用户。对用户登录信息进行审计，能够及时准确地了解和判断安全事件的起因和性质。

非法用户进入系统后往往会清除系统日志和审计日志，而这些日志记录了入侵事件的关键信息，因此必须对审计记录提供有效的安全保护措施。

　　通常采用具备主机日志审计功能的系统对用户登录主机的信息进行审计记录，采用具备操作系统日志、应用程序日志审计功能的系统对操作系统用户信息、事件的日期和时间、事件类型、事件是否成功及其他与审计相关的信息进行审计记录。

　　【相关安全产品或服务】

　　工业监控系统、内网安全管理系统、数据库审计、日志审计、网络审计系统、安全管理平台、工控主机卫士系统。

　　【安全建设要点及案例】

　　（1）工业软件系统的安全审计功能

　　工业软件系统（包括工业监控软件、工控组态软件、SCADA 软件等）提供了系统启动退出、组态更新、固件下载等系统事件和报警记录管理功能，记录运行过程中发生的全部事件，按事件发生的时间顺序存放。日志可按不同的方式分别显示，包括实时显示和历史显示。日志可以方便地按不同的要素进行查询和排序，可以按工程师要求打印。组态下载日志示例如图 4-11 所示。

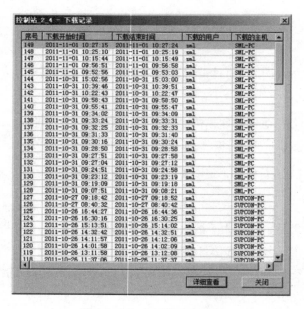

图 4-11　组态下载日志示例

（2）工控主机卫士系统

工控主机卫士系统记录用户的操作，可按时间、用户、类型（账号、工作模式、白名单、外设、业务防护）进行查询并可设置最大显示条目；显示内容包括时间、用户角色、用户名、操作、类型、对象、细情、结果等。用户登录审计示例如图 4-12 所示，安全事件审计示例如图 4-13 所示。

时间	使用人	事件类型	详细信息
2018-07-10 12:21:12	ADMIN	管理员操作	登录成功
2018-07-10 11:24:27	ADMIN	安全配置	检测无软件狗，退出登录
2018-07-10 11:09:44	ADMIN	安全配置	USB防护启动
2018-07-10 11:09:30	ADMIN	管理员操作	登录成功
2018-07-10 11:06:18	ADMIN	管理员操作	注销登录
2018-07-10 11:06:08	ADMIN	管理员操作	登录成功
2018-07-10 11:05:56	ADMIN	安全配置	USB防护停止
2018-07-10 11:05:56	ADMIN	安全配置	白名单防护停止
2018-07-10 09:13:29	ADMIN	管理员操作	修改密码失败三次，锁定十分钟

图 4-12　用户登录审计示例

时间	报警次数	类型	路径	父进程	详细	公司名	产品名	版本
2018-07-13 10:01:58 -- 2018-07-13 10:06:58	2	白名单拦截	G:\Program Files\foxmail\Foxmail.exe	C:\Windows\explorer.exe				
2018-07-13 10:01:55 -- 2018-07-13 10:06:55	2	白名单拦截	E:\05 资料开发工具\HyperSnap_63002绿色版本\USTxtCap64.dll	PPID: 3436				
2018-07-13 10:01:51 -- 2018-07-13 10:06:51	2	白名单拦截	E:\05 资料开发工具\HyperSnap_63002绿色版本\HyperSnap_63002绿色版本	PPID: 7744				
2018-07-13 10:00:50 -- 2018-07-13 10:05:50	2	白名单拦截	E:\everything\Everything.exe	C:\Windows\explorer.exe				
2018-07-13 10:00:39 -- 2018-07-13 10:05:39	5	白名单拦截	E:\05 资料开发工具\HyperSnap_63002绿色版本\HyperSnap_63002绿色版本	C:\Users\YANYIN~1.RD\AppData\Local\{07FBAAD8-53C3-4442-9851-97EO···				
2018-07-13 10:00:36 -- 2018-07-13 10:05:36	6	白名单拦截	C:\Users\yanyinfang.RD\AppData\Local\Temp\{07FBAAD8-53C3-4442-9851-97E07E39FD41}\dotnetinstaller.exe	C:\Program Files (x86)\360\360Safe\360EntClient.exe				
2018-07-13 10:00:21 -- 2018-07-13 10:05:21	2	白名单拦截	E:\05 资料开发工具\HyperSnap_63002绿色版本\USTxtCap64.dll	PPID: 3276				
2018-07-13 10:00:18 -- 2018-07-13 10:05:18	3	白名单拦截	E:\05 资料开发工具\HyperSnap_63002绿色版本	PPID: 7448				
2018-07-13 09:59:41 -- 2018-07-13 10:04:41	6	白名单拦截	C:\Users\yanyinfang.RD\AppData\Local\Temp\{BB1F7EA6-1C12-4CC1-93CF-7C441F569A20}\dotnetinstaller.exe	C:\Program Files (x86)\360\360Safe\360EntClient.exe				
2018-07-13 09:59:41 -- 2018-07-13 10:04:41	5	白名单拦截	E:\05 资料开发工具\HyperSnap_63002绿色版本\USTxtCap64.dll	C:\Users\YANYIN~1.RD\AppData\Local\Temp\{BB1F7EA6-1C12-4CC1-93CF-7C441···				

图 4-13　安全事件审计示例

（3）日志审计系统

日志审计系统支持日志备份功能，支持本地备份和 FTP 备份，支持自动备份和手动备份。日志备份策略配置示例如图 4-14 所示。

日志审计系统支持内置系统运行相关告警规则，包括检测到新日志源、节点掉线、主动日志源长期不外发日志、存储上限告警、主机认证失败等，可启用/禁用规则。日志审计告警策略示例如图 4-15 所示。

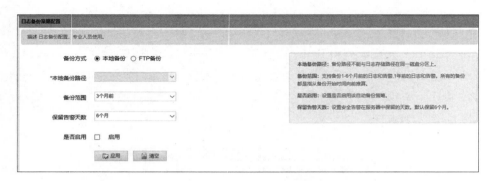

图 4-14　日志备份策略配置示例

图 4-15　日志审计告警策略示例

日志审计系统支持为日志源指定类型、名称、IP 地址、收集节点、收集方式以及日志源启停状态等属性信息。

该控制点对工业控制系统各个功能层级的适用情况如表 4-21 所示。

表 4-21　安全审计适用情况

控制点	功能层级				
	企业资源层	生产管理层	过程监控层	现场控制层	现场设备层
安全审计	适用	适用	适用	适用	不适用

工控系统中计算资源主要集中在企业资源层、生产管理层、过程监控层和现场控制层，这四个层级存在不同权限的登录账号和操作权限，应对每个用户的行为和重要安全事件进行审计，记录事件的日期和时间、用户、事件类型、事件是否成功及其他与审计相关的信

息，并对审计记录进行备份和留存。

现场设备层一般不包括直接参与数据计算的设备，而仅起到采集生产数据并采用 4mA～20mA 模拟信号方式或工业专有协议规范上传数据的作用。现场设备层执行的是来自现场控制层或过程监控层下发的操作指令，这些操作指令可以通过对操作员站、工程师站用户行为进行审计记录实现安全审计功能。而且由于工业生产实时性的特点，这些操作指令的下发非常频繁，对于操作结果的反馈也具有实时性要求，基于以上原因，安全审计要求不适用于现场设备层。

4）入侵防范

【标准要求】

第一级和第二级安全要求如下：

a）应遵循最小安装的原则，仅安装需要的组件和应用程序；

b）应关闭不需要的系统服务、默认共享和高危端口；

c）应通过设定终端接入方式或网络地址范围对通过网络进行管理的管理终端进行限制；

d）应提供数据有效性检验功能，保证通过人机接口输入或通过通信接口输入的内容符合系统设定要求；

e）应能发现可能存在的已知漏洞，并在经过充分测试评估后，及时修补漏洞。

【解读和说明】

工控系统计算环境入侵防范的主要安全目标是防止 OPC 服务器等工业应用服务器、操作员站等终端设备、PLC 控制器和其他网络系统计算资源因自身存在的操作系统漏洞、应用程序后门、系统服务、默认端口等安全风险遭受外来非法入侵，从而导致生产数据被破坏、操作系统崩溃、设备宕机、损坏甚至危及人身安全等安全事件的发生。

条款 a）、条款 b）、条款 c）解读如下：承载系统的主机安装操作系统时应遵循最小化原则，尽量减少风险；主机及应用系统的不必要服务、默认共享和高危端口要全部关闭；应对应用系统的后台以及所承载的主机登录做限制。

条款 d）的数据有效性校验功能针对的主要是输入的内容有效性检查，要做好过滤和转义，防止 SQL 注入和 XSS、URL 注入攻击，应遵循安全领域里的外部数据不可信任原则。

条款 e）采用脆弱性扫描手段对服务器、终端等设备进行脆弱性检测，以发现工控系统中的已知漏洞。已发现的漏洞需要经过搭建测试验证环境，对漏洞引发的安全风险、漏洞修补措施等进行充分测试验证评估后，在不影响工控系统生产业务的情况下（一般为停产检修期间），对漏洞进行及时修补。

【相关安全产品或服务】

工控主机卫士系统、工控漏洞扫描系统、终端威胁防御系统、入侵防御系统、IDS 等提供入侵防范功能的软件系统或相关安全组件。

【安全建设要点及案例】

（1）应用程序防护策略场景

工控主机卫士系统支持拦截白名单以外的进程启动、拦截白名单外镜像加载，支持例外设置，可填写放行目标路径。

（2）端口禁用策略场景

工控主机卫士系统支持对工作站外设（如光驱、打印机、调制解调器、网络适配器、图形图像设备、通信端口、红外设备、蓝牙设备、1394 控制器、PCMCIA 卡、便捷设备、USB 设备）进行控制，通过策略对外设的使用进行限制。

（3）工控漏洞扫描场景

工控漏洞扫描系统扫描信息包括主机信息、用户信息、服务信息、漏洞信息等内容。工控漏洞扫描策略示例如图 4-16 所示。

图 4-16　工控漏洞扫描策略示例

该控制点对工业控制系统各个功能层级的适用情况如表 4-22 所示。

表 4-22　入侵防范适用情况

控制点	功能层级				
	企业资源层	生产管理层	过程监控层	现场控制层	现场设备层
入侵防范	适用	适用	适用	适用	不适用

企业或集成商在进行系统安装时，应遵循最小安装原则，仅安装业务应用程序及相关的组件。

企业或集成商进行应用软件开发时，需要考虑应用软件本身对数据的符合性进行检验，确保通过人机接口或通信接口收到的数据内容符合系统应用的要求。

企业或集成商在选择主机安全防护软件时，除了要考虑主机安全防护软件的安全功能，还要考虑与实际业务场景结合的问题，从而有效地帮助业主解决实际问题。主机安全防护软件应可以通过最简单的配置来满足等级保护的要求。

解决安全漏洞最直接的办法是更新补丁，但是对于工业控制系统而言，更新补丁的动作越谨慎越好，以避免由于更新补丁而影响生产业务。该条款需要企业委托第三方工控安全厂商对系统进行漏洞扫描，发现可能存在的已知漏洞，根据不同的风险等级形成报告；根据报告，企业或集成商在离线环境下进行测试评估，无误后对漏洞进行修补。

现场设备层与现场控制层之间使用总线或硬接线等连接，现场设备层不会直接遭受外来攻击威胁或黑客入侵，其安全风险几乎都是由于其他层级引起的，如过程监控层操作系统漏洞、上位机应用软件数据被恶意篡改等，因此现场设备层不适用于部署入侵防范手段。

5）恶意代码防范

【标准要求】

第一级和第二级安全要求如下：

应安装防恶意代码软件或配置具有相应功能的软件，并定期进行更新和升级恶意代码库。

【解读和说明】

服务器和终端操作系统时刻遭受主机病毒威胁、木马和蠕虫泛滥，防范恶意代码的破坏尤为重要，应安装防恶意代码软件或配置具有相应功能的软件。同时，要做好主机层面的恶意代码防护工作，安装必要的杀毒软件或杀毒模块，定期（或在不影响正常生产的情况下）更新和升级恶意代码库/病毒库。

【相关安全产品或服务】

防病毒网关、杀毒软件、白名单软件、Web 安全防护系统等提供恶意代码防范功能的软件系统或相关安全组件。

【安全建设要点及案例】

（1）白名单防护策略

工控主机卫士系统支持拦截白名单以外的进程启动、拦截白名单外镜像加载，支持例外设置，可填写放行目标路径。白名单防护策略示例如图 4-17 所示。

图 4-17　白名单防护策略示例

（2）病毒查杀场景

终端威胁防御系统的扫描引擎应用了多种扫描技术，并根据待扫描对象的类型配置相应的扫描策略，对木马、蠕虫、勒索、恶意程序、垃圾广告等病毒进行查杀。

该控制点对工业控制系统各个功能层级的适用情况如表 4-23 所示。

表 4-23　恶意代码防范适用情况

控制点	功能层级				
	企业资源层	生产管理层	过程监控层	现场控制层	现场设备层
恶意代码防范	适用	适用	适用	适用	不适用

现场设备层与现场控制层之间通常使用总线或硬接线连接，一般不存在标准以太网环境，所以现场设备层不会直接感染恶意代码或运行恶意代码程序。

受制于工业现场环境，工业现场恶意代码防范一直是一个比较难以解决的问题。杀毒软件很难在工业环境内发挥正常作用，经常发生误杀、漏杀、占用资源、无法升级等问题，因此在工业场景中推荐采用白名单机制的安全防护软件。

6）可信验证

【标准要求】

第一级和第二级安全要求如下：

可基于可信根对计算设备的系统引导程序、系统程序、重要配置参数和应用程序等进行可信验证，并在检测到其可信性受到破坏后进行报警，并将验证结果形成审计记录送至安全管理中心。

【解读和说明】

可信验证是基于可信根，构建可信链，一级度量一级，一级信任一级，把信任关系扩大到整个计算节点，从而保证计算节点可信的过程。

可信根内部有密码算法引擎、可信裁决逻辑、可信存储寄存器等部件，可向节点提供可信度量、可信存储、可信报告等可信功能，是节点信任链的起点。可信固件内嵌在 BIOS 之中，用来验证操作系统引导程序的可信性。可信基础软件由基本信任基、可信支撑机制、可信基准库和主动监控机制组成。基本信任基内嵌在引导程序之中，在节点启动时从 BIOS 中监控控制权，验证操作系统内核的可信性。可信支撑机制向应用程序传递可信硬件和可信基础软件的可信支撑功能，并将可信管理信息传送给可信基础软件。可信基准库存放节点各对象的可信基准值和预定控制策略。度量机制依据可信基础库度量可信基础软件、安全机制和监测行为，确定其可信状态。可信判定机制依据度量结果和预设策略确定当前的安全应对措施，并调用不同的安全机制实施这些措施。

【相关安全产品或服务】

可信 PLC、可信 DCS、可信防火墙等。

【安全建设要点及案例】

可信计算 3.0 的主体思想是指计算运算的同时进行安全防护，计算全程可测可控，不被干扰，只有这样才能使计算结果总是与预期一样。这种主动免疫的计算模式采用了一种安全可信策略管控下的运算和防护并存的主动免疫的新计算节点体系结构，以密码为基因实施身份识别、状态度量、保密存储等功能，及时识别"自己"和"非己"成分，从而破坏与排斥进入机体的有害物质，相当于为网络信息系统培育了免疫能力。

基于可信计算 3.0 的双体系架构具有计算部件和防护部件两部分，其中防护部件是一个逻辑上可以独立的可信子系统，通过这个可信子系统，以主动的方式向宿主系统提供可信支撑功能。可信计算 3.0 支持访问控制机制，基于可信密码模块（TCM）为系统提供密码功能；基于 TPCM 和可信链，为系统任务控制块（TCB）提供防篡改等功能。防护部件提供静态和动态两种度量方式。

在工业控制系统安全性方面，工业控制系统将主控模块、可信计算模块集成在工业控制系统上，可信度量根（CRTM）作为一段可信的程序固件集成在主控模块内部。可信根用来存储被度量的初始软硬件，由于 BIOS 固化在 CPU 中无法对其进行度量，需要将初始化的操作系统核心文件作为可信度量根。密钥引擎将可信根转化为 128bit 无规律序列，采用符合规范的密码算法，从而产生无序加密密文。度量值用来存储密钥引擎输出的 128bit 密文，事件描述记录当次度量者信息、被度量者信息、产生的度量值、标准度量值、度量结果、度量时间等。度量库存储固件的标准度量值用 PCR 表示。计算引擎负责计算比较度量值与度量库中的标准度量值，并将比较结果存入度量结果区与事件描述区。

当工业控制系统启动时，将对自身的软件系统进行系列可信度量。首先，可信度量根拥有主控模块的控制权，将对 BIOS 固件进行散列计算，写入可信计算模块的 PCR 配置寄存器中，并产生相应的 SML，保存在 FLASH 存储器中。然后，对当前计算的度量值与历史产生的 SML 值进行比较，若保持一致，则将主控模块控制权交于 BIOS。依此类推，主控模块在完成自身设备安全验证后，开始进行正常的业务内容。

该控制点对工业控制系统各个功能层级的适用情况如表 4-24 所示。

表 4-24　可信验证适用情况

控制点	功能层级				
	企业资源层	生产管理层	过程监控层	现场控制层	现场设备层
可信验证	适用	适用	适用	适用	不适用

选用支持可信的工业主机和工控设备，支持可信启动，在启动阶段对固件程序进行可信验证。

7）数据完整性

【标准要求】

第一级和第二级安全要求如下：

应采用校验技术保证重要数据在传输过程中的完整性。

【解读和说明】

数据完整性是指重要数据在传输过程中，应采用校验技术确保数据不被未授权用户非法篡改或在被篡改后能够迅速识别，以保证其完整性。重要数据包括但不限于鉴别数据、重要业务数据、重要审计数据、重要配置数据、重要视频数据和重要个人信息等。

SCADA、DCS、PLC 系统、SIS 等工控系统软件，在满足正常功能要求的基础上，应采用校验技术在传输过程中保护数据完整性。

【相关安全产品或服务】

安全可信 PLC、安全可信 DCS、安全可信 SCADA 的数据完整性保护功能。

【安全建设要点及案例】

该控制点对工业控制系统各个功能层级的适用情况如表 4-25 所示。

表 4-25　数据完整性适用情况

控制点	功能层级				
	企业资源层	生产管理层	过程监控层	现场控制层	现场设备层
数据完整性	适用	适用	适用	适用	不适用

工业现场大部分的场景对数据传输完整性的要求要高于对数据传输保密性的要求。对于系统集成商，可在应用中通过校验技术来保证传输数据的完整性。

8）数据备份恢复

【标准要求】

第一级和第二级安全要求如下：

a）应提供重要数据的本地数据备份与恢复功能；

b）应提供异地数据备份功能，利用通信网络将重要数据定时批量传送至备份场地。

【解读和说明】

工控系统生产数据和运行数据的重要程度不言而喻，因此必须做好生产业务系统、数据服务器数据的备份容灾。在进行数据备份时，必须根据实际需要配置备份策略。对重要的生产业务应用系统应采用本地容灾方式保障业务不中断，定时通过通信网络将相关的本地生产数据传输至备份场地进行数据备份，从而保证发生故障、损坏或者丢失的生产数据可及时恢复，不会对用户造成大的损失。

工控系统中的重要数据通常通过系统本地数据服务器进行备份，定时或间隔一段时间上传到总部或备份中心进行存储。

【相关安全产品或服务】

数据备份存储系统等提供数据备份恢复功能的软件系统或相关安全组件。

【安全建设要点及案例】

数据备份存储系统支持 Windows、Linux 及 UNIX 操作系统下的文件或数据库在线备份。

数据备份存储系统远程备份功能采用对等多主控模式，各主控能独立工作；支持断点续传、双向缓冲、流量控制、传输时间段限制、压缩、加密等有效的广域网数据备份技术，减少网络通信流量，提高数据传输的稳定性和高效性；可以实现一对一、一对多、多对一、多对多的远程备份容灾方式。

该控制点对工业控制系统各个功能层级的适用情况如表 4-26 所示。

表 4-26　数据备份恢复适用情况

控制点	功能层级				
	企业资源层	生产管理层	过程监控层	现场控制层	现场设备层
数据备份恢复	适用	适用	适用	适用	不适用

在工业控制系统中重要数据包括但不限于业务应用信息、组态信息、控制器程序、工作站配置信息等。

9）剩余信息保护

【标准要求】

第一级和第二级安全要求如下：

应保证鉴别信息所在的存储空间被释放或重新分配前得到完全清除。

【解读和说明】

本项要求主要针对主机和应用系统层面，不涉及网络和安全设备。鉴别信息是指用户身份鉴别的相关信息。鉴别信息的存储空间在再次分配前，应得到完整的释放。对于操作系统、内存和磁盘存储，可采取多次删除后覆盖的手段。对于应用系统，在设计时就应将这项功能集成在系统中。

SCADA、DCS、PLC 系统、SIS 等工控系统软件，在满足正常功能要求的基础上，处理鉴别信息时要特别注意剩余信息保护的问题，程序卸载重装时，需要处理好卸载残留问题。

【相关安全产品或服务】

SCADA、DCS、PLC 系统、SIS 等内建安全工控系统软件的剩余信息保护功能；主机基于操作系统本身的剩余信息保护功能。

【安全建设要点及案例】

工控系统软件在使用鉴别数据后，应及时将对应数据置零清空；在卸载时，需要清理注册表、配置数据、残留数据等信息；在重新安装时，需要重新设置注册表、添加配置数据，不应受上次安装残留文件影响。

典型应用场景如自主可信 PLC 及安全可信 DCS，在监控层的服务器上通常存有鉴别信息，对这些数据进行更新或对相应存储空间重新分配时，需要考虑剩余信息保护问题。可信系统剩余信息保护示例如图 4-18 所示。

该控制点对工业控制系统各个功能层级的适用情况如表 4-27 所示。

表 4-27 剩余信息保护适用情况

控制点	功能层级				
	企业资源层	生产管理层	过程监控层	现场控制层	现场设备层
剩余信息保护	适用	适用	适用	适用	部分适用

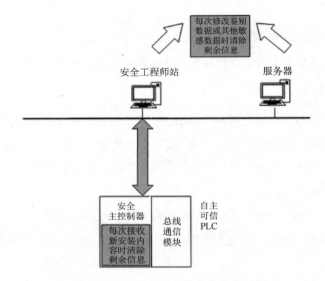

图 4-18 可信系统剩余信息保护示例

工控系统中的鉴别信息存储设备主要集中在企业资源层、生产管理层、过程监控层，数据信息存储的载体主要为服务器、终端等设备。现场设备层中存储的数据大多为实时生产数据和设备运行参数，不涉及工艺参数、鉴别信息和敏感信息的存储，只有部分智能仪表设备等适用于剩余信息保护安全要求。

10）个人信息保护

【标准要求】

第一级和第二级安全要求如下：

a）应仅采集和保存业务必需的用户个人信息；

b）应禁止未授权访问和非法使用用户个人信息。

【解读和说明】

个人信息的保护应根据不同的个人信息使用场景采取不同的管控措施。在数据生命周期的不同阶段以及数据所处的不同状态，数据面临的安全风险及需要实现的安全目标都会有所不同。同时，在不同状态下与数据相关的系统元素（主体、应用、存储、网络）也会有所不同。所以，需要采用不同的安全机制和技术，对可能存在的安全风险进行控制。能够采用的安全机制包括认证、授权、控制、加密和审计，实施的对象包括人员、设备、应用和网络。

个人信息保护应该提供全生命周期的安全防护保障，保证个人信息在环境中的安全性，保证个人信息不会被泄露、不会被篡改，或者尽量将数据泄露、数据篡改的风险降到最低。

通常采用具备存储数据防护功能的系统进行服务器、工作站等计算资源中存储数据的个人信息安全防护。

【相关安全产品或服务】

应用系统个人信息采集及保护功能、终端数据防泄露系统、网络数据防泄露系统等提供个人信息保护功能的软件系统或相关安全组件。

【安全建设要点及案例】

考虑到对双因素认证的需求，除了采用用户口令，通常还需要配合用户证书，或者配合验证码、移动 UKey、生物技术（指纹识别、虹膜识别等）来实现。目前指纹识别技术已经在工控领域得到应用，技术相对成熟，但是指纹属于关键的用户个人信息，对用户指纹的采集、传输、存储、使用和销毁必须有严格的管理流程和技术保护措施，如必须在用户充分知情的情况下采集和使用用户指纹，采用加密方式传输和存储指纹信息，在严格规定的范围内使用指纹信息，并可根据用户的需求彻底删除指纹信息。

（1）终端数据防护场景

终端数据防泄露系统支持对终端中使用的数据进行深度内容分析，是监控单位敏感数据泄露和发现敏感信息隐患存储的数据安全保护系统。通过定位准确判定计算机终端的敏感数据，再对敏感数据在终端的使用行为及存储行为进行监控，达到终端敏感数据保护的效果。终端数据防泄露部署实例如图 4-19 所示。

终端数据防泄露系统由管理服务端和客户端两部分组成，采用 C/S 的部署方式，并提供管理员 B/S 管理中心，在系统部署时主要分两部分进行。

在企业服务器区域中部署安装管理服务端程序与数据库服务器，管理员通过管理中心访问管理服务器，可实现策略定制下发、事件日志查看等功能。

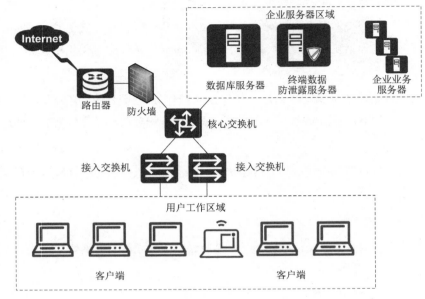

图 4-19　终端数据防泄露部署示例

客户端则以代理 Agent 的形式部署安装在用户工作区域各办公计算机当中，客户端负责终端的扫描检测、内容识别、外发监控、事件上报等功能的应用。

（2）网络数据防护应用场景

网络数据防泄露系统支持文档指纹方式精确识别敏感内容，指纹提取支持本地和远程两种方式提取。通过对各类网络传输的文件中的图片进行识别，鉴别出可能存在的指纹图片，保证作为个人信息的指纹不会泄露。

该控制点对工业控制系统各个功能层级的适用情况如表 4-28 所示。

表 4-28　个人信息防护适用情况

控制点	功能层级				
	企业资源层	生产管理层	过程监控层	现场控制层	现场设备层
个人信息保护	适用	适用	适用	不适用	不适用

工业控制系统中的个人信息采集、存储和使用主要集中在企业资源层、生产管理层、过程监控层，载体主要为服务器、终端等设备。现场控制层、现场设备层中存储的数据均

为生产数据和工艺参数，不涉及用户个人信息的存储，因此现场控制层、现场设备层不适用于个人信息保护安全要求。

2. 安全扩展要求

1）控制设备安全

【标准要求】

第一级和第二级安全要求如下：

a）控制设备自身应实现相应级别安全通用要求提出的身份鉴别、访问控制和安全审计等安全要求，如受条件限制控制设备无法实现上述要求，应由其上位控制或管理设备实现同等功能或通过管理手段控制；

b）应在经过充分测试评估后，在不影响系统安全稳定运行的情况下对控制设备进行补丁更新、固件更新等工作。

【解读和说明】

企业资源层、生产管理层不适用于安全扩展要求的防护范围。保证计算环境控制设备安全的主要目标是采取技术或管理措施确保控制设备自身是安全可控的。

控制设备在组态下载、运行参数上送、联机调试和固件更新等场景中，应先对主体的身份进行鉴别，核实访问权限，并记录所有正确和失败的操作行为。考虑到现场设备层、现场控制层通常采用嵌入式控制设备，资源和性能条件受限，自身无法满足身份鉴别、访问控制和安全审计等安全功能，可通过与其相连的上位机（如工程师站、操作员站）来实现相应的工业安全控制功能。

连续性是工业生产的基本要求，因此，无论是生产设备，还是设备的控制系统，都需要长期连续运行，很难做到及时更新补丁。在对控制设备进行补丁更新、固件更新时，需要先行对控制系统进行充分的验证、兼容性测试和评估，然后在停产维修阶段对系统进行更新升级，保障控制系统的可用性。

【相关安全产品或服务】

工控主机卫士、安全组态软件、工业控制设备升级工具、工业控制设备安全检测工具（如工控漏扫）等提供控制设备安全功能的软件系统或相关安全组件。

【安全建设要点及案例】

（1）控制设备身份鉴别、访问控制和安全审计

控制设备在组态下载、运行参数上送、联机调试和固件更新等场景中，应先对主体的身份进行鉴别，核实访问权限，并记录所有正确和失败的操作行为。

以组态下载为例，选择控制站，选择菜单命令"编辑/在线下载"或者从其右键快捷菜单中选择"在线下载"，系统将弹出"联机密码"对话框，输入联机密码。

（2）安全组态软件—权限组态

通过工业控制系统的上位机组态软件环境支持对不同访问用户进行权限分配，并依据权限最小化原则对不同的用户分配其业务所需的最小权限，可以实现对用户的权限控制功能。操作员权限组态示例如图 4-20 所示。

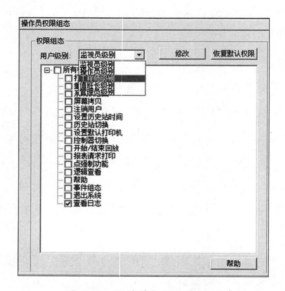

图 4-20　操作员权限组态示例

（3）安全组态软件—用户组态

通过工业控制系统的上位机组态软件环境支持对控制系统用户配置相对应的身份鉴别机制，可以实现对工业控制系统用户的身份鉴别功能。操作员用户组态示例如图 4-21 所示。

图 4-21　操作员用户组态示例

该控制点对工业控制系统各个功能层级的适用情况如表 4-29 所示。

表 4-29　控制设备安全适用情况

控制点	功能层级				
	企业资源层	生产管理层	过程监控层	现场控制层	现场设备层
控制设备安全	不适用	不适用	适用	适用	不适用

　　工业控制系统中的现场设备层主要传输生产数据和执行现场控制层下发的操作指令，其上传数据和接收指令的通道是固定不变的。对于现场设备层控制设备而言，其自身无法应用身份鉴别、访问控制、安全审计策略。同时，由于现场设备层的控制设备涵盖不同厂家、品牌、型号，且控制设备本身的 USB 接口、串行口或多余网口等多为生产厂家标准配置，所以，只能通过管理手段对其进行管控，而无法通过技术手段管控。

　　现场设备层控制设备具有多样性，其补丁更新、固件更新和上线前检测等安全要求同样存在较难落地的情况，因此，对现场设备层控制设备补丁更新、固件更新和上线前检测通常不做强制性要求。

　　企业资源层和生产管理层中的服务器、工作站等计算资源与 IT 系统功能和构成环境几乎一样，因此，企业资源层和生产管理层不适用于工控系统控制设备安全要求。

4.2.5　安全管理中心

1. 安全通用要求

1）系统管理

【标准要求】

第一级和第二级安全要求如下：

a）应对系统管理员进行身份鉴别，只允许其通过特定的命令或操作界面进行系统管理操作，并对这些操作进行审计；

b）应通过系统管理员对系统的资源和运行进行配置、控制和管理，包括用户身份、资源配置、系统加载和启动、系统运行的异常处理、数据和设备的备份与恢复等。

【解读和说明】

安全管理中心的系统应当存在系统管理员账号，同时对系统管理员账号的使用进行身份鉴别。安全产品或组件具备一种或多种身份鉴别方式。具有审计管理权限的用户可以对系统管理员的各类操作进行审计。

系统管理员可以对安全管理中心系统的资源、运行状况进行配置和管理，其功能包括但不限于用户身份配置管理、系统资源管理、系统加载和启动、系统运行异常处理、数据和设备的备份和恢复等。

【相关安全产品或服务】

提供系统管理功能的安全管理中心系统等，如工业安全管理平台、态势感知平台等提供安全数据统一存储分析、展示的平台或相关安全组件。

【安全建设要点及案例】

工业控制系统的安全管理中心建设中常采用工业安全管理平台，管理平台支持对工业控制系统安全产品（如工业入侵检测系统、工业控制系统专用防火墙、工控安全审计系统、主机安全卫士等）的安全策略和安全配置进行设置和检查，能获取安全审计日志信息，按照安全事件特征进行分析，发现并确认安全事件，并能进行报警响应处理。系统管理员账号使用 HTTPS 协议，以用户名+口令的方式登录工业安全管理平台。用户身份配置管理如图 4-22 所示。

图 4-22　用户身份配置管理

工业安全管理平台能对运行于工业控制系统中的安全产品进行统一管理,并建立设备清单。设备清单包括设备名称、设备类型、重要程度、所处位置和安全责任人等内容。不同产品的设备清单包括的内容可能不同。设备管理按安全产品划分,能够对工业控制系统安全产品的运行状态进行监测。

工业安全管理平台可以新增数据库服务器,对数据进行保护,定期备份,以避免数据受到未预期的删除、修改或覆盖等。

该控制点对工业控制系统各个功能层级的适用情况如表 4-30 所示。

表 4-30　系统管理适用情况

控制点	功能层级				
	企业资源层	生产管理层	过程监控层	现场控制层	现场设备层
系统管理	适用	适用	适用	不适用	不适用

依据 GB/T 22239—2019 "附录 G 工业控制系统应用场景说明" 中的 "表 G.1 各层次与等级保护基本要求的映射关系",安全管理中心一般部署于生产管理层、过程监控层中,不适用于现场控制层和现场设备层。

2)审计管理

【标准要求】

第一级和第二级安全要求如下:

a）应对审计管理员进行身份鉴别，只允许其通过特定的命令或操作界面进行安全审计操作，并对这些操作进行审计；

b）应通过审计管理员对审计记录进行分析，并根据分析结果进行处理，包括根据安全审计策略对审计记录进行存储、管理和查询等。

【解读和说明】

安全管理中心的系统应当设置审计管理员账号，同时对审计管理员账号的使用进行身份鉴别。安全产品或组件具备一种或多种身份鉴别方式。具有审计管理权限的用户可以对审计管理员的各类操作进行审计。对审计管理员的审计需要由另一个审计管理员进行。

审计管理员可以通过安全产品自身或额外的审计工具对审计记录进行分析，并根据分析结果进行处理，包括但不限于根据安全审计策略对审计记录进行存储、管理和查询等。

【相关安全产品或服务】

提供审计管理功能的安全管理中心系统等，如工业安全管理平台、态势感知平台等提供安全数据统一存储分析、展示的平台或相关安全组件。

【安全建设要点及案例】

工业控制系统的安全管理中心建设中常采用工业安全管理平台，管理平台支持对工业控制系统安全产品（如工业入侵检测系统、工业控制系统专用防火墙、工控安全审计系统、主机安全卫士等）的安全策略和安全配置进行设置和检查，能获取安全审计日志信息，按照安全事件特征进行分析，发现并确认安全事件，并能进行报警响应处理。

工业安全管理平台使用 HTTPS 进行通信，审计管理员账号通过用户名+口令和 UKey 认证方式进行双因素认证并登录工业安全管理平台。

工业安全管理平台的系统日志包括事件发生的日期、时间、用户标识、事件描述和结果、远程登录管理主机的地址。工业安全管理平台提供多条件查阅工具，对系统日志和收集的审计日志进行查询。

该控制点对工业控制系统各个功能层级的适用情况如表 4-31 所示。

表 4-31　审计管理适用情况

控制点	功能层级				
	企业资源层	生产管理层	过程监控层	现场控制层	现场设备层
审计管理	适用	适用	适用	不适用	不适用

　　依据 GB/T 22239—2019 "附录 G　工业控制系统应用场景说明"中的"表 G.1　各层次与等级保护基本要求的映射关系",安全管理中心一般部署于生产管理层、过程监控层中,不适用于现场控制层和现场设备层。

2. 安全扩展要求

　　工业控制系统"安全管理中心"没有安全扩展要求。

4.2.6　安全管理制度

　　工业控制系统"安全管理制度"的安全要求同通用要求部分的"安全管理制度"。

4.2.7　安全管理机构

　　工业控制系统"安全管理机构"的安全要求同通用要求部分的"安全管理机构"。

4.2.8　安全管理人员

　　工业控制系统"安全管理人员"的安全要求同通用要求部分的"安全管理人员"。

4.2.9　安全建设管理

1. 安全通用要求

　　工业控制系统"安全建设管理(通用)"的安全要求同通用要求部分的"安全建设管理"。

2. 安全扩展要求

　　1)产品采购和使用

【标准要求】

第一级和第二级安全要求如下:

工业控制系统重要设备应通过专业机构的安全性检测后方可采购使用。

【解读和说明】

工业企业在采购重要及关键控制系统或网络安全专用产品时,应该了解该产品是否已通过国家相关的认证标准，并且在相关专业机构进行了安全性检测（如中国电科院、国网电科院的电力工控产品测试服务等）。重要设备可参考国家互联网信息办公室会同工业和信息化部、公安部、国家认证认可监督管理委员会等部门制定的《网络关键设备和网络安全专用产品目录》。

【相关安全产品或服务】

安全咨询服务、安全测试服务。

【安全建设要点及案例】

工业控制系统安全扩展要求主要针对现场控制层和现场设备层提出特殊安全要求，其他层级使用安全通用要求条款，对工业控制系统的保护需要根据实际情况使用这些要求。

该控制点对工业控制系统各个功能层级的适用情况如表 4-32 所示。

表 4-32　产品采购和使用适用情况

控制点	功能层级				
	企业资源层	生产管理层	过程监控层	现场控制层	现场设备层
产品采购与使用	不适用	不适用	不适用	适用	适用

2）外包软件开发

【标准要求】

第一级和第二级安全要求如下：

应在外包开发合同中规定针对开发单位、供应商的约束条款，包括设备及系统在生命周期内有关保密、禁止关键技术扩散和设备行业专用等方面的内容。

【解读和说明】

工业企业在进行外包项目时，应该与外包公司及控制设备提供商签署保密协议或合同，以保证其不会将本项目重要建设过程及内容进行宣传及案例复用。这样做的目的是保障工业企业在建设时期的敏感信息、重要信息等内容不被泄露。

【相关安全产品或服务】

安全咨询服务。

【安全建设要点及案例】

工业控制系统安全扩展要求主要针对现场控制层和现场设备层提出特殊安全要求，其他层级使用安全通用要求条款，对工业控制系统的保护需要根据实际情况使用这些要求。

该控制点对工业控制系统各个功能层级的适用情况如表 4-33 所示。

表 4-33　外包软件开发适用情况

控制点	功能层级				
	企业资源层	生产管理层	过程监控层	现场控制层	现场设备层
外包软件开发	不适用	不适用	不适用	适用	适用

4.2.10　安全运维管理

工业控制系统"安全运维管理"的安全要求同通用要求部分的"安全运维管理"。

4.2.11　第二级以下工业控制系统安全整体解决方案示例

1. 烟草行业典型场景

烟草行业涉及烟叶种植加工、卷烟制造业、包装和辅料制造业、卷烟生产销售、烟草国际贸易等一系列经济活动，包含的产业价值链较长，涵盖的领域较广。工业控制系统的安全问题受到各行各业的普遍重视。聚焦于烟草行业，根据其自身的行业特点和信息化、工业控制系统信息化的特殊需要，通过业务流进行行为分析，可保障生产的高效性。烟草的网络拓扑主要以 PLC 为典型系统。

（1）制丝车间主要工序：预处理的叶片经定量控制，再经金属探测、筛分、切丝、叶丝增温增湿、滚筒烘丝，然后进入叶丝暂存柜待用或按配方比例加入梗丝并进行筛分，加香后进入成品烟丝柜，根据生产计划风送进入卷烟车间。

（2）卷包车间主要工序：烟丝喂入卷烟机料斗后，经均丝装置由风力将其吸敷到烟丝钢带上向前输送，经卷制、切条和接嘴等环节卷制为烟支，进入烟支存储设备。滤棒加工采用工厂原有的滤棒成型机进行生产，丝束由辅料库运至车间后经开箱、开松、增塑、上胶、成型、固化等环节，由滤棒发射机自动输送至各卷接机组。

（3）物流车间主要工序：以管理层、控制层、执行层分层控制的架构方式，光、机、电、信息一体化集成，使生产调度、工艺管理、质量控制追溯等管理手段信息化、柔性化、科学化。控制管理上接 MES、ERP，下接制丝设备。实现对卷包车间生产的成品烟的储存、管理并根据市场需求进行成品的发货。在整个管理、收发货过程中，实现自动化、信息化、准确化、管控一体化，有效保证成品件烟发送的可靠性。

（4）动力车间的主要职责是保证各种压力蒸汽、压缩空气、氮气、仪表风、循环水、电力等维持工厂运行的公用动力生产、供应及调配，为上述制丝车间、卷包车间、物流车间提供电能，保证业务的正常流转。

上述工序在生产系统中大量使用了工业控制系统，在两化融合的大趋势下，行业中的生产控制网络与办公网络的互联互通是一个必然的趋势。从烟草行业普遍性角度看：一方面，生产控制网络与办公网络的连接基本上没有进行任何逻辑隔离和检测防护，生产控制网络基本上不具备任何发现、防御外部攻击行为的手段，外部威胁源一旦进入公司的办公网络，则可以一通到底地连接工业网络的生产控制网络，直接影响工业生产；另一方面，生产控制网络内部设备，如各类操作员站、终端等，大部分采用 Windows 系统，为保证工业软件的稳定运行，无法进行系统升级甚至不能安装杀毒软件，存在着大量安全漏洞，工业控制系统常在自身安全性不高的情况下运行，安全风险不言而喻。

2. 保护对象

MES 的数据直接来源于生产过程控制系统（PCS）。监控系统和数据采集系统采集的实时数据经过处理后，生成生产过程信息，供 MES 使用。MES 负责生产作业计划制定、资源（人和设备等）优化调度、物料管理、生产质量、工艺控制、能源供应控制、生产过程监控，以及必要的数据信息转换等数据集成和应用。工业控制层直接面向烟机设备，负责采集各类卷烟生产设备自动化控制系统生成的实时生产数据，接收生产执行系统下达的生产作业等控制指令。烟草工业的生产过程控制系统是指生产车间的制丝生产线、卷包机组、动力能源中心、物流中心等生产系统，主要完成加工作业、检测和操控作业、作业管理等功能。

烟草行业在工业信息安全建设方面存在着一些急需解决的问题，在制丝、卷包、物流、动力几个工业控制网络中针对工控安全的防护措施存在不足。工业控制网络边界访问控制策略缺失，服务器或操作员站感染病毒后，病毒很可能迅速通过工业控制网络传播到其他设备，直接影响 HMI、PLC 等设备的正常运行。此外，还存在不能及时掌握针对整个制丝集控网络中存在的风险情况，缺少针对工控异常行为的检测手段等问题。

3. 安全措施

以卷烟厂为例，按照卷烟厂网络安全等级保护第二级要求进行安全建设。

（1）安全物理环境：生产厂房的配电、消防、防雷、电磁防护等措施应该符合网络安全等级保护第二级要求，尤其是控制设备的部署环境应符合网络安全等级保护第二级要求。物理安全环境不做详述，请参考国家相应规范标准进行设计与实施。

（2）安全通信网络：应在企业办公网与生产网之间部署安全交换系统，以单向工业网闸为重要单向隔离部件，建立边界安全交换系统，实现企业网络、MES 与生产网内控制系统双向数据同步，在工业网络内部根据烟草通过的业务特点划分不同的安全区域，如制丝车间、卷包车间、物流配送车间以及动力车间。保障业务的独立性和相互不干涉的原则，弱化风险。若工业网络系统内使用广域网传输数据，则必须通过工业控制系统专用防火墙的 VPN 进行数据加密。工业网络审计系统通过深度检测引擎，对工业现场的主流协议进行多维度解析，包括完整性、功能码、地址范围、值范围、变化趋势等，从而检测出它们是否符合网络协议通信数据和指令操作的合规性。同时，工业网络监测审计具有入侵检测的功能，并能记录攻击源、攻击类型、攻击目标、攻击时间，在发生严重入侵事件时提供报警功能。

（3）安全区域边界：烟草行业通过工业网闸或工业控制系统专用防火墙的策略控制，对通过网络边界的协议进行深度检测，实现禁止任何穿越此区域边界的 E-Mail、Web、Telnet、Rlogin、FTP 等通用网络服务。至于工业控制系统边界安全防护措施失效的情况，由于网闸是作为代理节点进行访问控制的，所以在设计中主要采用双机冗余方式对业务的可用性进行保障。工业控制系统专用防火墙通过软硬件旁路机制，在策略失效的同时启用旁路机制并且进行告警，也可采用单臂旁路方式对可用性进行保障，当防火墙告警机制失效时，由工业网络监测审计进行及时的报警处置。烟草行业属于先进的特殊制造业，几乎不存在使用拨号访问的服务，因此安全区域边界不适用于烟草行业的现场情况。但是烟草对于无线通信的使用率比较高，如无线叉车、无线扫码枪等与业务相关的设备。对于无线通信方面的安全，使用无线安全管理系统对所有参与无线通信的人员进行标签化，使其具有唯一标识，并对其进行授权以及执行控制。

（4）安全计算环境：烟草行业主要的计算环境为操作员站、工程师站以及业务相关服务器，各工业业务系统应设置复杂口令并在不影响生产运行的情况下定期对口令进行更新，启用限制非法登录次数退出业务系统机制。工控主机卫士以软件的形式安装在工业计算环境中，具有身份鉴别、访问控制和安全审计功能。通过在工控上位机和服务器上安装工控主机卫士，专注保护工控主机环境，能够防范恶意程序的运行、控制 USB 移动存储介质的滥用、管理非法外联、为受信任的程序提供完整性保护等，具备完善的终端安全风险监控和分析体系，满足工控网络终端安全管理需求，实现对工控主机的全面安全防护，针对蠕虫病毒、勒索软件等最新的工控病毒、高级 USB 攻击手段等提供有效的防护方法。

（5）安全管理中心：增加集中管理平台，平台具备多级账号权限，提供给不同的使用人员。系统管理账号可对系统资源系统加载系统异常等情况进行处理。集中管理平台具备策略下发与管理能力，对分散的安全设备进行快速、批量管理，实现工控网络安全联动与整合，及时对网络攻击与异常行为进行快速处置，有效防范和打击破坏工业控制系统的各类恶意活动，极大地提高安全事件响应速度与安全运维感知能力，提升整体工控网络信息安全水平。集中管理平台上的大屏幕可自动生成网络拓扑并通过人工干预对网络拓扑进行修正与完善。可在网络拓扑图上查看资产的基本信息、状态及告警等相关信息。平台支持各类工控安全设备，包括工业控制系统专用防火墙、工控安全审计、工控主机卫士等，可通过安全策略模板快速下发安全策略，满足大量设备快速批量管理的需求，提升安全运维管理效率。平台提供友好的可视化交互界面，实时呈现当前网络安全态势，提供事件滚动、攻击分类、统计分析、安全报告等功能，帮助用户快速掌握自身安全状况，协助用户完成工控系统安全运维，保障业务稳定、连续运行。

（6）安全管理体系：安全管理制度不做过多阐述，以网络安全等级保护为参考，对管理人员或操作人员执行的日常管理操作建立操作规程，并由安全策略、管理制度、操作规程、记录表单等构成全面的安全管理制度。

卷烟厂控制系统架构如图 4-23 所示。

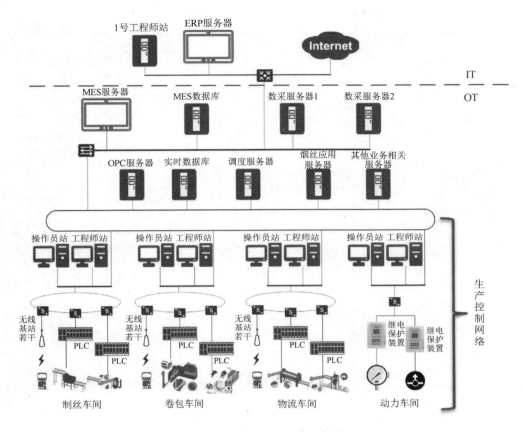

图 4-23　卷烟厂控制系统架构

4．安全建设要点及说明

各控制点在卷烟厂控制系统中的适用情况如表 4-34 所示。

表 4-34　各控制点在卷烟厂控制系统中的适用情况

技术要求类	技术要求项	控制点	适用情况	实施说明
安全通用要求（安全通信网络）+安全扩展要求（安全通信网络）	安全通用要求	网络架构	适用	网络区域划分，通过工业网闸或工业控制系统专用防火墙进行边界隔离防护
		通信传输	适用	使用 CRC 技术保证完整性
		可信验证	不适用	无
	安全扩展要求	网络架构	适用	网络区域划分，通过工业网闸或工业控制系统专用防火墙进行边界隔离防护
		通信传输	适用	通信加解密

续表

技术要求类	技术要求项	控制点	适用情况	实施说明
安全通用要求（安全区域边界）+安全扩展要求（安全区域边界）	安全通用要求	边界防护	适用	工业网闸、工业控制系统专用防火墙，策略访问控制。无线安全管理系统，保证无线环境安全
		访问控制	适用	工业网闸、工业控制系统专用防火墙，策略访问控制
		入侵防范	适用	工业网络监测审计入侵检测功能
		恶意代码防范	适用	恶意代码通过基于白名单的访问控制进行过滤
		安全审计	适用	工业网络监测审计的审计功能，工业集中管理平台的日志收集功能
		可信验证	适用	工业控制系统专用防火墙、工业网闸或工业隔离装置进行可信验证并将验证结果上传至集中管理平台
	安全扩展要求	访问控制	适用	工业网闸、工业控制系统专用防火墙，策略访问控制
		拨号使用控制	不适用	烟草行业不存在拨号访问应用场景
		无线使用控制	适用	无线管理系统、无线检测工具保证无线使用的安全
安全通用要求（安全计算环境）+安全扩展要求（安全计算环境）	安全通用要求	身份鉴别	部分适用	卷烟厂工控机以及业务服务器均采用身份鉴别系统和硬件识别系统（如指纹识别或 Ukey）实现
		访问控制	适用	工控主机卫士访问控制功能、用户管理功能、进程管控功能
		安全审计	适用	工控主机卫士审计功能以及工业监测审计监测审计功能
		入侵防范	适用	工控主机卫士白名单机制，保护工业环境不被恶意程序、后门破坏
		恶意代码防范	适用	工控主机卫士白名单机制，有效阻断工业环境恶意代码入侵
		可信验证	适用	使用可信防火墙或可信 PLC、可信 DCS 设备进行可信验证，并上传验证结果至集中管理中心
		数据完整性	部分适用	工控主机卫士文件校验功能或可信 PLC、可信 DCS、可信 SCADA 的数据完整性保护功能。当前烟草控制器主要为 Siemens、Schneider、Rockwell 产品，均为国际品牌，在通信协议外不支持数据完整性保障措施

续表

技术要求类	技术要求项	控制点	适用情况	实施说明
安全通用要求（安全计算环境）+安全扩展要求（安全计算环境）	安全通用要求	数据备份恢复	适用	通过数据备份存储系统进行数据备份
		剩余信息保护	不适用	无
		个人信息保护	不适用	无
	安全扩展要求	控制设备安全	适用	工控主机卫士访问控制功能、进程管控、移动介质管控等功能
安全通用要求（安全管理中心）	安全通用要求	系统管理	适用	工业集中管理平台的系统管理功能、审计管理功能
		审计管理	适用	

4.3 第三级和第四级工业控制系统安全扩展要求解读

4.3.1 安全物理环境

工业控制系统的"安全物理环境（通用）"的安全扩展要求同通用要求部分的"安全物理环境"。在工业控制系统中，机房应该包括中控室机房、现场控制室等。如果工业控制系统中的控制设备放置于特定工业作业环境，此时，安全物理环境的安全通用要求不适用于控制设备。

安全物理环境的安全扩展要求解读如下。

1. 室外控制设备物理防护

【标准要求】

第三级以上安全要求如下：

a）室外控制设备应放置于采用铁板或其他防火材料制作的箱体或装置中并紧固；箱体或装置具有透风、散热、防盗、防雨和防火能力等；

b）室外控制设备放置应远离强电磁干扰、强热源等环境，如无法避免应及时做好应急处置及检修，保证设备正常运行。

【解读和说明】

为了防止室外控制设备被盗和免受火灾、雨水、电磁干扰、高温等外部环境的影响，室外控制设备需要采用防火箱体装置和远离强电磁干扰、强热源等进行物理防护，以保证室外控制设备的正常运行。

【安全建设要点及案例】

该控制点对工业控制系统各个功能层级的适用情况如表 4-35 所示。

表 4-35　室外控制设备物理防护适用情况

控制点	功能层级				
	企业资源层	生产管理层	过程监控层	现场控制层	现场设备层
室外控制设备物理防护	不适用	不适用	不适用	适用	适用

对于室外的控制设备，需要保证其物理环境安全，应将其放置在采用铁板或其他防火材料制作的箱体或装置中，并紧固于箱体或装置中。

箱体或装置应具有透风、散热、防盗、防雨和防火等能力，以确保控制系统的可用性，使控制设备工作在正常工作温度范围内，保护控制设备免受火灾、雨水等外部环境的影响，避免控制设备因宕机、线路短路、火灾、被盗等因素引发其他生产事故，从而影响生产运行。

高电压、高场强等强电磁干扰可能使控制设备工作信号失真、性能发生有限度的降级，甚至可能使系统或设备失灵，严重时会使系统或设备发生故障或事故。高温等强热源会导致环境温度偏高，若超过控制设备最高工作温度，则会导致控制设备无法正常工作，同时加速控制设备老化。

因此，室外控制设备应远离雷电、沙暴、尘爆、太阳、噪声、大功率启停设备、高压输电线等强电磁干扰环境和加热炉、反应釜、蒸汽等强热源环境，确保环境电磁干扰水平和环境温度在控制设备正常工作范围之内，以保证控制系统的正常运行。对于确实无法远离强电磁干扰、强热源环境的室外控制设备，应做好应急处置及检修，保证控制设备的正常运行。

4.3.2　安全通信网络

1. 安全通用要求

1）网络架构

【标准要求】

第三级以上安全要求如下：

a）应保证网络设备的业务处理能力满足业务高峰期需要；

b）应保证网络各个部分的带宽满足业务高峰期需要；

c）应划分不同的网络区域，并按照方便管理和控制的原则为各网络区域分配地址；

d）应避免将重要网络区域部署在边界处，重要网络区域与其他网络区域之间应采取可靠的技术隔离手段；

e）应提供通信线路、关键网络设备和关键计算设备的硬件冗余，保证系统的可用性；

f）应按照业务服务的重要程度分配带宽，优先保障重要业务。

【解读和说明】

在工业控制系统中，一般按功能层级划分为企业资源层、生产管理层、过程监控层、现场控制层和现场设备层，各层级之间通过技术手段进行网络隔离。

在面向工业控制系统中的关键业务区（生产网）和管理区中，应避免将其划分在网络边界处。同时，结合该场景下所需的技术隔离手段，应在生产网边界处采取工业网闸等具有访问控制隔离功能的安全设备实现生产网与管理区的有效隔离防护。

控制网络内部应根据业务特点和安全防护要求划分为不同的安全域，并根据方便管理及控制的原则分配地址。结合该场景下所需的技术隔离手段，控制网络内部各层级间应采取工业控制系统专用防火墙实现网络隔离防护，各层级内部安全域之间可采取具有 ACL 功能的管理型交换机或工业控制系统专用防火墙设备进行隔离防护。

工业控制系统的可用性和实时性要求非常高。网络区域中各个重要网络节点应保证足够的业务处理能力和网络带宽，使用 QoS 等技术对应用流量进行管理，实现对重要业务应用的带宽保障，并限制每个用户的带宽使用上限，避免个别用户占用过多的带宽资源，提高网络资源利用率。现场控制层、现场设备层还应提供通信线路和网络设备的硬件冗余。

【相关安全产品或服务】

企业资源层和生产管理层通过工业网闸、防火墙实现技术隔离，并对流量进行管控。生产管理层、过程监控层、现场控制层应首先合理划分安全域，不同层级之间采取工业控制系统专用防火墙实现技术隔离，各层级内部安全域之间采取工业控制系统专用防火墙或管理型交换机等具有访问控制功能的产品实现区域网络之间的安全隔离。

【安全建设要点及案例】

为了隔离工控生产网络和企业其他信息系统，实现关键系统与非关键系统的安全隔离，应采用工业网闸对工控生产网和企业资源层办公网进行应用层单向技术隔离，明确只有允许的应用协议、控制信令才能通过，除此之外的信息，无论是否有害，均无法通过。工控生产网络内部区域之间应采用工业控制系统专用防火墙进行隔离，以路由或者透明模式进行部署，并对 OPC、Modbus TCP、IEC 104 等多种工控协议进行深度检测，及时发现可疑指令和恶意数据，保障控制指令及生产数据安全。

在生产控制区域内部各安全域边界部署工业控制系统专用防火墙，可以实现基于传统五元组、用户、应用、内容、QoS、时间等多元组一体化访问控制的技术隔离并提供应用流量管理功能，实现对重要业务应用的带宽保障，并限制每个用户的带宽使用上限，避免个别用户占用过多的带宽资源，提高网络资源利用率。工业控制系统专用防火墙还可以针对不同的网络环境提供多种双机（或多机）部署解决方案，包括热备、负载均衡及连接保护模式。多样化的双机（或多机）部署解决方案以及良好的网络兼容性使工业控制系统专用防火墙能够以"毫秒级"的速度接入 VRRP、HSRP、RIP、OSPF 及 BGP 等多种路由协议应用场景，从而最大限度确保用户的业务连续性。

该控制点支持基于访问控制策略的一体化带宽管理模式，并且支持基于 IP 地址/用户自由竞争策略、独享策略、访问控制独享策略等多种带宽策略类型，支持基于 DSCP 优先级、COS 优先级重标识。

该控制点对工业控制系统各个功能层级的适用情况如表 4-36 所示。

表 4-36　网络架构适用情况

控制点	功能层级				
	企业资源层	生产管理层	过程监控层	现场控制层	现场设备层
网络架构	适用	适用	适用	适用	不适用

根据工业控制系统分层分域的特点，从网络架构上进行分层分域隔离，从上到下共分为 5 个层级，依次为企业资源层、生产管理层、过程监控层、现场控制层和现场设备层。不同层级的实时性要求不同，现场控制层、现场设备层应提供通信线路和网络设备的硬件冗余，DCS 设备、关键计算设备等应实现双网冗余或环网功能。控制网络内部应根据业务特点和安全防护要求划分为不同的安全域，并根据方便管理及控制的原则分配地址。工业控制系统与企业其他系统之间应采用单向网络隔离手段，保证数据流只能从工业控制系统

单向传输至企业其他系统。

服务器对外提供数据的，应加强对协议的访问控制，如针对 OPC 服务器，应部署工业控制系统专用防火墙，以对 OPC 等工控协议进行深度检测防护。

2）通信传输

【标准要求】

第三级以上安全要求如下：

a）应采用密码技术保证通信过程中数据的完整性；

b）应采用密码技术保证通信过程中数据的保密性；

c）应在通信前基于密码技术对通信的双方进行验证或认证；

d）应基于硬件密码模块对重要通信过程进行密码运算和密钥管理。

【解读和说明】

通信过程中应采用校验技术或密码技术来保护数据的完整性，采用密码技术来保证数据的保密性，防止关键信息被第三方窃取、篡改，造成信息泄露和破坏。

在通信前通过双向认证的方式（如双向证书绑定、公私钥认证等）进行验证，确保通信双方的身份符合预期。为确保数据的保密性，重要通信过程中的密码运算和密钥管理应采取硬件密码模块。

【相关安全产品或服务】

支持通信加密和通信校验的工业控制系统，以及加密网关等具有 VPN 功能的设备。

【安全建设要点及案例】

在网络接入区的接入路由器后面串联部署加密机（国密 VPN 设备），内置国密硬件加密卡，支持 SM 系列算法，通信双方使用公私钥的方式进行认证，用于在各级单位之间建立以总部数据分析网为中心的星型的、加密的传输网络。

该控制点对工业控制系统各个功能层级的适用情况如表 4-37 所示。

表 4-37　通信传输适用情况

控制点	功能层级				
	企业资源层	生产管理层	过程监控层	现场控制层	现场设备层
通信传输	适用	适用	适用	适用	不适用

采用支持通信加密和通信校验的工业控制系统，启用加密的通信协议，如不具备条件，应确保非加密的工业控制系统和通信链路处于受控的物理环境中。

通信过程中的数据可以使用散列校验等方式进行校验。关键数据（如鉴别信息等）应采取密码技术进行防护，Web 等服务可以采用 HTTPS 进行防护。当使用广域网对工控环境中的设备进行控制指令或相关数据交换时，应采用加密认证技术手段（如 VPN 等）实现身份认证、访问控制和数据加密传输。

现场设备层与现场控制层之间多数情况使用总线或硬接线连接，一般不存在以太网环境，不适用于该控制点要求。

3）可信验证

【标准要求】

第三级以上安全要求如下：

可基于可信根对通信设备的系统引导程序、系统程序、重要配置参数和通信应用程序等进行可信验证，并在应用程序的所有执行环节进行动态可信验证，在检测到其可信性受到破坏后进行报警，并将验证结果形成审计记录送至安全管理中心，并进行动态关联感知。

【解读和说明】

在第三级安全要求中，只需要在应用程序的关键执行环节进行动态可信验证，不需要进行动态关联感知。

通过可信验证手段，基于可信根构建可信链，对通信设备的操作系统引导过程、操作系统、参数、应用等进行验证，并在应用程序的所有执行环节进行动态可信验证，对非法行为进行记录、告警，并形成日志，发送至安全管理中心，结合其他安全设备的相关日志进行动态关联感知。

【相关安全产品或服务】

支持可信计算的路由器、交换机、VPN 加密机等通信网络设备。

【安全建设要点及案例】

该控制点对工业控制系统各个功能层级的适用情况如表 4-38 所示。

表 4-38 可信验证适用情况

控制点	功能层级				
	企业资源层	生产管理层	过程监控层	现场控制层	现场设备层
可信验证	适用	适用	适用	适用	不适用

通信设备需要具备可信验证功能，通过可信验证手段，基于可信根，构建可信链，对通信设备的操作系统引导过程、操作系统、参数、应用等进行验证，并对诸如应用程序关键调用等重要动作进行实时动态可信验证，对非法行为进行记录、告警，并形成日志，发送至安全管理中心，结合其他安全设备的相关日志进行动态关联感知。

对于企业资源层，可参考传统 IT 领域的情况进行可信计算建设。

2. 安全扩展要求

1）网络架构

【标准要求】

第三级以上安全要求如下：

a）工业控制系统与企业其他系统之间应划分为两个区域，区域间应采用符合国家或行业规定的专用产品实现单向安全隔离；

b）工业控制系统内部应根据业务特点划分为不同的安全域，安全域之间应采用技术隔离手段；

c）涉及实时控制和数据传输的工业控制系统，应使用独立的网络设备组网，在物理层面上实现与其他数据网及外部公共信息网的安全隔离。

【解读和说明】

根据工业控制系统分层分域的特点，从网络架构上进行分层分域隔离。工控系统与企业其他网络系统应采取符合国家或行业规定的单向隔离产品实现物理隔离。工业控制系统内部应根据业务特点所造成隔离强度的不同，采取不同的安全隔离措施，保证工业控制系统通信网络架构的安全。

工业企业网络系统通常划分为不同的安全工作区，这反映了各区中业务系统的重要性的差别。不同的安全区确定了不同的安全防护要求，从而决定了不同的安全等级和防护水平。防护的重点通常是生产网与信息网之间的边界，自动化生产网络与管理信息网络在此进行数据交换（如 ERP、能源监测等），而管理信息网络通常可以连接 Internet，遭受病毒感染与入侵的概率较大，所以这个位置是目前防护的重点，应具备必要的单向隔离防护手段。故在条款 a）的解读中，重点考虑在生产网和信息网之间部署单向隔离设备，确保生产网向信息网的单向数据传输。

条款 b）要求工业控制系统内部根据承载的业务能力和网络架构及设备组网状态的不同，进行合理的分区分域。通常将具有相同业务特点的控制设备和网络资产划分为一个独立区域，将不同业务特点的资产设备划分为不同的安全域。为了避免某个区域的网络病毒对其他区域造成影响，有必要在不同区域之间进行工控技术隔离。

条款 c）要求，在对实时性要求较高的工业场景中，应在物理层面实现与管理网或其他网络的隔离，禁止生产网与其他网络之间直接进行通信的行为。

【相关安全产品或服务】

具备 VLAN 划分功能的管理型交换机、工业网闸、工业控制系统专用防火墙等具有安全隔离功能的设备或相关安全组件，工业网闸等单向隔离产品需要符合国家或行业规定。

【安全建设要点及案例】

为了隔离工控生产网络和企业其他信息系统，实现关键系统与非关键系统的安全隔离，采用工业网闸对工控生产网和企业信息网进行单向的技术隔离。工控生产网络内部区域之间采用工业控制系统专用防火墙进行隔离，以路由或者透明模式进行部署，并对该工控系统中使用的工控协议（如 OPC、Modbus TCP、IEC 104 等）进行深度检测，及时发现可疑指令和恶意数据，保障控制指令及生产数据安全。

该控制点对工业控制系统各个功能层级的适用情况如表 4-39 所示。

表 4-39　网络架构适用情况

控制点	功能层级				
	企业资源层	生产管理层	过程监控层	现场控制层	现场设备层
网络架构	适用	适用	适用	适用	不适用

工业控制系统中现场设备层、现场控制层、过程监控层、生产管理层与生产过程强相关，而企业资源层等企业其他系统与生产过程弱相关，同时，企业其他系统可能与互联网相连，因此，工业控制系统与企业其他系统之间划分为两个区域，区域间应采用单向的技术隔离手段，保证数据流只能由工业控制系统单向流向企业其他系统，即只读属性，不允许写操作。

工业控制系统内部根据承载业务和网络架构的不同，进行合理的分区分域。通常将具有相同业务特点的工业控制系统划分为一个独立区域，将具有不同业务特点的工业控制系统划分为不同的安全域，在不同的安全域之间采用工业控制系统专用防火墙、虚拟局域网等技术手段进行隔离。

涉及实时控制和数据传输的工业控制系统应使用独立的网络设备进行组网，禁止与其他数据网共用网络设备，在物理层面实现与其他数据网及外部公共信息网的安全隔离，禁止生产网与其他网络之间直接进行通信的行为。

2）通信传输

【标准要求】

第三级以上安全要求如下：

在工业控制系统内使用广域网进行控制指令或相关数据交换的应采用加密认证技术手段实现身份认证、访问控制和数据加密传输。

【解读和说明】

工业控制系统生产数据在广域网传输过程中常采用传统的封包方式，数据仍以明文方式传递。为了防止控制指令或相关数据交换被窃取、工业控制系统被非授权访问和被恶意控制，工业控制系统在广域网中进行控制指令或相关数据交换时应采用加密认证手段进行身份认证、访问控制和数据加密传输，保证工业控制系统控制指令或相关数据交换的通信传输安全。

【相关安全产品或服务】

VPN 网关、加密机等具有加密认证功能的设备或相关安全组件。

【安全建设要点及案例】

根据数据流方向，认证加密装置应部署在访问控制装置外侧，确保流量经过访问控制装置时为明文，便于管控。

该控制点对工业控制系统各个功能层级的适用情况如表 4-40 所示。

表 4-40　通信传输适用情况

控制点	功能层级				
	企业资源层	生产管理层	过程监控层	现场控制层	现场设备层
通信传输	不适用	适用	适用	适用	不适用

SCADA、RTU 等工业控制系统可能使用广域网进行控制指令或相关数据交换。在控制指令或相关数据交换过程中，应采用加密认证手段实现身份认证、访问控制和数据加密传输；只有目标身份认证通过后，才能进行数据交互。数据交互过程中进行访问控制，即对通信的五元组甚至控制指令进行管控，并在广域网传输过程中进行数据加密传输，防止非授权、恶意用户进入工业控制系统，防止控制指令或相关数据被窃取。

可以通过在企业资源层与生产管理层之间或生产管理层与过程监控层之间部署 VPN加密机，对指令和数据进行加密和解密认证。

4.3.3　安全区域边界

1. 安全通用要求

1）边界防护

【标准要求】

第三级以上安全要求如下：

a）应保证跨越边界的访问和数据流通过边界设备提供的受控接口进行通信；

b）应能够对非授权设备私自联到内部网络的行为进行检查或限制；

c）应能够对内部用户非授权联到外部网络的行为进行检查或限制；

d）应限制无线网络的使用，保证无线网络通过受控的边界设备接入内部网络；

e）应能够在发现非授权设备私自联到内部网络的行为或内部用户非授权联到外部网络的行为时，对其进行有效阻断；

f）应采用可信验证机制对接入到网络中的设备进行可信验证，保证接入网络的设备真实可信。

【解读和说明】

工业控制系统中不同的层级和安全域一般处于不同的网络区段，通过工业控制系统专用防火墙或网络隔离设备进行防护。跨越边界的通信需要经过受控接口进行，并且应以最小化原则，只允许工业控制系统中使用的专有协议通过，并对协议内容进行深度检测。

非授权设备常常携带未知病毒等程序，随意连接内网可能导致病毒传播和扩散，因此需要采取措施对此进行检查或限制。

无线通信网络是一个开放性网络，无线通信用户不必像有线通信用户那样受通信电缆的限制，而是可以在移动中通信。无线通信网络在赋予无线用户通信自由的同时也存在一些不安全因素，如通信内容容易被窃听、通信内容可以被更改和通信双方可能被假冒等，因此需要采取措施对无线网络进行管理，只允许受控设备接入内网。

边界防护设备通常拥有全网实时监测功能，当检测到设备非授权接入或非法外联时，边界防护设备会对该非授权行为进行阻断。

可信验证是基于可信根，构建可信链，一级度量一级，一级信任一级，把信任关系进行传递的过程，保证了接入网络的设备真实可信。

【相关安全产品或服务】

工业控制系统专用防火墙、网络隔离设备、无线准入设备。

【安全建设要点及案例】

（1）工业网闸

工业网闸是为满足工业企业生产控制网络安全隔离需求而专门设计的专用网络通信设备，利用最先进的网络隔离技术和数据摆渡技术，解决控制网络安全接入信息网络、控制网络内部不同安全区域之间的安全防护等问题。工业网闸的网络拓扑结构如图 4-24 所示。

工业网闸的部署方式如下：以串联方式接入工业控制网络；支持路由部署和桥接部署。

工业网闸（双向网闸）采用数据摆渡模式，实现数据安全摆渡，防止数据泄露和被窃取。工业网闸（单向网闸）采用独特的无协议数据摆渡技术，将所需的各类工控专用数据安全地进行隔离网络间的单向传输。

工业网闸根据管理员定义的安全策略完成数据帧的访问控制，规则策略包括"允许通过"和"禁止通过"。支持对源 IP 地址、目的 IP 地址、源端口、目的端口、服务、流入网口、流出网口等的控制。

另外，工业网闸根据管理员定义的基于角色控制的用户策略，并与安全策略配合完成访问控制，包括限制用户在什么时间、什么源 IP 地址可以登录网闸等，规定该用户通过认证后能够享有的服务。

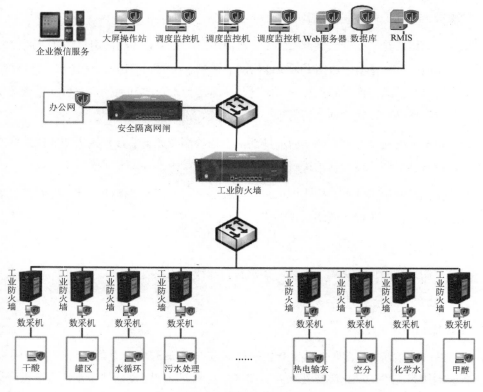

图 4-24　工业网闸的网络拓扑结构

（2）工业控制系统专用防火墙

工业控制系统专用防火墙可灵活部署于各类工业场景，支持深度检测各类工业控制协议，包括 OPC、Modbus TCP 等主流工控协议。工业控制系统专用防火墙可进行行为级、数值级的安全监测，保护工业控制系统安全。工业控制系统专用防火墙的网络拓扑结构如图 4-26 所示。

工业控制系统专用防火墙的部署方式如下：以串联方式接入工业控制网络；支持无 IP 地址透明方式部署；支持路由部署和桥接部署，以及桥接和路由的混合部署。

工业控制系统专用防火墙可对系统内未知的设备接入和违规数据传输进行实时告警，迅速发现系统中存在的非法接入和非法外联，并对其进行阻断。

在安全域边界和安全层级之间布置工业控制系统专用防火墙、网络隔离设备等，并设置相应的访问控制规则，跨网络的通信需要在工业控制系统专用防火墙、网络隔离设备的控制下进行。工业控制系统专用防火墙访问控制规则如图 4-26 所示。

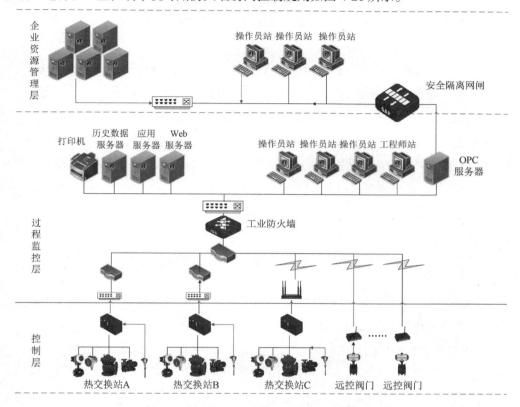

图 4-25　工业控制系统专用防火墙的网络拓扑结构

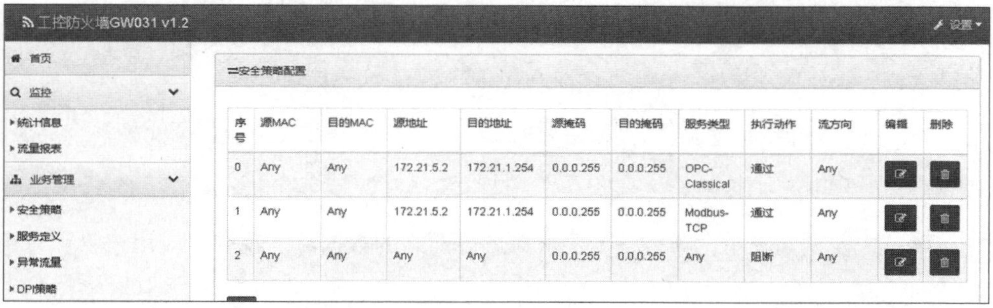

图 4-26　工业控制系统专用防火墙访问控制规则

可以通过交换机等设备对未授权设备进行管控，或者通过全网诊断实时检测进行检查和告警。

需要使用无线网络的，可以采购无线准入设备进行管控。

该控制点对工业控制系统各个功能层级的适用情况如表 4-41 所示。

表 4-41　边界防护适用情况

控制点	功能层级				
	企业资源层	生产管理层	过程监控层	现场控制层	现场设备层
边界防护	适用	适用	适用	适用	不适用

不同层级和安全域之间设置工业控制系统专用防火墙或网络隔离设备进行网络控制，只允许受控数据进行通信。交换机可以对授权设备进行 MAC 绑定，限制未授权设备联入网络。工业控制系统中需要使用无线网络的，需要配备无线准入设备对无线网络进行管控。

2）访问控制

【标准要求】

第三级以上安全要求如下：

a）应在网络边界或区域之间根据访问控制策略设置访问控制规则，默认情况下除允许通信外受控接口拒绝所有通信；

b）应删除多余或无效的访问控制规则，优化访问控制列表，并保证访问控制规则数量最小化；

c）应对源地址、目的地址、源端口、目的端口和协议等进行检查，以允许/拒绝数据包进出；

d）应能根据会话状态信息为进出数据流提供明确的允许/拒绝访问的能力，控制粒度为端口级；

e）应在网络边界通过通信协议转换或通信协议隔离等方式进行数据交换。

【解读和说明】

在第三级安全要求中，条款 e）要求对进出网络的数据流实现基于应用协议和应用内容的访问控制。

工业控制系统中的网络比较稳定，跨区域跨边界的通信相对较少，通过设置访问控制策略拒绝不可信的所有通信是一种相对安全的做法。对于受控接口内的通信，还需要根据源 IP 地址、目的 IP 地址、源端口、目的端口、应用协议和应用内容等方面进行检查，提供允许/拒绝访问的能力。对于跨区域的通信，如 OPC、Modbus TCP 等工控协议的通信，应进行基于内容的深度检测。对于跨边界的数据交换，应通过通信协议转换或通信协议隔离等方式进行。在进行访问控制策略设置时，应考虑多余或无效的访问控制规则的问题，从而提高网络隔离设备的工作效率，保证实时性。

【相关安全产品或服务】

工业控制系统专用防火墙、单向网络隔离设备（单向光闸）、交换机等。

【安全建设要点及案例】

（1）工业网闸

工业网闸是为满足工业企业生产控制网络安全隔离需求而专门设计的专用网络通信设备，利用最先进的网络隔离技术和数据摆渡技术，解决控制网络安全接入信息网络、控制网络内部不同安全区域之间的安全防护等问题。

工业网闸的部署方式如下：以串联方式接入工业控制网络；支持路由部署和桥接部署。

工业网闸（单向网闸）采用独特的无协议数据摆渡技术，将所需的各类工控专用数据安全地进行隔离网络间的单向传输。

工业网闸根据管理员定义的安全策略完成数据帧的访问控制，规则策略包括"允许通过"和"禁止通过"。支持对源 IP 地址、目的 IP 地址、源端口、目的端口、服务、流入网口、流出网口等的控制。

另外，工业网闸根据管理员定义的基于角色控制的用户策略，并与安全策略配合完成访问控制，包括限制用户在什么时间、什么源 IP 地址可以登录网闸等，该用户通过认证后能够享有的服务。

（2）工业控制系统专用防火墙

工业控制系统专用防火墙可灵活部署于各类工业场景，支持深度检测各类工业控制协议，包括 OPC、Modbus TCP、S7 等主流工控协议。工业控制系统专用防火墙可进行行为级、数值级的安全监测，保护工业控制系统安全。

工业控制系统专用防火墙的部署方式如下：以串联方式接入工业控制网络；支持无 IP 地址透明方式部署；支持路由部署和桥接部署，以及桥接和路由的混合部署。

工业控制系统专用防火墙可针对工业控制系统进行指令级控制，对于每个工控协议的每个指令可以设置阻断或放行等策略，也可针对工业控制系统控制数值进行阈值检测，包括开关设定、参数设定等。防火墙的安全策略配置如下：支持手动配置基于五元组的访问控制规则；支持基于 OT 操作行为访问控制策略；支持基于白名单的访问控制策略；支持 IP/MAC 地址绑定规则；支持主机白名单功能，发现并识别网络中的设备；支持 ACL 时间段控制；支持动态插入 ACL 规则。

在安全域边界和安全层级之间布置工业控制系统专用防火墙、网络隔离设备等，并设置相应的访问控制规则，跨网络的通信需要在工业控制系统专用防火墙、网络隔离设备的控制下进行。Modbus TCP 操作地址白名单控制可参考图 4-6，OPC 指令读写模式控制可参考图 4-7。

该控制点对工业控制系统各个功能层级的适用情况如表 4-42 所示。

表 4-42　访问控制适用情况

控制点	功能层级				
	企业资源层	生产管理层	过程监控层	现场控制层	现场设备层
访问控制	适用	适用	适用	适用	不适用

企业资源层和生产管理层之间可以考虑设置 IT 防火墙或网闸等设备，保证数据流只能由工业控制系统单向流向企业其他系统。工业控制系统网络不同安全区域之间可以通过工业控制系统专用防火墙、虚拟局域网等进行访问控制，并且应以最小化原则，只允许工业控制系统中使用的专有协议通过，对 OPC、Modbus TCP 等工控协议进行深度检测。对于工业控制系统内部（如现场控制层和现场设备层之间）网络，可以配置交换机 ACL 和端口级访问控制策略。

3）入侵防范

【标准要求】

第三级以上安全要求如下：

a）应在关键网络节点处检测、防止或限制从外部发起的网络攻击行为；

b）应在关键网络节点处检测、防止或限制从内部发起的网络攻击行为；

c）应采取技术措施对网络行为进行分析，实现对网络攻击特别是新型网络攻击行为的分析；

d）当检测到攻击行为时，记录攻击源 IP、攻击类型、攻击目的、攻击时间，在发生严重入侵事件时应提供报警。

【解读和说明】

入侵防范是一种可识别潜在的威胁并迅速地做出应对的网络安全防范办法。入侵防范技术作为一种积极主动的安全防护技术，为网络系统提供了对外部攻击、内部攻击和误操作的实时保护，在网络系统受到危害之前拦截和响应入侵。入侵防范在不影响网络和主机性能的情况下能对网络和主机的入侵行为进行监测，在发生严重入侵事件时提供报警。

【相关安全产品或服务】

IDS、沙箱、威胁情报等。

【安全建设要点及案例】

一般在过程监控层部署 IDS，通过分析网络流量中的异常行为进行拦截和响应，或者通过镜像流量的方式，将流量传输至沙箱、威胁情报等产品，对流量中的可疑行为进行告警。

工控安全入侵检测系统是面向工业领域的入侵检测类产品，采用专有的工控入侵行为检测库，可针对工业控制系统的各类扫描、探测、漏洞、远程连接、设备控制等行为进行检测。

工控安全入侵检测系统通常采用旁路方式接入工业控制系统，通过数据口与网络设备的镜像口相连。

工控安全入侵检测系统采用如下多种入侵检测技术：采用 DPI 技术进行协议和应用识别，在此基础上进行漏洞、攻击行为等的检测；采用 DFI 技术进行异常流量检测和分析；可以准确识别和检测各种抗 IDS 的逃逸技术和攻击；采用独有的技术检测各种非法内联和外联。

当检测到攻击行为时，工控安全入侵检测系统会自动记录攻击源 IP 地址、攻击类型、攻击目的、攻击时间，并通过 SNMP、syslog 等多种响应方式进行实时推送并提供报警。

该控制点对工业控制系统各个功能层级的适用情况如表 4-43 所示。

表 4-43　入侵防范适用情况

控制点	功能层次				
	企业资源层	生产管理层	过程监控层	现场控制层	现场设备层
入侵防范	适用	适用	适用	适用	不适用

基于网络的入侵防范主要是通过分析网络流量中的异常攻击行为并进行拦截和响应。当前比较流行的网络入侵防范技术如下：基于特征签名的入侵防范技术；基于网络异常检测的入侵防范技术；基于沙箱的入侵防范技术；基于网络行为白名单的入侵防范技术；基于威胁情报的入侵防范技术。工业控制系统环境中网络流量和主机行为较为简单，基于白名单的入侵防范技术适用性更好，各企业可以根据自身条件选择适宜的入侵防范技术。

4）恶意代码和垃圾邮件防范

【标准要求】

第三级以上安全要求如下：

a）应在关键网络节点处对恶意代码进行检测和清除，并维护恶意代码防护机制的升级和更新；

b）应在关键网络节点处对垃圾邮件进行检测和防护，并维护垃圾邮件防护机制的升级和更新。

【解读和说明】

工业控制系统中常采用工业专有协议和专有应用系统，在工业控制系统的过程监控层、现场控制层和现场设备层等关键网络节点处部署恶意代码防范产品时要保证工业控制系统的业务通信性能和连续性，推荐采用白名单形式的恶意代码防范产品，并且应以最小化原则，只允许工业控制系统中使用的专有协议通过。

【相关安全产品或服务】

路由器、交换机、防火墙、网闸、无线接入网关等提供访问控制功能的设备或相关安全组件。

【安全建设要点及案例】

工业控制系统专用防火墙可灵活部署于各类工业场景，支持深度检测各类工业控制协议，包括 OPC、Modbus TCP 等主流工控协议。工业控制系统专用防火墙可进行行为级、数值级的安全监测，保护工业控制系统安全。

工业控制系统专用防火墙的部署方式如下：以串联方式接入工业控制网络；支持无 IP 地址透明方式部署；支持路由部署和桥接部署，以及桥接和路由的混合部署。

工业控制系统专用防火墙可针对工业控制系统进行指令级控制，对于每个工控协议的每个指令可以设置阻断或放行等策略，也可针对控制系统控制数值进行阈值检测，包括开关设定、参数设定等。工控安全规则是白名单性质，匹配不上规则的数据包默认被阻断。

该控制点对工业控制系统各个功能层级的适用情况如表 4-44 所示。

表 4-44　恶意代码和垃圾邮件防范适用情况

控制点	功能层级				
	企业资源层	生产管理层	过程监控层	现场控制层	现场设备层
恶意代码和垃圾邮件防范	适用	不适用	不适用	不适用	不适用

工业控制系统中常采用工业专有协议和专有应用系统，而 E-mail 等通用应用和协议是网络攻击最常用的载体。在工业控制系统区域边界、工业控制系统与企业其他系统之间部署访问控制设备，在保证业务正常通信的情况下，以最小化原则，只允许工业控制系统中使用的专有协议通过，拒绝 E-mail 等通用网络服务穿越区域边界进入工业控制系统网络。

5）安全审计

【标准要求】

第三级以上安全要求如下：

a）应在网络边界、重要网络节点进行安全审计，审计覆盖到每个用户，对重要的用户行为和重要安全事件进行审计；

b）审计记录应包括事件的日期和时间、用户、事件类型、事件是否成功及其他与审计相关的信息；

c）应对审计记录进行保护，定期备份，避免受到未预期的删除、修改或覆盖等。

【解读和说明】

在第三级安全要求中，额外要求条款 d）应能对远程访问的用户行为、访问互联网的用户行为等单独进行行为审计和数据分析。

安全审计是指按照一定的安全策略，利用记录、系统活动、用户活动和网络变化等信息，检查、审查和检验操作事件的环境及活动，从而发现网络异常、系统漏洞、入侵行为的过程，也是审查评估系统安全风险并采取相应措施的一个过程，是提高系统安全性的重要举措。安全审计不但能够监视和控制来自外部的入侵，还能够监视来自内部人员的违规和破坏行为，为网络违法与犯罪的调查取证提供有力支持。

【相关安全产品或服务】

日志审计系统、工控安全审计系统、安全管理平台。

【安全建设要点及案例】

一般在过程监控层部署日志审计系统、上网行为管理设备、工业网络审计系统或安全管理平台等产品，对日志进行集中管控。在关键设备上安装 Agent 程序或通过 syslog 等协议，将系统日志、操作日志等数据上送至日志审计系统，进行集中管控并及时发现异常行为。

工控安全审计系统是专门针对工业控制网络设计的实时监控、实时告警、安全审计的系统，通过特定的安全策略，快速识别系统中存在的非法操作、异常事件和外部攻击等。

工控安全审计系统通常采用旁路方式接入工业控制系统，通过数据口与网络设备的镜像口相连。

工控安全审计系统在行为审计界面中展示的信息主要包括发生时间、告警名称、操作次数、源 IP 地址、目的 IP 地址、传输层协议、应用层协议、长度（字节）、操作行为、功能码和操作地址等。

工控安全审计系统可以新增日志服务器，对审计记录进行保护并定期备份，避免其受到未预期的删除、修改或覆盖等。

该控制点对工业控制系统各个功能层级的适用情况如表 4-45 所示。

表 4-45　安全审计适用情况

控制点	功能层级				
	企业资源层	生产管理层	过程监控层	现场控制层	现场设备层
安全审计	适用	适用	适用	适用	不适用

工业控制系统中网络边界、重要节点各设备需要做好审计记录留存，审计记录内容需要包含事件的日期和时间、用户、事件类型、事件是否成功及其他与审计相关的信息等关键信息。日志的完整性和保密性需要符合相关规定。对于连接了互联网的用户的审计日志，需要单独审计，记录其操作和访问日志，尤其是上网行为和远程访问行为记录，可以搭配上网行为管理设备进行。各设备日志可收集至日志审计系统，进行日志统一审计，发现潜在风险。

6）可信验证

【标准要求】

第三级以上安全要求如下：

可基于可信根对边界设备的系统引导程序、系统程序、重要配置参数和边界防护应用程序等进行可信验证，并在应用程序的所有执行环节进行动态可信验证，并在检测到其可信性受到破坏后进行报警，并将验证结果形成审计记录送至安全管理中心，并进行动态关联感知。

【解读和说明】

在第三级安全要求中，只需要在应用程序的关键执行环节进行动态可信验证，不需要进行动态关联感知。

可信验证是基于可信根，构建可信链，一级度量一级，一级信任一级，把信任关系进行传递的过程，从而保证设备运行过程和启动过程的可信性。针对可信验证过程中产生的可信性被破坏的行为，需与安全管理中心建立报警和审计机制。

【相关安全产品或服务】

支持内置可信计算的防火墙、边界路由等区域边界设备。

【安全建设要点及案例】

该控制点对工业控制系统各个功能层级的适用情况如表 4-46 所示。

表 4-46 可信验证适用情况

控制点	功能层级				
	企业资源层	生产管理层	过程监控层	现场控制层	现场设备层
可信验证	适用	适用	适用	适用	不适用

2. 安全扩展要求

1）访问控制

【标准要求】

第三级以上安全要求如下：

a）应在工业控制系统与企业其他系统之间部署访问控制设备，配置访问控制策略，禁止任何穿越区域边界的 E-mail、Web、Telnet、Rlogin、FTP 等通用网络服务；

b）应在工业控制系统内安全域和安全域之间的边界防护机制失效时，及时进行报警。

【解读和说明】

工业控制系统中常采用工业专有协议和专有应用系统，而 E-mail、Web、Telnet、Rlogin、FTP 等通用应用和协议是网络攻击最常用的载体。在工业控制系统区域边界、工业控制系统与企业其他系统之间部署访问控制设备，在保证业务正常通信的情况下，以最小化原则，只允许工业控制系统中使用的专有协议通过，拒绝 E-mail、Web、Telnet、Rlogin、FTP 等一切通用网络服务穿越区域边界进入工业控制系统网络。

在工业控制系统内安全域和安全域之间一般采用工业控制系统专用防火墙进行边界防护，工业控制系统专用防火墙具有旁路功能，一旦机制失效，工业控制系统专用防火墙立刻启用所有协议全部通行的策略，需要及时进行报警。

【相关安全产品或服务】

工业控制系统专用防火墙、网络隔离设备。

【安全建设要点及案例】

在安全域边界和安全层级之间配置工业控制系统专用防火墙、网络隔离设备等，并设置相应的访问控制规则，禁止任何穿越区域边界的 E-mail、Web、Telnet、Rlogin、FTP 等通用网络服务。

工业控制系统专用防火墙可灵活部署于各类工业场景，支持深度检测各类工业控制协议，如 OPC、Modbus TCP、S7 等主流工控协议。工业控制系统专用防火墙可进行行为级、数值级的安全监测，保护工业控制系统安全。

工业控制系统专用防火墙的部署方式如下：以串联方式接入工业控制网络；支持无 IP 地址透明方式部署；支持路由部署和桥接部署，以及桥接和路由的混合部署。

工业控制系统专用防火墙可针对工业控制系统进行指令级控制，对于每个工控协议的每个指令可以设置阻断或放行等策略，也可针对工业控制系统控制数值进行阈值检测，包括开关设定、参数设定等。防火墙的安全策略配置如下：支持手动配置基于五元组的访问控制规则；支持基于白名单的访问控制策略；支持 IP/MAC 地址绑定规则；支持主机白名单功能，发现并识别网络中的设备；支持 ACL 时间段控制；支持动态插入 ACL 规则。

该控制点对工业控制系统各个功能层级的适用情况如表 4-47 所示。

表 4-47　访问控制适用情况

控制点	功能层级				
	企业资源层	生产管理层	过程监控层	现场控制层	现场设备层
访问控制	不适用	适用	适用	适用	不适用

为了防止跨越工业控制系统安全域的网络安全风险，工业控制系统与企业其他系统之间采取访问控制措施，对通用网络服务穿越区域边界行为进行限制及告警，保证工业控制系统不受通用网络服务的安全影响，同时对安全域间策略失效进行告警，避免边界防护失效。

工业控制系统中常采用工业专有协议和专有应用系统，在保证工业控制系统区域边界、工业控制系统与企业其他系统之间业务正常通信的情况下，要求工业控制系统的过程监控层、现场控制层和现场设备层应以最小化原则，只允许工业控制系统中使用的专有协议通过。

2）拨号使用控制

【标准要求】

第三级以上安全要求如下：

a）工业控制系统确需使用拨号访问服务的，应限制具有拨号访问权限的用户数量，并采取用户身份鉴别和访问控制等措施；

b）拨号服务器和客户端均应使用经安全加固的操作系统，并采取数字证书认证、传输加密和访问控制等措施；

c）涉及实时控制和数据传输的工业控制系统禁止使用拨号访问服务。

【解读和说明】

为了防止拨号访问服务被窃听、被篡改和通信被假冒，工业控制系统中使用拨号访问服务的，拨号服务器和客户端操作系统需要进行安全加固，限制用户数量，并采取身份认证、传输加密和访问控制等安全措施，保证工业控制系统拨号访问服务的安全使用，同时将对工业控制系统正常运行的安全影响降到最低。

【安全建设要点及案例】

该控制点对工业控制系统各个功能层级的适用情况如表 4-48 所示。

表 4-48　拨号使用控制适用情况

控制点	功能层级				
	企业资源层	生产管理层	过程监控层	现场控制层	现场设备层
拨号使用控制	不适用	适用	适用	适用	不适用

对采用拨号方式进行网络访问的工业控制系统，在网络访问过程中对用户的连接数量及会话数量进行限制，限制用户数量，同时对网络访问者进行身份鉴别验证，只有通过身份鉴别验证后才能建立连接，并对采用拨号方式的用户进行访问控制，限制用户的访问权限。

拨号服务器和客户端使用的操作系统可能存在安全漏洞，比如安装、配置不符合安全需求，参数配置错误，使用、维护不符合安全需求，安全漏洞没有及时修补，应用服务和应用程序滥用，开放不必要的端口和服务，等等。这些安全漏洞会成为各种信息安全隐患，一旦安全漏洞被有意或无意利用，就会对系统的运行造成不利影响。因此，需要从账号管理和认证授权、日志、安全配置、文件权限、服务安全、安全选项等方面的操作系统进行安全加固，同时，在服务器与客户端建立通信时，应采取数字证书认证方式，对建立的通信内容进行加密，保证通信内容的保密性，并对客户端进行访问控制。

3）无线使用控制

【标准要求】

第三级以上安全要求如下：

a）应对所有参与无线通信的用户（人员、软件进程或者设备）提供唯一性标识和鉴别；

b）应对所有参与无线通信的用户（人员、软件进程或者设备）进行授权以及执行使用进行限制；

c）应对无线通信采取传输加密的安全措施，实现传输报文的机密性保护；

d）对采用无线通信技术进行控制的工业控制系统，应能识别其物理环境中发射的未经授权的无线设备，报告未经授权试图接入或干扰控制系统的行为。

【解读和说明】

为防止无线通信内容被窃听、被篡改和通信被假冒，无线通信需要加密处理，对参与无线通信的用户进行标识和鉴别、授权和使用限制，并对未授权无线设备接入或干扰控制系统的行为进行识别和告警，保证工业控制系统的无线使用安全。

【相关安全产品或服务】

无线准入设备、无线通信网关、无线路由器。

【安全建设要点及案例】

该控制点对工业控制系统各个功能层级的适用情况如表 4-49 所示。

表 4-49　无线使用控制适用情况

控制点	功能层级				
	企业资源层	生产管理层	过程监控层	现场控制层	现场设备层
无线使用控制	适用	适用	适用	适用	不适用

无线通信网络是一个开放性网络，无线通信中需要进行身份鉴别，在借助运营商（无线）网络的组网中，需要对通信端（通信应用设备或通信网络设备）建立基于用户的标识（用户名、证书等），标识具有唯一性且支持对该设备属性进行鉴别；在工业现场自建无线（WiFi、WirelessHART、ISA100.11a、WIA-PA）网络中，通信网络设备应在组网过程中具备唯一标识，且支持对该设备属性进行鉴别。

无线通信中的应用设备或网络设备需要支持对无线通信策略进行授权，非授权设备或应用不能接入无线网络，非授权功能不能在无线通信网络中执行响应动作，同时，该控制点对授权用户的执行使用权限进行策略控制。

由于无线通信内容容易被窃听，因此，在无线通信过程中要对传输报文进行加密处理，加密方式包括对称加密/非对称加密、脱敏加密、私有加密等，保证无线通信过程的机密性。

在应用无线通信技术的工业生产环境中，应具备识别、检测工业环境中其他未授权无线设备射频信号的应用，并对未授权的无线接入行为及应用进行审计、报警及联动管控，避免无线信号干扰影响生产、避免未授权用户通过无线接入控制系统对生产造成破坏。

4.3.4　安全计算环境

1. 安全通用要求

1）身份鉴别

【标准要求】

第三级以上安全要求如下：

　　a）应对登录的用户进行身份标识和鉴别，身份标识具有唯一性，身份鉴别信息具有复杂度要求并定期更换；

　　b）应具有登录失败处理功能，应配置并启用结束会话、限制非法登录次数和当登录连接超时自动退出等相关措施；

　　c）当进行远程管理时，应采取必要措施防止鉴别信息在网络传输过程中被窃听；

　　d）应采用口令、密码技术、生物技术等两种或两种以上组合的鉴别技术对用户进行身份鉴别，且其中一种鉴别技术至少应使用密码技术来实现。

【解读和说明】

　　对于条款 a），身份鉴别是工业软件系统、工业应用服务器和工作站终端以及计算机网络系统中确认操作者身份的过程。为确保安全，确定用户是否具有对某种资源（包括操作系统和数据库系统等）的访问和使用权限，需要对登录的用户进行身份标识和鉴别，对身份鉴别信息复杂度和长度进行限制并定期更换。这样可以有效降低系统被暴力破解或撞库成功的概率，进而使计算机和网络系统的访问策略能够可靠、有效地执行，防止攻击者假冒合法用户获得操作系统日志、SCADA 监控数据、数据库实时数据等资源的访问权限，保证了用户身份标识和鉴别的唯一性，也保证了系统和数据的安全以及授权访问者的合法利益。工业业务应用系统（工业软件系统）、工业应用服务器和工作站终端等设置口令的复杂度至少为字母+数字+特殊符号组合，并在不影响生产运行的情况下定期进行口令更新。

　　对于条款 b），对于在工业控制系统、工业应用服务器和工作站终端以及计算机网络系统中登录的用户，为确保用户身份是可信的，应对登录操作系统、应用程序失败的用户启用结束会话、限制非法登录次数等措施。

　　用户登录失败次数超过最大限制次数和连接超时自动退出的措施，可应用于企业资源层工业应用服务器、工作站终端等操作系统账号登录、数据库用户登录等场景，以避免未确认身份的用户进行重复性非法登录操作，影响计算环境安全。对于生产管理层、过程监控层而言，需要对生产过程进行实时监控，监控软件的登录账号需要始终保持登录在线状态，此种场景下无法对监控软件的登录账号采取登录连接超时自动退出的安全措施，因此，可以增加安全声明，并通过管理措施对该场景进行管控。

　　对于条款 c），在工业应用服务器和工作站终端以及计算机网络系统以远程管理方式进行用户登录的过程中，应采取传输信息加密的方式确保鉴别信息的保密性。

对于条款 d），应使用两种或两种以上组合的鉴别技术加强身份鉴别的可靠性和安全性，通过统一的认证接口，采用认证加固功能和密码策略，在保证便捷性的同时加强认证环节，实现组合的鉴别技术对用户进行身份鉴别。

【相关安全产品或服务】

主机安全基线管理系统、加密机、CA 认证系统、身份验证服务器、安全 UKey、生物技术（指纹识别、虹膜识别等）产品。

【安全建设要点及案例】

采用主机安全基线管理系统对服务器和终端进行安全基准扫描可快速判断身份鉴别的安全配置是否合规。

采用加密机防止鉴别信息在网络传输过程中被窃听。

以下对身份鉴别场景进行详细介绍。

（1）身份鉴别合规检查场景

主机安全基线管理系统可通过预设的模板根据工业应用服务器和工作站终端及计算机网络系统类型、业务、数据库、账号、中间件等多项配置进行安全合规判断，对存在的风险点进行统计并展示，能够对身份验证、口令复杂度、认证失败次数、口令使用天数、账号锁定时间等多个合规项进行检测，帮助企业实现身份鉴别要求。

（2）加密防窃听场景

当控制系统使用不安全或未加密的信息传输方式和协议进行远程管理时，可以使用加密机进行加固。加密机支持对传输信息进行加密认证，并支持多种认证方式，如静态用户名+口令、数字证书、短信、硬件特征码绑定、图形码、人脸识别认证等。证书认证加密示例如图 4-27 所示。

（3）工业控制系统应用场景

在 DCS 中，工程师站上位机软件宜增加用户双因素认证机制，关键用户的登录宜采用口令验证+第二因子验证的方式，双因素认证可采用数字 U 盾或其他验证工具（比如指纹识别硬件设备、IC 身份卡等）。

通过工程师站进行的关键操作宜使用双因素认证机制进行二次确认（如总控下装操作员站、历史站、图形编辑下装画面、工程组态软件下装控制器等）。但是对于某些比较频繁的操作（如点强制/写入等），考虑到工作效率及现场响应时间要求，可不采取双因素认证机制进行二次确认。

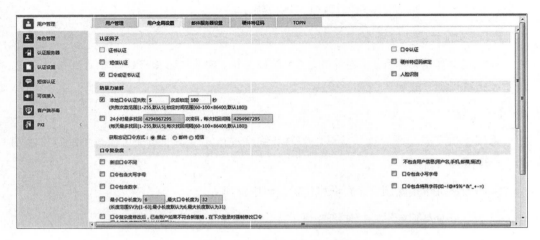

图 4-27　证书认证加密示例

该控制点对工业控制系统各个功能层级的适用情况如表 4-50 所示。

表 4-50　身份鉴别适用情况

控制点	功能层级				
	企业资源层	生产管理层	过程监控层	现场控制层	现场设备层
身份鉴别	适用	部分适用	部分适用	部分适用	不适用

集成商进行业务应用软件设计时，应考虑业务应用系统在用户名+口令的基础上进一步实现通过密码技术对登录用户的身份进行鉴别的问题，同时应避免业务应用系统的弱口令问题。

集成商进行业务应用软件设计时，还应充分考虑用户权限的控制以及用户在登录失败后的处理机制。生产管理层、过程监控层通常由于生产运行中可能出现危及设备安全的情况，需要采取紧急停车等非常规操作以保障生产设备安全。在进行紧急停车操作过程中，由于操作用户登录失败而被强制结束会话、限制登录次数和登录连接超时自动退出，势必对操作过程产生阻碍，从而引发生产设备安全事故，因此生产管理层、过程监控层应该依据工业控制系统自身业务需求，考虑其是否需要满足身份鉴别安全要求。

企业在业务运营期间不可通过不可控的网络环境进行远程管理，以防轻易被监听，并防止数据被泄露甚至被篡改。

安全厂商在选用安全产品时，应采用具有两种或以上的组合鉴别方式的安全防护软件对登录系统的管理用户进行身份鉴别，满足本地身份认证和第三方远程身份认证双因素验证要求。

企业资源层、生产管理层中构成计算环境的主体为服务器、工程师站、操作员站等主机设备，主机设备的用户登录、远程管理需要严格遵守身份鉴别安全要求，合理分配用户权限，鉴别登录用户身份，杜绝非授权访问行为，从主机层面确保计算环境安全。

2）访问控制

【标准要求】

第三级以上安全要求如下：

a）应对登录的用户分配账号和权限；

b）应重命名或删除默认账号，修改默认账号的默认口令；

c）应及时删除或停用多余的、过期的账号，避免共享账号的存在；

d）应授予管理用户所需的最小权限，实现管理用户的权限分离；

e）应由授权主体配置访问控制策略，访问控制策略规定主体对客体的访问规则；

f）访问控制的粒度应达到主体为用户级或进程级，客体为文件、数据库表级；

g）应对主体和客体设置安全标记，并依据安全标记和强制访问控制规则确定主体对客体的访问。

【解读和说明】

在第三级安全要求中，条款 g）解释为：应对主体和客体设置安全标记，并控制主体对有安全标记的信息资源的访问。

默认账号通常是具备一定权限的管理账号，因此，必须重命名并修改默认口令，不可以使用系统默认名和默认口令（二者都是高风险项）。要及时删除多余、无效、长期不用的账号，建议定时（每周、每月、每季度等）针对无用账号进行清理。不能存在共享用户，即一个账号多人或多部门使用的情况，因为这样既不便于审计，出现事故也无法准确定位故障点、不能进行追责。

对工业控制系统实行访问控制最基本的安全目标是保证系统中的计算资源（包括应用软件和数据库系统）是可控的且合法使用的。配置细粒度的访问控制策略：对于授权允许发起访问请求的 OPC 应用客户端等主体，以及允许被访问的 OPC 应用服务器、PLC 控制器、工作站终端等客体，按最小化原则设置访问权限；对于禁止发起访问请求的 OPC 应用客户端等主体之间，以及主体和被禁止访问的客体之间，不允许存在非授权访问、非法外联等越权行为。

依据主体和客体的分级分类结果设置安全标记，依据主体和客体的安全标记配置主体对客体访问的强制访问控制策略。

访问控制需要采用强制访问控制模型进行规则管理。强制访问控制模型要求当主体尝试访问客体时，都由操作系统内核强制施行授权规则，检查是否可以进行访问。任何主体对任何对象的任何操作都将根据强制访问控制模型的规则进行，常见的强制访问控制模型包括 BLP 模型、BIBA 模型和 DTE 模型等。

【相关安全产品或服务】

工控主机卫士系统、安全基线管理系统等提供访问控制功能的软件系统或相关安全组件、安全基线核查服务。

【安全建设要点及案例】

现场设备访问控制应对通过身份鉴别的用户实施基于角色的访问控制策略。现场设备收到操作命令后，应检验用户绑定的角色是否拥有执行该操作的权限，拥有权限的用户将获得授权，用户如果未被授权，那么现场设备应向上层发出报警信息。只有获得授权的用户才能对现场设备进行组态下装、软件更新、数据更新、参数设定等操作。

采用工控主机卫士系统对各类外设进行启用/禁用管理，防止非法/无关外设接入。

工业控制相关系统应该为用户分配账号和权限，并配置相关设置情况；应该支持系统账号重新注册或者默认账号删除，如果无法删除默认账号，则必须对默认账号的口令进行更改；查询并删除多余、过期的账号，防止出现共享账号的存在；禁用或限制匿名、默认账号的访问权限，实现管理员用户和普通用户的权限分离。

该控制点对工业控制系统各个功能层级的适用情况如表 4-51 所示。

表 4-51　访问控制适用情况

控制点	功能层级				
	企业资源层	生产管理层	过程监控层	现场控制层	现场设备层
访问控制	适用	适用	适用	适用	不适用

企业或集成商在进行系统配置时，应为用户分配账号和权限，删除或重命名默认账号及默认口令，删除过期、多余和共享的账号。

安全厂商在进行安全产品选用时，应采用符合强制访问控制要求的安全防护软件对主机、系统进行防护，从而有效降低高风险项的风险等级。

3）安全审计

【标准要求】

第三级以上安全要求如下：

a）应启用安全审计功能，审计覆盖到每个用户，对重要的用户行为和重要安全事件进行审计；

b）审计记录应包括事件的日期和时间、用户、事件类型、主体标识、客体标识和结果等；

c）应对审计记录进行保护，定期备份，避免受到未预期的删除、修改或覆盖等；

d）应对审计进程进行保护，防止未经授权的中断。

【解读和说明】

对用户进行安全审计的主要安全目标是保持对系统用户行为的跟踪，以便事后追溯分析。应关注用户操作日志和行为信息的安全审计，审计覆盖范围应包括工作站、服务器、控制器等所有系统资源相关用户。应对用户登录信息进行审计，以便及时准确地了解和判断安全事件的起因和性质。

非法用户进入系统后往往会清除系统的系统日志和审计日志，这些日志记录了入侵事件的关键信息，因此必须对审计记录提供有效的安全保护措施。

通常采用具备主机日志审计功能的系统对用户登录主机的信息进行审计记录，采用具备操作系统日志、应用程序日志审计功能的系统对操作系统用户信息、事件的日期和时间、事件类型、主体标识、客体标识和结果等信息进行审计记录。

【相关安全产品或服务】

工业监控系统、内网安全管理系统、数据库审计、日志审计、网络审计系统、安全管理平台、工控主机卫士系统。

【安全建设要点及案例】

（1）工业软件系统的安全审计功能

工业软件系统（包括工业监控软件、工控组态软件、SCADA 软件等）提供了系统启动退出、组态更新、固件下载等系统事件和报警记录管理功能，记录运行过程中发生的全部事件，按事件发生的时间顺序存放。日志可按不同的方式分别显示，包括实时显示和历史显示。日志可以方便地按不同的要素进行查询和排序，可以按工程师要求打印。组态下载日志示例可参考图 4-11。

（2）工控主机防护系统

工控主机防护系统记录用户的操作，可按时间、用户、类型（账号、工作模式、白名单、外设、业务防护）进行查询并可设置最大显示条目，显示内容包括时间、用户角色、用户名、操作、类型、对象、细情、结果。用户登录审计示例可参考图 4-12。

（3）日志审计系统

日志审计系统支持日志备份功能，支持本地备份和 FTP 备份，支持自动备份和手动备份。日志审计系统支持内置系统运行相关告警规则，包括检测到新日志源、节点掉线、主动日志源长期不外发日志、存储上限告警、主机认证失败等，可启用/禁用规则。

日志审计系统支持为日志源指定类型、名称、IP 地址、收集节点、收集方式以及日志源启停状态等属性信息。

该控制点对工业控制系统各个功能层级的适用情况如表 4-52 所示。

表 4-52　安全审计适用情况

控制点	功能层级				
	企业资源层	生产管理层	过程监控层	现场控制层	现场设备层
安全审计	适用	适用	适用	适用	不适用

工业控制系统中的计算资源主要集中在企业资源层、生产管理层、过程监控层和现场控制层，这四个层级存在不同权限的登录账号和操作权限，应对每个用户的行为和重要安全事件进行审计，记录事件的日期和时间、用户、事件类型、主体标识、客体标识和结果等信息，并对审计记录进行备份和留存。

现场设备层一般不包括直接参与数据计算的设备，而仅起到采集生产数据并采用4mA～20mA 模拟信号方式或工业专有协议规范上传数据的作用。现场设备层执行的是来自现场控制层或过程监控层下发的操作指令，这些操作指令可以通过对操作员站、工程师站用户行为进行审计记录实现安全审计功能。而且，由于工业生产实时性的特点，这些操作指令的下发非常频繁，对于操作结果的反馈也具有实时性要求。基于以上原因，安全审计要求不适用于现场设备层。

4）入侵防范

【标准要求】

第三级以上安全要求如下：

a）应遵循最小安装的原则，仅安装需要的组件和应用程序；

b）应关闭不需要的系统服务、默认共享和高危端口；

c）应通过设定终端接入方式或网络地址范围对通过网络进行管理的管理终端进行限制；

d）应提供数据有效性检验功能，保证通过人机接口输入或通过通信接口输入的内容符合系统设定要求；

e）应能发现可能存在的已知漏洞，并在经过充分测试评估后，及时修补漏洞；

f）应能够检测到对重要节点进行入侵的行为，并在发生严重入侵事件时提供报警。

【解读和说明】

工控系统计算环境的入侵防范的主要安全目标是防止 OPC 服务器等工业应用服务器、操作员站等终端设备、PLC 控制器和其他网络系统计算资源因自身存在的操作系统漏洞、应用程序后门、系统服务、默认端口等安全风险遭受外来非法入侵，从而导致生产数据被破坏、操作系统崩溃、设备宕机、损坏甚至危及人身安全等安全事件的发生。

条款 a）、条款 b）、条款 c）解读如下：承载系统的主机安装操作系统时应遵循最小化原则，尽量减少风险；主机以及应用系统的不必要服务、默认共享和高危端口要全部关闭；应对应用系统的后台以及所承载的主机登录做限制。

条款 d）的数据有效性校验功能针对的主要是输入的内容有效性检查。要做好过滤和转义，防止 SQL 注入和 XSS、URL 注入攻击，应遵循安全领域里的外部数据不可信任原则。

条款 e）要求采用脆弱性扫描手段对服务器、终端等设备进行脆弱性检测，以发现工控系统中的已知漏洞。已发现的漏洞需要经过搭建测试验证环境，对漏洞引发的安全风险、漏洞修补措施等进行充分测试验证评估后，在不影响工控系统生产业务的情况下（一般为停产检修期间），对漏洞进行及时修补。

条款 f）要求，采用具有入侵防范功能或未授权应用程序检测、报警或拦截功能的软件对重要节点的病毒入侵行为进行检测，发现严重事件时及时报警。

【相关安全产品或服务】

工控主机卫士系统、工控漏洞扫描系统、终端威胁防御系统、入侵防御系统、IDS 等提供入侵防范功能的软件系统或相关安全组件。

【安全建设要点及案例】

工控漏洞扫描系统扫描包括主机信息、用户信息、服务信息、漏洞信息等内容。

终端威胁防御系统支持主动防御，实时监视和防护入侵与破坏系统关键位置的行为。

IDS 支持对网络传输进行即时监视，在发现可疑传输时发出警报或者采取主动反应措施。

该控制点对工业控制系统各个功能层级的适用情况如表 4-53 所示。

表 4-53　入侵防范适用情况

控制点	功能层次				
	企业资源层	生产管理层	过程监控层	现场控制层	现场设备层
入侵防范	适用	适用	适用	适用	不适用

企业或集成商在进行系统安装时，应遵循最小安装原则，仅安装业务应用程序及相关的组件。

企业或集成商在进行应用软件开发时，需要应用软件本身对数据的符合性进行检验，确保通过人机接口或通信接口收到的数据内容符合系统应用的要求。

企业或集成商在选择主机安全防护软件时，除了要考虑主机安全防护软件的安全功能，还要考虑与实际业务场景结合的问题，从而有效帮助企业解决实际问题。主机安全防护软件应可以通过最简单的配置来满足等级保护的要求。

解决安全漏洞最直接的办法是更新补丁，但是对于工业控制系统而言，更新补丁的动作越谨慎越好，以避免由于更新补丁而影响生产业务。该条款需要企业委托第三方工控安全厂商对系统进行漏洞扫描，发现可能存在的已知漏洞，根据不同的风险等级形成报告，根据报告，企业或集成商在离线环境下进行测试评估，无误后对漏洞进行修补。

现场设备层与现场控制层之间使用总线或硬接线等连接，现场设备层不会直接遭受外来攻击威胁或黑客入侵，其安全风险几乎都是由于其他层级引起的，比如过程监控层操作系统漏洞、上位机应用软件数据被恶意篡改等，因此现场设备层不适用于部署入侵防范手段。

5）恶意代码防范

【标准要求】

第三级以上安全要求如下：

应采用主动免疫可信验证机制及时识别入侵和病毒行为，并将其有效阻断。

【解读和说明】

服务器和终端操作系统时刻遭受主机病毒威胁，木马和蠕虫泛滥，防范恶意代码的破坏尤为重要，应采取主动免疫可信验证机制及时识别入侵和病毒行为，有效阻断恶意代码感染路径或运行条件。

【相关安全产品或服务】

可信控制系统等提供主动免疫可信验证机制的软件系统或相关安全组件。

【安全建设要点及案例】

以可信防护系统为例，可信是系统安全的前提，可预期性与正确性作为最终目标，那么基于主动免疫可信度量技术能够及时识别入侵和病毒行为。

终端可信防护系统可利用预置的可信基准值实现主动免疫可信度量，如文件保护，可对关键系统文件、启动目录、启动配置文件、系统任务、host 配置等多个系统关键点进行度量，为重要节点系统的引导、内核的使用、应用程序访问提供可信度量。该系统同时能够对系统执行调用的操作进行可信度量，如进程的调研和执行程序的加载等。另外，系统可对加载全局钩子、终端应用访问内存关键区域执行资源等操作进行度量，从而实现对植入系统内部的已知和未知的恶意代码进行防范。通过可信计算技术可以达到攻击无法访问、系统和应用信息无法篡改、未授权者无法获取信息、攻击有迹可寻等防护效果。

利用主机加固配置和主机安全基准检查，将系统的安全配置信息整理成基准库，实时监控或定期检查配置信息的修改行为，及时修复与基准库中内容不符的配置信息，可以达到攻击无法访问、系统和应用信息无法篡改、未授权者无法获取信息、攻击有迹可寻等防护效果。

该控制点对工业控制系统各个功能层级的适用情况如表 4-54 所示。

表 4-54　恶意代码防范适用情况

控制点	功能层次				
	企业资源层	生产管理层	过程监控层	现场控制层	现场设备层
恶意代码防范	适用	适用	适用	适用	不适用

现场设备层与现场控制层之间通常使用总线或硬接线连接，一般不存在标准以太网环境，所以现场设备层不会直接感染恶意代码或运行恶意代码程序。

在工业场景中推荐采用具有主动免疫可信验证机制的恶意代码防范系统。

6）可信验证

【标准要求】

第三级以上安全要求如下：

可基于可信根对计算设备的系统引导程序、系统程序、重要配置参数和应用程序等进行可信验证，并在应用程序的所有执行环节进行动态可信验证，在检测到其可信性受到破坏后进行报警，并将验证结果形成审计记录送至安全管理中心，并进行动态关联感知。

【解读和说明】

在第三级安全要求中，只需要在应用程序的关键执行环节进行动态可信验证，不需要进行动态关联感知。

可信验证是基于可信根，构建可信链，一级度量一级，一级信任一级，把信任关系扩大到整个计算节点，从而保证计算节点可信的过程。

可信根内部有密码算法引擎、可信裁决逻辑、可信存储寄存器等部件，可以向节点提供可信度量、可信存储、可信报告等可信功能。可信根是节点信任链的起点。可信固件内嵌在 BIOS 之中，用来验证操作系统引导程序的可信性。可信基础软件由基本信任基、可信支撑机制、可信基准库和主动监控机制组成。其中，基本信任基内嵌在引导程序之中，在节点启动时从 BIOS 中监控控制权，验证操作系统内核的可信性。可信支撑机制向应用程序传递可信硬件和可信基础软件的可信支撑功能，并将可信管理信息传送给可信基础软件。可信基准库存放节点各对象的可信基准值和预定控制策略。主动监控机制实现对应用程序的行为检测，判断应用程序的可信状态，根据可信状态确定并调度安全应对措施。主动监控机制根据其功能可以分成控制机制、度量机制和决策机制。控制机制主动截获应用程序发出的系统调用信息，既可以在截获点提取监测信息并提交可信度量机制，也可以依据判定机制的决策，在截获点实施控制措施。度量机制依据可信基础库度量可信基础软件、安全机制和监测行为，确定其可信状态。可信判定机制依据度量结果和预设策略确定当前的安全应对措施，并调用不同的安全机制实施这些措施。

　　基于以上机制，同时应采用动态关联感知技术进一步确保应用可信。动态关联感知技术通过对应用行为特征的判断可发现应用异常。动态关联感知通过机器学习产生应用行为基线，在应用运行时采集了一段时间的应用行为，通过大数据分析和机器学习的方式形成应用行为特征，并以此对应用行为特征异常做出判断。

【相关安全产品或服务】

可信 PLC、可信 DCS、可信防火墙等。

【安全建设要点及案例】

　　可信计算 3.0 的主体思想是指在计算运算的同时进行安全防护，计算全程可测可控，不被干扰，只有这样才能使计算结果总是与预期一样。这种主动免疫的计算模式采用了一种安全可信策略管控下的运算和防护并存的主动免疫的新计算节点体系结构，以密码为基因实施身份识别、状态度量、保密存储等功能，及时识别"自己"和"非己"成分，从而破坏与排斥进入机体的有害物质，相当于为网络信息系统培育了免疫能力。安全可信策略管控如图 4-28 所示。

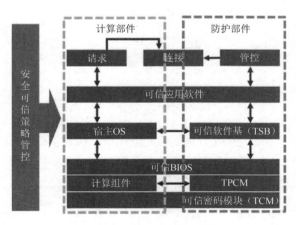

图 4-28　安全可信策略管控

基于可信计算 3.0 的双体系架构分为计算部件和防护部件两部分，其中防护部件是一个逻辑上可以独立的可信子系统，通过这个可信子系统以主动的方式向宿主系统提供可信支撑功能。可信计算 3.0 支持访问控制机制，基于 TCM 为系统提供密码功能，基于 TPCM 和可信链为系统 TCB 提供防篡改等功能。防护部件提供静态和动态两种度量方式。

在工业控制系统安全性方面，工业控制系统将主控模块、可信计算模块集成在工业控制系统中，可信度量根（CRTM）作为一段可信的程序固件集成在主控模块内部。可信根用来存储被度量的初始软硬件，由于 BIOS 固化在 CPU 中无法对其进行度量，所以需要将初始化的操作系统核心文件作为可信度量根。密钥引擎将可信根转化为 128bit 无规律序列，采用符合规范的密码算法，产生无序加密密文。度量值用来存储密钥引擎输出的 128bit 密文。事件描述用来记录当次度量者信息、被度量者信息、产生的度量值、标准度量值、度量结果、度量时间等。度量库存储固件的标准度量值用 PCR 表示。计算引擎负责计算比较度量值与度量库中的标准度量值，并将比较结果存入度量结果区与事件描述区。

当工业控制系统启动时，将对自身的软件系统进行系列可信度量如图 4-29 所示。首先，可信度量根拥有主控模块的控制权，将对 BIOS 固件进行散列计算，写入可信计算模块的 PCR 配置寄存器中，并产生相应的 SML，保存在 FLASH 存储器中。然后，对当前计算的度量值与历史产生的 SML 值进行比较，若保持一致，则将主控模块控制权交于 BIOS。依此类推，主控模块在完成自身设备安全验证后，开始进行正常的业务内容。

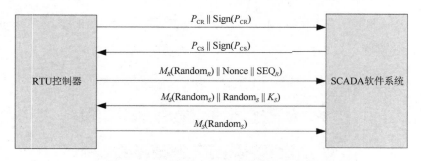

图 4-29　可信 RTU 远程证明协议示意图

该控制点对工业控制系统各个功能层级的适用情况如表 4-55 所示。

表 4-55　可信验证适用情况

控制点	功能层级				
	企业资源层	生产管理层	过程监控层	现场控制层	现场设备层
可信验证	适用	适用	适用	适用	不适用

选用支持可信的工业主机和工控设备，支持可信启动，在启动阶段对固件程序进行可信验证。确保控制器运行的程序是合法的、未经篡改的可信任程序。支持动态度量，在程序运行阶段对内存、程序运行状态等进行动态度量，防止运行时态的篡改等。

7）数据完整性

【标准要求】

第三级以上安全要求如下：

a）应采用校验技术或密码技术保证重要数据在传输过程中的完整性，包括但不限于鉴别数据、重要业务数据、重要审计数据、重要配置数据、重要视频数据和重要个人信息等；

b）应采用校验技术或密码技术保证重要数据在存储过程中的完整性，包括但不限于鉴别数据、重要业务数据、重要审计数据、重要配置数据、重要视频数据和重要个人信息等；

c）在可能涉及法律责任认定的应用中，应采用密码技术提供数据原发证据和数据接收证据，实现数据原发行为的抗抵赖和数据接收行为的抗抵赖。

【解读和说明】

数据完整性是指重要数据在传输和存储过程中应采用校验技术或密码技术确保信息或数据不被未授权用户非法篡改或在被篡改后能够被迅速识别，以保证其完整性。重要数据包括但不限于鉴别数据、重要业务数据、重要审计数据、重要配置数据、重要视频数据和重要个人信息等。

SCADA、DCS、PLC 系统、SIS 等工控系统软件，在满足正常功能的要求上，应采用校验技术或密码技术保护数据完整性。

其他服务的重要数据，如备份、数据上送等，可以使用相关安全产品或服务进行数据完整性安全防护。通常采用具备主机加固、主机防护功能的系统进行服务器、工作站等计算资源中数据存储过程的数据完整性安全防护。

通过用户认证、数字签名、操作日志等方法，结合其他安全措施，实现数据的抗抵赖。应用系统应采用数字签名等非对称加密技术，保证传输的数据是由确定的用户发送的没有被篡改或破坏且能够在必要时提供发送用户的详细信息。应用系统应采用数字签名等非对称加密技术，保证传输的数据是由指定的用户接收的没有被篡改或破坏且能够在必要时提供接收用户的详细信息。

【相关安全产品或服务】

安全可信 PLC、安全可信 DCS、安全可信 SCADA 的数据完整性保护功能。

【安全建设要点及案例】

典型的应用场景，如采用密码技术保证现场控制层设备和过程监控层设备之间的通信会话完整性。在图 4-30 所示的数据完整性保护示例中，安全主控制器提供硬件加解密组件，安全工程师站提供软加解密功能，系统使用软硬件结合的密码技术进行完整性保护。由于安全工程师站给安全主控制器下装的工程控制逻辑非常重要，因此可采用密码技术对工程控制逻辑的传输过程进行完整性保护。另外，在安全主控制器内部，可采用密码技术对工程控制逻辑、关键参数等进行完整性保护，每次启动时进行完整性校验，通过校验才允许运行。

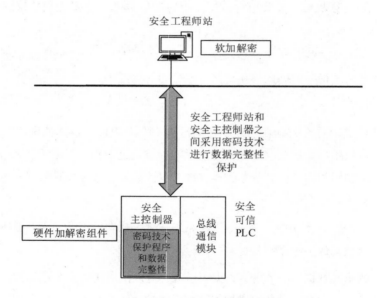

图 4-30　数据完整性保护示例

该控制点对工业控制系统各个功能层级的适用情况如表 4-56 所示。

表 4-56　数据完整性适用情况

控制点	功能层级				
	企业资源层	生产管理层	过程监控层	现场控制层	现场设备层
数据完整性	适用	适用	适用	适用	不适用

大部分工业现场场景对数据传输、存储完整性的要求要高于对数据传输、存储保密性的要求。系统集成商在应用中通过密码技术来保证传输数据的完整性，并在服务器端对数据有效性进行验证。

在工业现场关键服务器、工作站内存储的业务软件及配置文件的完整性和可用性是至关重要的，一旦其完整性遭到破坏，会直接影响现场生产任务。所以，对安全厂商提出的要求是，其安全防护软件应可以通过访问控制功能对存储的数据、配置文件进行完整性保护，避免遭到非法破坏。

8）数据保密性

【标准要求】

第三级以上安全要求如下：

a）应采用密码技术保证重要数据在传输过程中的保密性，包括但不限于鉴别数据、重要业务数据和重要个人信息等；

b）应采用密码技术保证重要数据在存储过程中的保密性，包括但不限于鉴别数据、重要业务数据和重要个人信息等。

【解读和说明】

数据保密性主要是指采用密码技术保证重要数据在传输和存储过程中的保密性。重要数据包括但不限于鉴别数据、重要业务数据和重要个人信息等。

通常应由工业应用软件自带数据保密安全功能或采用具备数据泄露防护（Data Leak Protection，DLP）功能的系统进行工业应用服务器、工作站等计算资源中数据存储过程的数据保密性安全防护。

工业控制系统、工业应用软件和工业网络应具有数据加密安全功能，或采用具备认证加密、VPN 功能的安全设备（使用 SSH、VPN、TLS、HTTPS 等协议）进行工业应用服务器、工作站等计算资源之间数据传输过程的数据保密性安全防护。

需要注意的是，敏感信息泄露、数据库加密、弱口令管理、系统与数据库不使用相同的账号、备份的数据由专人管理等基本安全工作。

【相关安全产品或服务】

安全可信 PLC、安全可信 DCS、安全可信 SCADA 等内建安全工业控制系统，终端数据防泄露系统、加密机、VPN 网关、文档安全管理系统等提供数据保密性功能的软件系统或相关安全组件。

【安全建设要点及案例】

（1）加密防窃听场景

加密机支持对传输信息进行加密认证，并支持多种认证方式，如静态用户名+口令、数字证书、短信、硬件特征码绑定、图形码、人脸识别认证等。

（2）终端数据防泄露场景

终端数据防泄露系统支持对终端中使用的数据进行深度内容分析，是监控单位敏感数据泄露和发现敏感信息隐患存储的数据安全保护系统。通过定位准确判定计算机终端的敏感数据，再对敏感数据在终端的使用行为及存储行为进行监控，达到终端敏感数据保护的效果。终端数据防泄露部署示例可参考图 4-19。

终端数据防泄露由管理服务端和客户端两部分组成，采用 C/S 的部署方式，并提供管理员 B/S 管理中心，在系统部署时主要分两部分进行。

在企业服务器区域部署安装管理服务端程序与数据库服务器，管理员通过管理中心访问管理服务器，可实现策略定制下发、事件日志查看等功能。

客户端以代理（Agent）的形式部署安装在用户工作区域各办公计算机当中，客户端负责终端的扫描检测、内容识别、外发监控、事件上报等功能的应用。

（3）安全可信 PLC/安全可信 DCS

典型的应用场景，如采用密码技术保证现场控制层设备和过程监控层设备之间的通信会话保密性，以及对现场控制层设备或过程监控层设备内部有保密需要的数据、程序、配置信息等进行保密性保护。

在如图 4-31 所示的可信工业控制系统示例中，安全主控制器提供硬件加解密组件，安全工程师站提供软加解密功能，系统具备统一的密钥管理和证书管理机制。由于安全工程师站给安全主控制器下装的工程控制逻辑或参数可能包含涉及公司核心竞争力的配方数据等信息，因此，可采用密码技术保护工程控制逻辑或参数传输过程的保密性。另外，在安全主控制器内部或安全工程师站、服务器内，可采用密码技术对工程控制逻辑、关键参数等进行加密存储保护，防止数据泄露。

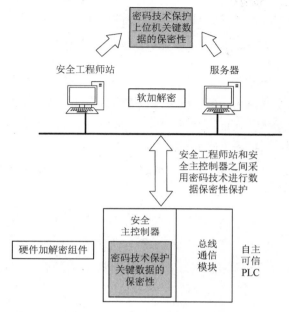

图 4-31　可信工业控制系统示例

该控制点对工业控制系统各个功能层级的适用情况如表 4-57 所示。

表 4-57　数据保密性适用情况

控制点	功能层级				
	企业资源层	生产管理层	过程监控层	现场控制层	现场设备层
数据保密性	适用	适用	适用	适用	不适用

工业现场大部分的场景对数据传输、存储完整性的要求要高于对数据传输、存储保密性的要求。工业控制系统应当根据自身的系统情况和保密性要求选择适当的保密措施，确保保密措施不会影响工业控制系统的正常运行。现场控制层和现场设备层之间常使用总线或硬接线连接，不存在以太网环境。

9）数据备份恢复

【标准要求】

第三级以上安全要求如下：

a）应提供重要数据的本地数据备份与恢复功能；

b）应提供异地实时备份功能，利用通信网络将重要数据实时备份至备份场地；

c）应提供重要数据处理系统的热冗余，保证系统的高可用性；

d）应建立异地灾难备份中心，提供业务应用的实时切换。

【解读和说明】

工控系统的生产数据和运行数据的重要程度不言而喻，必须要做好生产业务系统、数据服务器数据的备份容灾。在进行数据备份时，必须根据实际需要配置备份策略。对于重要的生产业务应用系统，应采用本地容灾方式保障其业务不中断，对相关的本地生产数据进行定时的数据备份，从而保证一旦发生故障，损坏或者丢失的生产数据可快速恢复，不会给用户造成大的损失。

对于存储在文档服务器中的文档，应能够保证文档的可用性，即最好提供可靠的备份机制，以保证一旦文档服务器发生故障或损坏，可通过备份机制将文档进行恢复。

工控系统中的重要数据通常采取系统本地数据服务器进行实时备份，定时或间隔一段时间上传到总部或备份中心进行存储。

应在重要数据处理系统开展初始设计时，保证系统硬件设施、功能组件配置的热冗余，保证重要数据处理系统的高度安全可用。

应建立异地灾难备份中心，配备灾难恢复所需的通信线路、网络设备和数据处理设备，提供业务应用的实时无缝切换。应提供异地实时备份功能，利用通信网络将数据实时备份至灾难备份中心。

【相关安全产品或服务】

数据备份存储系统等提供数据备份恢复功能的软件系统或相关安全组件。

【安全建设要点及案例】

数据备份存储系统支持 Windows、Linux 及 UNIX 操作系统下的文件或数据库在线备份，并支持不同平台下国外和国内数据库备份及恢复。

数据备份存储系统远程备份功能采用对等多主控模式，各主控能独立工作；支持断点续传、双向缓冲、流量控制、传输时间段限制、压缩、加密等有效的广域网数据备份技术，减少网络通信流量，提高数据传输的稳定性和高效性；可实现一对一、一对多、多对一、多对多的远程备份容灾方式。

该控制点对工业控制系统各个功能层级的适用情况如表 4-58 所示。

表 4-58　数据备份恢复适用情况

控制点	功能层级				
	企业资源层	生产管理层	过程监控层	现场控制层	现场设备层
数据备份恢复	适用	适用	部分适用	部分适用	不适用

在工业控制系统中，重要数据包括但不限于业务应用信息、组态信息、控制器程序、工作站配置信息等。

10）剩余信息保护

【标准要求】

第三级以上安全要求如下：

a）应保证鉴别信息所在的存储空间被释放或重新分配前得到完全清除；

b）应保证存有敏感数据的存储空间被释放或重新分配前得到完全清除。

【解读和说明】

本控制点要求主要针对主机和应用系统层面，不涉及网络和安全设备。鉴别信息是指用户身份鉴别的相关信息，敏感数据就是个人信息或企业重要信息。

鉴别信息和敏感数据的存储空间在被再次分配前应得到完整的释放。对于操作系统、内存和磁盘存储，可采取多次删除后覆盖的手段。对于应用系统，在设计时就应将这项功能集成在系统中。

SCADA、DCS、PLC 系统、SIS 等工控系统软件，在满足正常功能的要求上，处理鉴别信息和敏感信息时要特别注意剩余信息保护的问题，程序卸载重装时，需要处理好卸载残留问题。

【相关安全产品或服务】

SCADA、DCS、PLC 系统、SIS 等内建安全工控系统软件的剩余信息保护功能；主机基于操作系统本身的剩余信息保护功能。

【安全建设要点及案例】

工控系统软件在使用鉴别数据后，应及时将对应数据置零清空；在卸载时，需要清理注册表、配置数据、残留数据等信息；软件重新安装时，应重新设置注册表、添加配置数据，不应受上次安装残留文件影响。

　　典型应用场景，如安全可信 PLC/安全可信 DCS。对于安全主控制器来说，控制逻辑或工艺参数可能包含敏感数据，可在每次更新时将原有数据彻底清除，以防在可能的存储区域存留而造成泄露。另外，在监控层的服务器上通常存有鉴别信息或其他敏感数据，对这些数据进行更新或对相应存储空间重新分配时，需要考虑剩余信息保护问题。可信系统剩余信息保护示例如图 4-32 所示。

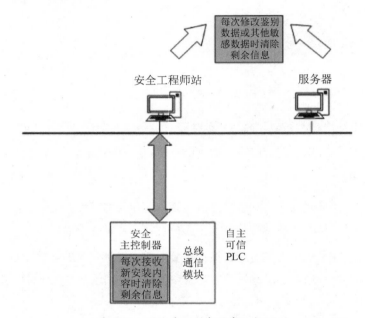

图 4-32　可信系统剩余信息保护示例

　　该控制点对工业控制系统各个功能层级的适用情况如表 4-59 所示。

表 4-59　剩余信息保护适用情况

控制点	功能层级				
	企业资源层	生产管理层	过程监控层	现场控制层	现场设备层
剩余信息保护	适用	适用	适用	适用	部分适用

　　工业控制系统中的数据存储设备主要集中在企业资源层、生产管理层、过程监控层、现场控制层，数据信息存储的载体主要为服务器、终端、控制器等设备。现场设备层中存储的数据大多为实时生产数据和设备运行参数，不涉及工艺参数、鉴别信息和敏感信息的存储，只有部分智能仪表设备等适用于剩余信息保护安全要求。

11）个人信息保护

【标准要求】

第三级以上安全要求如下：

a）应仅采集和保存业务必需的用户个人信息；

b）应禁止未授权访问和非法使用用户个人信息。

【相关安全产品或服务】

应用系统个人信息采集及保护功能、终端数据防泄露系统、网络数据防泄露系统等提供个人信息保护功能的软件系统或相关安全组件。

【安全建设要点及案例】

考虑到对双因素认证的需求，除了采用用户口令，通常还需要配合用户证书、验证码、移动 UKey、生物技术（指纹识别、虹膜识别等）来实现。目前指纹识别技术已经在工控领域得到应用，技术相对成熟，但是指纹属于关键的用户个人信息，对用户指纹的采集、传输、存储、使用和销毁必须有严格的管理流程和技术保护措施，如必须在用户充分知情的情况下采集和使用用户指纹，采用加密方式传输和存储指纹信息，在严格规定的范围内使用指纹信息，并可根据用户的需求彻底删除指纹信息。

（1）终端数据防护场景

终端数据防泄露系统支持对终端所使用的数据进行深度内容分析，是监控单位敏感数据泄露和发现敏感信息隐患存储的数据安全保护系统。通过定位准确判定计算机终端的敏感数据，再对敏感数据在终端的使用行为及存储行为进行监控，达到终端敏感数据保护的效果。

终端数据防泄露系统由管理服务端和客户端两部分组成，采用 C/S 的部署方式，并提供管理员 B/S 管理中心，在系统部署时主要分两部分进行。

在企业服务器区域中部署安装管理服务端程序与数据库服务器，管理员通过管理中心访问管理服务器，可实现策略定制下发、事件日志查看等功能。

客户端以代理（Agent）的形式部署安装在用户工作区域各办公计算机当中，客户端负责终端的扫描检测、内容识别、外发监控、事件上报等功能的应用。

（2）网络数据防护应用场景

网络数据防泄露系统支持文档指纹方式精确识别敏感内容，指纹提取支持本地和远程两种方式提取。通过对各类网络传输的文件中的图片进行识别，鉴别出可能存在的指纹图片，保证作为个人信息的指纹不会泄露。

该控制点对工业控制系统各个功能层级的适用情况如表4-60所示。

表4-60　个人信息保护适用情况

控制点	功能层级				
	企业资源层	生产管理层	过程监控层	现场控制层	现场设备层
个人信息保护	适用	适用	适用	不适用	不适用

工业控制系统中的个人信息采集、存储和使用主要集中在企业资源层、生产管理层、过程监控层，个人信息采集、存储和使用的载体主要为服务器、终端等设备。现场控制层、现场设备层中存储的数据均为生产数据和工艺参数，不涉及用户个人信息的存储，因此现场控制层、现场设备层不适用于个人信息保护安全要求。

2. 安全扩展要求

控制设备安全

【标准要求】

第三级以上安全要求如下：

a）控制设备自身应实现相应级别安全通用要求提出的身份鉴别、访问控制和安全审计等安全要求，如受条件限制控制设备无法实现上述要求，应由其上位控制或管理设备实现同等功能或通过管理手段控制；

b）应在经过充分测试评估后，在不影响系统安全稳定运行的情况下对控制设备进行补丁更新、固件更新等工作；

c）应关闭或拆除控制设备的软盘驱动、光盘驱动、USB接口、串行口或多余网口等，确需保留的应通过相关的技术措施实施严格的监控管理；

d）应使用专用设备和专用软件对控制设备进行更新；

e）应保证控制设备在上线前经过安全性检测，避免控制设备固件中存在恶意代码程序。

【解读和说明】

企业资源层、生产管理层不适用于安全扩展要求的防护范围。保证计算环境控制设备安全的主要安全目标是采取技术或管理措施确保控制设备自身是安全可控的。

控制设备在组态下载、运行参数上送、联机调试和固件更新等场景下，应先对主体的身份进行鉴别，核实访问权限，并记录所有正确和失败的操作行为。考虑到现场设备层、现场控制层通常采用嵌入式控制设备，资源和性能条件受限，自身无法满足身份鉴别、访问控制和安全审计等安全功能，可通过与其相连的上位机如工程师站、操作员站来实现相应工业安全控制功能。

连续性是工业生产的基本要求，因此，无论是生产设备，还是设备的控制系统，都需要长期连续运行，很难做到及时更新补丁。在对控制设备进行补丁更新、固件更新时，需要先行对控制系统进行充分的验证、兼容性测试和评估，然后在停产维修阶段对系统进行更新升级，保障控制系统的可用性。

USB 接口、光驱、串行口等工业主机外设的使用，为病毒、木马、蠕虫等恶意代码的入侵提供了途径，拆除或封闭工业主机上的不必要外设接口可减少其被感染的风险。不具备拆除条件或确需保留的，需要对必要外联接口进行驱动层面管控，划分授权。在控制系统的上位机上安装工业主机防护系统是最普遍而又有效的手段。

控制设备更新需要采用专用硬件，确保运维版本控制，控制系统更新均为专用软件。应使用工业控制系统相匹配的专用设备和软件，并由专业人员进行更新操作。

工业控制设备上线前应事先在离线环境中进行测试与验证，其中离线环境指的是与生产环境物理隔离的环境。验证和测试内容包括安全软件的功能性、兼容性及安全性、脆弱性检测以及恶意代码检测。

【相关安全产品或服务】

工控主机卫士、安全组态软件、工业控制设备升级工具、工业控制设备安全检测工具（如工控漏扫）等提供控制设备安全功能的软件系统或相关安全组件。

【安全建设要点及案例】

（1）控制设备身份鉴别、访问控制和安全审计

控制设备在组态下载、运行参数上送、联机调试和固件更新等场景下，应先对主体的身份进行鉴别，核实访问权限，并记录所有正确和失败的操作行为。

以组态下载为例，选择控制站，选择菜单命令"编辑/在线下载"或者从其右键快捷菜单中选择"在线下载"，系统将弹出"联机密码"对话框，输入联机密码。

（2）安全组态软件—权限组态

通过工业控制系统的上位机组态软件环境支持对不同访问用户进行权限分配，并依据权限最小化原则对不同的用户分配其业务所需的最小权限，实现对用户的权限控制功能。操作员权限组态示例可参考图 4-20。

（3）安全组态软件—用户组态

通过工业控制系统的上位机组态软件环境支持对控制系统用户配置相对应的身份鉴别机制，实现对工业控制系统操作的身份鉴别功能。操作员用户组态示例可参考图 4-21。

（4）工业主机加固系统

以工业主机外设管控为例，工业主机加固系统可对 USB 接口、光驱、串行口等外设进行控制，从而阻断病毒、木马、蠕虫等恶意代码的入侵。

该控制点对工业控制系统各个功能层级的适用情况如表 4-61 所示。

表 4-61　控制设备安全适用情况

控制点	功能层级				
	企业资源层	生产管理层	过程监控层	现场控制层	现场设备层
控制设备安全	不适用	不适用	适用	适用	不适用

工业控制系统中的现场设备层的主要作用是传感生产数据和执行现场控制层下发的操作指令，其上传数据和接收指令的通道是固定不变的。对于现场设备层控制设备而言，其自身无法应用身份鉴别、访问控制、安全审计策略，同时，由于现场设备层的控制设备涵盖不同厂家、品牌、型号，且控制设备本身的 USB 接口、串行口或多余网口等多为生产厂家标准配置，所以只能通过管理手段对其进行管控，而无法通过技术手段管控。

现场设备层控制设备具有多样性，其补丁更新、固件更新和上线前检测等安全要求同样存在较难落地的情况，因此对现场设备层控制设备补丁更新、固件更新和上线前检测通常不做强制性要求。

企业资源层和生产管理层中的服务器、工作站等计算资源与 IT 系统功能和构成环境几乎一样，因此企业资源层和生产管理层不适用于工控系统控制设备安全要求。

4.3.5　安全管理中心

1. 安全通用要求

1）系统管理

【标准要求】

第三级以上安全要求如下：

a）应对系统管理员进行身份鉴别，只允许其通过特定的命令或操作界面进行系统管理操作，并对这些操作进行审计；

b）应通过系统管理员对系统的资源和运行进行配置、控制和管理，包括用户身份、资源配置、系统加载和启动、系统运行的异常处理、数据和设备的备份与恢复等。

【解读和说明】

安全管理中心的系统应当存在系统管理员账号，同时对系统管理员账号的使用进行身份鉴别。安全产品或组件具备一种或多种身份鉴别方式。具有审计管理权限的用户可以对系统管理员用户的各类操作进行审计。

系统管理员可以对安全管理中心系统的资源、运行状况进行配置和管理，其功能包括但不限于用户身份配置管理、系统资源管理、系统加载和启动、系统运行异常处理、数据和设备的备份和恢复等。

【相关安全产品或服务】

提供系统管理功能的安全管理中心系统等，如工业安全管理平台、态势感知平台等提供安全数据统一存储分析、展示的平台或相关安全组件。

【安全建设要点及案例】

工业控制系统的安全管理中心建设中常采用工业安全管理平台，管理平台支持对工业控制系统安全产品（如工业入侵检测系统、工业控制系统专用防火墙、工控安全审计系统、主机安全卫士等）的安全策略和安全配置进行设置和检查，能获取安全审计日志信息，按照安全事件特征进行分析，发现并确认安全事件，并进行报警响应处理。系统管理员账号使用HTTPS，以用户名+口令方式登录工业安全管理平台。用户身份配置管理可参考图 4-22。

工业安全管理平台能对运行于工业控制系统中的安全产品进行统一管理，并建立设备清单。设备清单包括设备名称、设备类型、重要程度、所处位置和安全责任人等内容。不同产品的设备清单包括的内容可能不同，设备管理按安全产品划分，能够对工业控制系统安全产品的运行状态进行监测。

工业安全管理平台可以新增数据库服务器，对数据进行保护，定期备份，避免数据受到未预期的删除、修改或覆盖等。

该控制点对工业控制系统各个功能层级的适用情况如表 4-62 所示。

表 4-62　系统管理适用情况

控制点	功能层级				
	企业资源层	生产管理层	过程监控层	现场控制层	现场设备层
系统管理	适用	适用	适用	不适用	不适用

依据 GB/T 22239—2019 "附录 G 工业控制系统应用场景说明"中的"表 G.1 各层次与等级保护基本要求的映射关系"，安全管理中心一般部署于生产管理层、过程监控层中，不适用于现场控制层和现场设备层。

2）审计管理

【标准要求】

第三级以上安全要求如下：

a）应对审计管理员进行身份鉴别，只允许其通过特定的命令或操作界面进行安全审计操作，并对这些操作进行审计；

b）应通过审计管理员对审计记录进行分析，并根据分析结果进行处理，包括根据安全审计策略对审计记录进行存储、管理和查询等。

【解读和说明】

安全管理中心的系统应当设置审计管理员账号，同时对审计管理员账号的使用进行身份鉴别。安全产品或组件具备一种或多种身份鉴别方式。具有审计管理权限的用户可以对审计管理员的各类操作进行审计。对审计管理员的审计需要由另一个审计管理员进行。

审计管理员可以通过安全产品自身或额外的审计工具对审计记录进行分析，并根据分析结果进行处理，包括但不限于根据安全审计策略对审计记录进行存储、管理和查询等。

【相关安全产品或服务】

提供审计管理功能的安全管理中心系统等，如工业安全管理平台、态势感知平台等提供安全数据统一存储分析、展示的平台或相关安全组件。

【安全建设要点及案例】

工业控制系统的安全管理中心建设中常采用工业安全管理平台，管理平台支持对工业控制系统安全产品（如工业入侵检测系统、工业控制系统专用防火墙、工控安全审计系统、主机安全卫士等）的安全策略和安全配置进行设置和检查，能获取安全审计日志信息，按照安全事件特征进行分析，发现并确认安全事件，并能进行报警响应处理。

工业安全管理平台常使用 HTTPS 进行通信，审计管理员账号通过用户名+口令和 UKey 认证方式进行双因素认证并登录工业安全管理平台。

工业安全管理平台的系统日志包括事件发生的日期、时间、用户标识、事件描述和结果、远程登录管理主机的地址。工业安全管理平台提供多条件查阅工具，对系统日志和收集的审计日志进行查询。

该控制点对工业控制系统各个功能层级的适用情况如表 4-63 所示。

表 4-63　审计管理适用情况

控制点	功能层级				
	企业资源层	生产管理层	过程监控层	现场控制层	现场设备层
审计管理	适用	适用	适用	不适用	不适用

依据 GB/T 22239—2019 "附录 G　工业控制系统应用场景说明"中的"表 G.1 各层次与等级保护基本要求的映射关系"，安全管理中心一般部署于生产管理层、过程监控层中，不适用于现场控制层和现场设备层。

3）安全管理

【标准要求】

第三级以上安全要求如下：

a）应对安全管理员进行身份鉴别，只允许其通过特定的命令或操作界面进行安全管理操作，并对这些操作进行审计；

b）应通过安全管理员对系统中的安全策略进行配置，包括安全参数的设置，主体、客体进行统一安全标记，对主体进行授权，配置可信验证策略等。

【解读和说明】

安全管理中心的系统应当设置安全管理员账号，同时对安全管理员账号的使用进行身份鉴别。安全产品或组件具备一种或多种身份鉴别方式。具有审计管理权限的用户可以对安全管理员用户的各类操作进行审计。

安全管理员可以对系统中的安全策略进行配置，包括安全参数的设置，对主体、客体进行统一安全标记，对主体进行授权（如网络的访问控制策略等），配置可信验证策略等。

【相关安全产品或服务】

提供安全管理功能的安全管理中心系统等，如工业安全管理平台、态势感知平台等提供安全数据统一存储分析、展示的平台或相关安全组件。

【安全建设要点及案例】

工业控制系统的安全管理中心建设中常采用工业安全管理平台，管理平台支持对工业控制系统安全产品（如工业入侵检测系统、工业控制系统专用防火墙、工控安全审计系统、主机安全卫士等）的安全策略和安全配置进行设置和检查，能获取安全审计日志信息，按照安全事件特征进行分析，发现并确认安全事件，并能进行报警响应处理。

工业安全管理平台常使用 HTTPS 进行通信，安全管理员账号通过用户名+口令和 UKey 认证方式进行双因素认证并登录工业安全管理平台。

工业安全管理平台能对工业控制系统安全产品的安全策略进行设置，如工业入侵检测系统报警策略、工业控制系统专用防火墙的数据包过滤规则、工业控制网络隔离产品访问控制策略、工业控制安全审计产品的审计策略等，并支持对安全策略进行添加、删除、修改和分发。

该控制点对工业控制系统各个功能层级的适用情况如表 4-64 所示。

表 4-64　安全管理适用情况

控制点	功能层级				
	企业资源层	生产管理层	过程监控层	现场控制层	现场设备层
安全管理	适用	适用	适用	不适用	不适用

依据 GB/T 22239—2019 "附录 G 工业控制系统应用场景说明" 中的 "表 G.1 各层次与等级保护基本要求的映射关系"，安全管理中心一般部署于企业资源层、生产管理层、过程监控层中，不适用于现场控制层和现场设备层。

4）集中管控

【标准要求】

第三级以上安全要求如下：

a）应划分出特定的管理区域，对分布在网络中的安全设备或安全组件进行管控；

b）应能够建立一条安全的信息传输路径，对网络中的安全设备或安全组件进行管理；

c）应对网络链路、安全设备、网络设备和服务器等的运行状况进行集中监测；

d）应对分散在各个设备上的审计数据进行收集汇总和集中分析，并保证审计记录的留存时间符合法律法规要求；

e）应对安全策略、恶意代码、补丁升级等安全相关事项进行集中管理；

f）应能对网络中发生的各类安全事件进行识别、报警和分析；

g）应保证系统范围内的时间由唯一确定的时钟产生，以保证各种数据的管理和分析在时间上的一致性。

【解读和说明】

在工业控制系统中划分出特定的网络区域作为安全管理中心的管理区域，对分布在网络中的安全设备或安全组件进行管控。

工业控制系统常采用组建带外管理网络的方式建立安全的信息传输路径，在带外管理网络的基础上建设安全管理平台。当工业控制系统因各类原因（如产品或设备不支持带外管理网络功能、组建带外管理网络成本过高等）不适合组建带外管理网络时，可使用加密技术或隧道技术保证信息传输路径的安全性。

各安全产品应具有将各类运行状况和审计数据主动发送至安全管理平台的功能，包括但不限于网络链路、安全设备、网络设备和服务器等的运行状况。安全管理平台在汇总并进行集中分析后，向用户提供分析报告和相关告警、处置建议等，并依据《中华人民共和国网络安全法》要求将审计记录留存六个月以上。

【相关安全产品或服务】

提供集中管控功能的安全管理中心系统等，如工业安全管理平台、态势感知平台等提供安全数据统一存储分析、展示的平台或相关安全组件。

【安全建设要点及案例】

使用带外管理网络的安全管理平台是较为常用的解决方案。以下对常见部署模式进行介绍。通常的网络管理手段基本上是带内管理，即管理控制信息与数据信息使用统一物理通道进行传送。带外管理的核心理念在于通过不同的物理通道传送管理控制信息和数据信息，两者完全独立，互不影响。

工业安全管理平台/态势感知平台部署在安全管理域网段内，各安全系统的带外管理口也配置在安全管理域网段内，保证互联互通。日志审计也部署在安全管理域网段内，与各安全系统的带外管理口互联互通，实现对各系统告警日志的集中收集、存储、分析与展示。同时，日志审计可作为安全管理平台的日志探针，把日志上传给安全管理平台进行集中存储与风险分析。安全管理中心系统是企业和组织对自有工业生产控制内网进行态势感知的系统。除了具备安全设备的统一管理、策略下发等功能，系统通常收集所管理网络的资产、流量、日志、设备运行状态等相关的安全数据，经过存储、处理、分析后形成安全态势及告警，辅助用户了解所管辖工业网络的安全态势并能对告警进行协同处置。可利用现有的安全系统、安全设备，逐步演进为"工控安全数据集中存储、工控态势感知场景丰富、安全动态建模分析及工控可视化综合展示"的高价值安全信息存储及分析系统，加快对安全威胁的认知及有效预警。

工业集中管理平台是当前主流的安全管理中心系统之一，其部署方式主要是部署在网络的管理域中，在核心交换域和各个探针进行数据交换。采用旁路端口镜像的方式通过各个探针实现实时的流量威胁检测，检测结果送集中管理平台进行数据挖掘分析展示。工业安全管理平台/态势感知平台负责全网安全系统的状态监测、安全事件的收集与分析及风险展示与集中处置，可实现安全策略、恶意代码、补丁升级（不可自动，需要人工验证干预）等安全相关事项的集中管理。工业集中管理平台拓扑示例如图 4-33 所示。

工业集中管理平台的部署方式如下：将安全设备或安全组件的管理口和安全管理平台的数据口相连；通过安全管理平台的管理口访问安全管理平台，并对安全设备或组件进行操作；日志审计系统集中管理核心平台部署在安全管理域内；工业安全管理平台/态势感知平台主要部署在安全管理域内，通过服务器部署。

安全管理平台能对安全设备或组件进行统一管理、状态监测、信息收集、策略配置等操作，并对收集的安全设备或组件日志进行统计分析、及时告警。

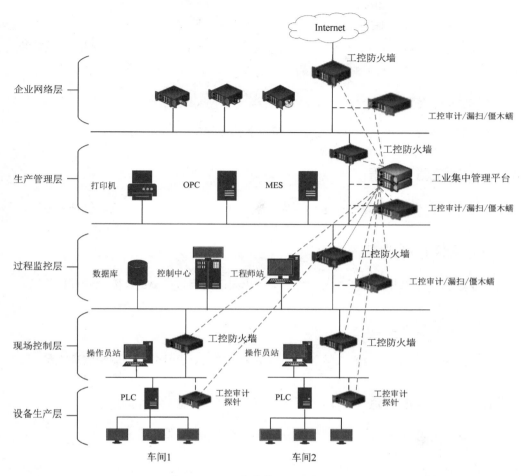

图 4-33 工业集中管理平台拓扑示例

该控制点对工业控制系统各个功能层级的适用情况如表 4-65 所示。

表 4-65 集中管控适用情况

控制点	功能层级				
	企业资源层	生产管理层	过程监控层	现场控制层	现场设备层
集中管控	适用	适用	适用	不适用	不适用

依据 GB/T 22239—2019 "附录 G 工业控制系统应用场景说明"中的"表 G.1 各层次与等级保护基本要求的映射关系",安全管理中心一般部署于企业资源层、生产管理层、过程监控层中,不适用于现场控制层和现场设备层。

从信息安全事件管理的角度看，安全管理中心可以同时对 IT 和 OT 安全事件进行管理。但是从业务的角度看，OT 安全事件的安全优先级高于 IT 安全事件，所以从策略管理的角度讲，IT 对 OT 进行策略的下发属于以下管上行为，不符合业务优先性原则。

2．安全扩展要求

工业控制系统"安全管理中心"没有安全扩展要求。

4.3.6　安全管理制度

工业控制系统"安全管理制度"的安全要求同通用要求部分的"安全管理制度"。

4.3.7　安全管理机构

工业控制系统"安全管理机构"的安全要求同通用要求部分的"安全管理机构"。

4.3.8　安全管理人员

工业控制系统"安全管理人员"的安全要求同通用要求部分的"安全管理人员"。

4.3.9　安全建设管理

1．安全通用要求

工业控制系统"安全建设管理（通用）"的安全要求同通用要求部分的"安全建设管理"。

2．安全扩展要求

1）产品采购与使用

【标准要求】

第三级以上安全要求如下：

工业控制系统重要设备应通过专业机构的安全性检测后方可采购使用。

【解读和说明】

工业企业在采购重要及关键控制系统或网络安全专用产品时，应了解该产品是否已通过国家相关认证标准的认证，并且在相关专业机构进行了安全性检测（如中国电科院、国网电科院的电力工控产品测试服务等）。重要设备可参考国家互联网信息办公室会同工业和信息化部、公安部及国家认证认可监督管理委员会等部门制定的《网络关键设备和网络安全专用产品目录》。

【相关安全产品或服务】

安全咨询服务、安全测试服务。

【安全建设要点及案例】

工业控制系统安全扩展要求主要针对现场控制层和现场设备层提出特殊安全要求，其他层级使用安全通用要求条款，对工业控制系统的保护需要根据实际情况使用这些要求。

该控制点对工业控制系统各个功能层级的适用情况如表 4-66 所示。

表 4-66 产品采购与使用适用情况

控制点	功能层级				
	企业资源层	生产管理层	过程监控层	现场控制层	现场设备层
产品采购与使用	不适用	不适用	不适用	适用	适用

2）外包软件开发

【标准要求】

第三级以上安全要求如下：

应在外包开发合同中规定针对开发单位、供应商的约束条款，包括设备及系统在生命周期内有关保密、禁止关键技术扩散和设备行业专用等方面的内容。

【解读和说明】

工业企业在进行外包项目时，应与外包公司及控制设备提供商签署保密协议或合同，以保证其不会将本项目重要建设过程及内容进行宣传及案例复用，从而保障工业企业在建设时期的敏感信息、重要信息等内容不被泄露。

【相关安全产品或服务】

安全咨询服务。

【安全建设要点及案例】

工业控制系统安全扩展要求主要针对现场控制层和现场设备层提出特殊安全要求，其他层次使用安全通用要求条款。对工业控制系统的保护需要根据实际情况使用这些要求。

该控制点对工业控制系统各个功能层级的适用情况如表 4-67 所示。

表 4-67　外包软件开发使用适用情况

控制点	功能层级				
	企业资源层	生产管理层	过程监控层	现场控制层	现场设备层
外包软件开发	不适用	不适用	不适用	适用	适用

4.3.10　安全运维管理

工业控制系统"安全运维管理"的安全要求同通用要求部分的"安全运维管理"。

4.3.11　第三级以上工业控制系统安全整体解决方案示例

1. 火电行业控制系统典型场景

火电机组在我国电力生产供应中承担了相当一部分份额，既是网络安全等级保护第三级系统，也是关系国家战略安全的关键基础设施，是工业控制系统安全建设的重点对象。在大型火电等工业设施中，大型 DCS 作为保障其运行的核心管控系统，具有高可靠性、强实时性、控制逻辑复杂和大规模系统部署等典型特点，其安全防护建设非常具有代表性。

火电行业控制系统有如下特点：点数通常不高，平均 1 万 ~ 2 万个，区域划分相对集中，单域点数多；目前主流方式多采用单层网络架构，同时存在大量采用二层级联、双环网冗余网络架构的在役系统；操作员站数量多，操作频次高，设备之间关联性较高，数据伪造攻击后果严重，需要重视身份鉴别和数据的完整性校验；需要重点关注对电力专有协议和私有协议的解析；电网侧及发电侧安全并网有明确的信息安全技术规范，需要重点补齐安全控制区信息安全防护短板。

综合以上行业特点，按照网络安全等级保护基本要求、国家能源局 36 号文件等政策、法规要求，遵循"安全分区、网络专用，横向隔离、纵向认证"的总体方针，目前的典型火电厂系统架构及安全防护方案如图 4-34 所示。

典型的火力发电工业控制系统的安全能力以控制系统内生安全为核心，配合边界安全措施，形成满足网络安全等级保护第三级要求的信息安全防护完整体系。

核心控制系统可采用具备安全可信特性的控制器。控制系统及上位机终端可以支持基于可信计算的可信度量，实现对内核中可能存在的恶意代码的加载和启动度量，有效抑制内嵌恶意代码和代码篡改的风险。同时，应采用集成网络通信行为审计和控制逻辑业务行为审计的综合审计系统对控制系统内部威胁进行监测。

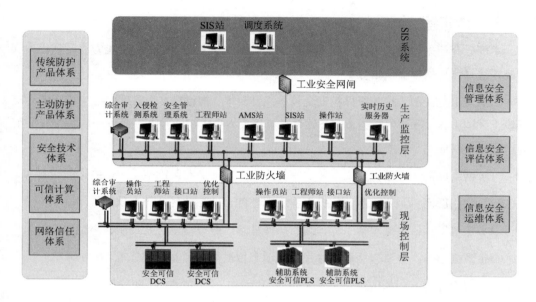

图 4-34　典型火电厂系统架构及安全防护方案

边界安全应采用工业隔离设备、工业入侵检测系统、工业管理型交换机等网络防护设备抵御由外部发起的网络攻击。

2. 保护对象

本部分介绍火力发电工业控制系统的可抽象保护对象，为能力建设落地和选择测评对象提供指导。

火力发电工业控制系统的基础网络及信息化系统为等级保护的保护对象，按照受侵害的客体、对客体的侵害程度确定系统定级。具体网络安全等级保护对象的范围界定和子系统选择可根据用户实际需求进行确定。可能的网络安全等级保护对象包括如下两个方面。

（1）火力发电工业控制系统整体进行等级保护定级，包括现场采集/执行、现场控制、过程控制和生产管理等部分，整体作为保护对象，整体进行网络安全防护，整体进行网络安全等级保护测评工作。

（2）以机组 DCS 为单位确定网络安全等级保护对象，如"1#机组 DCS""1#机组 DCS+DEH""1#机组 DCS+公用系统 DCS"等。

3. 安全措施

本部分介绍火力发电工业控制系统在该模式下的对应安全措施，为能力建设落地和等级测评选择测评指标提供指导。

为满足工业控制系统等级保护安全技术设计要求，构建在安全管理中心支持下的计算环境、区域边界、通信网络三重防御体系，可将火力发电工业控制系统安全防护措施分解为以下四个层面。

（1）网络层面：主要包括安全域之间的边界，通信链路关键节点、网络通信设备等。

（2）应用层面：主要包括上位机工程组态软件、监控软件、仿真软件等。

（3）主机层面：主要包括工程师站、操作员站、服务器主机及控制器内生安全等。

（4）数据层面：主要包括通信过程中的动态传输数据和静态数据等。

每个层面针对不同的信息安全要求分别配置相应的防护策略，防护策略总体可分为五大类，基本可以覆盖目前工程及相关标准对工业控制系统提出的所有信息安全需求。五类信息安全防护策略包括以下五个方面。

（1）区域划分隔离：根据等级保护要求的区域划分原则将控制系统按照不同的功能、控制区、非控制区进行区域划分。

（2）网络节点保护：对各安全区域的边界节点进行隔离防护，并对各安全域内的关键通信节点配置防护策略。

（3）主机安全防护：上位机主机加装基于可信计算的白名单终端防护软件及主机加固保证主机设备安全，下位机通过内生安全防护技术增强控制器的防护能力。

（4）通信数据加密：控制系统的关键数据如下装数据、身份验证数据等进行通信加密和加密存储。

（5）集中审计管控：在安全管理区配置集中审计和管理平台，对系统安全策略进行统一管理并集中收集分析各层级的安全审计内容。

4. 实施要点及说明

（1）控制系统内生安全

控制系统可采用多种内生安全防护技术增强安全防护能力，如采用可信 DCS、支持与组态上位机的加密通信、优化协议栈提高对 DDoS 攻击、畸形报文攻击和非法报文攻击的网络自抵御能力等。控制系统可采取支持基于可信计算的可信度量技术，实现对内核中可能存在的恶意代码的加载和启动度量，有效抑制内嵌恶意代码和代码篡改的风险。

控制系统应将身份鉴别信息生命周期管理、双因素认证、默认强口令要求等技术要求以软件功能的方式集成到系统中，对全场身份鉴别信息进行集中管理。

控制系统区边界防护在 SIS 核心交换机旁路部署工业入侵检测系统，对网络数据流量进行入侵检测和告警。SIS 核心交换机接入综合审计系统，用于各网络中日志和信息的采集和汇总分析。部署工业安全管理平台，实现工业安全信息的集中采集、存储、展示、分析、预警及安全设备的管理功能。

控制系统域边界防护在各 DCS 的网络和 SIS 网络边界部署工业安全网闸（工业控制系统专用防火墙），实现 DCS 与 SIS 的隔离，保护 DCS 网络边界安全；在各 DCS 的主交换机旁路部署工业网络审计系统，实现网络的全流量审计、告警和分析功能。如果可能，应同时对控制系统控制层网络工业私有协议的操作指令进行审计。

控制系统控制层内部通信边界防护在各内部区域间应采用具有 ACL 功能的交换机配置端口及 IP 通信过滤策略。

（2）控制系统上位机防护

对主机终端进行主机加固并加装基于白名单（和可信计算）的（可信）终端防护系统，实现终端的病毒和安全防护。

各控制点在火力发电工业控制系统中的适用情况如表 4-68 所示。

表 4-68　各控制点在火力发电工业控制系统中的适用情况

技术要求类	技术要求项	控制点	适用情况	实施说明
安全通用要求（安全通信网络）+安全扩展要求（安全通信网络）	安全通用要求	网络架构	适用	网络区域划分、通过工业控制系统专用防火墙进行边界隔离防护
		通信传输	适用	通信加解密
		可信验证	不适用	无

续表

技术要求类	技术要求项	控制点	适用情况	实施说明
安全通用要求（安全通信网络）+安全扩展要求（安全通信网络）	安全扩展要求	网络架构	适用	网络区域划分、通过工业控制系统专用防火墙进行边界隔离防护
		通信传输	不适用	通信加解密
安全通用要求（安全区域边界）+安全扩展要求（安全区域边界）	安全通用要求	边界防护	适用	通过工业控制系统专用防火墙进行边界隔离防护
		访问控制	适用	通过工业控制系统专用防火墙、交换机ACL功能进行通信访问控制
		入侵防范	适用	部署IDS进行入侵防范
		恶意代码和垃圾邮件防范	不适用	无
		安全审计	适用	部署网络审计系统进行安全审计
		可信验证	适用	支持可信验证能力的网络边界设备
	安全扩展要求	访问控制	适用	通过工业控制系统专用防火墙、交换机ACL功能进行通信访问控制
		拨号使用控制	不适用	无
		无线使用控制	不适用	无
安全通用要求（安全计算环境）+安全扩展要求（安全计算环境）	安全通用要求	身份鉴别	适用	终端防护软件和综合监控系统内生安全提供支持双因素认证的身份鉴别能力
		访问控制	适用	终端防护软件和综合监控系统内生安全提供自主访问控制和强制访问控制功能
		安全审计	适用	提供日志审计能力
		入侵防范	适用	终端防护软件具备入侵防范能力
		恶意代码防范	适用	可信白名单
		可信验证	适用	可信白名单
		数据完整性	适用	通过密码手段进行存储保护
		数据保密性	适用	通过密码手段进行存储保护
		数据备份恢复	适用	控制中心和备用中心进行数据冗余备份
		剩余信息保护	不适用	无
		个人信息保护	不适用	无
	安全扩展要求	控制设备安全	适用	采用安全可信PLC等设备保证控制设备的安全
安全通用要求（安全管理中心）	安全通用要求	系统管理	适用	在控制中心设置统一的安全管理中心，部署安全管理平台、运维审计、数据库审计、漏洞扫描等设备
		审计管理	适用	
		安全管理	适用	
		集中管控	适用	

第 5 章　大数据安全扩展要求

5.1　大数据安全概述

5.1.1　大数据

大数据是指具有体量巨大、来源多样、生成极快且多变等特征并且难以用传统数据体系结构有效处理的包含大量数据集的数据。[GB/T 35295—2017，定义 2.1.1]

（1）体量巨大。典型计算机硬盘的容量为 TB 量级，而一些大企业的数据量已经接近 EB 量级。海量数据容易产生数据泄露、篡改、丢失的风险。因此，需要加强海量数据的存储、隔离、查询、清除的安全防护能力，保障数据传输和存储的保密性和完整性，保障数据的备份恢复能力。

（2）来源多样。数据可能来自多个数据仓库、数据领域或多种数据类型，包括结构化数据和非结构化数据。非结构化数据包括网络日志、音频、视频、图片、地理位置信息等。一旦数据出现问题，多样的数据来源易造成责任认定的困难。因此，需要加强数据溯源的安全能力，保障个人和企业权益的维护以及法律责任的追溯和认定。

（3）生成极快/处理速度快。在海量的数据面前，数据处理的效率就是企业的生命。数据处理过程中容易出现误操作和操作中断等安全风险。因此，需要保证操作过程的安全、稳定，需要加强组件之间网络通信安全、网络边界防护、身份鉴别、数据处理安全审计、数据清洗和转换的安全能力，保障海量数据处理的高效性、安全性和稳定性。

（4）多变。大数据的数量和类型无时无刻都处在变化与发展中，这影响了数据的处理和有效管理。在数据处理的过程中易产生价值数据或个人信息泄露等安全风险。因此，需要加强数据分类分级、数据访问控制、脱敏和去标识化的安全能力，保障个人敏感信息等不被泄露。

5.1.2　大数据部署模式

应按照大数据系统各类服务模式和对象，即大数据平台、大数据应用和大数据资源，结合现有大数据常见的部署模式，依照"谁运营，谁负责"的原则，确认大数据对象的责任主体。

在大数据平台部署模式中，基础设施层可能采用虚拟化技术、云计算技术或数据仓库技术，支持上层大数据平台数据处理和计算，也可能采用集成核心大数据服务所需的服务器、存储与网络设备、虚拟化软件等通用基础设施和计算资源，减少大数据服务基础设施部署和运维管理复杂度，简化大数据服务性能优化等问题。

大数据平台可以依托公共云计算资源，其中的基础设施层可由公共云计算服务商提供，也可以依赖私有云计算模式，其与上层大数据平台数据处理和计算同属统一主体，需要按照不同层服务资产的归属，确认各自责任主体。

5.1.3　大数据处理模式

根据数据类型及使用目的的不同，大数据处理模式可分为批处理计算、流式计算、图计算、查询分析计算等。

1）批处理计算

批处理计算主要针对存储的大规模静态数据进行计算，等到全部数据完成后返回有价值的结果，关键技术有 Pig、ZooKeeper、Hive、HDFS、Mahout、yarn、MapReduce 等。其中，MapReduce 是大数据批处理计算模式的典型代表。

2）流式计算

流式计算是一种针对流数据的实时计算，能够对来自不同数据源的数据流和连续到达的数据流进行实时处理，通过实时分析处理给出有价值的分析结果，关键技术有高可用技术、数据传输、系统资源调度等，代表产品有 Storm、S4、IBM InfoSphere Streams 等。流计算系统一般要满足高性能、海量式、实时性、分布式、易用性和可靠性等多种需求。

3）图计算

图计算主要针对大规模图结构数据进行处理，是一种可以表达为有向图的大规模计算，关键技术有数据融合和图分割等，代表产品有 Pregel、Trinity、GraphX、GraphLab 等。

4）查询分析计算

查询分析计算针对超大规模数据的存储管理和查询分析，需要提供实时或准实时响应。大数据查询分析计算的关键技术有 HBase 和 Hive，代表产品有 Dremel、Cassandra、Impala 等。

5.1.4　大数据相关安全能力

1. 数据清洗和转换

数据清洗和转换是指对数据进行重新审查和校验的过程，目的是删除重复信息，纠正存在的错误，并提供数据一致性。

大数据服务提供者可在数据仓库抽数、数据库中的知识发现等不同场景中应用数据清洗和转换技术，在实施的过程中可遵循以下几点管理原则。

（1）制定数据清洗和转换操作的相关安全规范，确保数据清洗和转换前后数据间的映射关系。

（2）采取必要的技术手段和管理措施，确保在数据清洗和转换过程中对数据的一致性进行保护。

（3）记录并保存数据清洗和转换过程中处理的个人信息、重要数据等。

（4）采取必要的技术手段和管理措施，在个人信息、重要数据有恢复需求时，保证数据清洗和转换过程产生问题时能有效地还原和恢复数据。

（5）具备数据清洗和转换一致性检测及故障处理能力。

1）数据清洗和转换应用的场景

（1）数仓抽数场景。在数据仓库环境中，数据清洗是数据抽取转换装载过程的一个重要部分，要考虑数据仓库的集成性与面向主题的需要，对数据源进行详细分析后，利用相关技术（如预定义的清洗规则字典函数库及重复记录匹配等）对从单个或者多个数据源中抽取的脏数据进行一系列转化，使其成为满足数据质量要求的数据。

（2）数据库中的知识发现场景。在 Web 上自动获取数据，集成为用户所需的有效信息，并在此基础上实现高效的查询、检索和比较。在数据挖掘、知识发现场景中，在 Web 上获取的数据可能存在大量的脏数据，如滥用缩写词、惯用语、数据输入错误、重复记录、值丢失、拼写变化、计量单位不同等，因此，在处理大数据前，需要从大数据中提取关系和实体，并且在经过关联和聚合后采用统一定义的结构来存储这些数据时，需要对数据进行清洗。

2）数据清洗和转换的流程

数据清洗和转换的流程可分为三个阶段：第一阶段为预处理阶段，第二阶段为分析处理阶段，第三阶段为校验阶段。

（1）预处理阶段：预处理阶段需要完成数据导入工具的选择并抽取部分数据，使用人工查看方式对数据本身进行直观的了解，并初步发现一些问题，为之后的处理做准备。

（2）分析处理阶段：分析处理阶段需要进行缺失值清洗、填充缺失内容、格式内容清洗及逻辑错误清洗等。

① 缺失值清洗：删除不需要的字段，建议在删除操作前做备份处理。

② 填充缺失内容：某些数据上字段缺失，不要补充默认值或者使用均值、中位数、众数等填充；如果缺失的字段内容非常重要，建议通过其他渠道重新取数。

③ 格式内容清洗：如果时间、日期、数值、全半角显示不一致等，将其处理成一致的某种格式。

④ 逻辑错误清洗：去重、去除不合理值、修正属性的依赖冲突。

（3）校验阶段：在校验过程中可做数据格式校验和关联性校验。数据格式校验即验证数据格式是否符合标准化格式；关联性校验即当数据源为多渠道获取时，如果出现信息不一致的现象，需要重新判断和调整数据值或者去除数据。

2. 数据脱敏和去标识化

数据脱敏是一种为用户提供虚假数据而非真实数据，防止敏感数据滥用的技术，包括静态脱敏（通常在非生产数据库中防止静态数据的滥用）和动态脱敏（生产库中传输数据的脱敏）。数据脱敏和去标识化后既可最大限度地释放大数据的流动性和使用价值，又可保证使用敏感信息的合规性。

大数据平台提供者在数据脱敏和去标识化的管理过程中，可以从制定数据脱敏和去标识化规范、发现敏感数据、定义脱敏规则、执行脱敏工作、验证脱敏有效性等方面着手，在实施过程中可以遵循以下几点原则。

（1）建立数据脱敏管理规范和制度，明确数据脱敏规则、脱敏方法和使用限制。

（2）明确数据脱敏处理应用场景、数据脱敏处理流程、涉及部门及人员的职责分工。

（3）明确数据脱敏服务组件或技术手段，支持泛化、抑制、干扰等数据脱敏技术。

（4）能够在屏蔽信息时保留其原始数据格式和特定属性，以满足基于脱敏数据的开发和测试要求。

（5）对数据脱敏过程操作进行记录，以满足数据脱敏处理安全审计要求。

（6）可明确列出需要脱敏的数据资产，给出不同分类分级数据的脱敏处理流程。

组织在制定数据脱敏和去标识化规则时，可采用的数据脱敏和去标识化方法包括泛化、抑制、扰乱与有损技术等。

（1）泛化。

① 数据截断：直接舍弃业务不需要的信息，仅保留部分关键信息，如将手机号码"13500010001"截断为"135"。

② 日期偏移取整：按照一定粒度对时间进行向上或向下偏移取整，可在保证时间数据一定分布特征的情况下隐藏原始时间，如将时间"20150101 01:01:09"按照 5 秒钟粒度向下取整得到"20150101 01:01:05"。

③ 规整：将数据按照大小规整到预定义的多个档位，如将客户资产按照规模分为高、中、低三个级别，将客户资产数据用这三个级别代替。

（2）抑制。

① 掩码：用通用字符替换原始数据中的部分信息，如手机号码"13500010001"经过掩码后得到"135****0001"，掩码后的数据长度与原始数据一样。

（3）扰乱。

① 加密：使用加密算法对原始数据进行加密，如将编号"12345"加密为"abcde"。

② 重排：将原始数据按照特定规则重新排列，如将序号"12345"重排为"54321"。

③ 替换：按照特定规则对原始数据进行替换，如统一将女性用户名替换为"F"。

④ 重写：参考原数据的特征，重新生成数据。重写与整体替换类似，但替换后的数据与原始数据通常存在特定规则的映射关系，而重写生成的数据与原始数据一般不具有映射关系，如对雇员工资，可使用在一定范围内随机生成的方式重新构造数据。

⑤ 均化：针对数值性的敏感数据，在保证脱敏后数据集总值或平均值与原数据集相同的情况下，改变数值的原始值。

⑥ 散列：对原始数据取散列值，使用散列值代替原始数据。

（4）有损技术。

限制返回行数：仅返回可用数据集合中一定行数的数据，如商品配方数据，只有在拿到所有配方数据后才具有意义，可在脱敏时仅返回一行数据。

3. 数据隔离

大数据系统数据隔离的目的是对不同用户的不同类型的数据进行隔离访问和存储。数据隔离主要涉及两种类型数据。

一种是用户业务数据。大数据系统应支持在访问前通过 MFA 机制对访问请求进行认证，对用户产生的业务数据进行存储隔离，并在相对独立、可控环境中进行计算和分析。同时，可通过加密、脱敏等方式对敏感数据进行处理，如利用加密算法对用户的落盘数据进行加密存储。加密存储能够防范云上存储数据的一系列非授权访问情形（即使这些情形本身发生概率极低），如攻击者攻陷基础设施并获得存储于大数据平台中的用户数据等。

另一种是用户审计数据。大数据系统应支持针对不同用户的不同日志数据进行日志审计的能力，将不同用户的审计数据独立存储，通过支持对数据分享、下载的权限管理，实现对日志数据的防泄露保护，特定用户只能访问和处理自身的审计数据。同时，平台方后台管理员也应加强对大数据平台的操作审计，并对与用户相关的操作记录进行审计和展现。

4. 数据安全保护

数据安全保护贯穿数据全生命周期，是指对数据采集、传输、存储、处理、销毁等生命周期各个阶段施加保护措施，保障数据的机密性、完整性、可用性。数据安全保护要点如下。

（1）数据采集。数据采集是指信息系统运营过程中，内部系统产生数据或从外部系统收集数据的过程，即数据在不同责任主体之间的流动过程。数据采集一般由数据源端、数据采集系统或采集终端、数据接收方的存储或应用系统协同工作，由数据采集系统或终端发出数据采集需求，将数据从数据源端安全地传输到数据接收方的存储或应用系统。

数据采集环节应注意保障数据源安全、数据传输过程安全及数据到达接收方落入接收方处理系统或存储介质安全。数据采集过程中可能存在身份仿冒、数据篡改、伪造、非法监听、数据内容不合法等风险。因此，数据采集过程中需要进行数据发送方、接收方的双向身份验证，保障数据来源、接收方身份合法、真实；将数据从发送方传输到接收方的过程中需要保障数据链路安全，以避免数据的保密性和完整性遭到破坏；数据采集完成后还需要对数据内容进行扫描，保障数据内容合法合规、符合需求。

（2）数据传输。数据传输是指将数据从一个实体传输到另一个实体的过程。数据传输过程中可能存在传输中断、数据篡改、监听等安全风险，可采取数据传输加密、通道可用性管控、数据完整性检验等技术措施加强数据传输过程的安全防护。

（3）数据存储。数据存储是指信息系统运营过程中，将数据进行持久化存储的过程，包括但不限于采用云存储服务、网络存储设备等存储载体存储数据。数据存储过程中可能存在敏感数据泄露、数据篡改、数据丢失、数据不可用等安全风险，应采取数据完整性校验、备份恢复、加密、访问控制等措施保障数据存储安全。

（4）数据处理。数据处理是指信息系统运营过程中，将数据进行预处理、分析、加工、交换、共享、发布等的过程。数据处理过程存在越权访问、权限滥用/冒用、敏感信息泄露等安全风险，应采取访问控制、细粒度权限管控、数据脱敏等措施加强数据处理过程中的安全防护。

（5）数据销毁。数据销毁是指信息系统运营过程中，在数据不再使用、云存储空间释放及再分配、存储介质利旧使用或淘汰等场景中，对剩余数据以及存储介质等进行删除和销毁的过程。数据销毁过程中应采取内容复写、物理销毁等技术措施，确保存储数据安全删除。

（6）个人信息保护。涉及个人信息相关数据的采集、处理、使用等过程，应遵循国家有关部委发布的个人信息保护相关政策、法规及 GB/T 35273—2020 等国家标准规范要求。例如，个人信息采集、使用应告知用户并获得用户同意、支持用户撤销同意，个人敏感信息应加密存储等。

（7）数据出境。数据出境应遵循国家有关部委发布的相关政策、法规及国家标准规范要求。例如，数据出境之前进行个人信息安全影响评估、数据出境安全评估、备案等。

（8）数据内容合法。数据的采集、处理等过程需要遵循国家标准及法律、法规要求。例如，合法正当、保护个人隐私及商业秘密、内容不涉及黄赌毒等。

5. 数据分类分级的标识

大数据系统为了实现不同数据的安全保护，可按照数据获取与共享基本原则、安全等级变更原则、数据聚合与分析管理原则、共享使用例外原则、保护措施升级原则等总体原则，支持用户对不同对象进行类别标识并定义分级，从而实现敏感数据的分类分级。在数据分类上，可以依照数据业务类型进行分类，也可以依据数据的不同应用场景进行分类，如面向互联网发布、鉴别与访问控制、网络传输、网络存储等场景。

在数据分级方面，可基于标签的方式，支持对于指定项目空间中按照数据和访问数据的对象进行安全等级划分，通常情况下可以划分为普通、秘密、机密和高度机密等类型。数据分类分级标识是实现不同等级不同类别数据采取不同安全要求的基础。

6. 基于安全标记的访问控制

大数据系统基于安全标记的访问控制实现强制访问控制，实现大数据敏感数据安全保护。在现有访问控制系统中，支持对管理类权限、数据权限进行细粒度的授权和权限管理。对管理类权限进行分类分级，通过将管理类权限分配给特定成员或角色实现大数据项目所有权和管理权的分离。同时，对数据到字段级别的细粒度权限管理，可以限制不同用户能够对具体数据执行的具体操作。通过合理的权限管理配置，用户能够系统化地保护项目空间与数据的安全，包括对项目空间、表、字段、函数、资源、任务实例等对象授权，并支持到字段级别的细粒度权限管理。因此，大数据平台应在特定项目空间范围内，支持系统管理员对数据库不同细粒度对象（如数据库表、列或内容）设置敏感标记，如按照普通、秘密、机密和高度机密等级别对数据库进行划分，不同管理员对不同数据对象实现权限划分。

7. 数据溯源

数据溯源能力包括两个方面：一方面是能够分析和记录不同数据之间的衍生关系，在发现数据内容有误时，能够追溯数据源头，分析错误原因，并向其他衍生数据内容提示错误及影响；另一方面是在数据全生命周期过程中，能够对数据的流转、处理、修改等重要环节进行跟踪记录，确保数据相关操作的可追溯性。数据溯源的主要意义是帮助用户建立数据源头、数据去处、数据在被谁如何使用等关系地图，更好地保障数据安全。

8. 数据存储位置查询

数据存储位置查询可实现用户对自身数据存储位置的知情权，保障用户在安全事件发生后进行快速响应。对于构建在公有云模式上的大数据平台，应支持用户直接查询数据存储的逻辑位置（可通过后台系统、工单系统等方式间接查询数据存储的物理位置）。

9. 残留数据清除

残留数据清除主要防范数据删除不彻底，残留数据因被非法恢复而造成数据泄露等风险。

在云场景高安全要求的情况下，为保证数据安全，支持在卷回收时默认对逻辑卷的所有比特位清零。在非高安全情况下，系统可配置为将逻辑卷的前 10MB 空间清零。

在物理系统中，更换数据中心硬盘后，数据中心的系统管理员应采用消磁或物理粉碎等措施保证数据被彻底清除。

5.1.5　大数据安全

大数据等级保护对象往往是层次复杂的架构体系，多方角色共同参与。这就使得大数据等级保护对象的边界或将出现新的边界形式，形成促进数据共享融合、以数据为核心的安全新边界。因此，大数据安全在一般信息系统关注的系统自身安全的基础上，增加了数据安全以及系统提供的数据服务安全关注点，其中数据安全是大数据安全的核心。

1. 数据安全

由于数据具有流动性和依附性，因此，数据安全保护具有特殊性，不但需要关注数据从产生到销毁的生命周期各环节的安全，还需要关注数据在不同责任主体之间及在应用、平台、基础设施等不同支撑层面之间流转时的数据流动安全。因此，只有从全生命周期的角度分析安全威胁，研究保护措施，实施全程一致的数据保护，才能实现全方位、全领域的数据安全保护。

虽然 GB/T 22239—2019 并未按照数据生命周期的划分描述相应要求，但是有些标准条款是针对生命周期特定环节的，例如：在存储、应用、交换阶段要考虑的属地原则，即承载存储及处理大数据的设备机房应位于中国境内；有些标准条款是针对生命周期全部环节的，如安全审计控制点。因此，大数据等级保护对象的安全责任主体在落实大数据等级保护相关标准要求时，首先需要明确其等级保护对象覆盖的数据生命周期环节，从数据生命周期角度明确各方责任，并针对这些环节落实标准中提出的安全保护要求，承担相应的安全保护责任；对于其覆盖不到的数据生命周期环节，应采取相应的技术和管理安全措施，妥善处理数据共享、交换等过程中的数据所有权、支配权问题，保障数据交互接口安全，最终达成全生命周期一致的安全保护。例如，某大数据平台仅对外提供数据存储服务，其应负责数据存储环节，需要满足数据的存储和备份的相关要求，而数据采集、处理、应用、流动、销毁等各环节均不属于其安全责任范围，但是其存储的数据来自租户，其与租户之间的管理接口和数据存储交互的技术接口应采取相应的安全保护措施。

另外，数据安全需要关注不同的数据类型，采取相应的安全保护措施，如个人信息、跨境数据、溯源数据等。其中，个人信息保护除了应达到等级保护标准要求，还应满足国家关于个人信息保护方面的法规规范及标准要求。

2. 系统安全

与云计算服务类似，目前也有大数据服务商提供大数据平台、大数据应用、大数据资源等大数据服务。因此，大数据安全中的系统安全既包括系统自身安全，也包括系统提供的数据相关的服务安全。

1）系统自身安全

系统自身安全关注支撑数据流转及处理过程的应用和平台的安全，涵盖基础设施、平台软件、应用等层面。因此，大数据系统应综合考虑各组件要素，从物理环境、网络、主机、应用和数据等层面入手，建立纵深安全防御体系，部署整体安全解决方案，最终达成保障大数据的数据及应用安全的目标。

2）服务安全

对外提供大数据相关服务的大数据系统，除了应实现大数据系统的系统自身安全保护和数据安全保护，还应保障提供安全的大数据服务的安全。

对于选择大数据相关服务实现大数据系统的网络运营者，在选择大数据服务商时，不仅应关注服务商的大数据系统的安全保障能力，还应关注其提供的安全服务能力及服务可信程度，从而确保数据不会被服务商或其他租户破坏或窃取。

安全的大数据服务能力包括流量分离、数据隔离、数据分类分级及安全标记等。

5.1.6　大数据相关定级对象存在形态

根据《信息安全技术　网络安全等级保护定级指南》（GB/T 22240—2020）给出的定级对象基本特征，大数据参考架构中的各部分可抽象为大数据资源、大数据应用、大数据平台三类组件如图 5-1 所示。

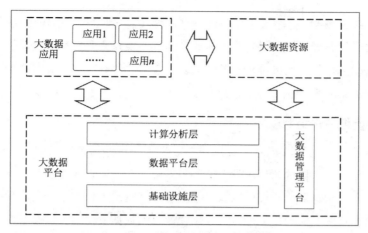

图 5-1　大数据相关定级对象构成组件

1. 大数据资源

大数据资源主要指数据资源，即具有数量巨大、来源多样、生成极快且多变等特征并难以用传统数据体系结构有效处理的包含大量数据集的数据。

由于不同运营者单独承担安全责任，所以，从定级对象的责任主体角度出发，大数据资源可独立作为定级对象，也可能与大数据平台或大数据应用组合作为定级对象。大数据资源独立作为定级对象时，承载其数据的载体（如存储、服务器、数据库系统等）应包含在大数据资源的定级对象范围内。大数据资源对外提供数据资源服务时，安全防护软硬件应包含在大数据资源的定级对象范围内。

2. 大数据应用

大数据应用主要指基于大数据平台对数据执行数据采集、数据存储、数据处理（如计算、分析、可视化等）、数据应用、数据流动和数据销毁等操作。

常见大数据应用案例有文字和图片搜索系统、电视媒体的视频搜索系统、自动泊车系统、超市物品摆放分析系统、地图导航系统、在线教育系统、翻译系统、产品推送广告系统等。

3. 大数据平台

大数据平台主要是指为大数据应用提供资源和服务的支撑集成环境，包括基础设施层、数据平台层和计算分析层及大数据管理平台等部分或者全部的功能。基础设施层提供物理或虚拟的计算、网络和存储能力；数据平台层提供结构化和非结构化数据的物理存储、逻辑存储能力；计算分析层提供处理大量、高速、多样和多变数据的分析计算能力；大数据管理平台提供大数据平台的辅助服务能力。大数据平台可以为多个大数据应用及大数据资源提供服务。

4. 大数据相关定级对象

大数据平台、大数据应用和大数据资源三类组件可能由不同运营者单独承担安全责任。从定级对象责任主体的角度出发，这些组件可独立或组合作为定级对象，如含基础设施层、数据平台层和计算分析层，以及大数据管理平台的大数据平台、大数据应用、大数据资源、大数据资源与大数据应用、大数据资源与大数据平台、大数据平台与大数据应用等。上述定级对象均可称作"大数据系统"。

5.2　安全扩展要求及最佳实践

5.2.1　《基本要求》附录 H 与大数据系统安全保护最佳实践的对照

为更有效地指导网络运营者建设大数据系统，本节给出了 GB/T 22239—2019 附录 H[①]与大数据系统安全保护最佳实践的对照（见表 5-1）。5.3 ~ 5.4 节在解读 GB/T 22239—2019 的基础上，增加了对大数据系统安全保护最佳实践的解读，供读者参考。

表 5-1　GB/T 22239—2019 附录 H 与大数据系统安全保护最佳实践的对照

安全层面	GB/T 22239—2019 附录 H				大数据系统安全保护最佳实践	
	标号	控制点	要求项	对应等级	要求项	对应等级
安全物理环境	H.3.1 H.4.1 H.5.1	基础设施位置	应保证承载大数据存储、处理和分析的设备机房位于中国境内	2，3，4	应保证承载大数据存储、处理和分析的设备机房位于中国境内	2，3，4

---

① GB/T 22239—2019 附录 H 是指《信息安全技术 网络安全等级保护基本要求》（简称《基本要求》）中的"附录 H 大数据应用场景说明"。

续表

安全层面	GB/T 22239—2019 附录 H				大数据系统安全保护最佳实践	
	标号	控制点	要求项	对应等级	要求项	对应等级
安全通信网络	H.2.1 H.3.2 H.4.2 H.5.2	网络架构	a）应保证大数据平台不承载高于其安全保护等级的大数据应用	1，2，3，4	a）应保证大数据平台不承载高于其安全保护等级的大数据应用	1，2，3，4
	H.4.2 H.5.2		b）应保证大数据平台的管理流量与系统业务流量分离	3，4	b）应保证大数据平台的管理流量与系统业务流量分离	3，4
安全计算环境	H.2.2 H.3.3 H.4.3 H.5.3	身份鉴别	a）大数据平台应对数据采集终端、数据导入服务组件、数据导出终端、数据导出服务组件的使用实施身份鉴别	1，2，3，4	a）应对数据采集终端、数据导入服务组件、数据导出终端、数据导出服务组件的使用实施身份鉴别	1，2，3，4
			b）大数据平台应能对不同客户的大数据应用实施标识和鉴别	2，3，4	b）大数据平台应能对不同客户的大数据应用进行身份鉴别	1，2，3，4
					c）大数据资源应对调用其功能的对象进行身份鉴别	1，2，3，4
					d）大数据平台提供的重要外部调用接口应进行身份鉴别	2
					d）大数据平台提供的各类外部调用接口应依据调用主体的操作权限进行相应强度的身份鉴别	3，4
	H.3.3 H.4.3 H.5.3	访问控制	g）对外提供服务的大数据平台，平台或第三方只有在大数据应用授权下才可以对大数据应用的数据资源进行访问、使用和管理	2，3，4	a）对外提供服务的大数据平台，平台或第三方只有在大数据应用授权下才可以对大数据应用的数据资源进行访问、使用和管理	2，3，4
	H.4.3 H.5.3		h）大数据平台应提供数据分类分级安全管理功能，供大数据应用针对不同类别级别的数据采取不同的安全保护措施	3，4	b）应对数据进行分类管理	2
					b）大数据平台应提供数据分类分级标识功能	3，4
			i）大数据平台应提供设置数据安全标记功能，基于安全标记的授权和访问控制措施，满足细粒度授权访问控制管理能力要求	3，4	c）大数据平台应具备设置数据安全标记功能，并基于安全标记进行访问控制	3，4

续表

安全层面	标号	控制点	要求项	对应等级	要求项	对应等级
			GB/T 22239—2019 附录 H		**大数据系统安全保护最佳实践**	
安全计算环境	H.4.3 H.5.3	访问控制	j）大数据平台应在数据采集、存储、处理、分析等各个环节，支持对数据进行分类分级处置，并保证安全保护策略保持一	3，4	d）应在数据采集、传输、存储、处理、交换及销毁等各个环节，根据数据分类分级标识对数据进行不同处置，最高等级数据的相关保护措施不低于第三级安全要求，安全保护策略在各环节保持一致；（第三级）或 应在数据采集、传输、存储、处理、交换及销毁等各个环节，根据数据分类分级标识对数据进行不同处置，最高等级数据的相关保护措施不低于第四级安全要求，安全保护策略在各环节保持一致；（第四级）	3，4
	H.5.3		o）大数据平台应具备对不同类别、不同级别数据全生命周期区分处置的能力	4		4
	H.4.3 H.5.3		k）涉及重要数据接口、重要服务接口的调用，应实施访问控制，包括但不限于数据处理、使用、分析、导出、共享、交换等相关操作	3，4	e）大数据平台应对其提供的各类接口的调用实施访问控制，包括但不限于数据采集、处理、使用、分析、导出、共享、交换等相关操作	3，4
					c）应采取技术手段对数据采集终端、数据导入服务组件、数据导出终端、数据导出服务组件的使用进行限制	2
					f）应最小化各类接口操作权限	2，3，4
					g）应最小化数据使用、分析、导出、共享、交换的数据集	2，3，4
					h）大数据平台应提供隔离不同客户应用数据资源的能力	3，4
					i）应采用技术手段限制在终端输出重要数据	4

续表

安全层面	\multicolumn{4}{c}{GB/T 22239—2019 附录 H}	\multicolumn{2}{c}{大数据系统安全保护最佳实践}

安全层面	标号	控制点	要求项	对应等级	要求项	对应等级
安全计算环境	H.4.3 H.5.3	安全审计	n）大数据平台应保证不同客户大数据应用的审计数据隔离存放，并提供不同客户审计数据收集汇总和集中分析的能力	3，4	a）大数据平台应保证不同客户大数据应用的审计数据隔离存放，并能够为不同客户提供接口调用相关审计数据的收集汇总	3，4
					b）大数据平台应对其提供的重要接口的调用情况进行审计	2
					b）大数据平台应对其提供的各类接口的调用情况进行审计	3，4
					c）应保证大数据平台服务商对服务客户数据的操作可被服务客户审计	2，3，4
		入侵防范			a）应对导入或者其他数据采集方式收集到的数据进行检测，避免出现恶意数据输入	3，4
		数据完整性			a）应采用技术手段对数据交换过程进行数据完整性检测	1，2，3，4
					b）数据在存储过程中的完整性保护应满足数据源系统的安全保护要求	1，2，3，4
	H.3.3 H.4.3 H.5.3	数据保密性	f）大数据平台应提供静态脱敏和去标识化的工具或服务组件技术	2，3，4	a）大数据平台应提供静态脱敏和去标识化的工具或服务组件技术	2，3，4
					b）应依据相关安全策略对数据进行静态脱敏和去标识化处理	3，4
					b）应依据相关安全策略和数据分类分级标识对数据进行静态脱敏和去标识化处理	1，2
					c）数据在存储过程中的保密性保护应满足数据源系统的安全保护要求	2，3，4
		数据备份恢复			a）备份数据应采取与原数据一致的安全保护措施	2，3，4
					b）大数据平台应保证用户数据存在若干个可用的副本，各副本之间的内容应保持一致性，并定期对副本进行验证	3，4
					c）应提供对关键溯源数据的备份	3，4

安全层面	GB/T 22239—2019 附录 H				大数据系统安全保护最佳实践	
	标号	控制点	要求项	对应等级	要求项	对应等级
安全计算环境	H.4.3 H.5.3	剩余信息保护			a）数据整体迁移的过程中，应杜绝数据残留	2，3，4
					b）大数据平台应能够根据大数据应用提出的数据销毁要求和方式实施数据销毁	2，3，4
					c）大数据应用应基于数据分类分级保护策略，明确数据销毁要求和方式	3，4
		个人信息保护			a）采集、处理、使用、转让、共享、披露个人信息应在个人信息处理的授权同意范围内	2，3，4
					b）应采取措施防止在数据处理、使用、分析、导出、共享、交换等过程识别出个人身份信息	2，3，4
		数据溯源	m）应跟踪和记录数据采集、处理、分析和挖掘等过程，保证溯源数据能重现相应过程，溯源数据满足合规审计要求	3，4	a）应跟踪和记录数据采集、处理、分析和挖掘等过程，保证溯源数据能重现相应过程	3，4
					b）溯源数据应满足数据业务要求和合规审计要求	3，4
			l）应在数据清洗和转换过程中对重要数据进行保护，以保证重要数据清洗和转换后的一致性，避免数据失真，并在产生问题时能有效还原和恢复	3，4	c）应在数据清洗和转换过程中对重要数据进行保护，以保证重要数据清洗和转换后的一致性，避免数据失真，并在产生问题时能有效还原和恢复	3，4
					d）应采用技术手段，保证数据源的真实可信	3，4
					e）应采用技术手段保证溯源数据真实性和保密性	4
安全管理中心	H.3.3	系统管理	c）大数据平台应为大数据应用提供管控其计算和存储资源使用状况的能力	2	a）大数据平台应为大数据应用提供管理其计算和存储资源使用状况的能力	2
	H.3.3 H.4.3 H.5.3		d）大数据平台应对其提供的辅助工具或服务组件，实施有效管理	2，3，4	b）大数据平台应对其提供的辅助工具或服务组件，实施有效管理	2，3，4
			e）大数据平台应屏蔽计算、内存、存储资源故障，保障业务正常运行	2，3，4	c）大数据平台应屏蔽计算、内存、存储资源故障，保障业务正常运行	2，3，4

安全层面	标号	控制点	要求项	对应等级	要求项	对应等级
			GB/T 22239—2019 附录 H		**大数据系统安全保护最佳实践**	
安全管理中心	H.3.3 H.4.3 H.5.3				d）大数据平台在系统维护、在线扩容等情况下，应保证大数据应用的正常业务处理能力	2, 3, 4
	H.4.3 H.5.3	集中管控	c）大数据平台应为大数据应用提供集中管控其计算和存储资源使用状况的能力	3, 4	a）大数据平台应为大数据应用提供集中管理其计算和存储资源使用状况的能力	3, 4
					b）应对大数据平台提供的各类接口的使用情况进行集中审计和监测	3, 4
安全管理机构		授权和审批			a）数据的采集应获得数据源管理者的授权，确保数据收集最小化原则	1, 2, 3, 4
					b）应建立数据集成、分析、交换、共享及公开的授权审批控制流程，依据流程实施相关控制并记录过程	3, 4
					c）应建立跨境数据的评估、审批及监管控制流程，并依据流程实施相关控制并记录过程	3, 4
安全建设管理	H.2.3 H.3.4 H.4.4 H.5.4	大数据服务商选择	a）应选择安全合规的大数据平台，其所提供的大数据平台服务应为其所承载的大数据应用提供相应等级的安全保护能力	1, 2, 3, 4	a）应选择安全合规的大数据平台，其所提供的大数据平台服务应为其所承载的大数据应用提供相应等级的安全保护能力	1, 2, 3, 4
	H.3.4 H.4.4 H.5.4		b）应以书面方式约定大数据平台提供者的权限与责任、各项服务内容和具体技术指标等，尤其是安全服务内容	2, 3, 4	b）应以书面方式约定大数据平台提供者的权限与责任、各项服务内容和具体技术指标等，尤其是安全服务内容	1, 2, 3, 4
	H.4.4 H.5.4	供应链管理	c）应明确约束数据交换、共享的接收方对数据的保护责任，并确保接收方有足够或相当的安全防护能力	3, 4	a）应确保供应商的选择符合国家有关规定	1, 2, 3, 4
					b）应以书面方式约定数据交换、共享的接收方对数据的保护责任，并明确数据安全保护要求，同时将供应链安全事件信息或安全威胁信息及时传达到数据交换、共享的接收方	3, 4
		数据源管理			应通过合法正当渠道获取各类数据	1, 2, 3, 4

安全层面	GB/T 22239—2019 附录 H					大数据系统安全保护最佳实践	
	标号	控制点	要求项		对应等级	要求项	对应等级
安全运维管理	H.3.5 H.4.5 H.5.5	资产管理	a）应建立数字资产安全管理策略，对数据全生命周期的操作规范、保护措施、管理人员职责等进行规定，包括并不限于数据采集、存储、处理、应用、流动、销毁等过程		2，3，4	a）应建立数据资产安全管理策略，对数据全生命周期的操作规范、保护措施、管理人员职责等进行规定，包括并不限于数据采集、传输、存储、处理、交换、销毁等过程	2，3，4
			b）应制定并执行数据分类分级保护策略，针对不同类别级别的数据制定不同的安全保护措施		3，4	b）应制定并执行数据分类分级保护策略，针对不同类别级别的数据制定相应强度的安全保护要求	3，4
			c）应在数据分类分级的基础上，划分重要数字资产范围，明确重要数据进行自动脱敏或去标识的使用场景和业务处理流程		3，4	c）应对数据资产进行登记管理，建立数据资产清单	2
						c）应对数据资产和对外数据接口进行登记管理，建立相应资产清单	3，4
			d）应定期评审数据的类别和级别，如需要变更数据的类别或级别，应依据变更审批流程执行变更		3，4	d）应定期评审数据的类别和级别，如需要变更数据所属类别或级别，应依据变更审批流程执行变更	3，4
		介质管理				a）应在中国境内对数据进行清除或销毁	2，3，4
		网络和系统安全管理				a）应建立对外数据接口安全管理机制，所有的接口调用均应获得授权和批准	2，3，4

5.2.2　各级安全要求

大数据安全扩展要求在安全通用要求的基础上，针对大数据系统的特点，在不同安全等级保护层面有不同强度的安全保护要求。下面详细描述各层级之间的安全防护差异。

1. 安全物理环境

安全物理环境的控制点在各要求项数量上的逐级变化情况如表 5-2 所示。

表 5-2　安全物理环境控制点逐级变化情况

控制点	第一级	第二级	第三级	第四级
基础设施位置	0	1	1	1

基础设施位置控制点在各级别的差异主要表现为：

第一级：无扩展要求；

第二级：要求承载大数据存储、处理和分析的设备机房位于中国境内；

第三级和第四级：与第二级要求相同。

2. 安全通信网络

安全通信网络的控制点在各要求项数量上的逐级变化情况如表 5-3 所示。

表 5-3　安全通信网络控制点逐级变化情况

控制点	第一级	第二级	第三级	第四级
网络架构	1	1	2	2

网络架构控制点在各级别的差异主要表现为：

第一级：要求大数据平台不承载高于其安全保护等级的大数据应用；

第二级：与第一级要求相同；

第三级：在第二级要求基础上，增加了大数据平台应将管理流量和业务流量分离的要求；

第四级：与第三级要求相同。

3. 安全计算环境

安全计算环境的控制点在各要求项数量上的逐级变化情况如表 5-4 所示。

表 5-4　安全计算环境控制点逐级变化情况

控制点	第一级	第二级	第三级	第四级
身份鉴别	1	2	2	2
访问控制	0	1	5	6
安全审计	0	0	1	1
数据保密性	0	1	1	1
数据溯源	0	0	2	2

1）身份鉴别

该控制点在各级别的差异主要表现为：

第一级：要求大数据平台能够对数据采集交换相关的组件或终端进行身份鉴别；

第二级：在第一级要求基础上，增加了大数据平台能对不同客户的大数据应用实施标识和鉴别的要求；

第三级：与第二级要求相同；

第四级：与第三级要求相同。

2）访问控制

该控制点在各级别的差异主要表现为：

第一级：无扩展要求；

第二级：要求大数据平台或第三方不能未授权访问、使用和管理大数据应用的数据资源；

第三级：在第二级要求基础上，增加了数据分类分级安全管理，大数据平台提供数据安全标记功能实现强访问控制，并在数据各生命周期环节实现数据分类分级处置和安全保护策略一致，重要接口调用实施访问控制等要求；

第四级：在第三级要求基础上，增加了具备对不同类别、不同级别数据全生命周期区分处置的要求。

3）安全审计

该控制点在各级别的差异主要表现为：

第一级：无扩展要求；

第二级：无扩展要求；

第三级：要求大数据平台需要对其不同客户的审计数据隔离存放，并提供审计记录的收集汇总和集中分析的能力；

第四级：与第三级要求相同。

4）数据保密性

该控制点在各级别的差异主要表现为：

第一级：无扩展安全要求；

第二级：要求大数据平台提供静态脱敏和去标识化处理的相关工具或服务组件技术；

第三级：与第二级要求相同；

第四级：与第三级要求相同。

5）数据溯源

该控制点在各级别的差异主要表现为：

第一级：无扩展要求；

第二级：无扩展要求；

第三级：要求跟踪和记录数据生命周期过程，保留相关溯源数据，溯源数据要满足业务要求和合规审计要求，数据清洗和转换过程中保护重要数据，并且在产生问题时能够有效还原和恢复；

第四级：与第三级要求相同。

4. 安全管理中心

安全管理中心的控制点在各要求项数量上的逐级变化情况如表 5-5 所示。

表 5-5　安全管理中心控制点逐级变化情况

控制点	第一级	第二级	第三级	第四级
系统管理	0	3	2	2
集中管控	0	0	1	1

1）系统管理

该控制点在各级别的差异主要表现为：

第一级：无扩展要求；

第二级：要求大数据平台对其提供的工具或服务组件进行有效管理、屏蔽各类故障等，要求大数据平台为大数据应用提供管理其计算和存储资源使用状况的能力；

第三级：要求大数据平台对其提供的工具或服务组件进行有效管理、屏蔽各类故障等；

第四级：与第三级要求相同。

2）集中管控

该控制点在各级别的差异主要表现为：

第一级：无扩展要求；

第二级：无扩展要求；

第三级：要求大数据平台为大数据应用提供集中管控其计算和存储资源使用状况的能力；

第四级：与第三级要求相同。

5. 安全建设管理

安全建设管理的控制点在各要求项数量上的逐级变化情况如表 5-6 所示。

表 5-6　安全建设管理控制点逐级变化情况

控制点	第一级	第二级	第三级	第四级
大数据服务商选择	1	2	2	2
供应链管理	0	0	1	1

1）大数据服务商选择

该控制点在各级别的差异主要表现为：

第一级：要求选择安全合规、能够提供相应安全保护能力的大数据平台；

第二级：在第一级要求基础上，增加了以书面方式约定大数据平台提供者的权限与责任、各项服务内容、具体技术指标等的要求；

第三级：与第二级要求相同；

第四级：与第三级要求相同。

2）供应链管理

该控制点在各级别的差异主要表现为：

第一级：无扩展安全要求；

第二级：无扩展安全要求；

第三级：要求明确约束数据交换、共享的接收方对数据的保护责任和应具备相应的安全防护能力；

第四级：与第三级要求相同。

6. 安全运维管理

安全运维管理的控制点在各要求项数量上的逐级变化情况如表 5-7 所示。

表 5-7　安全运维管理控制点逐级变化情况

控制点	第一级	第二级	第三级	第四级
资产管理	0	1	4	4

资产管理控制点在各级别的差异主要表现为：

第一级：无扩展要求；

第二级：要求建立数据资产安全管理策略，对数据全生命周期的操作规范、保护措施、管理人员职责等进行规定；

第三级：在第二级要求基础上，增加了制定并执行数据分类分级保护策略和划分重要资产范围，明确了重要数据进行自动脱敏或去标识的使用场景和业务处理流程，以及定期评审数据类别级别、当类别级别变更时进行审批的要求；

第四级：与第三级要求相同。

5.3　第一级和第二级大数据安全扩展要求解读

5.3.1　安全物理环境

安全物理环境针对大数据平台/系统部署的物理机房及基础设施位置提出了安全扩展要求，主要对象为物理机房、办公场地和建设方案等，涉及的安全方面包括物理位置的选择、物理访问控制、防盗窃和防破坏、防雷击、防火、防水和防潮、防静电、温湿度控制、电力供应、电磁防护以及基础设施位置等。

大数据平台/系统在实现安全通用要求提出的物理位置的选择、物理访问控制、防盗窃和防破坏、防雷击、防火、防水和防潮、防静电、温湿度控制、电力供应、电磁防护等安全防护能力之外，还应实现大数据安全扩展要求中的基础设施位置安全要求。该控制点相关安全要求解读如下。

【标准要求】

第二级安全要求如下：

应保证承载大数据存储、处理和分析的设备机房位于中国境内。

【解读和说明】

无论是基于执法便利还是出于保障国家安全的考量，数据本地化和跨境传输都是全球数据监管的一大重点。以美国方面为例：对外，美国坚决反对数据本地化，主张数据在全球市场的自由流动；对内，美国针对部分数据实施本地化要求，如要求税务信息系统应当位于美国境内。

由于大数据包含大量的数据集，通过分析挖掘可能产生非常重要的数据，为保证数据的安全，数据所有者和大数据应用提供者在选择大数据平台时，应确保大数据平台的设备机房位于中国境内。大数据平台提供者进行机房选址或选择第三方基础设施时，应确保承载大数据存储、处理和分析的各类服务器、存储设备等所在的机房应该位于中国境内。

【相关安全产品或服务】

若大数据系统构建在云计算平台上，则应关注云计算平台机房所在物理位置。

【安全建设要点及案例】

该控制点的各要求项对不同类型等级保护对象的适用情况如表 5-8 所示。

表 5-8　该控制点的各要求项对不同类型等级保护对象的适用情况

要求项	等级保护对象		
	大数据平台	大数据应用	大数据资源
基础设施位置	适用	不适用	适用

大数据平台所有者可在中国境内自建数据中心机房，将大数据平台物理服务器、物理网络设备、物理安全设备、物理存储设备等基础硬件设备部署于自建数据中心机房，并在此基础上提供大数据平台服务。大数据平台所有者也可选择中国境内专业数据中心机房托管服务提供者，整租或部分租赁数据中心托管机房，并将上述硬件设备部署于托管机房中。大数据平台所有者还可选择租赁中国境内云计算资源，将相关业务应用部署于云计算平台上。

大数据应用所有者使用大数据平台服务商提供的大数据平台服务，其安全物理环境的保护能力已作为大数据平台服务的基础能力融入其所使用的各种大数据服务当中，因此，在建设大数据应用保护能力时，不需要重复考虑安全物理环境防护。

大数据资源所有者可在中国境内自建机房，将物理服务器、物理网络设备、物理安全设备、物理存储设备等基础硬件设备部署到机房中。大数据资源所有者也可使用大数据平台服务商提供的大数据平台服务，其安全物理环境的保护能力已作为大数据平台服务的基础能力融入其所使用的各种大数据服务当中。此类情况下，在建设大数据资源保护能力时，不需要重复考虑安全物理环境防护。

使用大数据技术构建的信息系统，其安全物理环境保护需求与大数据平台类似。此类信息系统在建设时或租赁相关资源时需要考虑安全物理环境保护，应将系统中的物理服务器、物理网络设备、物理安全设备、物理存储设备等基础硬件设备部署于中国境内。

5.3.2　安全通信网络

安全通信网络针对大数据平台/系统部署的通信网络提出了安全控制要求，主要对象为广域网、城域网、局域网的通信传输以及网络架构等，涉及的安全方面包括网络架构、通信传输、可信验证。

大数据平台/系统在实现安全通用要求的通信传输控制点时，应特别关注大数据系统各组件之间及组件内部的通信传输安全控制要求。大数据平台/系统在实现安全通用要求提出的安全防护能力之外，应实现大数据安全扩展要求中的网络架构要求。

第二级大数据安全扩展要求在安全通信网络方面与第一级具有相同的安全控制点和相同的安全要求项。

1. 安全通用要求

通信传输控制点解读如下。

【标准要求】

第一级和第二级安全要求如下：

应采用校验技术保证通信过程中数据的完整性。

【解读和说明】

大数据系统可以由大数据资源、大数据应用和大数据平台的一个或多个组件构成，这三个组件之间数据交互协同工作，共同完成大数据服务的内容。为防止数据在通信过程中被修改和破坏，应采用校验技术保证大数据平台、大数据应用、大数据资源之间通信过程中数据的完整性。这些数据包括鉴别数据、重要业务数据、重要审计数据、重要视频数据和重要个人信息等。

【相关安全产品或服务】

大数据平台、大数据应用、大数据资源、提供校验技术功能的设备或组件（如 API、消息中间件、Web 页面等）。

【安全建设要点及案例】

该控制点的各要求项对不同类型等级保护对象的适用情况如表 5-9 所示。

表 5-9 该控制点的各要求项对不同类型等级保护对象的适用情况

要求项	等级保护对象		
	大数据平台	大数据应用	大数据资源
通信完整性	适用	适用	适用

大数据平台、大数据应用、大数据资源可分别采用消息中间件、API、Web 页面等方式进行数据通信，采用校验技术保证大数据平台、大数据应用、大数据资源之间通信过程中数据的完整性。

通过校验技术提取待发送数据的特征码，特征码定长输出，不可逆。常用算法有 SM3、MD5、SHA1、SHA256、SHA512、CRC-32 等，推荐使用国密杂凑算法 SM3 算法。将数据特征码及源数据发送到接收方，接收方根据源数据计算特征码并与接收到的特征码进行比对，验证通信完整性，如果一致表示则数据没有被修改，反之则表示数据被修改过。

含有大数据应用、大数据资源的其他大数据系统也适用于该条款。

大数据平台、大数据应用、大数据资源通过消息中间件、API、Web 页面等方式进行数据通信时，可采用 HTTPS、TLS 或 SSL 等协议保障通信过程中数据的完整性。

2. 安全扩展要求

网络架构控制点解读如下。

【标准要求】

第一级和第二级安全要求如下：

应保证大数据平台不承载高于其安全保护等级的大数据应用。

【解读和说明】

大数据平台为大数据应用、大数据资源提供基础安全防护能力，其安全保护等级不应低于其承载的大数据应用和大数据资源的安全保护等级。在选择大数据平台时，应充分考虑大数据应用和大数据资源的安全保护等级，防止大数据平台安全保护等级过低导致大数据应用和大数据资源底座存在安全风险。

【相关安全产品或服务】

数据平台及其承载的大数据应用系统和大数据资源的定级材料、备案证明等。

【安全建设要点及案例】

该控制点的各要求项对不同类型等级保护对象的适用情况如表 5-10 所示。

表 5-10　该控制点的各要求项对不同类型等级保护对象的适用情况

要求项	等级保护对象		
	大数据平台	大数据应用	大数据资源
承载要求	适用	适用	适用

为满足该要求项，首先需要明确大数据系统中各个定级对象的安全保护等级。通过查看定级对象的定级报告、备案证明等相关材料，明确各个定级对象的安全保护等级。

大数据平台、大数据应用、大数据资源分别独立作为定级对象，或者任意两者组合作为定级对象时，大数据应用、大数据资源的安全保护等级均不能高于大数据平台的安全保护等级，大数据资源的安全保护等级不能高于大数据应用、大数据平台的安全保护等级。

（1）当大数据平台和大数据应用作为一个定级对象（大数据平台）时，其能承载的大数据资源安全等级不应高于大数据平台的安全等级。

（2）当大数据应用和大数据资源作为一个定级对象（大数据应用）时，大数据平台安全等级不应低于大数据应用的安全等级。

（3）当大数据平台和大数据资源作为一个定级对象时，大数据应用安全等级不应低于大数据资源的安全等级，且不应高于大数据平台的安全等级。

5.3.3　安全区域边界

安全区域边界针对大数据平台/系统部署的网络边界防护措施提出了安全控制要求，主要对象为系统边界和区域边界等，涉及的安全方面包括边界防护、访问控制、入侵防范、恶意代码防范、安全审计和可信验证。

大数据平台/系统在实现安全通用要求的入侵防范、安全审计控制点时，应特别关注大数据系统中数据生命周期的安全控制要求。

第二级大数据安全区域边界的安全通用要求比第一级增加了入侵防范、恶意代码防范、安全审计等控制点，在边界防护、访问控制、可信验证等控制点均有增加或增强的要求项。

安全通用要求的相关控制点解读如下。

1）入侵防范

【标准要求】

第二级安全要求如下：

应在关键网络节点处监视网络攻击行为。

【解读和说明】

大数据系统可以由大数据资源、大数据应用和大数据平台的一个或多个组件构成，这三个组件之间数据交互协同工作，共同完成大数据服务的内容。由于这些组件需要收集、处理、存储大量敏感数据，所以容易遭受恶意的网络入侵攻击并产生数据泄露、丢失等风险。为了保障大数据系统各组件的数据安全，及时发现来自组件外部的网络入侵行为，需要在关键网络节点处部署 IDS/组件，监视网络攻击行为。

【相关安全产品或安全服务】

含入侵检测功能的安全设备/系统。

【安全建设要点及案例】

该控制点的各要求项对不同类型等级保护对象的适用情况如表 5-11 所示。

表 5-11　该控制点的各要求项对不同类型等级保护对象的适用情况

要求项	等级保护对象		
	大数据平台	大数据应用	大数据资源
监视网络行为	适用	适用	适用

从外部发起的网络攻击，造成非授权访问，可能导致数据泄露。应进行主动监视，检查发生的入侵和攻击。如果发生数据泄露，应能够对数据非法流出进行监控。相关系统/设备配置信息或安全策略，应能够覆盖网络所有关键节点。

含有大数据应用、大数据资源的其他大数据系统也适用于该条款。

为了有效检测网络攻击行为，应在网络边界、核心等关键网络节点处部署包含入侵检测功能的安全设备/系统，如抗 APT 攻击系统、网络回溯系统、威胁情报检测系统、抗 DDoS 攻击系统、IDS、IPS，或者在防火墙、UTM 处启用入侵防护功能。

2）安全审计

【标准要求】

第二级安全要求如下：

应在网络边界、重要网络节点进行安全审计，审计覆盖到每个用户，对重要的用户行为和重要安全事件审计。

【解读和说明】

大数据系统可以由大数据资源、大数据应用和大数据平台的一个或多个组件构成。这三个组件之间及组件内部存在大量访问和交互，容易因网络攻击或人为误操作等产生数据泄露、服务故障等风险。为了保障安全事件的可追溯，确保操作员对其行为负责，协助安全管理员及时发现网络入侵或潜在的系统漏洞及隐患，应在网络边界、重要网络节点进行安全审计。

【相关安全产品或服务】

含审计功能的系统/组件，如堡垒机、运维管理平台、综合安全审计系统等。

【安全建设要点及案例】

该控制点的各要求项对不同类型等级保护对象的适用情况如表 5-12 所示。

表 5-12　该控制点的各要求项对不同类型等级保护对象的适用情况

要求项	等级保护对象		
	大数据平台	大数据应用	大数据资源
安全审计	适用	适用	适用

应在网络边界部署综合安全审计系统或类似功能的系统/平台，启用重要网络节点日志功能，将系统日志信息输出至各个管理端口或者日志服务器。审计需要覆盖到每个用户。审计覆盖的重要的用户行为和重要安全事件包括：重要数据的访问及操作，包括数据的采集、存储以及所有数据输出、交换等；系统、服务的配置和管理等。

含有大数据应用、大数据资源的其他大数据系统也适用于该条款。

应在网络边界部署具有日志记录功能的堡垒机，或者通过具有日志记录功能的运维管理平台对大数据系统各个组件、设备进行运维管理。部署综合安全审计系统对大数据系统的网络边界、重要网络节点进行安全审计。

5.3.4　安全计算环境

安全计算环境针对大数据平台/系统的局域计算环境提出了安全控制要求，主要对象为数据采集终端、各类业务组件、数据管理系统、系统管理软件、网络设备、安全设备、服务器设备、终端、业务应用系统、数据等，涉及的安全方面包括身份鉴别、访问控制、安全审计、入侵防范、恶意代码防范、可信验证、数据完整性、数据保密性、数据备份恢复、剩余信息保护、个人信息保护等。

大数据平台/系统在实现安全通用要求提出的安全防护能力之外，应实现大数据安全扩展要求中的身份鉴别、访问控制、安全审计、数据完整性、数据保密性、数据备份恢复、剩余信息保护、个人信息保护等方面的各项要求。

第二级大数据安全扩展要求（最佳实践）在安全计算环境方面，相比第一级增加了访问控制、安全审计、数据保密性三个控制点，且扩展了三个要求项。

安全扩展要求的相关控制点解读如下。

1）身份鉴别

【标准要求】

第一级和第二级安全要求如下：

　　a）大数据平台应对数据采集终端、数据导入服务组件、数据导出终端、数据导出服务组件的使用实施身份鉴别；

　　b）大数据平台应能对不同客户的大数据应用实施标识和鉴别；

　　c）大数据资源应对调用其功能的对象进行身份鉴别；（最佳实践）

　　d）大数据平台提供的重要外部调用接口应进行身份鉴别。（最佳实践）

【解读和说明】

　　大数据中包含海量数据集，且可能存在敏感数据。为保证数据的安全，应对大数据流经的采集终端（如数据爬虫所在终端或其他数据收集工具）、数据导出终端（如前置机）、数据导入导出服务组件（如 FTP 服务、Apache Kafka 流处理平台）等设备、组件实施身份鉴别，以保护数据免遭未授权读写行为导致的数据篡改、数据丢失等事故，并在事故发生时准确定位事故源。

　　对外提供服务的大数据平台同时服务于多个大数据应用，各类大数据应用对计算资源、存储资源及大数据资源有着不同的使用需求。应采取身份鉴别措施，对大数据应用进行鉴别，从而确定大数据应用对大数据平台所提供的各类资源及服务的访问和使用权限，防止非法用户获得大数据平台各类资源和服务的使用权限。

　　大数据资源为不同的外部实体提供数据资源服务，不同对象对数据资源有着不同的访问及使用需求。为使大数据资源的访问控制策略能够有效、可靠地执行，防止非授权用户获得资源的使用权限，保证大数据资源的安全，应实施身份鉴别措施，对调用大数据资源功能的外部实体进行鉴别。

　　大数据包含海量数据集，且可能存在部分敏感数据。为保证数据的安全，对于大数据生命周期中数据采集、汇聚、脱敏、清洗、共享及应用各阶段数据流，以及业务所经的资源调度接口（如 Hadoop Yarn 服务接口）、计算接口（如 Spark、Hadoop MapReduce）、文件系统接口（如 HDFS）等被非授权主体调用的情况，应实施身份鉴别。

【相关安全产品或服务】

　　提供统一的多租户管理机制的大数据平台管理组件 Manager、基于 Kerberos 的身份鉴别与权限管理模块、自开发身份鉴别模块等。

【安全建设要点及案例】

　　该控制点的各要求项对不同类型等级保护对象的适用情况如表 5-13 所示。

表 5-13　该控制点的各要求项对不同类型等级保护对象的适用情况

要求项	等级保护对象		
	大数据平台	大数据应用	大数据资源
a）	适用	适用	适用
b）	适用	不适用	不适用
c）	不适用	不适用	适用
d）	适用	不适用	不适用

大数据平台所有者、大数据应用所有者应对采集终端（如数据爬虫所在终端或其他数据收集工具）、数据导出终端（前置机）、数据导入导出服务组件（如 FTP 服务、Apache Kafka 流处理平台）等设备或服务组件实施身份鉴别。例如，采用 Kerberos 协议对 Apache Kafka 流处理平台等数据导入导出组件进行身份鉴别，以及开启 FTP 服务的身份鉴别功能等。

大数据资源所有者应对所使用的数据采集终端、前置机、数据导入导出服务组件、数据管理系统等实施身份鉴别。

对外提供服务的大数据平台在建设时，应设计大数据应用身份鉴别模块，支持对大数据应用进行标识和鉴别。在大数据应用注册或建立时，应采用标识符标识大数据应用身份，并确保大数据应用整个生命周期中标识符的唯一性。在每次大数据应用与大数据平台进行连接时，应采用口令或证书等方式对大数据应用进行鉴别。

对外提供服务的大数据资源在建设时，应对其对外提供服务的接口、组件及服务设计身份鉴别模块，支持对调用数据资源服务的外部实体实施身份鉴别。

大数据平台、大数据资源可以支持用户或外部实体使用浏览器、组件客户端等方式登录集群。在组件客户端登录方式中，大数据平台提供基于 Kerberos 的统一认证，客户端访问组件服务时，需要经过 Kerberos 机制认证，认证通过后才能访问组件服务。

大数据资源还可以采用 AK/SK 进行 API 认证，对所有调用其接口的外部实体实施认证功能。

2）访问控制

【标准要求】

第二级安全要求如下：

g）对外提供服务的大数据平台，平台或第三方只有在大数据应用授权下才可以对大数据应用的数据资源进行访问、使用和管理。

最佳实践如下:

b)应对数据进行分类管理;

e)应采取技术手段对数据采集终端、数据导入服务组件、数据导出终端、数据导出服务组件的使用进行限制;

f)应最小化各类接口操作权限;(最佳实践)

g)应最小化数据使用、分析、导出、共享、交换的数据集。

【解读和说明】

对外提供服务的大数据平台,保存其所服务的大数据应用数据。为避免大数据应用所属的数据遭受非授权访问、使用及管理,导致数据泄露及数据被破坏等情况,应采取措施,保证仅在取得大数据应用授权时,平台及第三方才可对大数据应用数据资源进行访问、使用和管理。

在数据安全治理中,只有对数据进行有效的分类分级,才能避免一刀切的控制方式,也才能对数据的安全管理采取更加精细的措施,使数据在共享开放和安全使用之间达到平衡。因此,在对外提供服务的大数据平台中,应提供数据分类管理功能,并可按类别配置不同的安全措施;对于大数据应用及大数据资源,应建立数据分类策略,按数据属性对数据进行分类。

大数据平台、大数据应用和大数据资源系统除了对大数据资源提供访问控制,还应对数据采集终端、数据导出终端、数据导入服务组件、数据导出服务组件等可能直接影响数据资源有效性的功能组件的使用进行访问控制,并建立相应的访问控制策略。

数据所有者、大数据平台所有者及大数据应用所有者应制定安全策略,规定不同角色在调用数据处理、使用、分析、导出、共享、交换及其他操作过程中涉及的各类数据接口、服务接口必要的操作权限,并依据安全策略的访问控制规则,实现最小化接口操作权限。

数据所有者、大数据平台所有者及大数据应用所有者应制定数据的访问控制策略,规定数据处理、使用、分析、导出、共享、交换及其他操作中的最小化数据集,并在上述操作涉及的接口中支持细粒度的数据访问控制措施。

【相关安全产品或服务】

ACL、KDP 服务或者 Hadoop 管理系统;数据分类分级管理、敏感数据识别组件与敏感集、数据标识技术产品等；具备对接口进行访问控制管理的 Hadoop 社区的 Ranger 组件或自研组件等。

【安全建设要点及案例】

该控制点的各要求项对不同类型等级保护对象的适用情况如表 5-14 所示。

表 5-14　该控制点的各要求项对不同类型等级保护对象的适用情况

要求项	等级保护对象		
	大数据平台	大数据应用	大数据资源
g）	适用	适用	不适用
b）	适用	适用	适用
c）	适用	适用	适用
d）	适用	适用	适用
e）	适用	适用	适用

大数据平台所有者在设计及建造大数据平台时，应针对平台存储的数据设计访问控制模块，提供依据数据属性进行分类并安全管理的功能。例如，可在依据安全策略对数据进行分类后，添加标识字段，描述数据所属类别及级别，并依据描述字段为数据适配相应安全保护措施；访问控制模块对各类数据的访问、使用和管理指定授权主体，仅授权主体可对数据的访问、使用和管理权限进行授权，大数据平台及第三方仅得到授权主体授权后，才可对数据进行访问、使用及管理。

大数据应用所有者在使用大数据平台服务商提供的大数据平台服务时，应制定数据分级分类策略及安全策略或依据大数据平台数据分类策略，规定数据访问、使用和管理等权限的授权管理；对不同等级及类别的数据采取符合其重要性的安全保护措施，并使用大数据平台所提供的数据分级分类安全管理功能，根据数据分级分类策略对数据采取安全保护措施。授权主体严格按照安全策略对数据访问、使用和管理进行权限配置。

大数据资源所有者应根据国家或行业标准制定数据分类策略，并依据数据分级分类策略对数据进行分级分类安全管理。大数据资源所有者也可使用大数据平台服务商提供的大数据平台服务，制定数据分级分类策略或依据大数据平台数据分类策略，规定对不同类别的数据采取符合其重要性的安全保护措施，并使用大数据平台所提供的数据分级分类安全管理功能，根据数据分级分类策略对数据采取安全保护措施。

大数据平台、大数据应用或大数据资源所有者在设计及建设时，应规定不同角色在调用数据处理、使用、分析、导出、共享、交换及其他操作过程中涉及的各类数据接口、服务接口必要的操作权限，并通过基于角色或标记的访问控制等方式限制数据采集终端、数据导入服务组件、数据导出终端、数据导出服务组件的使用，实现最小化接口操作权限。

数据所有者、大数据平台所有者及大数据应用所有者应制定数据的访问控制策略，规定数据处理、使用、分析、导出、共享、交换及其他操作中的最小化数据集，并在上述操作涉及的接口中支持细粒度的数据访问控制措施，如数据接口支持对结构化数据指定到行、列、字段级别或支持按条件筛选数据集，支持对非结构化数据的指定数据块的访问。

（1）ACL 模式。使用 ACL 技术，通过设定条件，对所有接口数据包进行过滤，允许其通过或丢弃。为每位用户（包括大数据平台及第三方）维护一个 ACL，通过 ACL 设置每位用户对各类业务数据及管理数据的访问权限，从而实现对数据及各类接口使用的访问控制。

（2）基于角色授权认证模式。基于角色的权限管理模型包含三个实体：用户、角色和权限。用户为操作主体，角色为主体的划分，权限为用户操作权利。大数据平台认证授权一体化系统的模型主要由用户管理系统、KDC 服务器及其他节点组成。用户管理系统为授权一体化系统。KDC 服务器为整个集群提供身份鉴别服务，存储用户身份信息。用户首先需要通过用户管理系统登录，然后通过 KDC 服务器进行身份鉴别，获得授权令牌。用户管理系统对用户所要访问的资源进行访问控制。只有通过用户管理系统与授权系统的许可，用户才能访问集群中的资源。

（3）建设数据分类管理制度，并按照制度将数据进行分类。如表 5-15 所示，可将数据分为公开数据、内部数据、业务数据、敏感数据四类，并针对每类数据给出相应的保护措施。

表 5-15　数据类别及保护措施举例

保护措施	数据类别			
	敏感数据	业务数据	内部数据	公开数据
密码保护	全文加密、国产密码	重要信息加密	关键字段加密	可不加密
安全监测	综合审计、实时安全预警	综合审计、准实时安全预警	日志分析、准实时安全预警	日志收集
鉴别管理	多因素鉴别、严格三员管理	证书等多因素鉴别、三员管理	口令、证书鉴别	—
访问控制	细粒度	基于标签	基于角色	—
分级存储	独立资源池	存储资源独享	授权访问存储区	—
容灾备份	异地备份	接入容灾中心	系统热备份	介质备份

保护措施	数据类别			
	敏感数据	业务数据	内部数据	公开数据
应急处置	半年演练	每年演练	应急预案	—
安全管理	个人安全承诺	个人安全承诺	责任人安全承诺	基本安全管理
其他安全措施	严格的安全保障	必要安全保障	基本安全保障	无须特殊保护

3）安全审计

【标准要求】

第二级安全要求如下：

a）数据平台应对其提供的重要接口的调用情况进行审计；（最佳实践）

b）应保证大数据平台服务商对服务客户数据的操作可被服务客户审计。（最佳实践）

【解读和说明】

为方便安全管理人员利用审计记录、系统活动和用户活动等信息检查、审查和检验大数据平台的安全状况及活动信息，从而发现系统漏洞、入侵行为或改善系统性能，大数据平台所有者应对其提供的数据采集、处理、使用、分析、导出、共享、交换及其他操作过程涉及的重要接口被各个大数据应用或大数据资源调用的情况进行审计。

提供服务的大数据平台，应提供服务商对客户数据操作的审计功能，且审计功能应向服务客户开放，使服务客户可根据需要审计服务商对自己数据的操作行为，以监督平台服务商的行为，防止平台服务商对服务客户数据进行未授权访问。

【相关安全产品或服务】

华为、Intel、Cloudera 等厂商的发行版 Hadoop（如 CDH、HDP）等；数据库审计系统；DataSecurity Plus 文件审计系统等。

【安全建设要点及案例】

该控制点的各要求项对不同类型等级保护对象的适用情况如表 5-16 所示。

表 5-16　该控制点的各要求项对不同类型等级保护对象的适用情况

要求项	等级保护对象		
	大数据平台	大数据应用	大数据资源
a）	适用	不适用	不适用
b）	适用	不适用	不适用

大数据平台所有者应对其提供的数据采集、处理、使用、分析、导出、共享、交换及其他操作过程中涉及的各类接口被各大数据应用调用的情况进行审计，并提供审计数据的查询、统计、分析等功能。相关主体可采用已具备此类功能的发行版 Hadoop 平台构建大数据平台，也可自研相关功能。

提供服务的大数据平台，应提供服务商对客户数据操作的审计功能，且审计功能应向服务客户开放，使服务客户可根据需要审计服务商对自己数据的操作行为。

【典型案例】

CDH 提供了 Hadoop 的核心可扩展存储（如 HDFS）和分布式计算（如 MapReduce），还提供了 Web 页面用于管理、监控。CDH 内置模块可对各 Hadoop 组件及接口的使用进行监控、访问控制及记录审计，并在 Web 页面中进行展示，还可对 Flink、Kafka 等非 Hadoop 原生组件进行监控、访问控制及审计记录。

4）数据完整性

【标准要求】

第一级和第二级安全要求如下：

a）应采用技术手段对数据交换过程进行数据完整性检测；（最佳实践）

b）数据在存储过程中的完整性保护应满足数据源系统的安全保护要求。（最佳实践）

【解读和说明】

在数据流转的各个过程中，均可能因网络基础环境、物理基础环境、软件基础环境的故障、恶意攻击等导致数据完整性遭到破坏，因此，需要采取技术手段对交换数据进行完整性检测，避免数据完整性遭到破坏。

大数据平台在存储数据过程中采取的完整性保护措施强度应与数据源系统中相应数据的安全保护要求和强度保持一致。

【相关安全产品或服务】

Hadoop 及其各发行版等。

【安全建设要点及案例】

该控制点的各要求项对不同类型等级保护对象的适用情况如表 5-17 所示。

表 5-17　该控制点的各要求项对不同类型等级保护对象的适用情况

要求项	等级保护对象		
	大数据平台	大数据应用	大数据资源
a）	适用	适用	适用
b）	适用	不适用	适用

　　大数据平台、大数据应用及大数据资源所有者在设计及建设大数据系统时，可采用技术措施（如针对结构化数据通过数据库校验措施校验、对非结构化数据采取 Tripwire 等完整性检查工具检查）对数据进行完整性监控，避免数据完整性遭到破坏。

　　大数据平台、大数据资源所有者在设计及建设大数据系统时，应对数据源系统进行调研，根据数据源系统的安全保护策略设计满足其保护要求的安全保护策略，并依据安全保护策略对数据采取完整性保护措施。

【典型案例】

　　Hadoop 系统模式为 Hadoop 及其各发行版平台提供数据检测程序 DataBlockScanner，对数据进行传输过程和存储过程完整性检测。Hadoop 实现模式为 Hadoop 在写数据到 HDFS 时，会为每个固定长度的数据执行一次"校验和"，"校验和"的值和数据一起保存起来。

　　5）数据保密性

【标准要求】

第一级和第二级安全要求如下：

f）大数据平台应提供静态脱敏和去标识化的工具或服务组件技术。

最佳实践如下：

b）应依据相关安全策略对数据进行静态脱敏和去标识化处理；

c）数据在存储过程中的保密性保护应满足数据源系统的安全保护要求。

【解读和说明】

　　大数据平台包含海量数据集，可能存储有大量敏感数据。为避免存储在大数据平台中的敏感数据意外泄露，大数据平台应提供静态脱敏和去标识化的工具或服务组件技术，供大数据应用和大数据资源用户调用，以及依据保密需求对数据进行脱敏或去标识。

　　大数据平台在存储数据过程中采取的保密性保护措施强度应与数据源系统中相应数

据的安全保护要求和强度保持一致。

【相关安全产品或服务】

静态脱敏系统、去标识化产品或 Tokenization 算法、Masking 算法及各类加密算法相关技术产品等。

【安全建设要点及案例】

该控制点的各要求项对不同类型等级保护对象的适用情况如表 5-18 所示。

表 5-18　该控制点的各要求项对不同类型等级保护对象的适用情况

要求项	等级保护对象		
	大数据平台	大数据应用	大数据资源
f)	适用	不适用	不适用
b)	适用	适用	适用
c)	适用	不适用	不适用

大数据平台所有者在设计及建造大数据平台时，应设计开发或采购数据脱敏工具及服务组件，可根据不同业务需求提供不同的脱敏策略，对存储数据进行不可逆的静态脱敏处理或可逆的去标识化处理。

大数据平台所有者在设计及建造大数据平台时，应制定数据脱敏及去标识化安全策略，并依据相关安全策略要求对不同级别类别的数据进行静态脱敏处理或去标识化处理。

大数据平台所有者在设计及建设大数据平台时，应对数据源系统进行调研，根据数据源系统的安全保护策略设计满足其保护要求的数据安全保护策略，并依据安全保护策略对数据采取相应的保密性保护措施。

【典型案例】

（1）大数据平台案例：将原始数据导入 Kafka，通过 Flink 对其进行数据清洗时，使用设置数据清洗标准、清洗规则，配合 MD5、转置算法等算法对每条数据特定字段进行脱敏处理或去标识化处理。

（2）在数据源与数据库之间部署动态加密机，使得所有传入数据库的数据均为加密数据。

6）数据备份恢复

【标准要求】

第二级安全要求如下：

备份数据应采取与原数据一致的安全保护措施。（最佳实践）

【解读和说明】

为避免备份数据因安全保护措施不到位而造成敏感数据泄露或被篡改等，大数据平台应对备份数据采取与原数据一致的安全保护措施。

【相关安全产品或服务】

PlusWell 热备份系统等。

【安全建设要点及案例】

该控制点的各要求项对不同类型等级保护对象的适用情况如表 5-19 所示。

表 5-19　该控制点的各要求项对不同类型等级保护对象的适用情况

要求项	等级保护对象		
	大数据平台	大数据应用	大数据资源
备份数据保护	适用	适用	适用

大数据平台、大数据应用、大数据资源及使用大数据技术构建的其他大数据系统所有者在设计及建设大数据系统时，应对备份数据采取与原数据一致的保密性、完整性保护措施。

【典型案例】

通过部署 PlusWell 等多机热备份系统，实时对数据进行校验，保持主备节点一致性。

7）剩余信息保护

【标准要求】

第二级安全要求如下：

a）数据整体迁移的过程中，应杜绝数据残留；（最佳实践）

b）大数据平台应能够根据大数据应用提出的数据销毁要求和方式实施数据销毁。（最佳实践）

【解读和说明】

为避免数据整体迁移后数据残留于原系统，原系统或存储节点挪作他用或不再进行相应级别的安全保护而造成敏感数据泄露，应采取技术或管理措施对原系统或数据存储节点进行筛查，杜绝数据残留。

大数据平台应构建多种类数据销毁方式，根据大数据应用提出的数据销毁要求和方式实施数据销毁。

【相关安全产品或服务】

离线同步工具 DataX 等，索引表删除、磁盘擦除、覆盖擦除、磁盘销毁等相关组件，如数据擦除工具 WipeDisk 等。

【安全建设要点及案例】

该控制点的各要求项对不同类型等级保护对象的适用情况如表 5-20 所示。

表 5-20　该控制点的各要求项对不同类型等级保护对象的适用情况

要求项	等级保护对象		
	大数据平台	大数据应用	大数据资源
a）	适用	适用	适用
b）	适用	不适用	不适用

大数据平台、大数据应用及大数据资源所有者在设计及建设大数据系统时，可采取技术措施，对存储节点或系统进行数据残留检测，杜绝数据残留，或者制定相关安全策略，由安全人员依据安全策略在数据迁移后对原系统或所有数据存储节点进行检查，杜绝数据残留。

另外，大数据平台应设计多种数据销毁方式，如索引表删除、磁盘擦除、覆盖擦除、磁盘销毁等，以满足大数据应用、大数据资源的不同强度的数据销毁要求。

8）个人信息保护

【标准要求】

第二级安全要求如下：

a）采集、处理、使用、转让、共享、披露个人信息应在个人信息处理的授权同意范围内；（最佳实践）

b）应采取措施防止在数据处理、使用、分析、导出、共享、交换等过程识别出个人身份信息。

【解读和说明】

大数据平台、大数据应用及大数据资源在采集、处理、使用、转让、共享、披露个人信息时应明确征得个人信息所有者的授权，并仅在授权同意范围内使用。

大数据平台、大数据应用及大数据资源处理的数据中如果包含个人身份信息，应采取脱敏、去标识化等技术措施防止在数据处理、使用、分析、导出、共享、交换等过程中识别个人身份信息。

【相关安全产品或服务】

数据分类分级、数据安全标记等相关产品或组件，数据脱敏、数据去标识化等相关组件，如 Hadoop 社区提供脱敏能力的 Ranger 组件。

【安全建设要点及案例】

该控制点的各要求项对不同类型等级保护对象的适用情况如表 5-21 所示。

表 5-21　该控制点的各要求项对不同类型等级保护对象的适用情况

要求项	等级保护对象		
	大数据平台	大数据应用	大数据资源
a）	适用	适用	适用
b）	适用	适用	适用

大数据平台、大数据应用及大数据资源信息系统处理的数据中如果包含个人身份信息，应明确个人身份信息的类型及存储位置，制定相应的安全策略，并按策略采取脱敏、去标识化等技术措施防止在数据处理、使用、分析、导出、共享、交换等过程中识别出个人身份信息。

大数据平台、大数据应用及大数据资源，如果涉及采集、处理、使用、转让、共享、披露个人信息等行为，应建立明确的隐私政策并提供给个人信息所有者。可在采集阶段向个人信息所有者提供选择同意其信息如何被使用的功能界面，相关操作均明确征得个人信息所有者的授权，并仅在授权同意范围内使用。隐私政策及相关流程中个人信息保护要求可参考《信息安全技术　个人信息安全规范》（GB/T 35273—2020）等国家标准。

大数据平台还应具备支持及保护大数据应用、大数据资源的个人信息保护需求的相应能力，包括但不限于以下几点。

（1）具备识别用户隐私行为数据的收集和使用及授权的能力。

（2）具备对个人隐私行为数据的安全转移、转存、销毁的能力。

（3）具备对用户隐私数据进行收集和使用时进行确认的能力。

（4）对用户隐私数据保护和更新用户隐私数据的能力。

【典型案例】

　制定明确的个人隐私政策，在采集信息时以文本形式通过 Web 页面、App 等各种方式向用户展示说明个人信息可能的使用方式，并明确获得用户同意。特别是在涉及披露时，综合使用线上线下方式确保用户获知相关信息并同意。

　对于个人信息，某大数据平台提供以下静态数据脱敏及去标识化能力，切断"自然人"身份属性与隐私属性的关联。

　（1）匿名：通过对个人信息数据库的匿名化处理，可以使得除隐私属性外的其他属性组合相同的值有若干条记录。

　（2）泛化：将具体明确的信息抽象为统计信息。

　（3）加密：数据加密传输存储的能力，支持对表、字段的加密，加密算法满足合规性要求。

　在导入导出过程中，实现以下动态数据脱敏能力：在用户层对数据进行独特屏蔽、加密、隐藏、审计或封锁访问途径的流程，当应用程序、维护、开发工具请求通过动态数据脱敏时，实时筛选请求的 SQL 语句，依据用户角色、权限和其他脱敏规则屏蔽敏感数据，并且能运用横向或纵向的安全等级，同时限制响应一个查询所返回的行数。

5.3.5　安全管理中心

　安全管理中心针对大数据平台/系统部署的技术管控枢纽提出了安全管理方面的技术控制要求，通过技术手段实现集中管理，涉及的安全方面包括系统管理、审计管理。

　第二级大数据平台/系统在实现安全通用要求提出的安全防护能力之外，应实现大数据安全扩展要求中的系统管理要求。

【标准要求】

第二级安全要求如下：

c）大数据平台应为大数据应用提供管控其计算和存储资源使用状况的能力；

d）大数据平台应对其提供辅助工具或服务组件，实施有效管理；

e）大数据平台应屏蔽计算、内存、存储资源故障，保障业务正常运行。

最佳实践如下：

d）大数据平台在系统维护、在线扩容等情况下，应保证大数据应用的正常业务处理能力。

【解读和说明】

大数据系统可以由大数据资源、大数据应用和大数据平台的一个或多个组件构成，这三个组件之间数据交互协同工作，共同完成大数据服务的内容。为了保障大数据应用的正常运行，大数据平台应具备对大数据应用计算和存储资源使用状况进行管理的能力，能够实时地监测和管控。而且，为了保证大数据平台提供的辅助工具和服务组件安全运行的可管可控，要求对辅助工具和服务组件实施统一的管理，避免组件冲突，降低安全风险等。

大数据应用和大数据资源依赖大数据平台提供服务。为了保障大数据平台提供服务的稳定性，大数据平台应屏蔽计算、内存、存储资源故障。单一计算节点或存储节点故障时，应不影响大数据平台和大数据应用的业务正常运行。

大数据应用承载着重要的系统数据、业务数据等，并提供业务处理服务，应保证大数据平台在系统维护、在线扩容等情况下，大数据应用的正常业务处理能力不受影响。

【相关安全产品或服务】

大数据平台向大数据应用提供计算和存储资源监测与管控的系统/组件，如：计算资源管理平台、存储资源管理平台等；组件集中管理的平台/组件；大数据平台提供计算、内存、存储资源管理的平台/组件，计算节点和存储节点等；大数据平台资源管理平台/组件，大数据平台运维管理平台/组件等。

【安全建设要点及案例】

该控制点的各要求项对不同类型等级保护对象的适用情况如表 5-22 所示。

表 5-22　该控制点的各要求项对不同类型等级保护对象的适用情况

要求项	等级保护对象		
	大数据平台	大数据应用	大数据资源
c）	适用	不适用	不适用
d）	适用	不适用	不适用
e）	适用	不适用	不适用
d）	适用	不适用	不适用

大数据平台应为大数据应用提供计算和存储资源监测和管控模块，确保大数据应用的

计算和存储资源能够被实时管理。监测模块对大数据应用计算和存储资源使用状态进行监测并根据设定的阈值进行报警，管控模块对大数据应用计算和存储资源进行配置管理。

大数据平台采用技术手段，通过统一的管理平台/组件对其提供的辅助工具和服务组件实施管理，支持辅助工具和服务组件的身份鉴别、访问控制、权限管理、日志审计等。其中，访问控制是指限制不同权限的人员访问其权限范围内的辅助工具或服务组件。权限管理特指对超级管理员和普通用户授予不同的权限管理。另外，根据使用方的需求情况，大数据平台可能提供辅助工具或服务组件的安装、部署、升级、卸载等安全管理措施。辅助工具和服务组件具有日志功能，应对辅助工具和服务组件的用户重要操作进行审计，审计覆盖每个账户，对重要的用户行为和重要安全事件进行审计。

通过内存故障转移机制、硬盘故障恢复机制、备份恢复机制、分布式存储、负载均衡等技术手段，保障大数据平台具备屏蔽计算、内存、存储资源故障的能力。当单一计算节点或存储节点故障关闭时，不影响大数据平台和大数据应用正常提供服务。

采用集群部署、系统迁移等方式，通过备份恢复机制、分布式存储、负载均衡等技术手段，保障大数据平台在系统维护、在线扩容时的高可用性、稳定性。当增加计算节点或存储节点时，不影响大数据应用的正常业务处理能力。应具有在线扩容的设计方案以及系统维护、在线扩容的应急处置方案。对于系统维护，主要关注大数据平台的重大变更，如系统升级、批量变更等。应具有变更流程的相关制度文件及记录，明确重大变更的定义、变更的机制、变更的审批流程、操作流程等。

【典型案例】

大数据平台提供大数据应用计算和存储资源监测模块，根据大数据应用计算和存储资源使用状态、设定的阈值（或默认阈值）实施报警，如资源所占空间、资源利用率、服务状态等。大数据平台提供大数据应用计算和存储资源管控模块，对大数据应用计算和存储资源进行实时管控，如资源的扩充、缩减、启用、停用等。

Hue 作为大数据统一分析交互平台，是一个统一的 Web UI 界面，用来管理各个大数据框架，简化用户和 Hadoop 集群的交互，可以对大数据开发、监控、运维的辅助工具和服务组件进行访问和管理。

大数据系统在设计时采用分布式架构，当单一计算节点或存储节点发生故障或关闭时，保证大数据平台和大数据应用的业务正常运行。对于存储非常大的文件或对延时要求不高、不需要多方读写的应用，可以采用 HDFS 将文件分布在集群各个机器上，同时提供副本进行容错及可靠性保证，避免单点性故障，保证业务的正常运行。同时，通过磁盘阵列（RAID）系统故障恢复机制，实现物理磁盘的故障恢复。对延时要求不高的应用，可以采用内存故障转移模式—内存透明转移，当内存发生故障时抛弃现有的故障内存，以重启计算任务使用新内存的方式实现屏蔽故障内存。

对于大规模数据集，为了提高系统的高度容错性和高吞吐量，可采用 HDFS。当增加计算节点或存储节点时，可通过备份恢复机制、分布式存储、负载均衡等技术手段，保证大数据平台的正常业务处理能力不受影响。

针对在线扩容制定设计方案及应急处置方案。针对重大变更（如系统升级、批量变更）等系统维护行为，制定应急处置方案、变更流程制度文件及变更记录。变更流程制度文件中明确重大变更的定义、变更的机制、变更的审批流程、操作流程等。在变更机制中，可对批量变更命令进行黑白名单限制等。

5.3.6　安全管理制度

安全管理制度针对大数据平台/系统的总体方针和管理制度提出了安全控制要求，主要对象为总体方针策略类文档、管理制度类文档、操作规程类文档和记录表单类文档等，涉及的安全方面包括安全策略、管理制度、制定和发布以及评审和修订。

大数据平台/系统应实现安全通用要求提出的安全策略、管理制度、制定和发布、评审和修订等安全防护能力。第二级大数据安全扩展要求在安全管理制度方面无安全扩展要求项。

1）安全策略

【标准要求】

第二级安全要求如下：

应制定网络安全工作的总体方针和安全策略，阐明机构安全工作的总体目标、范围、原则和安全框架等。

【解读和说明】

总体安全方针和策略类文件中应包含大数据安全工作的目标、原则、安全框架和需要遵循的总体安全策略等。安全策略应包含数据的采集、传输、存储、处理（如计算、分析、可视化等）、交换、销毁等大数据系统全生命周期中所有关键的安全管理活动，如数据的物理环境、数据溯源、数据授权、敏感数据输出控制、数据的事件处置和应急响应等。

【相关安全产品或服务】

网络安全工作的总体方针和安全策略文件。其中，网络安全工作总体策略的文件可以是单一文件，也可以是一套文件。

【安全建设要点及案例】

该控制点的各要求项对不同类型等级保护对象的适用情况如表 5-23 所示。

表 5-23　该控制点的各要求项对不同类型等级保护对象的适用情况

要求项	等级保护对象		
	大数据平台	大数据应用	大数据资源
安全策略	适用	适用	适用

大数据系统应制定网络安全工作的总体方针和安全策略。相关总体方针和安全策略应涵盖大数据安全相关内容，或建立独立的大数据安全工作的安全方针和安全策略。制定的相关文件应包含大数据安全工作的目标、原则、安全框架和需要遵循的总体策略等内容，应与业务流程紧密结合，与大数据的生命周期契合。

2）管理制度

【标准要求】

第一级和第二级安全要求如下：

a）应对安全管理活动中的主要管理内容建立安全管理制度。

【解读和说明】

安全管理制度文件应重点关注大数据系统数据生命周期涉及的安全管理活动［如数据采集、传输、存储、处理（如计算、分析、可视化等）、交换、销毁等环节］相关的管理制度，或根据大数据系统的特点建立独立的大数据管理制度。

【相关安全产品或服务】

针对安全管理活动建立的一系列安全管理制度，可以由若干制度构成，也可以由若干分册构成。

【安全建设要点及案例】

该控制点的各要求项对不同类型等级保护对象的适用情况如表 5-24 所示。

表 5-24　该控制点的各要求项对不同类型等级保护对象的适用情况

要求项	等级保护对象		
	大数据平台	大数据应用	大数据资源
a）	适用	适用	适用

在安全方针策略文件的基础上，根据实际情况建立安全管理制度。安全管理制度应涵盖安全管理机构、安全管理人员、安全建设管理、安全运维管理、物理和环境等层面的管理内容。相关安全管理制度中应制定大数据平台数据生命周期相关内容。

5.3.7　安全管理机构

安全管理机构针对大数据平台/系统的管理机构提出了安全控制要求，主要对象为管理制度类文档和记录表单类文档等，涉及的安全方面包括岗位设置、人员配备以及授权和审批。

大数据平台/系统在实现安全通用要求提出的岗位设置、人员配备、授权和审批等安全防护能力之外，应实现大数据安全扩展要求中的授权和审批要求。

1. 安全通用要求

1）岗位设置

【标准要求】

第一级和第二级安全要求如下：

b）应设立系统管理员、审计管理员和安全管理员等岗位，并**定义部门**及各个工作岗位的职责。

【解读和说明】

对于大数据系统，应明确数据采集、传输、存储、处理、交换、销毁等过程中负责数据安全的角色或岗位，以及数据安全角色或岗位在数据采集、传输、存储、处理、交换、销毁等过程中的安全职责。

【相关安全产品或服务】

安全主管、岗位职责文档等。

【安全建设要点及案例】

该控制点的各要求项对不同类型等级保护对象的适用情况如表 5-25 所示。

表 5-25 该控制点的各要求项对不同类型等级保护对象的适用情况

要求项	等级保护对象		
	大数据平台	大数据应用	大数据资源
b)	适用	适用	适用

大数据系统应进行安全管理岗位的划分，设立系统管理员、网络管理员、安全管理员及数据安全管理员角色或岗位。岗位职责文档应明确各个岗位的工作职责，以及各个岗位负责的网络安全工作的具体内容。数据安全管理员角色或岗位应明确数据生命周期各阶段中的安全职责，如数据的分类分级、安全标记、数据的脱敏和去标识化、关键数据溯源等。

2）授权和审批

【标准要求】

第二级安全要求如下：

b）应针对系统变更、重要操作、物理访问和系统接入等事项执行审批过程。

【解读和说明】

对于大数据系统，应针对数据采集、传输、存储、处理、交换、销毁等过程中数据授权、数据脱敏和去标识化处理、敏感数据输出控制、数据分类标识存储以及数据的分级分类销毁等事项确定审批事项的审批部门和审批人，并明确其中哪些事项需要审批，并保留审批记录。

【相关安全产品或服务】

安全管理制度、操作规程类文档或部门文件，事项的审批记录等。

【安全建设要点及案例】

该控制点的各要求项对不同类型等级保护对象的适用情况如表 5-26 所示。

表 5-26 该控制点的各要求项对不同类型等级保护对象的适用情况

要求项	等级保护对象		
	大数据平台	大数据应用	大数据资源
b)	适用	适用	适用

大数据系统需要针对系统变更、重要操作、物理访问和系统接入等事项执行审批流程，明确重要活动的审批范围、审批流程以及审批事项。审批事项应涵盖大数据安全相关活动，明确数据生命周期阶段和重要数据处理操作的批准人、审批部门。应针对重要活动建立审批记录，由批准人、审核部门签字/盖章。审批记录应与相关要求一致。

3）审核和检查

【标准要求】

第二级安全要求如下：

应定期进行常规安全检查，检查内容包括系统日常运行、系统漏洞和数据备份等情况。

【解读和说明】

对于大数据系统，应针对数据采集、传输、存储、处理、交换、销毁等过程中数据授权、数据脱敏或去标识化处理、敏感数据输出控制、对重要操作的审计以及数据的分级分类销毁、数据溯源等情况进行定期常规安全检查；应检查常规安全检查记录与相关制度规定一致。

【相关安全产品或服务】

安全管理制度、常规安全检查记录等。

【安全建设要点及案例】

该控制点的各要求项对不同类型等级保护对象的适用情况如表 5-27 所示。

表 5-27　该控制点的各要求项对不同类型等级保护对象的适用情况

要求项	等级保护对象		
	大数据平台	大数据应用	大数据资源
审核和检查	适用	适用	适用

大数据系统需要定期开展常规安全检查，检查内容包括系统日常运行、系统漏洞和数据备份等情况，还要包括数据生命周期阶段和重要数据处理操作等的安全情况。应编制常规安全检查记录，检查记录与相关制度规定的常规安全检查的周期（如每月或每季度或半年）、核查内容等保持一致。

2. 安全扩展要求

授权和审批控制点解读如下。

【标准要求】

第一级和第二级安全要求如下：

数据的采集应获得数据源管理者的授权，确保数据收集最小化原则。（最佳实践）

【解读和说明】

大数据系统数据的采集应与数据源管理者签订授权协议或合同，确保数据源的合法性，防止采集未授权或非法数据源（如购买非法数据源）产生的数据。应依大数据系统开展的业务确定数据采集范围，即只使用满足明确业务目的和业务场景的最小数据范围，避免超范围采集数据，确保数据收集最小化。

【相关安全产品或服务】

管理制度文档、记录表单类文档等。

【安全建设要点及案例】

该控制点的各要求项对不同类型等级保护对象的适用情况如表 5-28 所示。

表 5-28 该控制点的各要求项对不同类型等级保护对象的适用情况

要求项	等级保护对象		
	大数据平台	大数据应用	大数据资源
数据收集最小化	适用	适用	适用

大数据平台、大数据应用、大数据资源及其他大数据系统，均应针对采集的所有数据与数据源管理者签订授权协议或授权书，对于内部数据源管理者，可采取审批或流程管理方式进行授权，保证数据溯源合法合规，保证使用数据的合法性和合规性。数据采集的授权协议或合同中要明确数据源管理者对数据采集的授权内容、采集范围、采集用途等。在大数据平台建设方案或系统需求分析设计方案等文档中，要明确依据业务开展的数据采集的采集范围，保证只使用满足明确业务目的和业务场景的最小数据范围明确数据采集范围。

5.3.8 安全管理人员

安全管理人员针对大数据平台/系统的管理人员提出了安全控制要求，主要对象为网络安全主管、管理制度类文档和记录表单类文档等，涉及的安全方面包括人员录用、人员离岗、安全意识教育和培训以及外部人员访问管理。

大数据平台/系统应实现安全通用要求提出的人员录用、人员离岗、安全意识教育和培训、外部人员访问管理等安全防护能力。第一级和第二级大数据安全扩展要求在安全管理人员方面无安全要求项。

安全通用要求的人员离岗控制点解读如下。

【标准要求】

第一级和第二级安全要求如下：

应及时终止离岗人员的所有访问权限，取回各种身份证件、钥匙、徽章等以及机构提供的软硬件设备。

【解读和说明】

对于大数据系统，除取回各种身份证件、钥匙、徽章等以及机构提供的软硬件设备（含数据存储介质），还应及时终止离岗人员的所有访问权限，收回其对相应数据采集、传输、存储、处理、交换、销毁等环节中涉及的数据访问和使用权限，并收回重要数据。

【相关安全产品或服务】

人事负责人、部门负责人、安全管理制度、人员离岗记录、资产登记表单等。

【安全建设要点及案例】

该控制点的各要求项对不同类型等级保护对象的适用情况如表 5-29 所示。

表 5-29　该控制点的各要求项对不同类型等级保护对象的适用情况

要求项	等级保护对象		
	大数据平台	大数据应用	大数据资源
人员离岗	适用	适用	适用

大数据平台、大数据应用、大数据资源及其他大数据系统需要建立离职人员离职手续办理流程，及时终止离岗人员的所有访问权限，取回各种身份证件、钥匙、徽章等以及机构提供的软硬件设备，收回数据访问和使用权限，归还重要数据。离职人员的离职执行过程应与管理制度和离职手续办理流程保持一致，并保留人员离岗记录、资产登记表单等。

5.3.9　安全建设管理

安全建设管理针对大数据平台/系统的建设管理提出了安全控制要求，主要对象为建设负责人、安全规划设计类文档、记录表单类文档、等级测评报告、相关资质文件、安全测试报告、服务合同协议、SLA、安全声明、安全策略等，涉及的安全方面包括定级和备案、安全方案设计、产品采购和使用、自行软件开发、外包软件开发、工程实施、测试验收、系统交付、等级测评、服务供应商选择、大数据服务商选择、供应链管理以及数据源管理要求。

大数据平台/系统在实现安全通用要求提出的定级和备案、安全方案设计、产品采购和使用、自行软件开发、外包软件开发、工程实施、测试验收、系统交付、等级测评、服务供应商选择等安全防护能力之外，应实现大数据安全扩展要求中的大数据服务商选择、供应链管理以及数据源管理要求。

第二级大数据安全扩展要求与第一级相比，在安全建设管理方面无安全扩展要求项。

1. 安全通用要求

1）安全方案设计

【标准要求】

第一级和第二级安全要求如下：

a）应根据安全保护等级选择基本安全措施，依据风险分析的结果补充和调整安全措施。

【解读和说明】

要根据等级保护对象的安全保护等级，选择基本安全措施，重点针对大数据面临的安全风险如信息泄露、数据滥用、数据操纵、动态数据风险等进行风险分析，针对大数据生命周期各阶段的安全风险进行管控，并依据风险分析的结果补充和调整安全措施。其中，数据安全相关安全措施的选择应结合具体的业务场景，将数据脱敏、数据去标识化、安全标记等安全措施与业务场景相融合，并与数据生命周期各阶段相结合。

【相关安全产品或服务】

安全规划设计类文档等。

【安全建设要点及案例】

该控制点的各要求项对不同类型等级保护对象的适用情况如表 5-30 所示。

表 5-30　该控制点的各要求项对不同类型等级保护对象的适用情况

要求项	等级保护对象		
	大数据平台	大数据应用	大数据资源
a）	适用	适用	适用

　　大数据平台、大数据应用、大数据资源及其他大数据系统开展安全规划设计时，应根据系统等级选择相应的安全保护措施，根据大数据的特殊性设计相应的安全保护措施，如数据脱敏、数据安全标记等，数据安全相关措施覆盖数据生命周期。

　　应在安全规划设计类文档相关章节中编制安全措施内容、风险分析结果、安全措施的选择对风险的补充和调整等内容，还应包括数据安全风险分析内容、数据生命周期数据安全管理措施内容、数据安全风险管控措施内容等。

　　2）测试验收

【标准要求】

第二级安全要求如下：

b）应进行上线前的安全性测试，并出具安全测试报告。

【解读和说明】

　　在进行上线前的安全性测试时，应针对数据采集、传输、存储、处理、交换、销毁等过程中可能存在的缺陷或漏洞进行测试，并对数据安全组件（如数据脱敏组件、数据去标识化组件等）以及相关接口的安全性进行测试。

【相关安全产品或服务】

安全测试方案、安全测试报告、安全测试过程记录等相关文档。

【安全建设要点及案例】

　　该控制点的各要求项对不同类型等级保护对象的适用情况如表 5-31 所示。

表 5-31　该控制点的各要求项对不同类型等级保护对象的适用情况

要求项	等级保护对象		
	大数据平台	大数据应用	大数据资源
b）	适用	适用	适用

大数据平台、大数据应用、大数据资源以及其他大数据系统在系统上线前开展安全性

测试，留存安全测试方案、安全性测试报告、测试过程和结果记录等。测试结果与测试记录、测试报告、测试方案保持一致。测试内容应包括数据生命周期各阶段的安全管控内容以及数据和大数据安全相关组件，具备密码应用在网络、主机、应用软件等方面的安全测试内容。

2. 安全扩展要求

1) 大数据服务商选择

【标准要求】

第一级和第二级安全要求如下：

a) 应选择安全合规的大数据平台，其所提供的大数据平台服务应为其所承载的大数据应用提供相应等级的安全保护能力；

b) 应以书面方式约定大数据平台提供者的权限与责任、各项服务内容和具体技术指标等，尤其是安全服务内容。

【解读和说明】

对于大数据应用和大数据资源，应关注其进行大数据平台选择时的采购资料或招投标资料，相关资料应满足对大数据平台的安全能力要求。大数据应用和大数据资源应留存大数据平台相关资质证明、安全服务能力报告或结果、等级测评报告或结果。

SLA 或服务合同是大数据服务提供者和大数据服务客户责任划分的重要依据，也是业务开展的基础。在相关合同或协议中应明确大数据平台单位和大数据应用单位的权限和责任，避免发生冲突时发生责任界定不明确、无相应负责人等情况。

SLA 或服务合同中要明确规定大数据平台提供者的权限和责任（如管理范围、职责划分、访问授权、隐私保护、行为准则、违约责任等内容）以及各项服务内容和具体技术指标等。服务内容应包含安全服务内容。

【相关安全产品或服务】

大数据应用建设负责人、大数据资源管理人员、大数据平台服务合同、大数据平台等级测评报告、大数据平台资质及安全服务能力报告、服务协议或 SLA、安全声明等。

【安全建设要点及案例】

该控制点的各要求项对不同类型等级保护对象的适用情况如表 5-32 所示。

表 5-32 该控制点的各要求项对不同类型等级保护对象的适用情况

要求项	等级保护对象		
	大数据平台	大数据应用	大数据资源
a）	不适用	适用	适用
b）	不适用	适用	适用

大数据应用、大数据资源在选择大数据平台时选择可提供相应安全等级保护能力的平台，应在采购或购买服务时索取相关能力证明材料，并留存大数据平台提供的相关资质证明、能力报告和网络安全等级保护测评结果等。

大数据平台客户应根据业务需求在服务合同中明确大数据平台提供其所承载的大数据应用相应等级的安全保护能力，如静态脱敏和去标识化服务、数据隔离服务、数据加解密及密钥管理服务、基于安全标记的访问控制服务、数据分类分级的标识服务、数据溯源服务等数据安全服务。

大数据应用、大数据资源选择的大数据平台建设单位应具备相关资质，相关大数据平台应符合国家规定，满足法律法规、相关标准要求，定期开展等级测评。大数据平台建设单位应支持向大数据应用建设单位提供符合国家规定的大数据平台网络安全等级保护测评报告或结果。

大数据应用所有者和大数据资源所有者等应与大数据平台所有者按照责任范围签订服务合同、服务协议或 SLA、安全声明，在相关合同、协议中明确界定双方的权限和责任，明确规定大数据平台提供的安全服务内容等，并由双方签字盖章。

相关合同或协议的内容可能因为大数据服务客户的业务需求和安全需求的不同而存在较大的差异。相关合同或协议内容应尽可能全面地包括信息安全管理需求、大数据服务内容和具体的技术指标内容等。相关合同或协议应对管理范围、职责划分、访问授权、隐私保护、行为准则、违约责任等进行规定，相关服务内容应包含安全服务内容，如接口安全管理、资源保障、故障屏蔽等。

2）供应链管理

【标准要求】

第一级和第二级安全要求如下：

a）应确保供应商的选择符合国家有关规定。（最佳实践）

【解读和说明】

供应商（如大数据平台供应商、安全服务供应商、大数据平台基础设施等）的选择应符合国家相关法律法规和标准规范要求，如满足《中华人民共和国网络安全法》《信息安全技术 ICT 供应链安全风险管理指南》（GB/T 36637—2018）等的要求，具有相应资质证明、销售许可证等。

【相关安全产品或服务】

建设负责人、招投标文档、相关合同、资质证明、销售许可证等。

【安全建设要点及案例】

该控制点的各要求项对不同类型等级保护对象的适用情况如表 5-33 所示。

表 5-33　该控制点的各要求项对不同类型等级保护对象的适用情况

要求项	等级保护对象		
	大数据平台	大数据应用	大数据资源
a）	适用	适用	适用

网络运营者在进行大数据平台、大数据应用和大数据资源建设时，所选择的供应商应符合国家的相关管理要求，如满足《中华人民共和国网络安全法》、具有相应资质、销售许可证等，供应商的相关资质证书、销售许可证等均应在有效期内。另外，网络运营者进行供应商选择时应符合国家有关规定，建立采购流程文档、留存招投标文档，相关合同、资质证明、销售许可证等。

3）数据源管理

【标准要求】

第一级和第二级安全要求如下：

应通过合法正当渠道获取各类数据。（最佳实践）

【解读和说明】

数据来源应为合法正当渠道，数据应拥有数据使用授权，避免采集到其他未授权的或非法数据源（如非授权、非法购买、超范围采集）产生的数据。对于非公开数据等，通常应和相关渠道方签署合同或协议，或者获得相关方的使用授权，以确保数据渠道和数据源的正当合法。

【相关安全产品或服务】

数据管理员、授权文件或记录、相关合同和协议。

【安全建设要点及案例】

该控制点的各要求项对不同类型等级保护对象的适用情况如表 5-34 所示。

表 5-34　该控制点的各要求项对不同类型等级保护对象的适用情况

要求项	等级保护对象		
	大数据平台	大数据应用	大数据资源
合法获取数据	适用	适用	适用

大数据平台、大数据应用、大数据资源应对数据源进行管理，明确大数据资源获取的数据类别及其数据获取渠道以及所涉及的个人信息。数据应拥有正当数据源及使用授权，与相关渠道方签订合同协议，数据获取渠道不违反正当合法原则。留存授权文件记录，记录应包含数据类型、来源、是否已授权、所属责任部门等内容。

5.3.10　安全运维管理

安全运维管理针对大数据平台/系统的运维管理提出了安全控制要求，主要对象为管理制度类文档、记录表单类文档、办公环境、操作规程类文档、数字资产安全管理策略等，涉及的安全方面包括环境管理、资产管理、介质管理、设备维护管理、漏洞和风险管理、网络和系统安全管理、恶意代码防范管理、配置管理、密码管理、变更管理、备份与恢复管理、安全事件处置、应急预案管理及外包运维管理。

大数据平台/系统在实现安全通用要求提出的环境管理、资产管理、介质管理、设备维护管理、漏洞和风险管理、网络和系统安全管理、恶意代码防范管理、配置管理、密码管理、变更管理、备份与恢复管理、安全事件处置、应急预案管理、外包运维管理等安全防护能力之外，应实现大数据安全扩展要求中的资产管理、介质管理、网络和系统安全管理要求。

1.　安全通用要求

1）安全事件处置

【标准要求】

第二级安全要求如下：

b）应制定安全事件报告和处置管理制度，明确不同安全事件的报告、处置和响应流程，规定安全事件的现场处理、事件报告和后期恢复的管理职责等。

【解读和说明】

针对数据破坏、大数据信息泄露、数据滥用、数据操纵等安全事件，应制定相应的安全事件报告和处置管理制度，规定安全事件报告、处置和响应流程，明确现场处理、事件报告和后期恢复的管理职责等。大数据安全事件影响的范围和程度较大，对于重大安全事件，其影响十分广泛和恶劣。应建立大数据不同安全事件的报告和处置管理制度，重点关注数据泄露、滥用、破坏和被操纵后产生的影响范围和程度，对于重大影响，应可依据相关报告、处置和响应流程迅速采取措施控制影响范围和影响程度，并可采取针对性的有效措施恢复或缓解相关事件造成的影响，及时并高效处理大数据安全事件。

【相关安全产品或服务】

安全事件报告和处置管理制度、安全事件处理记录、安全事件报告记录、安全事件后期恢复记录等。

【安全建设要点及案例】

该控制点的各要求项对不同类型等级保护对象的适用情况如表 5-35 所示。

表 5-35　该控制点的各要求项对不同类型等级保护对象的适用情况

要求项	等级保护对象		
	大数据平台	大数据应用	大数据资源
b）	适用	适用	适用

大数据平台、大数据应用、大数据资源及其他大数据系统都适用于本条款。应建立安全事件报告和处置管理制度，以及不同安全事件的报告、处置和响应流程，明确安全事件的现场处理、事件报告和后期恢复的管理职责等。针对数据破坏、大数据信息泄露、数据滥用、数据操纵等安全事件建立报告、处置和响应流程。

对于发生过的安全事件，应建立安全事件处理记录、安全事件报告记录、安全事件后期恢复记录等。如果未发生相关安全事件，应建立相关记录的模板和待记录表单等。

2）应急预案管理

【标准要求】

第二级安全要求如下：

a）应制定重要事件的应急预案，包括应急处理流程、系统恢复流程等内容。

【解读和说明】

应制定应急预案，应急预案包含针对大数据重要安全事件（如数据泄露、重大数据滥用和重大数据操纵等）制定相应的专项应急预案，并对处理流程、恢复流程进行明确的定义。

【相关安全产品或服务】

应急预案（含大数据重要安全事件专项应急预案）等。

【安全建设要点及案例】

该控制点的各要求项对不同类型等级保护对象的适用情况如表 5-36 所示。

表 5-36 该控制点的各要求项对不同类型等级保护对象的适用情况

要求项	等级保护对象		
	大数据平台	大数据应用	大数据资源
a）	适用	适用	适用

大数据平台、大数据应用、大数据资源及其他大数据系统都适用于本条款。建立应急预案，针对机房、网络、系统等方面的重要事件制定应急预案，包括应急处理流程、系统恢复流程等。针对大数据重要安全事件（如数据泄露、重大数据滥用或重大数据操纵等）制定专项应急预案。

2. 安全扩展要求

1）资产管理

【标准要求】

第二级安全要求如下：

a）应建立数字资产安全管理策略，对数据全生命周期的操作规范、保护措施、管理人员职责等进行规定，包括并不限于数据采集、存储、处理、应用、流动、销毁等过程；

b）应对数据资产进行登记管理，建立数据资产清单。（最佳实践）

【解读和说明】

数字资产安全管理策略相关文档要明确数字资产的安全管理目标、原则和范围等内容。数字资产安全管理策略相关文档应规定数据全生命周期的操作规范、保护措施和相关相关人员职责。操作规范、保护措施和相关人员职责相融合应覆盖和融合数据采集、存储、处理、应用、流动、销毁等过程，并建立数字资产相关操作记录表单、保护措施列表和人员职责列表。

数据资产应进行登记管理，建立数据资产（包括各类硬件设备相关配置信息及管理数据、各种软件相关配置信息及日志数据、各种业务数据和文件等）清单。

【相关安全产品或服务】

数字资产安全管理策略；数据资产清单和登记管理记录等记录表单类文档。

【安全建设要点及案例】

该控制点的各要求项对不同类型等级保护对象的适用情况如表 5-37 所示。

表 5-37　该控制点的各要求项对不同类型等级保护对象的适用情况

要求项	等级保护对象		
	大数据平台	大数据应用	大数据资源
a）	适用	适用	适用
b）	适用	适用	适用

大数据平台、大数据应用、大数据资源应建立数字资产安全管理策略，明确数字资产的安全管理目标、范围及管理人员职责，规范数据全生命周期的操作规范（包括并不限于数据采集、存储、处理、应用、流动、销毁等过程）和保护措施等。相关操作记录表单覆盖数据采集、存储、处理、应用、流动、销毁等过程。

大数据平台、大数据应用、大数据资源应对数据资产进行登记管理，建立数据资产清单，明确数据资产管理方、软硬件资产清单等内容。建立数据资产登记管理记录，对数据资产进行登记，登记管理记录应覆盖所有数据资产。

【安全建设要点及案例】

以下是一个数字资产安全管理策略的示例。

某企业的数字资产安全管理目标是确保交易数据、用户个人信息和商品信息等数据资产的安全性、保密性和可用性，保护范围包括商品交易流程、支付流程、决策分析、个人信息处理等业务流程涉及的数据，详细的数字资产安全管理策略如表 5-38 所示。

表 5-38　数字资产安全管理策略示例

类别	内容	保护级别	涉及业务流程	涉及生命周期阶段	操作规范	保护措施	责任部门/责任人
交易数据	商品交易数据，包括交易金额、交易方式、交易账户等	十分重要	商品交易流程	数据处理	详见《商品交易操作规范》	详见《商品交易流程数据安全保护规范》中订单生成、交易、交易取消等阶段的数据处理相关安全措施	业务部/张XX
用户个人信息	用户的个人信息，包括姓名、手机号码、银行卡号等	十分重要	支付流程、决策分析、个人信息处理	个人信息采集、处理、使用、废除	详见《个人信息安全管理规范》	详见《个人信息安全保护规范》中采集、处理、使用、废除各阶段的详细安全措施	管理部/李XX
商品信息	商品的描述信息和尺寸、型号	一般	商品交易流程	商品信息录入、展示	详见《商品交易操作规范》	详见《商品交易流程数据安全保护规范》中信息录入展示等阶段的安全要求	业务部/张XX
……	……	……	……	……	……	……	……

2）介质管理

【标准要求】

第二级安全要求如下：

应在中国境内对数据进行清除或销毁。（最佳实践）

【解读和说明】

对于数据的清除或销毁，安全管理制度应具有明确规定，规定数据清除或销毁的地点和机制。应明确于中国境内进行数据清除或销毁，并建立和留存数据清除或销毁的处理记录。

【相关安全产品或服务】

数据清除或销毁相关策略或管理制度，数据清除销毁记录等。

【安全建设要点及案例】

该控制点的各要求项对不同类型等级保护对象的适用情况如表 5-39 所示。

表 5-39　该控制点的各要求项对不同类型等级保护对象的适用情况

要求项	等级保护对象		
	大数据平台	大数据应用	大数据资源
数据清除或销毁	适用	适用	适用

大数据平台、大数据应用、大数据资源及其他大数据系统都适用于本条款。大数据平台、大数据应用和大数据资源在进行数据清除或销毁时，应明确数据销毁的地点及数据销毁的机制。

应在安全管理制度中明确数据清除或销毁相关策略或管理制度，明确数据清除或销毁是否在中国境内。应建立数据清除销毁记录，记录数据清除销毁方式（如物理销毁、XX 次覆盖、XX 第三方软件清除、擦除磁盘分区等方式）和地点（如 XX 国家、XX 省或 XX 市），明确是否在中国境内对数据进行清除或销毁。

3）网络和系统安全管理

【标准要求】

第二级安全要求如下：

应建立对外数据接口安全管理机制，所有的接口调用均应获得授权和批准。（最佳实践）

【解读和说明】

大数据平台的管理制度类文档应明确对外数据接口安全管理机制，其中对外数据接口包括但不限于数据采集接口、数据导出接口、数据共享接口等。所有的接口调用应获得相关的授权和批准，并具有相关授权审批记录。

【相关安全产品或服务】

管理制度类文档、授权审批记录等。

【安全建设要点及案例】

该控制点的各要求项对不同类型等级保护对象的适用情况如表 5-40 所示。

表 5-40　该控制点的各要求项对不同类型等级保护对象的适用情况

要求项	等级保护对象		
	大数据平台	大数据应用	大数据资源
接口授权	适用	适用	适用

大数据平台、大数据应用、大数据资源及其他大数据系统都适用于本条款。建立对外数据接口安全管理机制，规定对外数据接口的类别、传输的数据内容、安全责任部门或人员、授权流程、审批流程等。进行对外数据接口管理，对外数据接口的使用和访问均应经过授权和批准，并留存相关的授权审批记录。

5.3.11　第二级以下大数据平台安全整体解决方案示例

1. 案例背景

某运营商应用烟囱式建设，多种应用系统独立存储，数据无法共享，跨部门获取数据长达数月。该运营商缺乏有效的数据资产管理，不清楚到底有多少数据/模型/规则，数据安全隐患大，同时，现有系统能够承载的数据量有限，且数据量越大，分析处理速度越慢。

通过部署大数据平台：将数据分级统一存储，提供统一的数据资产管理和数据安全管理，以及标准的数据共享访问接口和能力开放接口，能够线性扩容，实现大数据量时并发处理速度不减，使数据存储能力达到 PB 级，多应用并发处理速度快；能够实现应用间数据共享，加快应用开发和部署的速度，新业务推出周期由原来的 1.5 个月降低到 1 个星期；能够实现数据资产有效管理，加速挖掘数据价值。

2. 典型架构

基于该案例大数据平台的服务内容，设计了一个大数据平台，详细解读如下。

1）大数据平台服务内容

大数据平台主要提供离线处理、实时流处理、交互查询、全文检索、数据迁移、数据容灾等服务内容。

（1）离线处理：利用大数据的技术栈（主要是 Hadoop），在计算开始前准备好所有输入数据，该输入数据不会产生变化，且在解决一个问题后就要立即得到计算结果。

（2）实时流处理：实时流处理是指计算框架按事件逐条实时处理当下正在发生的流数据，逐条大数据分析或运行机器学习算法。常用于银行客户交易、活动、网站访问等场景。

（3）交互查询：基于 HBase 等实现基于指定条件、通过交互式 SQL 语句查询。

（4）全文检索：实时全文检索，根据关键词，模糊匹配，进行全文检索。

（5）数据迁移：提供数据迁移相关工具，将用户历史数据等迁移到大数平台中的数据库中。

（6）数据容灾：对客户数据、元数据等进行备份，在系统出现故障等状况下进行数据恢复。

2）大数据平台系统架构

大数据平台是由各种组件协同工作构成统一的海量数据存储、查询、分析系统，可以基于云计算平台部署，也可以直接部署在由物理节点构成的集群中。本案例重点描述直接部署在由物理节点构成的集群中的场景。大数据平台部署架构大致如图 5-2 所示。

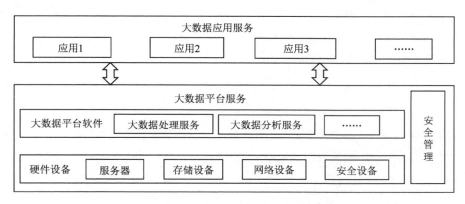

图 5-2　大数据平台部署架构

大数据平台自身的逻辑架构在不同厂商中可能略有差异，这里以某厂商的大数据平台逻辑架构为例来讲解。某厂商的大数据平台逻辑架构如图 5-3 所示。

（1）Manager：作为运维系统，为大数据平台提供高可靠、安全、容错、易用的集群管理能力，支持大规模集群的安装部署、监控、告警、用户管理、权限管理、审计、服务管理、健康检查、问题定位、升级和打补丁等。

（2）Hue：提供了大数据平台应用的图形化用户 Web 界面。Hue 支持展示多种组件，目前支持 HDFS、YARN、MapReduce、Hive 和 Solr。

（3）Loader：大数据平台与关系型数据库、文件系统之间交换数据和文件的数据加载工具，同时提供 REST API，供第三方调度平台调用。

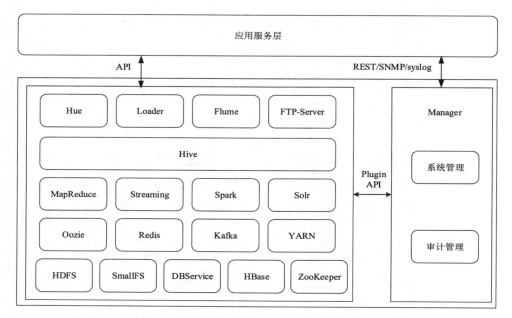

图 5-3　大数据平台逻辑架构

（4）Flume：一个分布式、可靠和高可用的海量日志聚合系统，支持在系统中定制各类数据发送方，用于收集数据，同时提供对数据进行简单处理并写入各种数据接受方（可定制）的能力。

（5）FTP-Server：通过通用的 FTP 客户端、传输协议对 HDFS 进行基本的操作，如文件上传、文件下载、目录查看、目录创建、目录删除、文件权限修改等。

（6）Hive：建立在 Hadoop 基础上的开源的数据仓库，提供类似 SQL 的 Hive Query Language 语言操作结构化数据存储服务和基本的数据分析服务。

（7）MapReduce：提供快速并行处理大量数据的能力，是一种分布式数据处理模式和执行环境。

（8）Streaming：提供分布式、高性能、高可靠、容错的实时计算平台，可以对海量数据进行实时处理。持续查询语言（Continuous Query Language，CQL）提供的类 SQL 流处理语言可以快速进行业务开发，缩短业务上线时间。

（9）Spark：基于内存进行计算的分布式计算框架。

（10）Solr：一个高性能的基于 Lucene 的全文检索服务器。Solr 对 Lucene 进行了扩展，提供了比 Lucene 更为丰富的查询语言，同时实现了可配置、可扩展，对查询性能进行了优化，并提供了一个完善的功能管理界面。Solr 是一款非常优秀的全文检索引擎。

（11）Oozie：提供了对开源 Hadoop 组件的任务编排、执行的功能。Oozie 以 Java Web 应用程序的形式运行在 Java servlet 容器（如 Tomcat）中，并使用数据库来存储工作流定义或当前运行的工作流实例（含实例的状态和变量）。

（12）Redis：一个开源的、高性能的 key-value 分布式存储数据库，支持丰富的数据类型，弥补了 memcached 这类 key-value 存储的不足，满足了实时的高并发需求。

（13）Kafka：一个分布式的、分区的、多副本的实时消息发布和订阅系统，提供可扩展、高吞吐、低延迟、高可靠的消息分发服务。

（14）YARN：作为资源管理系统，它是一个通用的资源模块，可以为各类应用程序进行资源管理和调度。

（15）HDFS（Hadoop Distributed File System，Hadoop 分布式文件系统），提供高吞吐量的数据访问，适合大规模数据集方面的应用。

（16）SmallFS：提供小文件后台合并功能，能自动发现系统中的小文件（通过文件大小阈值判断），在闲时进行合并，并把元数据存储到本地的 LevelDB 中来降低 NameNode 压力，同时提供新的 FileSystem 接口，让用户能够透明地对这些小文件进行访问。

（17）DBService：一个具备高可靠性的传统关系型数据库，为 Hive、Hue、Spark 组件提供元数据存储服务。

（18）HBase：提供海量数据存储功能，是一种构建在 HDFS 之上的分布式、面向列的存储系统。

（19）ZooKeeper：提供分布式、高可用性的协调服务能力，可帮助系统避免单点故障，从而建立可靠的应用程序。

3. 保护对象

这里根据《信息安全技术　网络安全等级保护基本要求》（GB/T 22239—2019）给出了建设完整的大数据平台涉及的硬件设备、软件、组件等对象，并关联出各对象应满足的等级保护要求。大数据平台保护对象及保护内容如表 5-41 所示。

表 5-41　大数据平台保护对象及保护内容

控制点	保护对象	保护内容
安全物理环境	机房场地	机房房屋建筑应能够防震、防水、防雨；防静电地板铺设；通信线缆隐蔽铺设，并与电缆隔离；设备/部件上架固定并标识
	电力供应系统	保障机房电力稳定，涉及电源、电线、UPS 等设备
	散热系统	保障机房通风、散热；可能涉及空调、风扇等设备或系统
	避雷系统	保障机房外部整体避雷，内部各机柜、设施和设备等通过安全接地等措施，保障防雷击
	消防系统	保障机房建设材料耐火，并能够自动检测火情、报警、自动灭火等
	出入门禁	管控人员出入，无关人员不得随意出入机房
安全通信网络及安全区域边界	网络系统、安全设备及系统	包括但不限于核心交换机、接入交换机、带外管理交换机、电缆、网线、防火墙、IDS 等
安全计算环境	服务器	为大数据系统提供计算或应用服务；根据业务需要，可能需要部署多种服务器
	存储设备	为大数据系统提供数据存储服务；根据业务需要，可能需要部署分布式、集中式等多种存储设备
	网络设备及系统	包括但不限于核心交换机、接入交换机、带外管理交换机、电缆、网线等
	安全设备及系统	保障大数据系统通信网络、边界、计算环境能够管控进出流量，抵抗 DDoS、恶意代码等攻击，包括但不限于防火墙、抗 DDoS 攻击设备、IDS、防病毒软件等
	操作系统	处理如管理与配置内存、决定系统资源供需的优先次序、控制输入设备与输出设备、操作网络与管理文件系统等基本事务，提供一个让用户与系统交互的操作界面
	数据库	为大数据系统提供数据管理功能
	大数据平台软件	提供海量数据离线处理、实时流处理、融合分析、数据迁移、数据备份容灾等服务功能
	日志记录与审计系统	为大数据系统提供日志记录与审计功能，有助于大数据系统基于日志调查大数据系统运行状况、安全操作状况等
安全管理	管理制度	提供大数据系统的各项管理制度，保障大数据系统有序运营
	管理机构	提供大数据系统安全管理机构，负责大数据系统的管理制度制定、人员管理等

4. 安全能力

根据《信息安全技术　网络安全等级保护基本要求》（GB/T 22239—2019），大数据平台应具备的安全能力如图 5-4 所示。

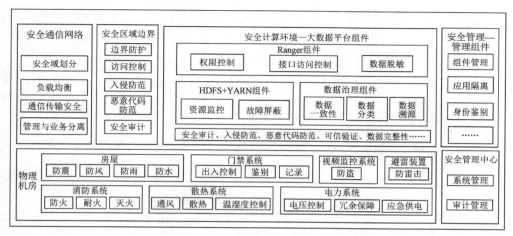

图 5-4　大数据平台应具备的安全能力

1）安全物理环境

在安全物理环境方面，大数据平台应具备的安全能力包括机房位置选择（中国境内、远离江河湖海、远离化工厂等）、门禁系统、防盗窃和防破坏、防雷击、防火、防水、防潮、防静电、温湿度控制、电力双路冗余、UPS、进出人员登记、电磁防护等。

2）安全通信网络

在安全通信网络方面，大数据平台应具备的安全能力包括网络分区及隔离、管理流量与业务流量分离、通信传输完整性保护。

3）安全区域边界

在安全区域边界方面，大数据平台应具备的安全能力包括：跨越边界的访问和数据流通过边界设备提供的受控接口进行通信；五元组过滤、内容过滤、策略优化、基于会话状态信息的访问控制；已知威胁入侵监测；网络防病毒；网络行为审计；等等。

4）安全计算环境

在安全计算环境方面，大数据平台应具备的安全能力包含网络设备和系统的身份鉴别、访问控制、安全审计、入侵防范、恶意代码防范、可信验证、数据完整性保护、数据备份恢复、剩余信息保护、个人信息保护等。

大数据平台还要具有如下安全能力：对大数据应用系统、重要接口的身份鉴别；数据分类管理；对组件、接口调用以及数据集使用的权限控制；重要接口调用情况审计；大数据存储和交换的完整性和保密性保护；数据迁移和销毁保护；个人信息保护。

5）安全管理中心

在安全管理中心方面，大数据平台应具备的安全能力包括系统管理、审计管理。

5. 安全措施

对应上述大数据平台应实现的安全能力，大数据平台可采取的安全措施/方法如表 5-42
所示。

表 5-42　大数据平台可采取的安全措施/方法

安全层面	应实现的安全能力	大数据平台可采取的安全措施/方法	
		平台侧	用户侧
安全物理环境	防震、防雷击、防风、防雨、防水	房屋，抗震构造，建筑加固	—
	出入控制、身份鉴别与记录	门禁系统	—
	防盗	机柜、线缆槽	—
	防雷击	避雷装置	—
	防火	消防系统	—
	通风散热、温湿度控制	散热设备与系统，空调、风扇	—
	电压控制、应急供电	UPS 系统	—
安全通信网络	安全域划分	交换机 VLAN，VPC	—
	负载均衡	Load Balance 组件	—
	通信传输安全	内部管理通信 HTTPS，私有网络接入 SSL VPN/IPSec VPN	VPN、HTTPS
安全区域边界	边界防护	防火墙	—
	访问控制	防火墙	主机防火墙
	入侵防范	Anti-DDoS、IDS	主机 IPS
	恶意代码防范	防病毒网关	—
	安全审计	防火墙	—
安全计算环境	身份鉴别、访问控制、安全审计	防火墙、交换机、服务器、数据库、大数据平台软件等自带功能启用，大数据组件 LDAP 账户管理与 Kerberos 认证，大数据组件 RBAC 权限管理	LDAP 账户管理与 Kerberos 认证，RBAC 权限管理
	入侵防范	漏洞扫描	—
	恶意代码防范	主机防病毒	主机防病毒
	数据完整性	传输：HTTPS 存储：平台提供完整性校验	传输：HTTPS

续表

安全层面	应实现的安全能力	大数据平台可采取的安全措施/方法	
		平台侧	用户侧
安全计算环境	数据保密性	脱敏组件 *存储*：平台支持敏感数据加密	—
	剩余信息保护	平台对剩余数据进行清理	—
	主机安全加固	主机部署防病毒软件	虚拟机安全加固
		操作系统内核安全加固	操作系统内核安全加固
		操作系统端口最小化	端口最小化
		操作系统权限控制	操作系统权限控制
	Web 应用安全	用户请求自动转 HTTPS	用户请求自动转 HTTPS
		防止跨站点脚本攻击	防止跨站点脚本攻击
		防止 SQL 注入式攻击	防止 SQL 注入式攻击
		防止跨站请求伪造	防止跨站请求伪造
		隐藏敏感信息	隐藏敏感信息
		限制上传和下载文件	限制上传和下载文件
		防止 URL 越权	防止 URL 越权
		密码强度检测	密码强度检测
	数据库加固	数据库文件及目录权限管控	数据库文件及目录权限管控
		口令策略设置	口令策略设置
		用户权限管控	用户权限管控
		数据库操作审计	数据库操作审计
	数据脱敏	大数据平台数据治理相关组件提供静态脱敏	应用提供静态脱敏
	资源监控	HDFS、YARN 组件分别提供存储、计算资源统一监控与管理	—
	故障屏蔽	关键组件高 HA 设计	关键组件高 HA 设计
	数据一致性校验	数据治理组件提供 ETL 数据质量校验	—
	数据溯源	数据治理组件提供数据血缘关系管理	触发数据血缘，建立与坏数据影响提示
	数据分类分级	数据治理组件内置分类分级策略引擎	设置分类分级策略
安全管理中心	系统管理	综合日志审计、堡垒机、平台自身能力	—
	组件管理	集群管理组件提供统一的组件管理	—
	审计管理	防火墙、交换机、操作系统、数据库、运维管理系统等日志审计模块	—

1）安全物理环境

大数据平台所处的数据中心位于中国境内，选址一律避开自然环境不利或危险的地区，减少周边环境对数据中心产生的干扰，如半径 400 米内无实验室、化工厂等危险区域。同时，选址上要保证数据中心正常运营需要的配套资源，如市电、水、通信线路等。

数据中心严格管理人员及设备进出，在数据中心园区及建筑的门口设置全天候（一天 24 小时、一星期 7 天，即 7×24 小时）保安人员进行登记盘查，限制并监控来访人员授权活动范围。在不同的区域采取不同安全策略的门禁控制系统，严格审核人员出入权限。

数据中心采用多级保护方案保障业务 7×24 小时持续运行，日常电力供应采用来自不同变电站的双路市电供电。配备了不间断电源，提供短期备用电力供应。通过精密空调、集中加湿器自动调节机房温湿度，使温湿度保持在设备运行所允许的范围内。机柜冷热通道有合理的布置，架空地板下空间作为静压箱来给机柜送风，并设置冷通道密闭，以防止局部热点。建筑防火等级均按一级设计施工，满足国家消防规范。采用阻燃、耐火电缆，在管内或线槽铺设，并设置漏电检测装置。部署自动报警和自动灭火系统，能够迅速准确地发现并通报火情。

数据中心的供水和排水系统均有合理规划，保证总阀门正常可用，确保关键人员知晓阀门位置，以免信息系统受到漏水事故破坏。机房建筑和楼层均有抬高场地，在外围设置了绿化地排水沟，加速排水，以降低场地积水倒灌风险。在数据中心铺设了防静电地板，导线连接地板支架与接地网，机器接地以导走静电。在机房大楼顶部设置了避雷带，供电线路安装了多级避雷器，导走电流。

2）安全通信网络

（1）安全域划分

根据不同用户及设备功能，划分不同网段，分配不同的地址，并且核心网络区域部署在内网中，在网络边界部署防火墙等安全设备，分配独立的 VLAN，实现与其他网段的逻辑隔离。

（2）通信传输安全

大数据系统采用 HTTPS 等安全协议进行通信。

（3）管理与业务隔离

大数据平台整个系统网络划分为两个平面，即业务平面和管理平面，两个平面之间采用物理隔离的方式进行部署，保证业务、管理各自网络的安全性。业务平面通过业务网络接入，主要为用户和上层用户提供业务通道，对外提供数据存取、任务提交及计算的能力。

管理平面通过运维网络接入，提供系统管理和维护功能，主要用于集群的管理，对外提供集群监控、配置、审计、用户管理等服务。

主备管理节点还支持设置外部管理网络的 IP 地址，用户可以通过外部管理网络进行集群管理。

（4）负载均衡

HDFS、Load Balance 能够基于不同节点的 I/O 负载情况，在 HDFS 客户端进行读写操作时，尽可能地选择 I/O 负载较低的节点进行读写，以此达到 I/O 负载均衡，充分利用集群整体吞吐能力。

3）安全区域边界

（1）边界防护

所有跨界面访问都需要通过跨网墙，流量都需要通过防火墙，经访问控制策略匹配放行之后才能进行通信，边界防火墙关闭默认放行所有流量的策略；交换机多余端口均做 shutdown 处理，且网络运行静态地址分配协议，核心防火墙上默认拒绝所有通信，仅允许受控流量通过，并通过网络运维管理系统监控所有设备状态。

（2）访问控制

防火墙启用访问控制策略，仅允许白名单 IP 地址通过受控区域，封堵多余端口。

（3）入侵防范

部署入侵监测系统，可以监测从内部和外部发起的网络攻击行为。

（4）恶意代码防范

网络内部部署防病毒系统，并更新到最新版本。

（5）安全审计

启用网络边界和核心设备的安全审计功能，审计范围覆盖每个用户。

4）安全计算环境

（1）身份鉴别与访问控制

在计算存储设备层面，服务器、存储等设备采用用户名和口令的方式对用户进行身份标识和鉴别，口令满足复杂度要求，并设置口令有效期，通常为 90 天，到期提醒用户更换口令。通过 SSH 协议对设备进行远程管理，可以防止鉴别信息在网络传输过程中被窃听。在默认口令处理方面，设备使用中应重命名默认账户和口令。

在应用组件层面，由管理员账户根据用户角色配置访问控制策略，访问控制策略规定主体对客体的访问规则。系统用户标识具有唯一性，系统不能建立同名账户。设置用户口令符合复杂度要求，要求定期更换。

在大数据平台层面，大数据平台可以支持用户使用浏览器、组件客户端等方式登录集群。在组件客户端登录方式中，大数据平台提供了基于 Kerberos 的统一认证，客户端访问组件服务时，需要经过 Kerberos 机制认证，认证通过后才能访问组件服务。

（2）安全审计

在设备安全审计方面，设备对每个登录用户进行审计，对账户的登录、退出、操作等进行记录。审计记录定期备份导出，保障审计记录安全。

（3）入侵防范

在计算存储设备层面，关闭设备中不需要的系统服务和高危端口。部署漏洞扫描设备，每个月定期对系统进行漏洞扫描，及时发现可能存在的已知漏洞，并及时安装补丁更新修复漏洞。通过网络设备设定可以访问系统的管理终端范围。在应用系统层面，提供数据有效性校验，对输入的数据进行有效性校验，要求运维人员定期扫描漏洞并及时修复。

（4）恶意代码防范

在恶意代码防范方面，部署主机防病毒软件，对设备软件代码定期扫描漏洞，及时更新补丁。

（5）主机安全加固

在操作系统安全加固方面，及时更新系统补丁、修复漏洞。修改操作系统内核配置项参数，屏蔽掉 Linux 系统一些可能成为入侵入口而又默认开启的功能，同时避免恶意用户修改设施的现象，如禁用 IP 地址转发功能，如果不是作为网关，则应关闭 IP 地址转发功能，防止集群内系统处理 IP 地址转发，提升系统运行效率。禁止系统响应广播请求，防止广播风暴攻击；禁止 FTP 登录系统账号；限定定时任务命令的使用权限；设置文件默认权限；设置登录系统的会话超时时间来控制系统权限。

在数据库安全加固方面，对数据库文件及目录设置严格的权限设置。设置数据库的口令安全策略，如限制口令重试次数、密码的重用间隔、密码过期宽限时间等。限制访问数据库的并发会话数目在系统可正常提供服务范围内。约束普通用户的权限，如限制访问审计表、限制被授予系统管理权限、限制被授予审计系统权限、限制被授予系统更改权限等。调整数据库默认侦听的服务端口。对数据库的关键操作记录审计日志。

（6）Web 应用安全

自动将客户请求转换成 HTTPS，以增强 Web 服务平台访问安全性。防止跨站点脚本攻击、SQL 注入式攻击、跨站请求伪造攻击。隐藏敏感信息，防止攻击者获取此类信息攻击系统。限制用户随意上传和下载文件，防止高安全文件泄露，同时防止非安全文件被上传。防止 URL 越权，每类用户都会有特定的权限。账号密码安全、Web 账号和密码安全方面，密码要符合一定规则和复杂度。

（7）数据完整性

采用 HTTPS 保证重要数据在传输过程、数据交换过程中的完整性。

（8）数据保密性

在数据保密性方面，采用 HTTPS 保证重要数据在传输过程中的保密性，且采用安全的有关国家管理部门认可的密码算法对账户口令进行加盐加密处理。根据数据源存储保护要求，采用国家密码管理部门认可的加密算法对业务数据进行加密存储。

（9）数据备份恢复

在数据备份恢复方面，统一对应用系统关键数据进行备份，定期将数据备份至 FTP 服务器。另外，应在另一座城市建立数据备份场地。

（10）剩余信息保护

在剩余信息保护方面，保证鉴别信息所在的存储空间被释放或重新分配前得到完全清除。用户关闭浏览后，无法直接回退到关闭前的页面，保证鉴别信息所在的存储空间被释放或重新分配前得到完全清除。数据整体迁移过程通过组件实现索引表删除、磁盘擦除、覆盖擦除、磁盘销毁等，杜绝数据残留。

（11）个人信息保护

在个人信息保护方面，应用系统不得非授权采集和保存用户个人信息。个人信息被使用或输出时通过大数据平台数据治理相关组件进行数据脱敏。

（12）权限控制

大数据平台提供了基于角色的权限控制，用户的角色决定了用户的权限。应通过指定用户特定的角色赋予用户相应的权限。每种角色具有的权限，根据需要访问的组件资源进行配置。

（13）资源监控

大数据平台可以分别为各个服务分配计算和存储资源，计算资源包括 CPU 和内存。不同租户之间不可以相互占用计算资源，私有计算资源独立，存储资源包括磁盘或第三方存储系统。租户之间不可以相互访问数据，私有存储资源独立，YARN 组件负责提供其他服务，包括 FTP-Server、Flume、HBase、HDFS、Solr 等，静态分配总量固定的资源，也可以给任务队列动态调度不固定的计算资源。存储资源是 HDFS 中可分配的数据存储空间资源。目录是 HDFS 存储资源分配的基本单位，租户通过指定 HDFS 的目录来获取存储资源。

（14）故障屏蔽

大数据平台所有组件的管理节点均实现 HA，保障以集中模式工作的管理节点也不会出现单点故障。通过可靠性分析方法，梳理软件、硬件异常场景下的处理措施，提升系统的可靠性。大数据平台还会对操作系统、进程、硬盘等进行健康状态监控，发现故障，及时隔离和切换。

（15）数据一致性校验

大数据平台在对数据进行清洗转换处理之后，检测数据处理结果中是否存在对正确的数据记录做了错误处理、数据记录丢失等造成数据不完整的情况。

（16）数据分类分级

大数据平台数据治理组件支持自定义数据分类管理，如客户数据、运营数据、公司数据等，也支持字段分类，如身份证、电话、姓名、住址等，内置分类常用分类模板，也支持用户自行设定数据类别。

（17）数据溯源

大数据平台数据治理组件支持建立数据地图，维护多种维度的数据血缘关系，并且支持数据影响分析。业务应用发现数据出错时，能够回溯上游数据，分析出错位置，并向下游数据提示影响，发出告警。

（18）数据脱敏

大数据平台数据治理相关组件支持从 Hive、OLAP 等数据库中识别和发现敏感数据，并支持对敏感数据进行脱敏处理，支持用户选择和配置脱敏策略。

5）安全管理中心

（1）组件管理

大数据平台的集群管理组件支持查看集群服务状态信息与监控指标；支持定制、导出服务监控指标、上报监控数据、查看资源分布、配置资源分布；支持查看、清除告警信息；支持配置 syslog、SNMP 北向参数、监控与告警阈值等参数。管理平台/组件支持对辅助工具和服务组件的安装、部署、升级、卸载、身份鉴别、访问控制、权限管理、日志审计等进行管理。

（2）应用隔离

大数据平台将大数据集群的资源隔离成一个个资源集合，彼此互不干扰，用户通过"租用"需要的资源集合来运行应用和作业，并存放数据。在大数据集群上可以存在多个资源集合来支持多个用户的不同需求。多租户配置管理主要包括以下内容：实现配置和隔离资源，租户之间的资源是隔离的，一个租户对资源的使用不影响其他租户，保证了每个租户根据业务需求去配置相关的资源，可以提高资源利用效率；测量和统计资源消费，系统资源以租户为单位进行计划和分配，租户是系统资源的申请者和消费者，其资源消费能够被测量和统计；保障数据安全和访问安全，分开存放不同租户的数据以保证数据安全，控制用户对租户资源的访问权限以保证访问安全。

（3）监控与告警

大数据平台集群管理组件提供监控与告警功能，支持查看主机、服务及角色实例的状态及指标信息，支持定制、导出主机、服务及角色实例监控指标，包括主机、服务与角色实例的运行或操作状态、健康状态及配置状态等信息，支持查看、手动清除告警信息，配置 syslog、SNMP 北向参数，配置监控与告警阈值等。

（4）安全事件发现与处置

部署 IDS，可对网络中发生的各类安全事件进行识别和分析，并通过邮件、电话、短信等进行报警。

5.4　第三级和第四级大数据安全扩展要求解读

第三级和第四级大数据安全扩展要求相对于第二级而言，控制点和要求项都有所增加，而且控制强度也增强了很多。具体表现为增加了安全审计、数据溯源、集中管控、供应链管理四个控制点。其中，第三级增加的要求项有 13 项，第四级增加的要求项有 1 项，强化了流量分离、全面身份鉴别、数据分类分级标识，并依此开展全生命周期保护、数据打标记、数据隔离、溯源数据保护、数据授权审批控制等方面的要求。

5.4.1　安全物理环境

安全物理环境针对大数据平台/系统部署的物理机房及基础设施位置提出了安全控制要求，主要对象为物理机房、办公场地和建设方案等，涉及的安全方面包括物理位置的选择、物理访问控制、防盗窃和防破坏、防雷击、防火、防水和防潮、防静电、温湿度控制、电力供应、电磁防护以及基础设施位置。

大数据平台/系统在实现安全通用要求提出的物理位置的选择、物理访问控制、防盗窃和防破坏、防雷击、防火、防水和防潮、防静电、温湿度控制、电力供应、电磁防护等安全防护能力之外，应实现大数据安全扩展要求中的基础设施位置要求。

以下详细解读安全扩展要求中的基础设施位置要求。

【标准要求】

第三级和第四级安全要求如下：

应保证承载大数据存储、处理和分析的设备机房位于中国境内。

【解读和说明】

无论是出于执法便利还是保障国家安全的考量，数据本地化和跨境传输都是全球数据监管的一大重点。以美国方面为例：对外，美国坚决反对数据本地化，主张数据在全球市场的自由流动；对内，美国针对部分数据实施本地化要求，如要求税务信息系统应当位于美国境内。

大数据包含大量的数据集，通过分析挖掘可能产生非常重要的数据。为保证数据的安全，数据所有者和大数据应用提供者在选择大数据平台时，应确保大数据平台的设备机房位于中国境内。大数据平台提供者在进行机房选址或选择第三方基础设施时，应确保承载大数据存储、处理和分析的各类服务器、存储设备等所在的机房应该位于中国境内。

【相关安全产品或服务】

若大数据系统构建在云计算平台上，则应关注云计算平台机房所属物理位置。

【安全建设要点及案例】

该控制点的各要求项对不同类型等级保护对象的适用情况如表 5-43 所示。

表 5-43　该控制点的各要求项对不同类型等级保护对象的适用情况

要求项	等级保护对象		
	大数据平台	大数据应用	大数据资源
基础设施位置	适用	不适用	适用

大数据平台所有者可在中国境内自建数据中心机房，将大数据平台物理服务器、物理网络设备、物理安全设备、物理存储设备等基础硬件设备部署于自建数据中心机房，并在此基础上提供大数据平台服务。大数据平台所有者也可选择中国境内专业数据中心机房托管服务提供者，整租或部分租赁数据中心托管机房，并将上述硬件设备部署于托管机房。大数据平台所有者还可选择租赁中国境内云计算资源，将相关业务应用部署于云计算平台上。

大数据应用所有者使用大数据平台服务商提供的大数据平台服务，其安全物理环境的保护能力已作为大数据平台服务的基础能力融入其所使用的各种大数据服务当中，因此，在建设大数据应用保护能力时，无须重复考虑安全物理环境防护。

大数据资源所有者可在中国境内自建机房，将物理服务器、物理网络设备、物理安全设备、物理存储设备等基础硬件设备部署到机房中。大数据资源所有者也可使用大数据平台服务商提供的大数据平台服务，其安全物理环境的保护能力已作为大数据平台服务的基础能力融入其所使用的各种大数据服务当中。此类情况下，在建设大数据资源保护能力时，无须重复考虑安全物理环境防护。

使用大数据技术构建的信息系统，其安全物理环境保护需求与大数据平台类似。此类信息系统在建设时或租赁相关资源时需要考虑安全物理环境保护，应将系统中的物理服务器、物理网络设备、物理安全设备、物理存储设备等基础硬件设备部署于中国境内。

5.4.2　安全通信网络

安全通信网络针对大数据平台/系统部署的通信网络提出了安全控制要求，主要对象为广域网、城域网、局域网的通信传输以及网络架构等，涉及的安全方面包括网络架构、通信传输、可信验证。

大数据平台/系统在实现安全通用要求的通信传输控制点时，应特别关注大数据系统各组件之间及组件内部的通信传输安全控制要求。大数据平台/系统在实现安全通用要求提出的安全防护能力之外，应实现大数据安全扩展要求中的网络架构要求。

第三级和第四级大数据安全扩展要求在安全通信网络方面与第二级具有相同的安全控制点，但增加了一个要求项，增强了对业务流量和管理流量分离的要求。

1.　安全通用要求

通信传输

【标准要求】

第三级和第四级安全要求如下：

a）应采用校验技术或密码技术保证通信过程中数据的完整性；

b）应采用密码技术保证通信过程中数据的保密性；

c）应在通信前基于密码技术对通信的双方进行验证或认证；

d）应基于硬件密码模块对重要通信过程进行密码运算和密码管理。

【解读和说明】

大数据系统可以由大数据资源、大数据应用和大数据平台的一个或多个组件构成，这三个组件之间数据交互协同工作，共同完成大数据服务的内容。为防止数据在通信过程中被篡改、破坏或窃听：应采用校验技术或密码技术保证大数据平台、大数据应用、大数据资源之间通信过程中数据的完整性，这些数据包括鉴别数据、重要业务数据、重要审计数据、重要视频数据和重要个人信息等；应采用密码技术对大数据平台、大数据应用、大数据资源之间通信过程中敏感信息字段或整个报文进行加密，可采用对称加密、非对称加密等方式实现数据保密性。

第四级大数据系统中的通信双方还应利用提供密码技术功能的设备/组件进行会话初

始化验证或认证。在认证过程中，应基于硬件密码模块实现对重要通信过程的密码运算和密码管理。

【相关安全产品或服务】

大数据平台、大数据应用、大数据资源中提供校验技术或密码技术功能的设备或组件（如 API、消息中间件、Web 页面等）；大数据平台、大数据应用、大数据资源中提供密码技术功能的设备或组件（如 Kerberos 认证设备/组件、数字证书认证设备/组件等）中的硬件密码模块。

【安全建设要点及案例】

该控制点的各要求项对不同类型等级保护对象的适用情况如表 5-44 所示。

表 5-44　该控制点的各要求项对不同类型等级保护对象的适用情况

要求项	等级保护对象		
	大数据平台	大数据应用	大数据资源
a）	适用	适用	适用
b）	适用	适用	适用
c）	适用	适用	适用
d）	适用	适用	适用

大数据平台、大数据应用、大数据资源可分别采用消息中间件、API、Web 页面等方式进行数据通信，采用校验技术或密码技术保证大数据平台、大数据应用、大数据资源之间通信过程中数据的完整性。

通过校验技术或密码技术提取待发送数据的特征码，特征码定长输出，不可逆。常用算法有 SM3、MD5、SHA1、SHA256、SHA512、CRC-32，推荐使用国密杂凑算法 SM3 算法。将数据特征码及源数据发送到接收方，接收方根据源数据计算特征码并与接收到的特征码进行比对，验证通信完整性，如果相同则表示数据没有被修改，反之则表示数据被修改过。

通信双方协商好加密算法和密钥，发送方采用协商好的加密算法和密钥对数据进行加密后发送给接收方。常用算法有对称加密算法和非对称加密算法。接收方根据协商好的加密算法和密钥对接收的密文进行解密。

大数据平台、大数据应用、大数据资源分别在通信双方建立连接之前利用密码技术进行会话初始化验证或认证，如在通信双方建立连接之前通过 Kerberos 认证、数字证书认证等进行会话初始化验证或认证。在该认证过程中，基于硬件密码模块对重要通信过程进行密码运算和密码管理。

大数据平台、大数据应用、大数据资源通过消息中间件、API、Web 页面等方式进行数据通信时，可采用 HTTPS、TLS 或 SSL 等协议保障通信过程中数据的完整性和保密性。

2. 安全扩展要求

网络架构

【标准要求】

第三级和第四级安全要求如下：

a）应保证大数据平台不承载高于其安全保护等级的大数据应用；

b）应保证大数据平台的管理流量与系统业务流量分离。

【解读和说明】

大数据平台为大数据应用、大数据资源提供基础安全防护能力，其安全保护等级不应低于其承载的大数据应用和大数据资源的安全保护等级。在选择大数据平台时，应充分考虑大数据应用或大数据资源的安全保护等级，防止大数据平台安全保护等级过低导致大数据应用和大数据资源底座存在安全风险。

大数据平台通常由基础设施层、数据平台层、计算分析层及大数据管理平台四个组件构成。基础设施层提供物理或虚拟的计算、网络和存储能力；数据平台层提供结构化和非结构化数据的物理存储、逻辑存储能力；计算分析层提供处理大量、高速、多样和多变数据的分析计算能力；大数据管理平台提供大数据平台的辅助服务能力。大数据应用基于大数据平台执行数据生命周期相关的数据处理活动，通常包括数据采集、数据传输、数据存储、数据处理（如计算、分析、可视化等）、数据交换、数据销毁等数据活动。大数据应用是产生业务流量的主要源头。

大数据平台的管理流量主要是系统管理和维护相关的流量。大数据管理平台对基础设施层提供物理或虚拟的计算资源、网络设备和存储资源的管理，对数据平台层提供结构化和非结构化数据的物理存储、逻辑存储资源管理，对计算分析层提供分析计算资源的管理。

大数据应用的管理流量主要包括对账户的管理和计费，对账户权限的管理，对大数据应用服务的资源、状态的监控管理，对日志的审计管理等。

大数据平台的业务流量主要是指大数据资源运营管理相关的流量。大数据应用的业务流量包括对源数据、过程数据及分析结果数据等进行业务处理的相关流量等。

保证管理流量与系统业务流量分离：一方面，防范业务用户进入管理平面，对系统管理与运维造成不利影响；另一方面，防范管理与运维人员在未授权情况下进入业务系统，对用户的数据及通信造成不利影响。

【相关安全产品或服务】

大数据平台及其承载的大数据应用系统和大数据资源的定级材料、备案证明等；实现带外管理、VLAN、VPC、VXLAN 等机制的设备和组件，或双网卡服务器。

【安全建设要点及案例】

该控制点的各要求项对不同类型等级保护对象的适用情况如表 5-45 所示。

表 5-45　该控制点的各要求项对不同类型等级保护对象的适用情况

要求项	等级保护对象		
	大数据平台	大数据应用	大数据资源
a）	适用	适用	适用
b）	适用	不适用	不适用

为满足该控制点的各要求项，首先需要明确大数据系统中各个定级对象的安全保护等级。通过查看定级对象的定级报告、备案证明等相关材料，明确各个定级对象的安全保护等级。当大数据平台、大数据应用、大数据资源分别独立作为定级对象或任意两者组合作为定级对象时，大数据应用、大数据资源的安全保护等级均不能高于大数据平台的安全保护等级，大数据资源的安全保护等级不能高于大数据应用、大数据平台的安全保护等级。

通过带外管理实现设备管理流量和业务流量的物理隔离，或者通过实现 VLAN、VPC、VXLAN 等机制的设备和组件实现业务流量和设备管理流量的逻辑通道隔离。通过双网卡配置实现物理服务器及该物理服务器上虚机的设备管理流量和业务流量的隔离。

实现流量隔离有物理隔离和逻辑隔离两种方式，如带外管理和双网卡隔离。

（1）带外管理

带外管理通过独立于数据网络之外的专用管理通道对机房网络设备（如路由器、交换机等）、安全设备（如防火墙等）、服务器设备（如小型机、服务器、工作站等）进行集中化整合管理。在这套独立于数据网络之外的专用管理网络通道上，通过 Console 端口对网络设备、安全设备进行集中监控、管理和维修，通过 KVM 对服务器设备进行操作和管理。

（2）双网卡隔离

配置双网卡服务器设备，管理流量和业务流量分别通过不同的网卡进行网络通信。

5.4.3　安全区域边界

安全区域边界针对大数据平台/系统部署的网络边界防护措施提出了安全控制要求，主要对象为系统边界和区域边界等，涉及的安全方面包括边界防护、访问控制、入侵防范、恶意代码防范、安全审计和可信验证。

大数据平台/系统在实现安全通用要求的入侵防范、安全审计等控制点时，应特别关注大数据系统中不同责任主体系统之间的边界、不同客户应用之间的边界，或同一客户不同应用之间的边界的安全控制要求。

第三级大数据安全区域边界的安全通用要求相比第二级，在边界防护、访问控制、入侵防范、恶意代码防范、安全审计等控制点均增加了不同程度和数量的要求项，且在可信验证的控制点中，第三级比第二级增强了一个要求项。

1.　安全通用要求

1）入侵防范

【标准要求】

第三级和第四级安全要求如下：

a）应在关键网络节点处检测、防止或限制从外部发起的网络攻击行为。

【解读和说明】

大数据系统可以由大数据资源、大数据应用和大数据平台的一个或多个组件构成，这三个组件之间数据交互协同工作，共同完成大数据服务的内容。由于这些组件需要收集、处理、存储大量敏感数据，所以容易遭受恶意的网络入侵攻击并产生数据泄露、丢失等风险。为了保障大数据系统各组件的数据安全，防御来自组件外部的网络入侵行为，需要在关键网络节点处部署入侵防御系统/组件，检测、防止或限制从外部发起的网络攻击。

【相关安全产品或服务】

具备入侵防范功能的安全设备/系统。

【安全建设要点及案例】

该控制点的各要求项对不同类型等级保护对象的适用情况如表 5-46 所示。

表 5-46　该控制点的各要求项对不同类型等级保护对象的适用情况

要求项	等级保护对象		
	大数据平台	大数据应用	大数据资源
a）	适用	适用	不适用

从外部发起的网络攻击可能对系统进行非授权访问，从而导致数据泄露。应进行主动监视，检查发生的入侵和攻击。如果发生数据泄露，应能够对数据非法流出进行监控。相关系统/设备配置信息或安全策略，应能够覆盖网络所有关键节点。

含有大数据平台、大数据应用或大数据资源的其他大数据系统也适用于该条款。

为了有效检测、防止或限制从外部发起的网络攻击行为，应在网络边界、核心等关键网络节点处部署具备入侵防范功能的安全设备/系统，如抗 APT 攻击系统、网络回溯系统、威胁情报检测系统、抗 DDoS 攻击系统、IDS、IPS，或者在防火墙、UTM 处启用入侵防护功能。

2）安全审计

【标准要求】

第三级和第四级安全要求如下：

a）应在网络边界、重要网络节点进行安全审计，审计覆盖到每个用户，对重要的用户行为和重要安全事件进行审计。

【解读和说明】

大数据系统可以由大数据资源、大数据应用和大数据平台的一个或多个组件构成。这三个组件之间及组件内部存在大量访问和交互，容易因网络攻击或人为误操作等产生数据泄露、服务故障等风险。为了保障安全事件的追溯，确保操作员对其行为负责，协助安全管理员及时发现网络入侵或潜在的系统漏洞及隐患，应在网络边界、重要网络节点进行安全审计。

【相关安全产品或服务】

含有审计功能的系统/组件，比如堡垒机、运维管理平台、综合安全审计系统等。

【安全建设要点及案例】

该控制点的各要求项对不同类型等级保护对象的适用情况如表 5-47 所示。

表 5-47　该控制点的各要求项对不同类型等级保护对象的适用情况

要求项	等级保护对象		
	大数据平台	大数据应用	大数据资源
a）	适用	适用	适用

应在网络边界部署综合安全审计系统或类似功能的系统/平台,启用重要网络节点日志功能，将系统日志信息输出至各个管理端口或者日志服务器。审计需要覆盖每个用户，审计覆盖的重要用户行为和重要安全事件包括：重要数据的访问及操作，包括数据的采集、存储以及所有数据的输出、交换等；系统、服务的配置和管理等。

含有大数据平台、大数据应用或大数据资源的其他大数据系统也适用于该条款。

应在网络边界部署具有日志记录功能的堡垒机，或者通过具有日志记录功能的运维管理平台对大数据系统各个组件、设备进行运维管理。部署综合安全审计系统对大数据系统的网络边界、重要网络节点进行安全审计。

5.4.4　安全计算环境

安全计算环境针对大数据平台/系统的局域计算环境提出了安全控制要求,主要对象为数据采集终端、各类业务组件、数据管理系统、系统管理软件、网络设备、安全设备、服务器设备、终端、业务应用系统、数据等，涉及的安全方面包括身份鉴别、访问控制、安全审计、入侵防范、恶意代码防范、可信验证、数据完整性、数据保密性、数据备份恢复、剩余信息保护、个人信息保护、数据溯源等。

大数据平台/系统在实现安全通用要求提出的安全防护能力之外,应实现大数据安全扩展要求中的身份鉴别、访问控制、安全审计、入侵防范、数据完整性、数据保密性、数据备份恢复、剩余信息保护、个人信息保护、数据溯源等方面的各项要求。

第三级大数据安全扩展要求（最佳实践）在安全计算环境方面，相比第二级增加了入侵防范、数据溯源两个控制点，共扩展了 13 个要求项。

安全扩展要求

1）身份鉴别

【标准要求】

第三级和第四级安全要求如下：

a）应对数据采集终端、数据导入服务组件、数据导出终端、数据导出服务组件的使用实施身份鉴别；

b）大数据平台应能对不同客户的大数据应用进行身份鉴别；

c）大数据资源应对调用其功能的对象进行身份鉴别；（最佳实践）

d）大数据平台提供的各类外部调用接口应依据调用主体的操作权限进行相应强度的身份鉴别。（最佳实践）

【解读和说明】

大数据中包含海量数据集且可能存在敏感数据。为保证数据的安全，应对大数据流经的采集终端（如数据爬虫所在终端或其他数据收集工具）、数据导出终端（如前置机）、数据导入导出服务组件（如 FTP 服务、Apache Kafka 流处理平台）等设备、组件实施身份鉴别，以保护数据免遭未授权读写导致的数据篡改、数据丢失等事故，并在事故发生时准确定位事故源。

对外提供服务的大数据平台同时服务于多个大数据应用，各类大数据应用对计算资源、存储资源及大数据资源拥有不同的使用需求。应采取身份鉴别措施，对大数据应用进行鉴别，从而确定大数据应用对大数据平台提供的各类资源及服务的访问和使用权限，防止非法用户获得大数据平台各类资源和服务的使用权限。

大数据资源为不同的外部实体提供数据资源服务，不同对象对数据资源有不同的访问及使用需求。为使大数据资源的访问控制策略能够有效、可靠地执行，防止非授权用户获得资源的使用权限，保证大数据资源的安全，应实施身份鉴别措施，对调用大数据资源功能的外部实体进行鉴别。

为避免大数据平台提供的资源调度接口（如 Hadoop Yarn 服务接口）、计算接口（如 Spark、Hadoop MapReduce）、文件系统接口（如 HDFS）及日志接口（如 Hadoop flume）等被非授权主体调用，需要依据调用接口主体的操作权限进行不同强度的身份鉴别。

【相关安全产品或服务】

提供统一的多租户管理机制的大数据平台管理组件 Manager、基于 Kerberos 的身份鉴别与权限管理模块、自开发身份鉴别模块等。

【安全建设要点及案例】

该控制点的各要求项对不同类型等级保护对象的适用情况如表 5-48 所示。

表 5-48　该控制点的各要求项对不同类型等级保护对象的适用情况

要求项	等级保护对象		
	大数据平台	大数据应用	大数据资源
a）	适用	适用	适用
b）	适用	不适用	不适用
c）	不适用	不适用	适用
d）	适用	不适用	不适用

大数据平台所有者、大数据应用所有者应对采集终端（如数据爬虫所在终端或其他数据收集工具）、数据导出终端（如前置机）、数据导入导出服务组件（如 FTP 服务、Apache Kafka 流处理平台）、数据管理系统等设备或服务组件实施身份鉴别。例如，采用 Kerberos 协议对 Apache Kafka 等数据导入导出组件进行身份鉴别，以及开启 FTP 服务的身份鉴别功能等。

对外提供服务的大数据平台在建设时，应设计大数据应用身份鉴别模块，支持对大数据应用进行标识和鉴别。在大数据应用注册或建立时，应采用标识符标识大数据应用身份，并确保在大数据应用整个生命周期标识符的唯一性。在每次大数据应用与大数据平台进行连接时，应采用口令或证书等方式对大数据应用进行鉴别。

对外提供服务的大数据资源在建设时，应对其对外提供服务的接口、组件及服务设计身份鉴别模块，支持对调用大数据资源数据资源服务的外部实体实施身份鉴别。

大数据平台、大数据资源可以支持用户使用浏览器、组件客户端等方式登录集群。组件客户端登录方式中，大数据平台、大数据资源提供基于 Kerberos 的统一认证，客户端访问组件服务时，需要经过 Kerberos 机制认证，认证通过后才能访问组件服务。

大数据资源还可以采用 AK/SK 进行 API 认证，对所有调用其接口的外部实体实施认证功能。

2）访问控制

【标准要求】

第三级和第四级安全要求如下：

g）对外提供服务的大数据平台，平台或第三方只有在大数据应用授权下才可以对大数据应用的数据资源进行访问、使用和管理；

h）大数据平台应提供数据分类分级安全管理功能，供大数据应用针对不同类别不同级别的数据采取不同的安全保护措施；

i）大数据平台应提供设置数据安全标记功能，基于安全标记的授权和访问控制措施，满足细粒度授权访问控制管理能力要求；

j）大数据平台应在数据采集、存储、处理、分析等各个环节，支持对数据进行分类分级处置，并保证安全保护策略保持一致；

k）涉及重要数据接口、重要服务接口的调用，应实施访问控制，包括但不限于数据处理、使用、分析、导出、共享、交换等相关操作；

l）大数据平台应具备对不同类别、不同级别数据全生命周期区分处置的能力。

最佳实践如下：

d）应在数据采集、传输、存储、处理、交换及销毁等各个环节，根据数据分类分级标识对数据进行不同处置，最高等级数据的相关保护措施不低于第三级安全要求，安全保护策略在各环节保持一致（第三级）；或应在数据采集、传输、存储、处理、交换及销毁等各个环节，根据数据分类分级标识对数据进行不同处置，最高等级数据的相关保护措施不低于**第四级**安全要求，安全保护策略在各环节保持一致（第四级）；

e）大数据平台应对其提供的各类接口的调用实施访问控制，包括但不限于数据采集、处理、使用、分析、导出、共享、交换等相关操作；

f）应最小化各类接口操作权限；

g）应最小化数据使用、分析、导出、共享、交换的数据集；

h）大数据平台应提供隔离不同客户应用数据资源的能力；

i）应采用技术手段限制在终端输出重要数据。

【解读和说明】

对外提供服务的大数据平台，保存其所服务的大数据应用数据。为避免大数据应用所属的数据遭受非授权访问、使用及管理，导致数据泄露及数据被破坏等情况，应采取措施，保证仅在取得大数据应用授权时，平台及第三方才可对大数据应用数据资源进行访问、使用和管理。

大数据系统拥有庞大的数据资源集，以数据结构为要素，可分为结构化数据、非结构化数据、半结构化数据；以数据交换为要素，可分为可交换数据、条件交换数据、不可交换数据。为更好地组织、管理、分析和应用数据、避免一刀切的管控方式，需要采用多维度的数据分类方式对数据进行分类。而不同数据，其影响类别、影响范围及影响对象不同，也需要进行等级划分，根据级别采取不同程度的保护措施。为实现数据安全精细化管理，大数据平台提供者应依据国家或行业标准制定数据分类分级策略，并依据分类分级策略对数据进行分类和等级划分，并支持对不同级别及类别的数据采取不同的安全管理措施。数据所有者和大数据应用提供者在选择大数据平台时，应确保大数据平台支持数据分类分级安全管理。

大数据平台拥有海量数据资源，其中包含大量敏感信息，隐私保护需求复杂，需要设置细粒度授权访问控制功能对敏感信息进行保护。但大数据平台包含大量非结构化和半结构化数据，复杂的数据类型导致使用传统授权模式难以满足细粒度授权访问控制。为满足敏感数据细粒度授权访问控制管理需求，大数据平台应支持对数据设置安全标记功能，如为数据添加标记字段，根据字段信息对数据的读写权进行授权管理及访问控制。

数据所有者、大数据平台所有者及大数据应用所有者应制定访问控制策略，规定数据处理、使用、分析、导出、共享、交换及其他操作过程中涉及的重要数据接口、重要服务接口的访问控制规则，实现主体对客体操作的控制以及最小化接口操作权限。同时，应依据访问控制策略，对重要数据接口、重要服务接口的调用实施访问控制。此外，应规定数据的各项操作中使用的数据集应最小化，并通过访问控制措施实现。

大数据平台所有者应将不同客户大数据应用的数据资源通过独立数据库存放、独立表空间存放等方式进行隔离存放，避免客户应用数据资源被其他客户未授权访问。

【相关安全产品或服务】

ACL、KDP 服务或者 Hadoop 管理系统；Hadoop 社区的 Ranger 组件或自研组件等具备对接口的访问控制管理功能的组件；数据标识产品，如 DBCoffer 等数据库安全加固产品等；VM 虚拟机、Docker 容器、Kata Container 等容器技术产品。

【安全建设要点及案例】

该控制点的各要求项对不同类型等级保护对象的适用情况如表 5-49 所示。

表 5-49　该控制点的各要求项对不同类型等级保护对象的适用情况

要求项	等级保护对象		
	大数据平台	大数据应用	大数据资源
g)	适用	适用	适用
h)	适用	不适用	不适用
i)	适用	不适用	适用
j)	适用	适用	适用
k)	适用	适用	适用
o)	适用	适用	适用
d)（第三级）	适用	适用	适用
d)（第四级）	适用	适用	适用
e)	适用	适用	适用
f)	适用	适用	适用
g)	适用	适用	适用
h)	适用	不适用	不适用
i)	适用	适用	适用

大数据平台所有者在设计及建造大数据平台时，应根据国家或行业标准制定数据分级分类策略，并支持依据分级分类策略对数据进行分级分类安全管理。例如，大数据平台所有者可依据安全策略对数据进行分级分类，添加标记字段，描述数据所属类别及级别，并依据描述字段，为数据适配相应安全保护措施。大数据平台的分类分级标识功能应可以提供给大数据应用和大数据资源使用。

大数据应用所有者和大数据资源所有者可通过调用大数据平台服务商提供的数据分类分级标识功能而具备该能力，无须单独实现该功能，但应各自制定数据分级分类策略或依据大数据平台数据分级分类策略，并针对不同等级及类别的数据规定在生命周期各环节采用相应的安全保护措施。

大数据平台和大数据资源所有者在数据分类分级策略基础上，应提供数据安全标记功能，如对数据列表添加标记字段，规定数据安全级别，同时对用户设置访问级别，仅当用户访问级别与数据安全级别相符时才可对数据进行访问。在数据安全标记和访问控制策略基础上，针对存储的数据设计访问控制模块，可对各类数据的访问、使用和管理指定授权主体，仅授权主体可对数据的访问、使用和管理进行授权，大数据平台及第三方仅在得到授权主体授权后才可对数据进行访问、使用和管理。大数据应用和大数据资源所有者应制定安全策略，规定数据访问、使用和管理等权限的授权管理，授权主体严格按照安全策略对数据访问、使用和管理进行权限配置。

大数据平台所有者、大数据应用所有者、大数据资源所有者在设计及建设大数据系统时，应对数据处理、使用、分析、导出、共享、交换及其他操作过程中涉及的所有数据接口、服务接口的访问制定访问控制策略，规定平台、应用及第三方对各类接口的访问控制规则，对重要数据接口、重要服务接口的调用实施访问控制，如以用户 IP 地址、用户 Token 为依据对用户使用数据接口、服务接口等操作进行控制。

大数据平台所有者应将不同客户大数据应用的数据资源通过独立数据库存放、独立表空间存放等方式进行隔离存放。

【典型案例】

（1）ACL 模式

使用 ACL 技术，通过设定条件，对所有接口数据包进行过滤，允许其通过或丢弃。为每位用户（包括大数据平台及第三方）维护一个 ACL，通过 ACL 设置每位用户对各类业务数据及管理数据的访问权限，从而实现对数据及各类接口使用的访问控制。

（2）基于角色授权认证模式

基于角色授权认证模式包含三个实体：用户、角色和权限。用户为操作主体，角色为主体的划分，权限为用户操作权限。大数据平台认证授权一体化系统的模型主要由用户管理系统、KDC 服务器及其他节点组成。用户管理系统为授权一体化系统。KDC 服务器为整个集群提供身份鉴别服务，存储用户身份信息。用户首先需要通过用户管理系统登录，然后通过 KDC 服务器进行身份鉴别，获得授权令牌。用户管理系统对用户所要访问的资源进行访问控制。只有通过用户管理系统与授权系统的许可，用户才能访问集群中的资源。

（3）最小化授权

通过 KDP 服务或 Hadoop 管理系统等方式对接口进行最小化授权，在各个数据接口对数据进行控制及过滤。

（4）数据隔离

数据库层面实现：通过为每个用户设置独立的表空间或数据库，达到审计数据及其他数据的数据隔离。

容器层面实现：通过为每个用户设置独立的 Docker，达到审计数据及其他数据的数据隔离。

Kata Container 实现：通过为每个用户部署独立 Kata 容器，达到审计数据及其他数据的数据隔离。

虚拟机层面：为每个用户部署独立的虚拟机，达到审计数据及其他数据的数据隔离。

3）安全审计

【标准要求】

第三级和第四级安全要求如下：

n）大数据平台应保证不同客户大数据应用的审计数据隔离存放，并提供不同客户审计数据收集汇总和集中分析的能力。

最佳实践如下：

b）大数据平台应对其提供的各类接口的调用情况进行审计；

c）应保证大数据平台服务商对服务客户数据的操作可被服务客户审计。

【解读和说明】

大数据平台所有者应将不同客户大数据应用的审计数据通过独立数据库存放、独立表空间存放等方式进行隔离存放。同时，应提供审计数据集中管理系统或功能供大数据应用客户使用，便于不同客户对各自的大数据应用审计数据进行收集汇总，并集中分析形成报表。

为方便安全管理人员利用审计记录、系统活动和用户活动等信息，需要检查、审查和检验大数据平台的安全状况及活动信息，从而发现系统漏洞、入侵行为或改善系统性能，大数据平台所有者应对其提供的数据采集、处理、使用、分析、导出、共享、交换及其他操作过程涉及的各类接口被各大数据应用或大数据资源调用的情况进行审计。

提供服务的大数据平台，应提供服务商对客户数据操作的审计功能，且审计功能应向服务客户开放，使服务客户可根据需要审计服务商对自己数据的操作行为，以监督平台服务商的行为，防止平台服务商对服务客户数据展开未授权访问。

【相关安全产品或服务】

VM 虚拟机、Docker 容器、Kata Container 等容器技术产品；华为、Intel、Cloudera 等厂商的发行版 Hadoop（如 CDH、HDP）等；数据库审计系统，DataSecurity Plus 文件审计系统等。

【安全建设要点及案例】

该控制点的各要求项对不同类型等级保护对象的适用情况如表 5-50 所示。

表 5-50　该控制点的各要求项对不同类型等级保护对象的适用情况

要求项	等级保护对象		
	大数据平台	大数据应用	大数据资源
n）	适用	不适用	不适用
b）	适用	不适用	不适用
c）	适用	不适用	不适用

大数据平台、大数据资源所有者在设计及建设大数据平台/系统时，应为不同客户的审计数据提供独立数据库或表空间，以实现不同客户审计数据的隔离存放。可以自研或采购集中审计措施或系统，提供给客户使用。可以通过调用集中审计措施或系统对其审计数据进行收集汇总，并集中分析形成报表。

大数据平台可采用具备接口调用审计功能的发行版 Hadoop 平台构建大数据平台，也可自研相关功能。

（1）数据隔离存放实现举例

数据库层面实现：通过为每个用户设置独立的表空间或数据库，达到审计数据及其他数据的数据隔离。

容器层面实现：通过为每个用户设置独立的 Docker，达到审计数据及其他数据的数据隔离。

Kata Container 实现：通过为每个用户部署独立 Kata 容器，达到审计数据及其他数据的数据隔离。

虚拟机层面：为每个用户部署独立的虚拟机，达到审计数据及其他数据的数据隔离。

（2）审计功能提供实现举例

CDH 提供了 Hadoop 的核心可扩展存储（HDFS）和分布式计算（MR），还提供了 Web

页面进行管理、监控。CDH 内置模块可对各 Hadoop 组件及接口的使用进行监控、访问控制及记录审计，并在 Web 页面中进行展示，同时还可对诸如 FLink、Kafka 等非 Hadoop 原生组件进行监控、访问控制及审计记录。

4）入侵防范

【标准要求】

第三级和第四级安全要求如下：

a）应对导入或者其他数据采集方式收集到的数据进行检测，避免出现恶意数据输入。（最佳实践）

【解读和说明】

大数据包含非结构化数据，其类型有图片、XML 文件、各类文档类型等，可能被恶意人员插入恶意代码。为避免恶意代码蔓延，感染平台及用户，应在数据导入及数据采集时采用防恶意代码软件对数据进行检测，避免恶意数据的输入。

【相关安全产品或服务】

各类防恶意代码软件。

【安全建设要点及案例】

该控制点的各要求项对不同类型等级保护对象的适用情况如表 5-51 所示。

表 5-51　该控制点的各要求项对不同类型等级保护对象的适用情况

要求项	等级保护对象		
	大数据平台	大数据应用	大数据资源
a）	适用	适用	适用

大数据平台、大数据应用、大数据资源及使用大数据系统构建的信息系统的所有者，应在数据导入及数据采集入库前采用防恶意代码软件对数据进行检测，避免恶意数据的输入。

前置区及数据收集系统部署防恶意代码软件，在数据入库前对数据进行检测。

5）数据完整性

【标准要求】

第三级和第四级安全要求如下：

a）应采用技术手段对数据交换过程进行数据完整性检测；（最佳实践）

b）数据在存储过程中的完整性保护应满足数据源系统的安全保护要求。（最佳实践）

【解读和说明】

在数据流转的各个过程中，网络基础环境、物理基础环境、软件基础环境故障、恶意攻击等均可能导致数据完整性遭到破坏，因此，需要采取技术手段对交换数据进行完整性检测，避免数据完整性遭到破坏。

大数据平台在存储数据过程中采取的完整性保护措施强度应与数据源系统中相应数据的安全保护要求和强度保持一致。

【相关安全产品或服务】

Hadoop 及其各发行版等。

【安全建设要点及案例】

该控制点的各要求项对不同类型等级保护对象的适用情况如表 5-52 所示。

表 5-52　该控制点的各要求项对不同类型等级保护对象的适用情况

要求项	等级保护对象		
	大数据平台	大数据应用	大数据资源
a）	适用	适用	适用
b）	适用	适用	适用

大数据平台、大数据应用及大数据资源所有者在设计及建设大数据平台时，可采用技术措施（如针对结构化数据通过数据库校验措施校验、针对非结构化数据采取 Tripwire 等完整性监控工具监控）对数据进行完整性监控，避免数据完整性遭到破坏。

大数据平台、大数据资源所有者在设计及建设大数据平台时，应对数据源系统进行调研，根据数据源系统的安全保护策略设计满足其保护要求的安全保护策略，并依据安全保护策略对数据采取完整性保护措施。

Hadoop 系统模式为 Hadoop 及其各发行版平台提供数据检测程序 DataBlockScanner，对数据进行传输过程和存储过程完整性检测。Hadoop 实现模式为 Hadoop 在写数据到 HDFS 时，会为每个固定长度的数据执行一次"校验和"，"校验和"的值和数据一起保存起来。

6）数据保密性

【标准要求】

第三级和第四级安全要求如下：

f）大数据平台应提供静态脱敏和去标识化的工具或服务组件技术。

最佳实践如下：

b）应依据相关安全策略和数据分类分级标识对数据进行静态脱敏和去标识化处理；

c）数据在存储过程中的保密性保护应满足数据源系统的安全保护要求。

【解读和说明】

大数据平台包含海量数据集，可能存储大量敏感数据。为避免存储在大数据平台的敏感数据意外泄露，大数据平台应提供静态脱敏和去标识化的工具或服务组件技术，供大数据应用和大数据资源用户调用，以及依据保密需求对数据进行脱敏或去标识。

大数据平台、大数据应用、大数据资源应制定数据分级分类策略，根据分级分类策略对数据进行分级分类标识，并依据分级分类策略及相关安全策略要求对不同级别类别的数据进行静态脱敏和去标识化处理，避免敏感信息泄露。

大数据平台在存储数据过程中采取的保密性保护措施强度应与数据源系统中相应数据的安全保护要求和强度保持一致。

【相关安全产品或服务】

静态脱敏系统、去标识化产品或 Tokenization 算法、Masking 算法及各类加密算法相关技术产品等。

【安全建设要点及案例】

该控制点的各要求项对不同类型等级保护对象的适用情况如表 5-53 所示。

表 5-53　该控制点的各要求项对不同类型等级保护对象的适用情况

要求项	等级保护对象		
	大数据平台	大数据应用	大数据资源
f）	适用	不适用	不适用
b）	适用	适用	适用
c）	适用	适用	适用

大数据平台所有者在设计及建造大数据平台时，应设计开发或采购数据脱敏工具及服务组件，可根据不同业务需求，提供不同的脱敏策略，对存储数据进行不可逆的静态脱敏处理或可逆的去标识化处理。

大数据平台、大数据应用、大数据资源所有者在设计及建造相应系统时，应制定数据分级分类策略，根据分级分类策略对数据进行标识，并依据标识及相关安全策略要求对不同级别类别的数据进行静态脱敏和去标识化处理。另外，还应对数据源系统进行调研，根据数据源系统的安全保护策略设计满足其保护要求的数据安全保护策略，并依据安全保护策略对数据采取相应的保密性保护措施。

（1）大数据平台案例：将原始数据导入 Kafka，通过 flink 对其进行数据清洗时，使用设置数据清洗标准、清洗规则，配合 MD5、转置算法等算法对每条数据特定字段进行脱敏或去标识化处理。

（2）在数据源与数据库之间部署动态加密机，使得所有传入数据库的数据均为加密数据。

7）数据备份恢复

【标准要求】

第三级和第四级安全要求如下：

a）备份数据应采取与原数据一致的安全保护措施；（最佳实践）

b）大数据平台应保证用户数据存在若干个可用的副本，各副本之间的内容应保持一致性，并定期对副本进行验证；（最佳实践）

c）应提供对关键溯源数据的备份。（最佳实践）

【解读和说明】

为避免备份数据因安全保护措施不到位而造成敏感数据泄露或被篡改等，大数据平台应对备份数据采取与原数据一致的安全保护措施。

为避免单一节点故障造成用户数据丢失或遭到破坏，大数据平台应保证用户数据存在若干个可用的副本，在发生故障或数据遭到破坏时可实时切换至其他副本，并通过技术手段定期对各个副本进行验证，保持所有副本内容一致。

为避免关键溯源数据遭意外丢失或破坏，应制定安全策略，并依据安全策略对关键溯源数据进行标识，对已标识数据采取备份措施。

【相关安全产品或服务】

Hadoop 平台等相关产品；Pluswell 热备份系统等；各类数据库管理系统等。

【安全建设要点及案例】

该控制点的各要求项对不同类型等级保护对象的适用情况如表 5-54 所示。

表 5-54　该控制点的各要求项对不同类型等级保护对象的适用情况

要求项	等级保护对象		
	大数据平台	大数据应用	大数据资源
a）	适用	适用	适用
b）	适用	不适用	不适用
c）	适用	不适用	适用

大数据平台、大数据应用、大数据资源及使用大数据技术构建的信息系统所有者在设计及建设相应系统时，应对备份数据采取与原数据一致的保密性、完整性保护措施。

大数据平台所有者在设计及建设大数据平台时，可通过自研系统实现用户数据存在若干个可用的副本，各副本之间的内容应保持一致性，并定期对副本进行验证。也可采用 Hadoop 等成熟的大数据产品，并在部署时配置参数，制定用户数据保存副本数量及一致性检查时间。

通过部署 Pluswell 等多机热备份系统实时对数据进行校验，保持主备节点一致性。

Hadoop 模式下，Hadoop 及其各发行版平台，在平台部署时，选择用户数据保存副本数量及一致性检查时间。

划分关键溯源数据，并依托各类数据库管理系统对数据进行备份。

8）剩余信息保护

【标准要求】

第三级和第四级安全要求如下：

a）数据整体迁移的过程中，应杜绝数据残留；（最佳实践）

b）大数据平台应能够根据大数据应用提出的数据销毁要求和方式实施数据销毁；（最佳实践）

c）大数据应用应基于数据分类分级保护策略，明确数据销毁要求和方式。（最佳实践）

【解读和说明】

为避免数据整体迁移后数据残留原系统，原系统或存储节点挪作他用或不再进行相应级别的安全保护而导致敏感数据泄露，应采取技术或管理措施对原系统或数据存储节点进行筛查，杜绝数据残留。

大数据平台应构建多种类数据销毁方式，根据大数据应用提出的数据销毁要求和方式实施数据销毁。

不同重要程度和类别的数据有不同的安全保护需求，因此，在销毁时也存在不同强度的销毁要求，作为存储数据的大数据平台应能够实现多种销毁强度的销毁方式。

【相关安全产品或服务】

离线同步工具 DataX；索引表删除、磁盘擦除、覆盖擦除、磁盘销毁等相关组件，比如 WipeDisk 数据擦除工具；数据标识技术产品等。

【安全建设要点及案例】

该控制点的各要求项对不同类型等级保护对象的适用情况如表 5-55 所示。

表 5-55　该控制点的各要求项对不同类型等级保护对象的适用情况

要求项	等级保护对象		
	大数据平台	大数据应用	大数据资源
a）	适用	适用	适用
b）	适用	不适用	不适用
c）	不适用	适用	不适用

大数据平台、大数据应用及大数据资源所有者在设计及建设相关系统时，可采取技术措施对存储节点或系统进行数据残留检测，杜绝数据残留，或者制定相关安全策略，由安全人员依据安全策略在数据迁移后对原系统或所有数据存储节点进行检查，杜绝数据残留。

大数据平台所有者在设计及建设大数据平台时，应设计多种数据销毁方式，如索引表删除、磁盘擦除、覆盖擦除、磁盘销毁等，以满足大数据应用、大数据资源的不同强度的数据销毁要求。

大数据应用所有者应制定数据分级分类保护策略，在需要进行数据销毁时，应依据分级分类策略对大数据平台提出各类数据的销毁要求和销毁方式，或者统一按照最高强度的销毁要求和销毁方式对数据进行销毁。

9）个人信息保护

【标准要求】

第三级和第四级安全要求如下：

a）采集、处理、使用、转让、共享、披露个人信息应在个人信息处理的授权同意范围内；（最佳实践）

b）应采取措施防止在数据处理、使用、分析、导出、共享、交换等过程识别出个人身份信息。（最佳实践）

【解读和说明】

大数据平台、大数据应用及大数据资源在采集、处理、使用、转让、共享、披露个人信息时应明确征得个人信息所有者的授权，并仅在授权同意范围内使用。

大数据平台、大数据应用及大数据资源处理的数据中如果包含个人身份信息，应采取脱敏、去标识化等技术措施防止在数据处理、使用、分析、导出、共享、交换等过程中识别出个人身份信息。

【相关安全产品或服务】

数据分类分级、数据安全标记等相关产品或组件；数据脱敏、数据去标识化等相关组件，比如 Hadoop 社区中提供脱敏能力的 Ranger 组件。

【安全建设要点及案例】

该控制点的各要求项对不同类型等级保护对象的适用情况如表 5-56 所示。

表 5-56　该控制点的各要求项对不同类型等级保护对象的适用情况

要求项	等级保护对象		
	大数据平台	大数据应用	大数据资源
a）	适用	适用	适用
b）	适用	不适用	不适用

大数据平台、大数据应用及大数据资源信息系统处理的数据中如果包含个人身份信息，应明确个人身份信息的类型及存储位置，制定相应的安全策略，并按策略采取脱敏、

去标识化等技术措施防止在数据处理、使用、分析、导出、共享、交换等过程中识别出个人身份信息。

大数据平台、大数据应用及大数据资源，如果涉及采集、处理、使用、转让、共享、披露个人信息，应建立明确的隐私政策并提供给个人信息所有者。可在采集阶段向个人信息所有者提供选择同意其信息如何被使用的功能界面，相关操作均明确征得个人信息所有者的授权，并仅在授权同意范围内使用。隐私政策及相关流程中个人信息保护要求可参考《信息安全技术 个人信息安全规范》（GB/T 35273—2020）等国家标准。

大数据平台还应具备支持大数据应用、大数据资源的个人信息保护需求的相应能力，包括但不限于以下几点。

（1）具备识别用户隐私行为数据的收集和使用及授权的能力。

（2）具备对个人隐私行为数据的安全转移、转存、销毁的能力。

（3）具备对用户隐私数据进行收集和使用时进行确认的能力。

（4）对用户隐私数据保护和更新用户隐私数据的能力。

【典型案例】

制定明确的个人隐私政策，在采集信息时以文本形式通过 Web 页面、App 等各种方式向用户展示说明个人信息可能的使用方式，并明确获得用户同意。特别是在涉及披露时，综合使用线上线下方式确保用户获知相关信息并同意。

对于个人信息，某大数据平台提供以下静态数据脱敏及去标识化能力，切断"自然人"身份属性与隐私属性的关联。

（1）匿名：即通过对个人信息数据库的匿名化处理，可以使得除隐私属性外，其他属性组合相同的值有若干条记录。

（2）泛化：将具体明确的信息抽象为统计信息。

（3）加密：数据加密传输存储的能力，支持对表、字段的加密，加密算法满足合规性要求。

在导入导出过程中，实现以下动态数据脱敏能力：在用户层对数据进行独特屏蔽、加密、隐藏、审计或封锁访问途径的流程，当应用程序、维护、开发工具请求通过动态数据脱敏时，实时筛选请求的 SQL 语句，并依据用户角色、权限和其他脱敏规则屏蔽敏感数据，能够运用横向或纵向的安全等级，同时限制响应一个查询所返回的行数。

10）数据溯源

【标准要求】

第三级和第四级安全要求如下：

m）应跟踪和记录数据采集、处理、分析和挖掘等过程，保证溯源数据能重现相应过程，溯源数据满足合规审计要求；

n）应在数据清洗和转换过程中对重要数据进行保护，以保证重要数据清洗和转换后的一致性，避免数据失真，并在产生问题时能有效还原和恢复。

最佳实践如下：

d）应采用技术手段，保证数据源的真实可信；

e）应采用技术手段保证溯源数据真实性和保密性。

【解读和说明】

大数据资源所有者及大数据平台所有者应建立数据溯源机制，记录数据由源数据经数据采集、处理、分析和挖掘等过程形成高价值数据信息的过程，记录的详细程度应确保能重现数据采集、处理、分析和挖掘等过程。大数据资源所有者、大数据平台应根据数据业务要求和国家标准及行业审计要求设计溯源数据种类及格式，产生的溯源数据应满足数据业务要求和合规性审计要求。

大数据包含海量数据资源，其中可能存在大量残缺数据、错误数据以及重复数据，因此，在数据使用前需要对数据进行清洗。同时，为满足不同业务系统的数据格式需求，需要对数据进行转换。为避免数据清洗和转换过程中破坏数据间逻辑对应关系和数据本身，导致数据一致性遭到破坏以及数据失真，大数据资源所有者、大数据平台所有者应对重要数据采取一致性检查及校验等保护措施。同时，大数据资源所有者、大数据平台所有者应提供还原和恢复措施，保证在数据一致性遭到破坏时对数据进行有效还原和恢复。

为保证数据来源真实可信任，应在与数据源进行数据传输和建立连接之前，采取相应的技术手段对数据源一方进行身份确认。

为避免溯源数据造假、泄露或被篡改、溯源数据后补等现象，应在数据溯源过程中采用时间戳、区块链、加密等技术，保证溯源数据真实可信及安全。

【相关安全产品或服务】

数据治理相关组件中的数据地图、数据溯源；元数据管理平台中的数据血缘分析工具等，比如 Data V 数据采集分析工具；数据一致性组件；数据治理组件中的 ETL 数据质量校验；数据沙箱；数据完整性校验模块、KMS、加密机、加密模块等。

【安全建设要点及案例】

该控制点的各要求项对不同类型等级保护对象的适用情况如表 5-57 所示。

表 5-57　该控制点的各要求项对不同类型等级保护对象的适用情况

要求项	等级保护对象		
	大数据平台	大数据应用	大数据资源
m）	适用	不适用	适用
n）	适用	适用	适用
d）	适用	适用	适用
e）	适用	不适用	适用

大数据平台、大数据资源所有者在设计及建设大数据平台/系统时，可选择自研溯源措施或系统，通过记录数据时间、空间、所在组件、数据流向等过程信息实现对数据采集、处理、分析和挖掘等过程的追溯。同时，数据追溯策略应参照合规性审计要求进行设计。大数据平台所有者也可采购满足可追溯数据采集、处理、分析和挖掘等过程并且符合国家产品和服务合规审计要求的数据溯源系统。

大数据平台、大数据资源所有者在设计及建设大数据平台/系统时，可通过对溯源数据使用时间戳技术进行防伪，或采取区块链技术进行溯源数据记录，以保证溯源数据的真实可信。

大数据平台、大数据应用及大数据资源所有者在设计及建设大数据平台/系统时，在数据清洗及转换过程中，可采取对每个数据块添加保护信息及校验信息等方式来保证数据一致性，同时防止数据失真。数据清洗和转换工具或脚本应具备回滚等机制，在检测到数据一致性受到破坏及数据失真时可通过回滚机制进行还原和恢复。在数据清洗转换完成后，校验数据清洗转换结果，保障清洗转换过程不能影响原本正确、无质量问题的数据，不能出现数据记录无故丢失等情况，并可通过数据沙箱、权限管控等机制保障清洗转换过程中的数据安全。

大数据系统可通过 IP 地址或端口、协议、接口认证、边界网络设备等对数据源进行限制，并在数据传输完毕后在数据库中检查数据是否真实落地。

　　大数据平台、大数据资源所有者在设计及建设大数据平台/系统时，可采取加密（如AES、SM2）及校验措施（如采购校验系统，或使用校验算法 MD5、SM3 等），对溯源数据进行完整性校验和加密。

　　【典型案例】

　　（1）数据地图

　　依托数据治理组件，分析和记录不同数据之间的衍生关系，建立数据地图，方便追溯数据出错源头，进行修正，并提示其他衍生数据进行更新；同时，对数据的流转、处理、修改等重要环节进行记录，从多个维度管理、维护数据之间的血缘关系，确保数据相关操作的可追溯性。

　　以数据地图为基础提供数据溯源服务，支持业务应用进行指定数据的影响分析，发现数据异常时，能够回溯上游数据，分析出错位置，并向下游数据提示影响，发出数据异常告警。

　　追溯信息包含的数据属性包括数据源、采集时间、采集人员、采集设备、采集内容等信息，可根据数据业务要求和不同行业合规审计要求选择具体内容。

　　（2）血缘分析

　　通过元数据管理平台中的血缘分析功能可以对数据处理过程进行溯源，分析功能依托的所有审计日志包括平台任务日志、HDFS 审计日志、Hive 审计日志等，并定期同步到数据仓库中保存。

　　（3）在数据存储时增加时间戳属性，重要数据增加数字签名。

　　（4）大数据平台与大数据应用协同工作，对原始数据进行清洗、转换，提升数据质量，并在清洗转换过程中通过权限管控等机制保障数据安全。在数据清洗转换完成后，校验数据清洗转换结果。对数据清洗转换结果进行权限管控、加密存储等，保护其中的重要数据。

　　具体落地来说，大数据应用承接业务需求，调度大数据平台提供的计算、存储、公共组件等资源，实现数据清洗转换与质量稽查。大数据平台提供数据清洗转换相关功能，提供数据沙箱、权限管控等机制保障清洗转换过程中的数据安全，提供相关机制帮助大数据应用验证数据一致性，防止数据失真。

5.4.5 安全管理中心

安全管理中心针对大数据平台/系统部署的技术管控枢纽提出了安全管理方面的技术控制要求，通过技术手段实现集中管理，涉及的安全方面包括系统管理、审计管理、安全管理、集中管控。

大数据平台/系统在实现安全通用要求提出的安全防护能力之外，应实现大数据安全扩展要求中的系统管理、集中管控要求。

第三级大数据安全扩展要求比第二级增加了一个"集中管控"的控制点，且在"系统管理"控制点中，第三级和第四级相比第一级和第二级增强了一个要求项，即"大数据平台应为大数据应用提供集中管理其计算和存储资源使用状况的能力"。

安全扩展要求

1）系统管理

【标准要求】

第三级和第四级安全要求如下：

d）大数据平台应对其提供辅助工具或服务组件，实施有效管理；

e）大数据平台应屏蔽计算、内存、存储资源故障，保障业务正常运行。

最佳实践如下：

d）大数据平台在系统维护、在线扩容等情况下，应保证大数据应用的正常业务处理能力。

【解读和说明】

大数据系统可以由大数据资源、大数据应用和大数据平台的一个或多个组件构成，这三个组件之间数据交互协同工作，共同完成大数据服务的内容。为了保证大数据平台提供的辅助工具和服务组件安全运行的可管可控，要求对辅助工具和服务组件实施统一的管理，以避免组件冲突，降低安全风险。

大数据应用和大数据资源依赖大数据平台提供服务。为了保障大数据平台提供服务的稳定性，大数据平台应屏蔽计算、内存、存储资源故障；单一计算节点或存储节点故障时，应不影响大数据平台和大数据应用的业务正常运行。

　　大数据应用承载着重要的系统数据、业务数据等，并提供业务处理服务，应保证大数据平台在系统维护、在线扩容等情况下，大数据应用的正常业务处理能力不受影响。

【相关安全产品或服务】

　　大数据平台对其提供的辅助工具和服务组件进行集中管理的平台/组件；资源管理平台/组件，运维管理平台/组件，计算节点和存储节点等。

【安全建设要点及案例】

　　该控制点的各要求项对不同类型等级保护对象的适用情况如表 5-58 所示。

表 5-58　该控制点的各要求项对不同类型等级保护对象的适用情况

要求项	等级保护对象		
	大数据平台	大数据应用	大数据资源
d)	适用	不适用	不适用
e)	适用	不适用	不适用
d)	适用	不适用	不适用

　　大数据平台采用技术手段，通过统一的管理平台/组件对其提供的辅助工具和服务组件实施管理，支持辅助工具和服务组件的身份鉴别、访问控制、权限管理、日志审计等。其中，访问控制是指限制不同权限的人员访问其权限范围内的辅助工具或服务组件。权限管理是指对超级管理员和普通用户授予不同的权限管理。另外，根据使用方的需求情况，大数据平台可能提供辅助工具或服务组件的安装、部署、升级、卸载等安全管理措施。辅助工具和服务组件具有日志功能，应对辅助工具和服务组件的用户重要操作进行审计，审计覆盖每个账户，对重要的用户行为和重要安全事件进行审计。

　　通过内存故障转移机制、硬盘故障恢复机制、备份恢复机制、分布式存储、负载均衡等技术手段保障大数据平台具备屏蔽计算、内存、存储资源故障的能力，当单一计算节点或存储节点故障关闭时，不影响大数据平台和大数据应用正常提供服务。

　　采用集群部署、系统迁移等方式，通过备份恢复机制、分布式存储、负载均衡等技术手段保障大数据平台在系统维护、在线扩容时的高可用性、稳定性，当增加计算节点或存储节点时，不影响大数据应用的正常业务处理能力。应具有在线扩容的设计方案以及系统维护、在线扩容的应急处置方案。对于系统维护，主要关注大数据平台的重大变更，比如系统升级、批量变更等。应具有变更流程的相关制度文件及记录，明确重大变更的定义、变更的机制、变更的审批流程、操作流程等。

【典型案例】

（1）Hue 管理平台

Hue 作为大数据统一分析交互平台，是一个统一的 Web UI 界面，用来管理各个大数据框架，简化用户和 Hadoop 集群的交互，可以对大数据开发、监控、运维的辅助工具和服务组件进行访问和管理。

（2）故障保护

大数据系统在设计时采用分布式架构，当单一计算节点或存储节点发生故障或关闭时，保证大数据平台和大数据应用的业务正常运行。对于存储非常大的文件或对延时要求不高、不需要多方读写的应用，可以采用 HDFS 将文件分布在集群的各个机器上，同时提供副本进行容错及可靠性保证，避免单点性故障，保证业务的正常运行。同时，通过 RAID 系统故障恢复机制，实现物理磁盘的故障恢复。对延时要求不高的应用，可以采用内存故障转移模式——内存透明转移，当内存发生故障时抛弃现有的故障内存，以重启计算任务使用新内存的方式实现屏蔽故障内存。

（3）系统维护、扩容保护

对于大规模数据集，为了提高系统的高度容错性和高吞吐量，可采用 HDFS。当增加计算节点或存储节点时，可通过备份恢复机制、分布式存储、负载均衡等技术手段，保证大数据平台的正常业务处理能力不受影响。

针对在线扩容制定设计方案及应急处置方案。针对重大变更（如系统升级、批量变更）等系统维护行为，制定应急处置方案，变更流程制度文件及变更记录。变更流程制度文件中明确重大变更的定义、变更的机制、变更的审批流程、操作流程等。在变更机制中，可对批量变更命令进行黑白名单限制等。

2）集中管控

【标准要求】

第三级和第四级安全要求如下：

c）大数据平台应为大数据应用提供集中管控其计算和存储资源使用状况的能力。

最佳实践如下：

d）应对大数据平台提供的各类接口的使用情况进行集中审计和监测。

【解读和说明】

大数据系统可以由大数据资源、大数据应用和大数据平台的一个或多个组件构成，这三个组件之间数据交互协同工作，共同完成大数据服务的内容。为了保障大数据应用的正常运行，大数据平台应具备对大数据应用计算和存储资源使用状况进行集中管理的能力，分别进行集中、实时的监测和管控。

大数据平台通过各类接口与大数据应用和大数据资源进行数据交互。为了保障大数据平台接口服务的安全性、可用性和稳定性以及接口访问情况的可追溯性，应对接口使用情况进行集中审计和监测。这里主要关注大数据平台提供的各类 API。

【相关安全产品或服务】

资源集中监测和管控的系统/组件，比如计算资源管理平台、存储资源管理平台等；接口集中审计和监测平台/组件等。

【安全建设要点及案例】

该控制点的各要求项对不同类型等级保护对象的适用情况如表 5-59 所示。

表 5-59 该控制点的各要求项对不同类型等级保护对象的适用情况

要求项	等级保护对象		
	大数据平台	大数据应用	大数据资源
c）	适用	不适用	不适用
b）	适用	不适用	不适用

大数据平台应为大数据应用提供计算及存储资源集中监测和管控模块，确保大数据应用的计算和存储资源能够被集中、实时管理。监测模块对大数据应用计算和存储资源使用状态进行监测并根据设定的阈值进行报警，管控模块对大数据应用计算和存储资源进行配置管理。

大数据系统可以由大数据资源、大数据应用和大数据平台的一个或多个组件构成，大数据平台为大数据应用和大数据资源提供各类 API 来完成相关的功能及作用。API 使用情况包括接口申请、启用、使用、注销、权限管理等。需要对大数据平台提供的各类 API 的使用情况进行集中、实时的监测，并保留监测记录；对大数据平台提供的各类 API 的使用情况进行集中、实时审计，并保留审计记录，比如接口访问的账号、时间、操作等。应制定大数据平台提供的各类接口的使用流程文档。

【典型案例】

大数据平台为大数据应用提供计算和存储资源集中监测模块，根据大数据应用计算和存储资源使用状态、设定的阈值（或默认阈值）实施报警，比如资源所占空间、资源利用率、服务状态等。大数据平台提供大数据应用计算和存储资源集中管控模块，对大数据应用计算和存储资源进行集中、实时管控，比如资源的扩充、缩减、启用、停用等。

部署具备监测功能的系统或设备，对大数据平台提供的 API 的使用情况进行集中、实时监测，并保留监测记录。接口使用情况包括接口申请、启用、使用、注销、权限管理等。制定各类接口的使用流程文档。部署具备审计功能的系统或设备，对大数据平台提供的 API 的使用情况进行集中、实时审计，并保留审计记录，比如接口访问的账号、时间、操作等。

5.4.6　安全管理制度

安全管理制度针对大数据平台/系统的总体方针和管理制度提出了安全控制要求，主要对象为总体方针策略类文档、管理制度类文档、操作规程类文档和记录表单类文档等，涉及的安全方面包括安全策略、管理制度、制定和发布以及评审和修订。

大数据平台/系统应实现安全通用要求提出的安全策略、管理制度、制定和发布、评审和修订等安全防护能力。第三级和第四级大数据安全扩展要求在安全管理制度方面无要求项。

1. 安全通用要求

1）安全策略

【标准要求】

第三级和第四级安全要求如下：

应制定网络安全工作的总体方针和安全策略，阐明机构安全工作的总体目标、范围、原则和安全框架等。

【解读和说明】

总体安全方针和策略类文件中应包含大数据安全工作目标、原则、安全框架和需要遵循的总体安全策略等，安全策略应包含数据的采集、传输、存储、处理（如计算、分析、可视化等）、交换、销毁等大数据系统全生命周期中所有关键的安全管理活动，比如数据的物理环境、数据溯源、数据授权、敏感数据输出控制、数据的事件处置和应急响应等。

【相关安全产品或服务】

网络安全工作的总体方针和安全策略文件。其中，网络安全工作总体策略的文件可以是单一文件，也可以是一套文件。

【安全建设要点及案例】

该控制点的各要求项对不同类型等级保护对象的适用情况如表 5-60 所示。

表 5-60　该控制点的各要求项对不同类型等级保护对象的适用情况

要求项	等级保护对象		
	大数据平台	大数据应用	大数据资源
安全策略	适用	适用	适用

大数据系统应制定网络安全工作的总体方针和安全策略。相关总体方针和安全策略应涵盖大数据安全相关内容，或建立独立的大数据安全工作的安全方针和安全策略。制定的相关文件应包含大数据安全工作的目标、原则、安全框架和需要遵循的总体策略等内容，应与业务流程紧密结合，与大数据的生命周期相契合。

2）管理制度

【标准要求】

第三级和第四级安全要求如下：

a）应对安全管理活动中的各类管理内容建立安全管理制度。

【解读和说明】

安全管理制度文件应重点关注大数据系统数据生命周期涉及的安全管理活动〔如数据采集、传输、存储、处理（如计算、分析、可视化等）、交换、销毁等环节〕相关的管理制度，或根据大数据系统的特点建立独立的大数据管理制度。

【相关安全产品或服务】

针对安全管理活动建立的一系列安全管理制度，可以由若干制度构成，也可以由若干分册构成。

【安全建设要点及案例】

该控制点的各要求项对不同类型等级保护对象的适用情况如表 5-61 所示。

表 5-61　该控制点的各要求项对不同类型等级保护对象的适用情况

要求项	等级保护对象		
	大数据平台	大数据应用	大数据资源
a）	适用	适用	适用

在安全方针策略文件的基础上，根据实际情况建立安全管理制度。安全管理制度应涵盖安全管理机构、安全管理人员、安全建设管理、安全运维管理、物理和环境等层面的管理内容。相关安全管理制度中应制定大数据平台数据生命周期相关内容。

5.4.7　安全管理机构

安全管理机构针对大数据平台/系统的管理机构提出了安全控制要求，主要对象为管理制度类文档和记录表单类文档等，涉及的安全方面包括岗位设置、人员配备、授权和审批、沟通和合作以及审核和检查。

大数据平台/系统在实现安全通用要求提出的岗位设置、人员配备、授权和审批、沟通和合作、审核和检查等安全防护能力之外，应实现大数据安全扩展要求中的授权和审批要求。

第三级大数据安全扩展要求与第二级相比，在安全管理机构方面扩展了一个要求项。

1. 安全通用要求

1）岗位设置

【标准要求】

第三级和第四级安全要求如下：

c）应设立系统管理员、审计管理员和安全管理员等岗位，并定义部门及各个工作岗位的职责。

【解读和说明】

对于大数据系统，应明确数据采集、传输、存储、处理、交换、销毁等过程中负责数据安全的角色或岗位，以及数据安全角色或岗位在数据采集、传输、存储、处理、交换、销毁等过程中的安全职责。

【相关安全产品或服务】

安全主管、岗位职责文档等。

【安全建设要点及案例】

该控制点的各要求项对不同类型等级保护对象的适用情况如表 5-62 所示。

表 5-62 该控制点的各要求项对不同类型等级保护对象的适用情况

要求项	等级保护对象		
	大数据平台	大数据应用	大数据资源
c)	适用	适用	适用

大数据系统应进行安全管理岗位的划分，设立系统管理员、网络管理员、安全管理员及数据安全管理员角色或岗位。岗位职责文档应明确各个岗位的工作职责，以及各岗位负责的网络安全工作的具体内容。数据安全管理员角色或岗位应明确数据生命周期各阶段中的安全职责，比如数据的分类分级、安全标记、数据的脱敏和去标识化、关键数据溯源等。

2）授权和审批

【标准要求】

第三级和第四级安全要求如下：

b）应针对系统变更、重要操作、物理访问和系统接入等事项建立审批程序，按照审批程序执行审批过程，对重要活动建立逐级审批制度。

【解读和说明】

对于大数据系统，应针对数据采集、传输、存储、处理、交换、销毁等过程中数据授权、数据脱敏和去标识化处理、敏感数据输出控制、数据分类标识存储以及数据的分级分类销毁等事项建立审批程序，确定审批事项的审批部门和审批人，并明确其中哪些事项需要逐级审批。审批记录应与审批程序一致，审批程序应与相应管理制度要求一致。

【相关安全产品或服务】

安全管理制度、操作规程类文档、事项的审批记录及逐级审批记录表单等。

【安全建设要点及案例】

该控制点的各要求项对不同类型等级保护对象的适用情况如表 5-63 所示。

表 5-63　该控制点的各要求项对不同类型等级保护对象的适用情况

要求项	等级保护对象		
	大数据平台	大数据应用	大数据资源
b）	适用	适用	适用

大数据系统需要针对系统变更、重要操作、物理访问和系统接入等事项建立审批流程，明确重要活动审批范围、审批流程以及审批事项。对重要活动建立逐级审批制度，其中涵盖大数据安全相关活动，明确数据生命周期阶段和重要数据处理操作的各级批准人、审批部门。应针对重要活动建立逐级审批记录，由各级批准人、审批部门签字/盖章。核查审计记录应与审批程序一致、审批程序与相关安全制度要求一致。

3）审核和检查

【标准要求】

第三级和第四级安全要求如下：

a）应定期进行常规安全检查，检查内容包括系统日常运行、系统漏洞和数据备份等情况。

【解读和说明】

对于大数据系统，应针对数据采集、传输、存储、处理、交换、销毁等过程中数据授权、数据脱敏或去标识化处理、敏感数据输出控制、对重要操作的审计以及数据的分级分类销毁、数据溯源等情况进行定期常规安全检查。应检查常规安全检查记录与相关制度规定一致。

【相关安全产品或服务】

安全管理制度、常规安全检查记录等。

【安全建设要点及案例】

该控制点的各要求项对不同类型等级保护对象的适用情况如表 5-64 所示。

表 5-64　该控制点的各要求项对不同类型等级保护对象的适用情况

要求项	等级保护对象		
	大数据平台	大数据应用	大数据资源
a）	适用	适用	适用

大数据系统需要定期开展常规安全检查，检查内容包括系统日常运行、系统漏洞和数

据备份等情况，还包括数据生命周期阶段和重要数据处理操作等的安全情况。应编制常规安全检查记录，检查记录与相关制度规定的的常规安全检查的周期（如每月或每季度或每半年）、核查内容等保持一致。

2. 安全扩展要求

授权和审批

【标准要求】

第三级和第四级安全要求如下：

a）数据的采集应获得数据源管理者的授权，确保数据收集最小化原则；（最佳实践）

b）应建立数据集成、分析、交换、共享及公开的授权审批控制流程，依据流程实施相关控制并记录过程；（最佳实践）

c）应建立跨境数据的评估、审批及监管控制流程，并依据流程实施相关控制并记录过程。（最佳实践）

【解读和说明】

大数据系统数据的采集应与数据源管理者签订授权协议或合同，确保数据源的合法性，防止采集未授权或非法数据源（如购买非法数据源）产生的数据。应依据大数据系统开展的业务确定数据采集范围，即只使用满足明确业务目的和业务场景的最小数据范围，避免超范围采集数据，确保数据收集最小化。

对于大数据系统，应针对数据采集、传输、存储、处理、交换、销毁等过程中数据集成、分析、交换、共享及公开的授权事项建立审批控制流程，确定授权审批事项的审批部门和审批人。审批记录应与审批程序一致，审批程序应与相应管理制度要求一致。

对于大数据系统，应依据建设方案或系统部署相关文档了解被测定级对象相关的数据流向，明确是否存在跨境数据流动。应重点关注跨境数据的评估、审批及监管控制流程，相关控制流程应符合网络安全等级保护制度、《个人信息出境安全评估办法（征求意见稿）》的要求。

【相关安全产品或服务】

管理制度、记录表单类文档、数据授权审批控制流程、审批控制流程记录、跨境数据安全管理相关文档、建设方案或系统部署相关文档、记录表单类文档等。

【安全建设要点及案例】

该控制点的各要求项对不同类型等级保护对象的适用情况如表 5-65 所示。

表 5-65   该控制点的各要求项对不同类型等级保护对象的适用情况

要求项	等级保护对象		
	大数据平台	大数据应用	大数据资源
a）	适用	适用	适用
b）	适用	适用	适用
c）	适用	适用	适用

大数据平台、大数据应用、大数据资源及其他大数据系统，均应针对采集的所有数据与数据源管理者签订授权协议或授权书。对于内部数据源管理者，可采取审批或流程管理方式进行授权，保证数据溯源合法合规，保证使用数据的合法性和合规性。数据采集的授权协议或合同要明确数据源管理者对数据采集的授权内容、采集范围、采集用途等。在大数据平台建设方案或系统需求分析设计方案等文档中，要明确依据业务开展数据采集的采集范围，保证只使用满足明确业务目的和业务场景的最小数据范围明确数据采集范围。

大数据平台、大数据应用和大数据资源及其他大数据系统均应建立数据集成、分析、交换、共享及公开的授权审批控制流程，从而保证重要数据活动的可追溯性。具体包括建立对数据授权的审批控制程序，在相关管理制度类文档中明确数据集成、分析、交换、共享及公开相关活动的审批事项，确定审批事项的审批部门和审批人，制定部门职责文档和岗位职责文档，落实审批事项，建立审批记录表单等。审批记录表单中由批准人、审批部门签字/盖章，审批程序、审批部门及批准人与审批制度文档中规定保持一致，通过授权审批控制流程保证发生安全问题时的可追溯性。

大数据平台、大数据应用、大数据资源及其他大数据系统应在建设方案或系统部署相关文档中明确是否存在跨境数据。应建立跨境数据的评估、审批及监管控制流程，相关的管理制度文档中对跨境数据的评估、审批、监管等重要活动明确控制流程。实施过程中的跨境数据的类型、评估流程、审批部门、批准人及监管人等内容与相关管理制度文档中的要求保持一致。应保留实施过程的记录文档，记录文档中应包括跨境数据的类型、评估流程、审批部门、批准人、监管人等内容。

5.4.8 安全管理人员

安全管理人员针对大数据平台/系统的管理人员提出了安全控制要求，主要对象为网络安全主管、管理制度类文档和记录表单类文档等，涉及的安全方面包括人员录用、人员离岗、安全意识教育和培训以及外部人员访问管理。本节仅对在大数据环境下有个性化实施要求的部分安全通用要求条款进行解读。

　　大数据平台/系统应实现安全通用要求提出的人员录用、人员离岗、安全意识教育和培训、外部人员访问管理等安全防护能力。第三级和第四级大数据安全扩展要求在安全管理人员方面无安全扩展要求项。

安全通用要求

　　1）人员录用

【标准要求】

第三级和第四级安全要求如下：

c）应与被录用人员签署保密协议，与关键岗位人员签署岗位责任协议。

【解读和说明】

　　对于大数据系统，应签署保密协议，明确录用人员签署保密协议情况。应重点关注数据安全管理相关关键岗位人员，在数据采集、传输、存储、处理、交换、销毁等环节签署岗位责任协议。岗位责任协议中明确数据相关关键岗位的安全责任、协议的有效期限等内容。

【相关安全产品或服务】

保密协议、岗位职责文件、岗位责任协议等。

【安全建设要点及案例】

　　该控制点的各要求项对不同类型等级保护对象的适用情况如表 5-66 所示。

表 5-66　该控制点的各要求项对不同类型等级保护对象的适用情况

要求项	等级保护对象		
	大数据平台	大数据应用	大数据资源
c）	适用	适用	适用

　　大数据平台、大数据应用、大数据资源及其他大数据系统应与被录用人签署保密协议，协议中明确保密范围、保密责任、违约责任、协议的有效期限和责任人的签字等内容。与关键岗位人员签署岗位责任协议，相关岗位涵盖数据采集、传输、存储、处理、交换、销

毁等环节的数据安全管理岗位，明确岗位安全责任、协议的有效期限和责任人签字等内容。

2）人员离岗

【标准要求】

第三级和第四级安全要求如下：

a）应及时终止离岗人员的所有访问权限，取回各种身份证件、钥匙、徽章等以及机构提供的软硬件设备。

【解读和说明】

对于大数据系统，除了要取回各种身份证件、钥匙、徽章等和机构提供的软硬件设备（含数据存储介质），还应及时终止离岗人员的所有访问权限，收回其在相应数据采集、传输、存储、处理、交换、销毁等环节中涉及的数据访问和使用权限，并收回重要数据。

【相关安全产品或服务】

人事负责人、部门负责人、安全管理制度、人员离岗记录、资产登记表单等。

【安全建设要点及案例】

该控制点的各要求项对不同类型等级保护对象的适用情况如表 5-67 所示。

表 5-67　该控制点的各要求项对不同类型等级保护对象的适用情况

要求项	等级保护对象		
	大数据平台	大数据应用	大数据资源
a）	适用	适用	适用

大数据平台、大数据应用、大数据资源及其他大数据系统需要建立离职人员离职手续办理流程，及时终止离岗人员的所有访问权限，取回各种身份证件、钥匙、徽章等以及机构提供的软硬件设备，收回数据访问和使用权限，归还重要数据。离职人员的离职执行过程应与管理制度和离职手续办理流程保持一致，并保留人员离岗记录、资产登记表单等。

3）安全意识教育和培训

【标准要求】

第三级和第四级安全要求如下：

b）应针对不同岗位制定不同的培训计划，对安全基础知识、岗位操作规程等进行培训。

【解读和说明】

应针对大数据安全管理人员制定相关的培训计划，对相关人员进行数据安全和大数据安全相关法律法规和标准规范、安全风险、安全防护、安全应急与处置、基础知识和岗位操作规程等的培训。

【相关安全产品或服务】

安全管理文档、培训计划、安全教育和培训记录等。

【安全建设要点及案例】

该控制点的各要求项对不同类型等级保护对象的适用情况如表 5-68 所示。

表 5-68　该控制点的各要求项对不同类型等级保护对象的适用情况

要求项	等级保护对象		
	大数据平台	大数据应用	大数据资源
b)	适用	适用	适用

大数据平台、大数据应用、大数据资源及其他大数据系统需要针对不同岗位制定培训计划，包括大数据安全或数据安全方面的培训计划，并按计划开展培训。制定安全教育和培训计划文档，文档中明确培训人员、培训内容、培训结果等内容。按照计划对相应岗位人员进行安全教育和培训，保留培训记录。实际培训情况和培训记录与培训计划要保持一致。

5.4.9　安全建设管理

安全建设管理针对大数据平台/系统的建设管理提出了安全控制要求，主要对象为建设负责人、安全规划设计类文档、记录表单类文档、等级测评报告、相关资质文件、安全测试报告、服务合同、服务协议、SLA、安全声明、安全策略等，涉及的安全方面包括定级和备案、安全方案设计、产品采购和使用、自行软件开发、外包软件开发、工程实施、测试验收、系统交付、等级测评、服务供应商选择、大数据服务商选择、供应链管理以及数据源管理要求。

大数据平台/系统在实现安全通用要求提出的定级和备案、安全方案设计、产品采购和使用、自行软件开发、外包软件开发、工程实施、测试验收、系统交付、等级测评、服务供应商选择等安全防护能力之外，还应实现大数据安全扩展要求中的大数据服务商选择、供应链管理、数据源管理要求。

第三级大数据安全扩展要求与第二级相比，在安全建设管理方面扩展了一个要求项。

1. 安全通用要求

1）安全方案设计

【标准要求】

第三级和第四级安全要求如下：

a）应根据安全保护等级选择基本安全措施，依据风险分析的结果补充和调整安全措施。

【解读和说明】

要根据等级保护对象的安全保护等级选择基本安全措施，重点针对大数据面临的安全风险如信息泄露、数据滥用、数据操纵、动态数据风险等进行风险分析，针对大数据生命周期各阶段的安全风险进行管控，并依据风险分析的结果补充和调整安全措施。

其中数据安全相关安全措施的选择应结合具体的业务场景，将数据脱敏、数据去标识化、安全标记等安全措施与业务场景相融合，并与数据生命周期各阶段相结合。

【相关安全产品或服务】

安全规划设计类文档等。

【安全建设要点及案例】

该控制点的各要求项对不同类型等级保护对象的适用情况如表 5-69 所示。

表 5-69　该控制点的各要求项对不同类型等级保护对象的适用情况

要求项	等级保护对象		
	大数据平台	大数据应用	大数据资源
a）	适用	适用	适用

大数据平台、大数据应用、大数据资源及其他大数据系统开展安全规划设计时，应根据系统等级选择相应的安全保护措施，根据大数据的特殊性设计相应的安全保护措施，如数据脱敏、数据安全标记等，数据安全相关措施覆盖数据生命周期阶段。

应在安全规划设计类文档相关章节中编制安全措施内容、风险分析结果、安全措施的选择对风险的补充和调整等内容，还应包括数据安全风险分析内容、数据生命周期数据安全管理措施内容、数据安全风险管控措施内容等。

2）测试验收

【标准要求】

第三级和第四级安全要求如下：

b）应进行上线前的安全性测试，并出具安全测试报告，安全测试报告应包含密码应用安全性测试相关内容。

【解读和说明】

在进行上线前的安全性测试时，应针对数据采集、传输、存储、处理、交换、销毁等过程中可能存在的缺陷或漏洞进行测试，并对数据安全组件（如数据脱敏组件、数据去标识化组件等）以及相关接口的安全性进行测试。

【相关安全产品或服务】

安全测试方案、安全测试报告、安全测试过程记录等相关文档。

【安全建设要点及案例】

该控制点的各要求项对不同类型等级保护对象的适用情况如表 5-70 所示。

表 5-70　该控制点的各要求项对不同类型等级保护对象的适用情况

要求项	等级保护对象		
	大数据平台	大数据应用	大数据资源
b）	适用	适用	适用

大数据平台、大数据应用、大数据资源及其他大数据系统在系统上线前开展安全性测试，留存安全测试方案、安全性测试报告、测试过程和结果记录等。测试结果与测试记录、测试报告、测试方案保持一致。测试内容应包括数据生命周期各阶段的安全管控内容以及数据和大数据安全相关组件，具备密码应用在网络、主机、应用软件等方面的安全测试内容。

2. 安全扩展要求

1）大数据服务商选择

【标准要求】

第三级和第四级安全要求如下：

　　a）应选择安全合规的大数据平台，其所提供的大数据平台服务应为其所承载的大数据应用提供相应等级的安全保护能力；

　　d）应以书面方式约定大数据平台提供者的权限与责任、各项服务内容和具体技术指标等，尤其是安全服务内容。

【解读和说明】

　　对于大数据应用和大数据资源，应关注其进行大数据平台选择时的采购资料或招投标资料，相关资料应具备对大数据平台的安全能力要求。大数据应用和大数据资源应留存大数据平台相关资质证明、安全服务能力报告或结果、等级测评报告或结果。

　　SLA或服务合同是大数据服务提供者和大数据服务客户责任划分的重要依据，也是业务开展的基础。在相关合同或协议中应明确大数据平台单位和大数据应用单位的权限和责任，避免在发生冲突时发生责任界定不明确、无相应负责人等情况。

　　SLA或服务合同中要明确规定大数据平台提供者的权限和责任（如管理范围、职责划分、访问授权、隐私保护、行为准则、违约责任等内容）、各项服务内容和具体技术指标等。服务内容应包含安全服务内容。

【相关安全产品或服务】

　　大数据应用建设负责人、大数据资源管理人员、大数据平台服务合同、大数据平台等级测评报告、大数据平台资质及安全服务能力报告、服务协议或SLA、安全声明等。

【安全建设要点及案例】

　　该控制点的各要求项对不同类型等级保护对象的适用情况如表5-71所示。

表5-71　该控制点的各要求项对不同类型等级保护对象的适用情况

要求项	等级保护对象		
	大数据平台	大数据应用	大数据资源
a）	不适用	适用	适用
b）	不适用	适用	适用

　　大数据应用、大数据资源在选择大数据平台时选择可提供相应安全等级保护能力的平台，应在采购或购买服务时索取相关能力证明材料，并留存大数据平台所提供的相关资质证明、能力报告和网络安全等级保护测评结果等。

　　大数据平台客户根据业务需求在服务合同中明确大数据平台提供了其所承载的大数

据应用相应等级的安全保护能力，比如静态脱敏和去标识化服务、数据隔离服务、数据加解密及密钥管理服务、基于安全标记的访问控制服务、数据分类分级的标识服务、数据溯源服务等数据安全服务。

大数据应用、大数据资源所选择的大数据平台建设单位应具备相关资质，相关大数据平台应符合国家规定，满足法律法规和相关标准要求，定期开展等级测评。大数据平台建设单位应支持向大数据应用建设单位提供符合国家规定的大数据平台网络安全等级保护测评报告或结果等。

大数据应用所有者和大数据资源所有者等应与大数据平台所有者按照责任范围签订服务合同、服务协议或 SLA、安全声明，在相关合同、协议中明确界定双方的权限和责任，明确规定大数据平台提供的安全服务内容等，并双方签字盖章。

相关合同或协议的内容可能因为大数据服务客户的业务需求和安全需求的不同而存在较大的差异，相关合同或协议内容应尽可能全面地包括信息安全管理需求、大数据服务内容和具体的技术指标内容等。相关合同或协议应对管理范围、职责划分、访问授权、隐私保护、行为准则、违约责任等进行规定，相关服务内容应包含安全服务内容，如接口安全管理、资源保障、故障屏蔽等。

2）供应链管理

【标准要求】

第三级和第四级安全要求如下：

c）应明确约束数据交换、共享的接收方对数据的保护责任，并确保接收方有足够或相当的安全防护能力。

最佳实践如下：

a）应确保供应商的选择符合国家有关规定；

b）应以书面方式约定数据交换、共享的接收方对数据的保护责任，并明确数据安全保护要求，同时应将供应链安全事件信息或安全威胁信息及时传达到数据交换、共享的接收方。

【解读和说明】

数据的保护是动态的过程，当对数据的交换共享进行保护时，需要对接收方的数据保护责任进行明确的规定，建立数据交换、共享的安全策略，并根据责任划分配置相应的安全策略和使用安全的接口进行数据交换共享，这样能够保障双方的数据安全性，防止产生因数据接收方安全防护能力不足而产生的数据泄露等问题。国家互联网信息办公室在《数据安全管理办法（征求意见稿）》中提出"第三方应用发生数据安全事件对用户造成损失的，网络运营者应当承担部分或全部责任，除非网络运营者能够证明无过错。"因此，双方应约定数据交换、共享的接收方对数据的保护责任。数据交换和共享前，发送方应与接收方签订相应的合同或协议，并明确数据安全保护要求。此外，应具备供应链安全事件信息或安全威胁信息传达方案或途径，并留存相关传达记录。

供应商（如大数据平台供应商、安全服务供应商、大数据平台基础设施等）的选择应符合国家对其相关法律法规和标准规范要求，比如满足《中华人民共和国网络安全法》、《信息安全技术　ICT 供应链安全风险管理指南》（GB/T 36637—2018）等的要求，具有相应资质证明、销售许可证等。

【相关安全产品或服务】

建设负责人、招投标文档、相关合同、资质证明、销售许可证、数据交换、共享策略、SLA 或服务合同、供应链安全事件威胁传达记录等。

【安全建设要点及案例】

该控制点的各要求项对不同类型等级保护对象的适用情况如表 5-72 所示。

表 5-72　该控制点的各要求项对不同类型等级保护对象的适用情况

要求项	等级保护对象		
	大数据平台	大数据应用	大数据资源
c）	适用	适用	适用
a）	适用	适用	适用
b）	适用	适用	适用

在进行大数据平台、大数据应用和大数据资源建设时，所选择的供应商应符合国家的相关管理要求，比如需要满足《中华人民共和国网络安全法》，具有相应资质、销售许可证等，供应商的相关资质证书、销售许可证等均应在有效期内。另外，进行供应商选择时应符合国家有关规定，建立采购流程文档、留存招投标文档、相关合同、资质证明、销售许可证等。

进行数据交换和共享前，数据发送方应与接收方签订相应的合同或协议，明确双方的责任和义务，包括明确数据共享内容及范围、数据共享管控措施、数据共享业务场景、范围、数据保护责任、数据共享涉及机构或部门相关用户职责和权限、共享数据应用场景、共享数据接口安全要求，以及法律法规明确或双方约定的其他责任和义务等。

应建立相应策略来保证在发生数据交换或共享时的数据安全性，应确保数据交换、共享的接收方具有相应的数据安全防护能力，比如定期开展等级保护测评，具有相应等级的等级保护测评报告等。

应建立供应链安全事件信息或安全威胁信息传达方案传达供应链安全事件信息或安全威胁信息，并留存相关记录。

3）数据源管理

【标准要求】

第三级和第四级安全要求如下：

应通过合法正当渠道获取各类数据。

【解读和说明】

数据来源应为合法正当渠道，数据应拥有数据使用授权，避免采集到其他未授权的或非法数据源（如非授权、非法购买、超范围采集）产生的数据。对于非公开数据等，通常应和相关渠道方签署合同或协议，或者获得相关方的使用授权，以确保数据渠道和数据源的正当合法。

【相关安全产品或服务】

数据管理员、授权文件或记录、相关合同和协议。

【安全建设要点及案例】

该控制点的各要求项对不同类型等级保护对象的适用情况如表 5-73 所示。

表 5-73　该控制点的各要求项对不同类型等级保护对象的适用情况

要求项	等级保护对象		
	大数据平台	大数据应用	大数据资源
合法正当获取数据	适用	适用	适用

应对数据来源进行管理，明确大数据资源获取的数据类别及其数据获取渠道、所涉及的个人信息等。数据应拥有正当数据源及使用授权，与相关渠道方签订合同协议，数据获

取渠道不违反正当合法原则。留存授权文件记录，记录应包含数据类型、来源、是否已授权、所属责任部门等内容。

5.4.10　安全运维管理

安全运维管理针对大数据平台/系统的运维管理提出了安全控制要求，主要对象为管理制度类文档、记录表单类文档、办公环境、操作规程类文档、数字资产安全管理策略、数据分类分级保护策略等，涉及的安全方面包括环境管理、资产管理、介质管理、设备维护管理、漏洞和风险管理、网络和系统安全管理、恶意代码防范管理、配置管理、密码管理、变更管理、备份与恢复管理、安全事件处置、应急预案管理及外包运维管理。

大数据平台/系统在实现安全通用要求提出的环境管理、资产管理、介质管理、设备维护管理、漏洞和风险管理、网络和系统安全管理、恶意代码防范管理、配置管理、密码管理、变更管理、备份与恢复管理、安全事件处置、应急预案管理、外包运维管理等安全防护能力之外，应实现大数据安全扩展要求中的资产管理、介质管理、网络系统安全管理要求。

第三级大数据安全扩展要求与第二级相比，在安全运维管理方面扩展了三条安全要求项。

1．安全通用要求

1）安全事件处置

【标准要求】

第三级和第四级安全要求如下：

b）应制定安全事件报告和处置管理制度，明确不同安全事件的报告、处置和响应流程，规定安全事件的现场处理、事件报告和后期恢复的管理职责等。

【解读和说明】

针对数据破坏、大数据信息泄露、数据滥用、数据操纵等安全事件，应制定相应的安全事件报告和处置管理制度，规定安全事件报告、处置和响应流程，明确现场处理、事件报告和后期恢复的管理职责等。由于大数据安全事件影响的范围和程度较大，对于重大安全事件，其影响十分广泛和恶劣，因此，应建立大数据不同安全事件的报告和处置管理制度，重点关注数据泄露、滥用、破坏和被操纵后产生的影响范围和程度。对于重大影响，应可依据相关报告、处置和响应流程迅速采取措施控制影响范围和影响程度，并可采取针对性的有效措施恢复或缓解相关事件造成的影响，及时并高效地处理大数据安全事件。

【相关安全产品或服务】

安全事件报告和处置管理制度、安全事件处理记录、安全事件报告记录、安全事件后期恢复记录等。

【安全建设要点及案例】

该控制点的各要求项对不同类型等级保护对象的适用情况如表 5-74 所示。

表 5-74　该控制点的各要求项对不同类型等级保护对象的适用情况

要求项	等级保护对象		
	大数据平台	大数据应用	大数据资源
b）	适用	适用	适用

应建立安全事件报告和处置管理制度，建立不同安全事件的报告、处置和响应流程，明确安全事件的现场处理、事件报告和后期恢复的管理职责等。针对数据破坏、大数据信息泄露、数据滥用、数据操纵等安全事件建立报告、处置和响应流程。

对于发生过的安全事件，应建立安全事件处理记录、安全事件报告记录、安全事件后期恢复记录等。如果未发生过相关安全事件，建立相关记录的模板和待记录表单等。

2）应急预案管理

【标准要求】

第三级和第四级安全要求如下：

a）应制定重要事件的应急预案，包括应急处理流程、系统恢复流程等内容。

【解读和说明】

应制定应急预案，应急预案包含并针对大数据重要安全事件（如数据泄露、重大数据滥用和重大数据操纵等）制定相应的专项应急预案，并对处理流程、恢复流程进行明确的定义。

【相关安全产品或服务】

应急预案（含大数据重要安全事件专项应急预案）等。

【安全建设要点及案例】

该控制点的各要求项对不同类型等级保护对象的适用情况如表 5-75 所示。

表 5-75　该控制点的各要求项对不同类型等级保护对象的适用情况

要求项	等级保护对象		
	大数据平台	大数据应用	大数据资源
a）	适用	适用	适用

建立应急预案，针对机房、网络、系统等方面重要事件制定应急预案，包括应急处理流程、系统恢复流程等内容。针对大数据重要安全事件（如数据泄露、重大数据滥用或重大数据操纵等）制定专项应急预案。

2. 安全扩展要求

1）资产管理

【标准要求】

第三级和第四级安全要求如下：

a）应建立数字资产安全管理策略，对数据全生命周期的操作规范、保护措施、管理人员职责等进行规定，包括并不限于数据采集、存储、处理、应用、流动、销毁等过程；

c）应制定并执行数据分类分级保护策略，针对不同类别级别的数据制定不同的安全保护措施；

d）应在数据分类分级的基础上，划分重要数字资产范围，明确重要数据进行自动脱敏或去标识的使用场景和业务处理流程；

e）应定期评审数据的类别和级别，如需要变更数据所属类别或级别，应依据变更审批流程执行变更。

最佳实践如下：

c）应对数据资产和对外数据接口进行登记管理，建立相应资产清单。（最佳实践）

【解读和说明】

数字资产安全管理策略相关文档要明确数字资产的安全管理目标、原则和范围等内容，应规定数据全生命周期的操作规范、保护措施和相关人员职责。操作规范、保护措施和相关人员职责相融合应覆盖和融合数据采集、存储、处理、应用、流动、销毁等过程。

同时，建立数字资产相关操作记录表单、保护措施列表和人员职责列表。

在开展数据分类分级时应综合考虑数据分类分级与数据生命周期各阶段及业务的融合，建立适度细粒度的分类分级策略。数据分类分级保护策略文档应明确数据的分类分级方法，明确数据重要性等级，明确各类别级别数据相关生命周期阶段和安全保护措施。数据分类分级保护策略文档要针对不同类别级别的数据制定不同的安全保护措施（如安全标记、加密、脱敏等）。应依据分类分级策略，针对数据类别级别的不同采取不同的安全保护措施。

数据分类分级保护策略文档应明确数据的类别级别定期评审要求及变更时的流程。当数据类别级别发生变更时，严格依据变更流程执行，并保留相关的变更过程记录。

数据资产和对外数据接口应进行登记管理，建立数据资产（包括各类硬件设备相关配置信息及管理数据、各种软件相关配置信息及日志数据、各种业务数据和文件等）、对外数据接口（开发组件调用接口、数据采集终端、数据导入服务组件、数据导出终端、数据导出服务组件等）的资产清单。

【相关安全产品或服务】

数字资产安全管理策略。数据分类分级保护策略文档、数据分类分级结果文档、数据类别级别评审记录、变更流程以及变更记录单、数据资产和对外数据接口资产清单和登记管理记录等记录表单类文档。

【安全建设要点及案例】

该控制点的各要求项对不同类型等级保护对象的适用情况如表 5-76 所示。

表 5-76 该控制点的各要求项对不同类型等级保护对象的适用情况

要求项	等级保护对象		
	大数据平台	大数据应用	大数据资源
a)	适用	适用	适用
b)	适用	适用	适用
c)	适用	适用	适用
d)	适用	适用	适用
c)	适用	适用	适用

应建立数字资产安全管理策略，明确数字资产的安全管理目标、范围及管理人员职责等，规范数据全生命周期的操作规范（包括并不限于数据采集、存储、处理、应用、流动、

销毁等过程）和保护措施等。相关操作记录表单覆盖数据采集、存储、处理、应用、流动、销毁等过程。

应制定数据分类分级保护策略，依据策略对数据进行分类分级，并针对不同类别级别的数据制定数据分类分级保护策略，明确数据的分类分级方法，针对不同类别级别的数据制定不同的安全保护措施。相关数据分类分级结果文档应与数据分类分级保护策略保持一致。要结合数据分类分级结果对不同类别级别的数据实施相应的管控措施。在数据分类分级的基础之上，需要对数据进行安全管理和保护，执行不同类别级别数据的访问控制，采取相应的安全保护措施（如安全标记、加密、脱敏等）。

安全管理制度中应具备数据类别级别定期评审内容，具备数据类别级别变更审批流程。应留存数据分类分级定期评审记录，数据分类分级定期评审记录和安全管理制度中的要求保持一致。如果数据的类别和级别进行过变更，或数据分类分级评审记录中显示其进行了变更或要求其进行变更，应具备数据类别级别变更记录，相关记录与变更审批流程保持一致。

应对数据资产和对外接口进行登记管理，建立数字资产清单和对外接口清单，明确数据资产管理方、软硬件资产清单、接口名称、接口参数、接口安全要求等内容。建立数据资产和对外数据接口登记管理记录，对数据资产和对外数据接口进行登记，登记管理记录应覆盖所有数据资产和对外数据接口。

【典型案例】

（1）数字资产安全管理策略示例

某企业的数字资产安全管理目标是确保交易数据、用户个人信息和商品信息等数据资产的安全性、保密性和可用性。保护范围包括商品交易流程、支付流程、决策分析、个人信息处理等业务流程涉及的数据，详细内容如表 5-77 所示。

表 5-77　数字资产安全管理策略示例

类别	内容	保护级别	涉及业务流程	涉及生命周期阶段	操作规范	保护措施	责任部门/责任人
交易数据	商品交易数据，包括交易金额、交易方式、交易账户等	十分重要	商品交易流程	数据处理	详见《商品交易操作规范》	详见《商品交易流程数据安全保护规范》中订单生成、交易、交易取消等阶段的数据处理相关安全措施	业务部/张 XX

续表

类别	内容	保护级别	涉及业务流程	涉及生命周期阶段	操作规范	保护措施	责任部门/责任人
用户个人信息	用户的个人信息,包括姓名、手机号码、银行卡号等	十分重要	支付流程、决策分析、个人信息处理	个人信息采集、处理、使用、废除	详见《个人信息安全管理规范》	详见《个人信息安全保护规范》中采集、处理、使用、废除各阶段的详细安全措施	管理部/李XX
商品信息	商品的描述信息和尺寸型号	一般	商品交易流程	商品信息录入、展示	详见《商品交易操作规范》	详见《商品交易流程数据安全保护规范》中信息录入展示等阶段的安全要求	业务部/张XX
……	……	……	……	……	……	……	……

（2）数据分类分级保护策略示例

XXX企业数据分类分级保护策略如下。

① 数据分类分级原则、方法。

② 数据分类分级参考法律法规、标准、规范。

③ 数据分类分级保护责任。

④ 数据分类分级安全保护流程。

⑤ 数据分类分级安全防护措施。

⑥ ……

数据分类分级保护策略示例如表5-78所示。

表5-78　数据分类分级保护策略示例

类别	内容	保护级别	涉及业务流程	涉及生命周期阶段	保护措施	责任部门/责任人
交易数据	商品交易数据,包括交易金额、交易方式、交易账户等	十分重要	商品交易流程	数据处理	详见《商品交易流程数据安全保护规范》中订单生成、交易、交易取消等阶段的数据处理相关安全措施	业务部/张XX
用户个人信息	用户的个人信息,包括姓名、手机号码、银行卡号等	十分重要	支付流程、决策分析、个人信息处理	个人信息采集、处理、使用、废除	详见《个人信息安全保护规范》中采集、处理、使用、废除各阶段的详细安全措施	管理部/李XX

续表

类别	内容	保护级别	涉及业务流程	涉及生命周期阶段	保护措施	责任部门/责任人
商品信息	商品的描述信息和尺寸型号	一般	商品交易流程	商品信息录入、展示	详见《商品交易流程数据安全保护规范》中信息录入展示等阶段的安全要求	业务部/张XX
设备和系统配置信息	计算设备、存储设备、管理系统等的配置信息	一般	—	采集、处理、废止	详见《安全运维规范》中配置信息采集、处理、废止相关安全措施	运维部/王XX
日志记录	设备、系统、业务应用等的日志记录	重要	—	采集、处理、废止	详见《安全运维规范》中日志采集、处理、废止相关安全措施	安全管理部/赵XX

2）介质管理

【标准要求】

第三级和第四级安全要求如下：

应在中国境内对数据进行清除或销毁。

【解读和说明】

安全管理制度对于数据的清除或销毁应具有明确规定，并规定数据清除或销毁的地点和机制。应明确于中国境内进行数据清除或销毁，并建立和留存数据清除或销毁的处理记录。

【相关安全产品或服务】

数据清除或销毁相关策略或管理制度，数据清除销毁记录等。

【安全建设要点及案例】

该控制点的各要求项对不同类型等级保护对象的适用情况如表 5-79 所示。

表 5-79　该控制点的各要求项对不同类型等级保护对象的适用情况

要求项	等级保护对象		
	大数据平台	大数据应用	大数据资源
数据清除或销毁	适用	适用	适用

大数据平台、大数据应用、大数据资源及其他大数据系统都适用于本条款。大数据平

台、大数据应用和大数据资源在进行数据清除或销毁时，应明确数据销毁的地点及数据销毁的机制。

应在安全管理制度中明确数据清除或销毁相关策略或管理制度，明确数据清除或销毁是否在中国境内。应建立数据清除销毁记录，记录数据清除销毁方式（如物理销毁、XX 次覆盖、XX 第三方软件清除、擦除磁盘分区等方式）和地点（如 XX 国家、XX 省或 XX 市），明确是否在中国境内对数据进行清除或销毁。

3）网络系统安全管理

【标准要求】

第三级和第四级安全要求如下：

应建立对外数据接口安全管理机制，所有的接口调用均应获得授权和批准。

【解读和说明】

大数据平台的管理制度类文档应明确对外数据接口安全管理机制，其中对外数据接口包括但不限于数据采集接口、数据导出接口、数据共享接口等。所有的接口调用应获得相关的授权和批准，并具有相关授权审批记录。

【相关安全产品或服务】

管理制度类文档、授权审批记录等。

【安全建设要点及案例】

该控制点的各要求项对不同类型等级保护对象的适用情况如表 5-80 所示。

表 5-80　该控制点的各要求项对不同类型等级保护对象的适用情况

要求项	等级保护对象		
	大数据平台	大数据应用	大数据资源
接口授权	适用	适用	适用

大数据平台、大数据应用、大数据资源及其他大数据系统都适用于本条款。建立对外数据接口安全管理机制，规定对外数据接口的类别、传输的数据内容、安全责任部门或人员、授权流程、审批流程等。进行对外数据接口管理，对外数据接口的使用和访问均应经过授权和批准，并留存相关的授权审批记录。

5.4.11　第三级以上大数据平台安全整体解决方案示例

1. 案例背景

本案例以某互联网企业的大数据平台为例。为了积极响应国家大力推进大数据发展构建各类大数据平台的号召，该平台基于各类基础设施支持上层大数据处理和计算，通过多种方式对不同机构、单位进行数据汇聚和融合，为金融、政务、医疗、交通、能源等不同行业的大数据应用提供计算平台基础，为政府、企业和公众提供政务相关的数据服务、产业相关的数据服务和公共服务，利用大数据辅助数据治理，促进大数据产业发展。

该案例中大数据平台的主要业务功能包括：高性能的云计算技术的存储和计算能力，数据流处理能力强，能够容纳海量数据；兼容传统工具；提供标准化统一接口和各种大数据处理模型；支持企业轻松具备大数据应用开发及数据处理能力。

2. 典型架构

该公有大数据平台为不同租户的大数据应用提供资源和服务的支撑集成环境，包括基础设施层、数据平台层和计算分析层。

租户的庞大数量以及大数据平台的广泛应用，在效率、稳定性、数据安全和运维等各个方面对大数据平台提出了安全保障要求。因此，该案例大数据平台将共用的一些安全功能集成并形成了接入层，作为租户客户端与大数据平台之间的安全隔离屏障。相对于传统架构的大数据平台，基于云计算的大数据平台基于原生云架构，依靠云操作系统，构建底层云计算平台计算系统。大数据平台典型架构如图 5-5 所示。

大数据平台的基础设施层基于原生云架构，以自研分布式技术和产品为基础，一套体系支撑所有云产品和服务，提供完整的云计算平台开放能力，具备完善的企业级服务特性、完善的灾备解决方案和完全自主可控的能力。通过将物理服务器的计算和存储能力以及网络设备虚拟化成虚拟计算、分布式存储和软件定义网络，为上层系统提供 IT 基础服务的支撑能力。

大数据平台的数据平台层通过分布式文件系统实现基础文件系统；通过 TUNNEL 数据传输作为数据对外的统一通道支持各类异构数据源导入导出；同时通过 Data Hub 数据通道支持增量数据的导入和数据传输插件，传递至 Data Works 进行数据分析和挖掘。

大数据平台的计算分析层支持如下的多种计算模型。

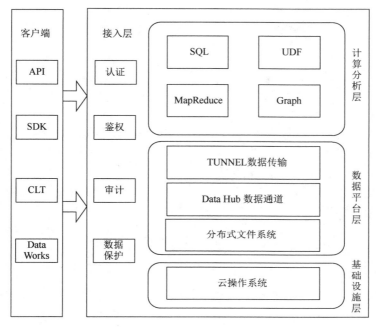

图 5-5　大数据平台典型架构

（1）SQL：大数据平台以表的形式存储数据，支持多种数据类型，并对外提供 SQL 查询功能。

（2）UDF：即用户自定义函数，通过创建自定义函数来满足不同的计算需求。

（3）MapReduce：大数据平台提供的 Java MapReduce 编程模型可以简化开发流程。

（4）Graph：大数据平台提供的 Graph 功能是一套面向迭代的图计算处理框架，通过迭代对图进行编辑、演化，最终求解出结果。

大数据平台通过客户端进行访问，支持通过 API 进行离线数据处理服务，支持通过 SDK 封装方式进行访问。可以在 Window/Linux 系统中的客户端工具，通过命令行工具（Command Line Tool，CLT）提交命令完成操作，同时也支持 Data Works 可视化工具进行数据同步、任务调度、报表生成等操作。大数据平台客户端基于接入层实现用户对平台的认证、鉴权、审计和数据保护等安全接入功能。

3. 保护对象

基于《信息安全技术　网络安全等级保护基本要求》（GB/T 22239—2019），大数据平台的等级保护对象主要是基础设施层、数据平台层、计算分析层和接入层。

　　基础设施层保护对象包含物理环境、物理和虚拟网络、物理和虚拟计算环境，由设施、硬件、资源抽象控制层、虚拟化计算资源等组成。如果采用公有云基础设施，则由云服务商承担基础架构层硬件、虚拟化以及云产品服务层的安全防护责任。数据平台层保护对象包含文件系统、数据传输等组件的安全配置和数据保护。

　　综合来说，基于云计算基础设施的大数据平台保护对象可按如表 5-81 所示的方式区分。

表 5-81　基于云计算基础设施的大数据平台保护对象

安全层面	保护对象	具体内容
安全物理环境	机房环境	机房房屋建筑应能够防震、防水、防潮，机房访问电子门禁系统等
	防盗设施	保障机房防盗的机架、视频监控报警系统等
	避雷系统	保障机房外部整体避雷，通过内部各种机柜、设施和设备安全接地等措施，保障防雷击
	消防系统	保障机房建设材料耐火，能够自动检测火情、报警、及时灭火，隔离门等
	散热系统	保障机房通风、散热，可能涉及空调、风扇等设备或系统
	供电系统	保障机房电力稳定，可能涉及电源、电线、发电机等设备
	电磁防护	线缆、电磁屏蔽机柜等
安全通信网络	网络架构	各类网络设备、负载均衡以及云基础设施虚拟网络
	物理链路	各类网络设备和关键计算设备硬件冗余
	通信数据	通信过程中的鉴别信息、业务数据、存储数据、配置信息等数据
安全区域边界	物理网络边界	物理网络边界的网络设备、边界防火墙、安全设备、第三方网络接入控制系统等
	虚拟网络边界	虚拟网络边界的 VPC、虚拟网络设备、云防火墙、流量安全监控、Web 应用防火墙、Anti-DDoS、主机安全、堡垒机、日志审计等安全设备
安全计算环境	大数据平台接入层	接入大数据计算分析和数据平台的管理系统
	网络设备	物理、虚拟网络设备
	服务器设备	为大数据系统提供数据存储、计算等服务的物理、虚拟主机服务器、数据库服务器、中间件、终端等设备
	安全设备	保障大数据平台区域边界、通信以及计算环境的物理、虚拟安全设备
	平台数据	大数据平台相关的配置文件、鉴别信息、系统数据、审计数据、个人信息等数据
安全管理中心	大数据管理平台	大数据平台的系统管理、审计管理、安全管理、管控模块等
安全管理	安全管理制度	运营单位的安全策略、制度以及相应管理流程
	安全管理机构	运营单位的岗位设置、人员配备、合作以及管理机制
	安全管理人员	运营单位安全人员录用、离岗、意识教育和培训，外来人员管理等
	安全建设管理	大数据平台定级、备案、安全方案、使用产品以及开发实施、验收交付、测评情况
	安全运维管理	大数据平台环境、资产、介质、设备维护、漏洞、安全、配置、密码、变更、备份、事件、预案、外包等

4. 安全能力

安全能力是根据大数据平台面临的威胁采取防护而具备的能力，有的安全能力由大数据平台或平台组件原生提供，有些则由大数据服务商为应对威胁而自研或由生态合作伙伴提供。按照等级保护"一个中心，三重防护"的纵深防护思想，即从通信网络到区域边界再到计算环境进行重重防护，通过安全管理中心进行集中监控、调度和管理，大数据平台构建了动态防御、主动防御、纵深防御、精准防护、整体防控、联防联控的防护架构。典型的安全能力如图 5-6 所示。

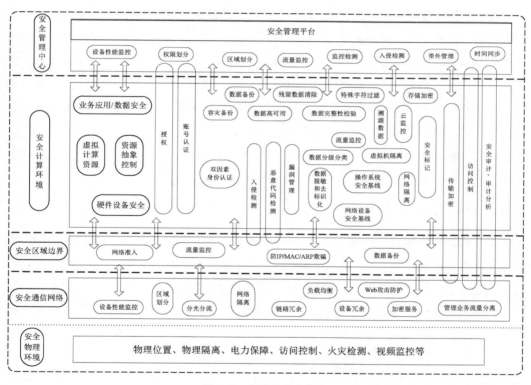

图 5-6　典型的安全能力

在安全物理环境方面，基于云计算的大数据平台服务的国内地域数据中心所处大楼具有一定的防震、防雨和防风能力；通过了专业机房的验收，机房采用了具有耐火等级的建筑材料，配置了自动消防系统、视频监控系统；采取了严格的访问控制措施和安检措施，有专人值守和巡检；采用了防静电地板或环氧树脂地坪，配备了静电消除器、防静电手环、专用空调、温湿度探头等；布设了漏水检测装置；通信线缆和电力线缆分桥架铺设，供电来自多个不同的变电站，利用 UPS、柴油发电机进行备用电力供应。对于用户自行选择或建设的大数据平台，其所在数据中心应按照《信息安全技术　网络安全等级保护基本要求》实施。

在安全通信网络方面，在物理通信网络基础上增加了管理流量和系统业务流量分析防护安全要求，安全的通信网络应提供区域划分（如物理网、虚拟网）、入侵检测、设备性能监控（如物理网络设备、虚拟网络设备）等安全能力。

在安全计算环境方面，安全计算环境包括基础设施层、数据平台层和计算分析层，用户通过安全的通信网络跨越安全的区域边界以网络直接访问、API 访问或 Web 服务访问等方式访问安全的大数据平台。大数据平台的系统管理、安全管理和安全审计由安全管理中心统一管控，主要增加了大数据各组件的身份鉴别、数据脱敏、数据分级分类等大数据平台的控制点，安全的大数据平台环境应提供安全加固（如操作系统、镜像）、数据脱敏、数据分级分类、MFA 及访问控制、安全审计等安全能力。

在安全管理中心方面，应提供权限划分、授权、审计日志集中收集（分析）、时间同步等安全能力。

5. 安全措施

基于云计算的大数据平台设计了多个层面的纵深防御体系，基于《信息安全技术　网络安全等级保护基本要求》识别大数据平台在各安全层面的安全措施。大数据平台安全措施可能是大数据平台原生的，也可能是由大数据平台安全产品提供的，或通过软硬件的配置、第三方安全产品的部署实现，详细的大数据平台安全能力与其可采取的各项安全措施/方法如表 5-82 所示。

表 5-82　大数据平台安全能力与其可采取的安全措施/方法

安全层面	安全能力	大数据平台可采取的安全措施/方法	
		平台侧	租户侧
安全物理环境	火灾检测	火灾自动报警系统	—
	双路供电	电源供电	—
	访问控制	门禁系统	—
	视频监控	视频监控系统	—
	机房热备	热备份单元	—

续表

安全层面	安全能力	大数据平台可采取的安全措施/方法	
		平台侧	租户侧
安全通信网络	设备性能监控	平台运维控制台—物理平台—物理网络	—
	安全域划分	VLAN	VPC
	流量安全监控	流量安全监控、分光分流	—
	网络隔离	云管平台、平台运维控制台、VPC、防火墙	VPC、防火墙
	负载均衡	负载均衡（SLB）	负载均衡（SLB）
	通信加密	IPsec VPN、SSLVPN	IPsec VPN、SSLVPN
	管理和业务流量分离	平台管控	—
安全区域边界	网络隔离	第三方准入控制系统	第三方准入控制系统
	流量监控	流量安全监控、Web 应用防火墙、态势感知、主机入侵检测	主机安全
	IP、MAC、ARP 防欺骗	接入交换机配置 IP/MAC 地址，端口绑定	—
	入侵检测	流量安全监控、DDoS 流量清洗、Web 应用防火墙、态势感知、主机入侵检测	主机安全、防火墙
	流量清洗	DDoS 高防	DDoS 高防
	安全审计	安全审计、平台运维控制台、OSS、堡垒机、SLS	第三方堡垒机
	恶意代码检测	流量安全监控、Web 应用防火墙、态势感知	主机安全
安全计算环境	授权	后台管控、RAM	用户控制台、RAM、租户安全基线
	账号认证	后台管控、用户控制台、堡垒机	—
	MFA	MFA、Google 二次验证、USBKEY（国密算法）、PKI 认证	USBKEY（国密算法）
	恶意代码检测	流量安全监控、Web 应用防火墙、态势感知	主机安全
	漏洞管理	后台管控	云安全中心
	网络设备加固	网络设备安全基线	用户控制台、租户安全基线、网络设备安全基线
	系统加固	操作系统安全基线	用户控制台、租户安全基线、操作系统安全基线
	通信加密	HTTPS、TSL 协议	HTTPS、TSL 协议
	数据完整性校验	KMS、OSS、表格存储、文件存储、分布式文件系统、云数据库	—
	数据备份	OSS、用户控制台—灾备系统	OSS、用户控制台—灾备系统
	数据冗余、高可用	分布式操作系统	分布式操作系统

续表

安全层面	安全能力	大数据平台可采取的安全措施/方法	
		平台侧	租户侧
安全计算环境	安全标记	大数据组件审计模块、后台管控、用户控制台、安全审计、OSS、堡垒机	第三方堡垒机
	特殊字符过滤	大数据组件	租户应用系统
	容灾备份	灾备中心	异地备份
	残留数据清除	大数据平台组件	业务应用系统
	数据隔离存储	大数据平台组件	大数据平台组件
	数据安全标记	大数据平台组件	大数据平台组件
	数据溯源	大数据平台组件	大数据平台组件
安全管理中心	带外管理	ODB	HTTPS
	资源调度与分配	后台管控	用户控制台
	资源监控	后台管控	用户控制台
	策略集中管控	态势感知、Web 防火墙	主机安全
	时钟同步	授时原子钟	时钟服务器

1）安全物理环境

以基于大数据平台服务的国内地域数据中心为例解读大数据平台的安全能力及安全措施。

（1）火灾检测

数据中心机房配备火灾自动报警系统，包括火灾自动探测器、区域报警器、集中报警器和控制器等，能够以声、光或电的形式对火灾发生的部位发出报警信号，并启动自动灭火设备，切断电源、关闭空调设备等。

（2）双路供电

数据中心机房的每个负载均由两个电源供电，两个电源之间可以进行切换。若电源发生故障，在其中一个电源失电的情况下可以投切到另一个电源供电，保障业务 7×24 小时持续运行。

（3）访问控制

数据中心的物理设备和机房的访问要具备访问控制策略，包括机房的进出访问控制。例如，进出机房或者携带设备进出机房，物理设备的配置、启动、关机、故障恢复等，均需要具备相应的访问控制策略。

（4）视频监控

数据中心机房装设视频监控系统或者有专人 24 小时值守，对通道等重要部位进行监视。例如，对出入通道进行视频监控，同时，报警设备应该能与视频监控系统或者出入口控制设备联动，实现对监控点的有效监视。

（5）机房热备

机房在故障发生时，能够按照预先设定的故障恢复方案，使用热备份单元自动替换故障单元，实现故障的自动恢复。

2）安全通信网络

（1）设备性能监控

大数据平台部署有高性能网络设备（如 ISW、CSW、DSW、ASW）和 SLB，均能满足业务承载能力，通过大数据平台运维控制台对网络设备的性能进行实时监控，对带宽水位进行监测。

（2）安全域划分

基于物理网络的大数据平台环境安全域划分通过交换机实现，基于云操作系统的虚拟网络安全域划分通过 VPC 实现，不仅支持用户自定义 IP 地址范围、配置路由表和网关等，还通过网络隔离提高了大数据平台基础设施服务与数据的安全性。

（3）负载均衡

负载均衡是对多台云服务器进行流量分发的负载均衡服务。SLB 可以通过流量分发扩展应用系统对外的服务能力，通过消除单点故障提升应用系统的可用性。SLB 采用全冗余设计，无单点，支持同城容灾，搭配 DNS 可实现跨地域容灾，可用性高达 99.95%。同时，SLB 可以根据应用负载进行弹性扩容，在流量波动情况下不中断对外服务。

（4）网络隔离

大数据平台对网络环境中的管理网络（OPS）、业务网络、物理网络进行了三网安全隔离。OPS、业务网络、物理网络之间通过网络访问控制策略实现三网逻辑隔离，彼此之间不能互相访问。同时，采取网络控制措施防止非授权设备私自连接平台内部网络，防止平台物理服务器主动外联。

（5）流量安全监控

通过对大数据平台入口镜像流量进行安全监控、深度解析流量包，实时地检测出各种攻击和异常行为。

（6）通信加密

大数据平台用户通过 HTTPS 实现平台访问，支持 IPsec VPN 远程访问，使业务数据可以在公网上通过 IP 加密信道进行传输。支持用户设置 TLS，保障互联网通信的安全性和数据完整性。

（7）管理和业务流量分离

大数据平台通过带外管理，大数据平台用户业务流量通过上层虚拟网络。管理流量网络层使用的是经典网络，和业务虚拟网络默认隔离，大数据平台管理流量与业务流量完全分离。

3）安全区域边界

（1）网络隔离

基于物理网络的大数据平台环境网络环境支持经典网络/VPC 网络/Internet 网络三网隔离，只能访问各自对应的端点及 VIP。经典网络安全域划分通过交换机 ACL 进行，控制细粒度达到端口级。网络环境中的 OPS、业务网络、物理网络进行了三网安全隔离，OPS、业务网络、物理网络之间通过网络访问控制策略实现三网逻辑隔离，彼此之间不能互相访问。同时，采取网络控制措施防止非授权设备私自连接云计算平台内部网络，并防止云计算平台物理服务器主动外联。

（2）流量监控

大数据平台流量安全监控对入口镜像流量包进行深度解析，实时地检测出各种攻击和异常行为，发现内部被控制的云服务器，对常见的 Web 应用攻击进行网络层拦截旁路阻断，并与其他防护模块（态势感知）联动防护。主机入侵检测模块通过在物理服务器上部署的客户端进行信息搜集和检测，实时检测大数据平台环境中所有物理服务器主机，并及时发现文件篡改、异常进程、异常网络连接、可疑端口监听等行为。

（3）IP、MAC、ARP 防欺骗

在传统网络环境中，IP、MAC、ARP 欺骗一直是网络面临的严峻考验。通过 IP、MAC、

ARP 欺骗，黑客可以扰乱网络环境，窃听网络机密。专有云计算平台通过物理服务器上的网络底层技术机制，彻底解决地址欺骗问题。专有云计算平台在物理服务器数据链路层隔离由服务器向外发起的异常协议访问，阻断服务器的 MAC、ARP 欺骗，并在宿主机网络层防止服务器 IP 欺骗。

（4）入侵检测

通过云安全中心实现物理服务器和虚拟服务器安全威胁识别、分析、预警的集中安全管理，涵盖网络安全、主机安全、应用安全等多层次安全防护模块，通过防勒索、防病毒、防篡改、合规检查等安全能力，帮助用户实现威胁检测、响应、溯源的自动化安全运营闭环，保护资产和本地主机并满足监管合规要求。

（5）流量清洗

DDoS 高防支持防护全类型 DDoS 攻击，通过 AI 智能防护引擎对攻击行为进行精准识别和自动加载防护规则，保证网络的稳定性。DDoS 高防支持通过安全报表实时监控风险和防护情况，同时支持企业客户使用大数据平台在全球部署的大流量清洗中心资源，通过全流量代理的方式实现大流量攻击防护和精细化 Web 应用层资源耗尽型攻击防护。

（6）安全审计

大数据平台为用户提供的日志审计服务包括操作审计（Action Trail）和日志服务（Log Service）。操作审计为用户提供统一的资源操作日志管理，记录云账号下的用户登录及资源访问操作，包括操作人、操作时间、源 IP 地址、资源对象、操作名称及操作状态。利用 Action Trail 保存的所有操作记录，用户可以实现安全分析、入侵检测、资源变更追踪以及合规性审计。为了满足用户的合规性审计需要，用户往往需要获取主账户和其子账户的详细操作记录。Action Trail 记录的操作事件可以满足此类合规性审计需求。

（7）恶意代码检测

云防火墙实现虚拟环境下的统一管理互联网到业务的访问控制策略（南北向）和业务与业务之间的微隔离策略（东西向），内置的 IPS 支持全网流量可视和业务间访问关系可视，是用户业务的第一个网络安全基础设施。Web 应用防火墙防御 SQL 注入、XSS、常见 Web 服务器插件漏洞、木马上传、非授权核心资源访问等 OWASP 常见 Web 攻击，过滤海量恶意访问，避免网站资产数据泄露，保障网站应用的安全性与可用性。

4）安全计算环境

（1）授权

RAM 为用户提供用户身份管理与资源访问控制服务。RAM 使得一个云账号（主账号）可拥有多个独立的子用户（RAM 用户），从而避免与其他用户共享云账号密钥，并可以根据最小权限原则为不同用户分配最小的工作权限，从而降低用户的信息安全管理风险。RAM 授权策略可以细化到对某个 API-Action 和 Resource-ID 的细粒度授权，还可以支持多种限制条件（如源 IP 地址、安全访问通道 SSL/TLS、访问时间、多因素认证等）。

在大数据平台中，当用户申请创建一个项目空间之后，该用户就是这个空间的所有者（Owner）。也就是说，这个项目空间内的所有对象（如表、实例、资源、UDF 等）都属于该用户。除了 Owner，任何人都无权访问此项目空间内的对象，除非获得 Owner 的授权许可。当项目空间的 Owner 决定对另一个用户授权时，Owner 需要先将该用户添加到自己的项目空间中，只有添加到项目空间中的用户才能够被授权。通过支持对数据分享、下载的权限管理，实现对数据的防泄露保护。使用大数据项目的项目空间保护机制，可以明确要求项目空间中"数据只能流入，不能流出"，来实现对数据共享的限制。使用大数据的下载权限管理，将数据下载权限与使用权限剥离，实现对数据流出的管控。大数据跨项目空间资源分享支持细粒度（字段级别）的权限管理，来管控数据和资源的二次分享，实现最小化分享。

（2）账号认证

针对网络设备、物理服务器账号的口令长度、复杂度、密码长度、口令生命期进行安全策略设置，删除空口令的账号，设置登录超时（TIMEOUT）时间等。针对大数据平台用户可通过安全模块设置口令复杂度、口令生命周期、登录超时等。

（3）MFA

MFA 在用户名和口令之外再额外增加一层安全保护，在用户名和密码之外再额外增加一层安全保护。启用 MFA 后，用户登录云控制台（云产品）时，系统将要求输入用户名和密码（第一安全要素），然后要求输入来自其 MFA 设备的动态验证码（第二安全要素），双因素的安全认证为账户认证提供更高的安全保护。目前，阿里云官网支持基于软件的虚拟 MFA 设备，虚拟 MFA 设备是产生一个 6 位数字认证码的应用程序，遵循基于时间的一次性密码（TOTP）标准（RFC 6238），并支持在移动硬件设备上运行。

（4）恶意代码检测

在服务器上部署主机入侵检测模块，其主要功能包括异常进程检测、异常端口检测、异常行为检测等。通过安全监控模块能够覆盖包括 APT 等新型攻击的探测期、入侵期和潜伏期及相应的异常行为，并对此行为进行告警。其中，云盾的攻击预警功能通过流量防护机制实现的防护功能包括：Web 特征检测，恶意文件攻击，远程控制检测，Web 后门访问检测，Web 行为分析监测，非法数据传输，DAG 域名请求，SMB 远程溢出攻击，挖矿，暴力破解，隐蔽信道通信，IDS 规则等，能够检测分析未知的新型网络攻击。

（5）漏洞管理

对基于私有云模式下的大数据平台在出厂前进行漏洞扫描，修复高危漏洞，通过后台管控系统实现补丁修复。对虚拟主机安全模块进行漏洞扫描，实现发现漏洞并及时修补漏洞的能力，并通过补丁管理模块对已知的漏洞进行测试并统一下发至虚拟机。

（6）网络设备加固/系统加固

大数据平台在后台管控侧按照复杂度要求对物理服务器、网络设备口令策略进行更改；在用户控制台侧设置复杂度策略并要求更换周期；对网络设备的账号口令策略、密码配置文件的存储加密进行安全加固；可通过第三方堡垒机进行管理，账户、口令被第三方堡垒机接管，并配置相关的口令复杂度。

（7）通信加密

大数据平台用户通过 HTTPS 实现平台访问，支持 IPsec VPN 远程访问，使业务数据可以在公网上通过 IP 加密信道进行传输；支持用户设置 TLS，保障互联网通信的安全性和数据完整性。

（8）数据完整性校验

大数据平台为用户访问提供了 HTTPS 来保证数据传输的安全，如果用户通过大数据平台控制台操作，大数据平台控制台会使用 HTTPS 进行数据传输。大数据平台为客户提供了支持 HTTPS 的 API 访问点，允许用户使用 Access Key 以程序形式来调用服务 API，支持标准的 TLS，可提供高达 256 位密钥的加密强度，完全满足敏感数据加密传输需求。

（9）数据备份、数据冗余、高可用

大数据平台数据库通过数据备份和日志备份的备份方式，保证数据完整可靠，同时，用户可以随时发起数据库的备份，大数据平台能够根据备份策略将数据库恢复至任意时刻，提高数据可回溯性。

大数据平台对象存储采用多可用区机制，将用户的数据分散存放在同一地域（Region）的三个可用区，当某个可用区不可用时，仍然能够保障数据的正常访问。对象存储的同城冗余存储（多可用区）是基于 99.9999999999% 的数据可靠性设计，并且能够为用户提供99.95% 的数据可用性 SLA。

（10）日志审计

会针对不同用户不同日志数据进行日志审计。在大数据平台内部，大数据平台提供元数据仓库进行日志数据存储，包括静态数据、运行记录及安全信息等内容。

① 静态数据是指一旦产生就不会自动消失的数据。

② 运行记录是指一个任务的运行过程，该记录只会出现在一个分区中。

③ 安全信息都来自 TableStore，用于保存白名单、ACL 等。

（11）安全标记

基于标签的安全（Label Security）是项目空间级别的一种强制访问控制策略（Mandatory Access Control，MAC），它的引入可以让项目空间管理员更加灵活地控制用户对列级别敏感数据的访问。Label Security 需要将数据和访问数据的人进行安全等级划分。一般来讲，会将数据的敏感度标记为如下四类：不保密、秘密、机密和高度机密。

（12）特殊字符过滤

大数据平台按照安全开发流程审核，已按照要求对输入数据的有效性进行验证，过滤特殊字符。

（13）容灾备份

大数据平台应通过部署异地灾备中心实现大数据平台环境容灾备份。

（14）残留数据清除

存储过用户数据的内存和磁盘一旦释放和回收，其上的残留信息将被自动进行零值覆盖。

（15）数据安全标记

项目空间中的数据非常敏感，绝对不允许流出到其他项目空间时，可以使用项目空间保护机制（设置 Project Protection）。明确要求该项目空间中的数据只能流入，不能流出。

（16）数据脱敏

数据脱敏应具备唯一性，具有一定抗可逆性，同时保留原数据某些特征，能够通过元数据、样本数据和各种脱敏算法进行识别和脱敏，支持自主进行数据发现和脱敏。能够通过对数据的采样分析，自动发现系统中的敏感数据，包括姓名、证件号、银行账户、金额、住址、电话号码、E-mail 地址、车牌号、车架号、企业名称、工商注册号、机构代码、纳税人识别号等；同时提供了用户自定义敏感数据特征的扩充能力。通过敏感数据自动发现功能，不仅可以避免人工定义敏感数据带来的大量工作，同时可确保不会遗漏隐私信息，更能够持续发现新的敏感数据字段。敏感数据不能流出。

（17）数据隔离存储

支持多用户的使用场景，通过云账号认证体系，即认证方式采用 Access Key 的对称密钥认证技术，同时对用户的每个 HTTP 请求进行签名认证，针对不同的用户数据进行数据存储隔离，用户数据被离散存储在分布式文件系统中。可以同时满足多用户协同、数据共享、数据保密和安全的需要，做到真正的多租户资源隔离。

（18）数据溯源

一方面，数据溯源能够分析和记录不同数据之间的衍生关系，在发现数据内容有误时能够追溯至数据源头，分析错误原因，并向其他衍生数据内容提示错误及影响；另一方面，在数据全生命周期过程中，数据溯源能够对数据的流转、处理、修改等重要环节进行跟踪记录，确保数据相关操作的可追溯性。数据溯源的主要意义是帮助用户建立数据源头、数据去处、数据在被谁如何使用等关系地图，更好地保障数据安全。

（19）数据保护

存储加密利用加密算法对用户的落盘数据进行加密存储。存储加密能够防范平台上存储数据的一系列非授权访问情形［即使这些情形本身发生概率极低，例如：攻击者攻陷基础设施并获得存储于大数据平台服务中的用户数据；大数据平台内部员工（如后台管理员）恶意盗取存有用户数据的磁盘或服务器；在未通知用户的情形下利用行政手段获取用户数据等］，通过数据存储加密实现用户数据的保密性。

5）安全管理中心

（1）带外管理

大数据平台网络架构中独立建设带外管理网络，对业务网络中的安全设备或安全组件进行管理。

（2）资源调度与分配

大数据平台用户控制台对虚拟资源进行统一管理和分配，后台管控系统对物理资源进行统一管理和分配。

（3）资源监控

大数据平台后台监控中心能够查看集群、物理机、虚拟机和服务的分布，提供资源实时监控、告警和通知服务，可以监控大数据模块相关指标。用户控制台对虚拟资源运行状况进行集中监测。能够查看各资源组件的使用情况。

（4）策略集中管控

大数据平台安全模块通过用户控制台对 Web 应用防护、主机恶意代码防护、补丁升级等功能进行统一管理，通过安全策略配置实行相关检测。

（5）时钟同步

大数据平台隔离环境部署授时原子钟，如果在非隔离环境下可部署 NTP 服务器（独立时钟源）、OPS1 和 OPS2（备）进行时钟同步，那么所有网络设备、安全设备、计算设备均和 OPS1、OPS2（备）进行同步。

5.5　控制点与定级对象适用性

不同类型大数据系统定级对象在落实《信息安全技术　网络安全等级保护基本要求》（GB/T 22239—2019）时，可参考表 5-83 确定需要实现的安全保护要求。

表 5-83　控制点与定级对象适用性

大数据系统保护最佳实践				适用定级对象
安全层面	控制点	要求项	对应等级	
安全物理环境	基础设施位置	应保证承载大数据存储、处理和分析的设备机房位于中国境内	2，3，4	包含大数据平台、大数据应用或大数据资源的定级对象
安全通信网络	网络架构	a）应保证大数据平台不承载高于其安全保护等级的大数据应用	1，2，3，4	包含大数据平台、大数据应用或大数据资源的定级对象
		b）应保证大数据平台的管理流量与系统业务流量分离	3，4	包含大数据平台的定级对象

大数据系统保护最佳实践				适用定级对象
安全层面	控制点	要求项	对应等级	
安全计算环境	身份鉴别	a) 大数据平台应能对不同客户的大数据应用进行身份鉴别	1，2，3，4	包含大数据平台的定级对象
		b) 大数据资源应对调用其功能的对象进行身份鉴别	1，2，3，4	包含大数据资源的定级对象
		c) 应对数据采集终端、数据导入服务组件、数据导出终端、数据导出服务组件的使用实施身份鉴别	1，2，3，4	包含大数据平台、大数据应用或大数据资源的定级对象
		d) 大数据平台提供的重要外部调用接口应进行身份鉴别	2	包含大数据平台的定级对象
		d) 大数据平台提供的各类外部调用接口应依据调用主体的操作权限进行相应强度的身份鉴别	3，4	包含大数据平台的定级对象
	访问控制	a) 对外提供服务的大数据平台，平台或第三方只有在大数据应用授权下才可以对大数据应用的数据资源进行访问、使用和管理	2，3，4	包含大数据平台或大数据应用的定级对象
		b) 应对数据进行分类管理	2	包含大数据平台、大数据应用或大数据资源的定级对象
		b) 大数据平台应提供数据分类分级标识功能	3，4	包含大数据平台的定级对象
		c) 应在数据采集、传输、存储、处理、交换及销毁等各个环节，根据数据分类分级标识对数据进行不同处置，最高等级数据的相关保护措施不低于第三级安全要求，安全保护策略在各环节保持一致	3	包含大数据平台、大数据应用或大数据资源的定级对象
		c) 应在数据采集、传输、存储、处理、交换及销毁等各个环节，根据数据分类分级标识对数据进行不同处置，最高等级数据的相关保护措施不低于第四级安全要求，安全保护策略在各环节保持一致	4	包含大数据平台、大数据应用或大数据资源的定级对象
		d) 大数据平台应具备设置数据安全标记功能，并基于安全标记进行访问控制	3，4	包含大数据平台或大数据资源的定级对象
		e) 应采取技术手段对数据采集终端、数据导入服务组件、数据导出终端、数据导出服务组件的使用进行限制	2	包含大数据平台、大数据应用或大数据资源的定级对象
安全计算环境	访问控制	e) 大数据平台应对其提供的各类接口的调用实施访问控制，包括但不限于数据采集、处理、使用、分析、导出、共享、交换等相关操作	3，4	包含大数据平台、大数据应用或大数据资源的定级对象

续表

大数据系统保护最佳实践				适用定级对象
安全层面	控制点	要求项	对应等级	
安全计算环境	访问控制	f）应最小化各类接口操作权限	2，3，4	包含大数据平台、大数据应用或大数据资源的定级对象
		g）应最小化数据使用、分析、导出、共享、交换的数据集	2，3，4	包含大数据平台、大数据应用或大数据资源的定级对象
		h）大数据平台应提供隔离不同客户应用数据资源的能力	3，4	包含大数据平台的定级对象
		i）应采用技术手段限制在终端输出重要数据	4	包含大数据平台、大数据应用或大数据资源的定级对象
	安全审计	a）大数据平台应对其提供的各类接口的调用情况进行审计	3，4	包含大数据平台的定级对象
		b）大数据平台应保证不同客户大数据应用的审计数据隔离存放，并能够为不同客户提供接口调用相关审计数据的收集汇总	3，4	包含大数据平台的定级对象
		a）大数据平台应对其提供的重要接口的调用情况进行审计	2	包含大数据平台的定级对象
		c）应保证大数据平台服务商对服务客户数据的操作可被服务客户审计	2，3，4	包含大数据平台或大数据应用的定级对象
	入侵防范	a）应对导入或者其他数据采集方式收集到的数据进行检测，避免出现恶意数据输入	3，4	包含大数据平台或大数据应用的定级对象
	数据完整性	a）应采用技术手段对数据交换过程进行数据完整性检测	1，2，3，4	包含大数据平台、大数据应用或大数据资源的定级对象
		b）数据在存储过程中的完整性保护应满足数据源系统的安全保护要求	1，2，3，4	包含大数据平台、大数据应用或大数据资源的定级对象
	数据保密性	a）大数据平台应提供静态脱敏和去标识化的工具或服务组件技术	2，3，4	包含大数据平台的定级对象
		b）应依据相关安全策略和数据分类分级标识对数据进行静态脱敏和去标识化处理	3，4	包含大数据平台、大数据应用或大数据资源的定级对象
		b）应依据相关安全策略对数据进行静态脱敏和去标识化处理	1，2	包含大数据平台、大数据应用或大数据资源的定级对象
		c）数据在存储过程中的保密性保护应满足数据源系统的安全保护要求	2，3，4	包含大数据平台、大数据应用或大数据资源的定级对象
	数据备份恢复	a）备份数据应采取与原数据一致的安全保护措施	2，3，4	包含大数据平台、大数据应用或大数据资源的定级对象
		b）大数据平台应保证用户数据存在若干个可用的副本，各副本之间的内容应保持一致性，并定期对副本进行验证	3，4	包含大数据平台的定级对象

大数据系统保护最佳实践				适用定级对象
安全层面	控制点	要求项	对应等级	
安全计算环境	数据备份恢复	c）应提供对关键溯源数据的备份	3，4	包含大数据平台或大数据资源的定级对象
	剩余信息保护	a）数据整体迁移的过程中，应杜绝数据残留	2，3，4	包含大数据平台、大数据应用或大数据资源的定级对象
		b）大数据应用应基于数据分类分级保护策略，明确数据销毁要求和方式	3，4	包含大数据平台、大数据应用或大数据资源的定级对象
		c）大数据平台应能够根据大数据应用提出的数据销毁要求和方式实施数据销毁	2，3，4	包含大数据平台的定级对象
	个人信息保护	a）采集、处理、使用、转让、共享、披露个人信息应在个人信息处理的授权同意范围内	2，3，4	包含大数据平台、大数据应用或大数据资源的定级对象
		b）应采取措施防止在数据处理、使用、分析、导出、共享、交换等过程识别出个人身份信息	2，3，4	包含大数据平台、大数据应用或大数据资源的定级对象
	数据溯源	a）应跟踪和记录数据采集、处理、分析和挖掘等过程，保证溯源数据能重现相应过程	3，4	包含大数据平台、大数据应用或大数据资源的定级对象
		b）溯源数据应满足数据业务要求和合规审计要求	3，4	包含大数据平台、大数据应用或大数据资源的定级对象
		c）应采用技术手段，保证数据源的真实可信	3，4	包含大数据平台、大数据应用或大数据资源的定级对象
		d）应在数据清洗和转换过程中对重要数据进行保护，以保证重要数据清洗和转换后的一致性，避免数据失真，并在产生问题时能有效还原和恢复	3，4	包含大数据平台或大数据资源的定级对象
		e）应采用技术手段保证溯源数据真实性和保密性	4	包含大数据平台、大数据应用或大数据资源的定级对象
安全管理中心	系统管理	a）大数据平台应为大数据应用提供管理其计算和存储资源使用状况的能力	2	包含大数据平台的定级对象
		a）大数据平台应为大数据应用提供集中管理其计算和存储资源使用状况的能力	3，4	包含大数据平台的定级对象
		b）大数据平台应对其提供的辅助工具或服务组件，实施有效管理	2，3，4	包含大数据平台的定级对象
		c）大数据平台应屏蔽计算、内存、存储资源故障，保障业务正常运行	2，3，4	包含大数据平台的定级对象
		d）大数据平台在系统维护、在线扩容等情况下，应保证大数据应用的正常业务处理能力	2，3，4	包含大数据平台的定级对象
	集中管控	a）应对大数据平台提供的各类接口的使用情况进行集中审计和监测	3，4	包含大数据平台的定级对象

续表

大数据系统保护最佳实践				适用定级对象
安全层面	控制点	要求项	对应等级	
安全管理机构	授权和审批	a）数据的采集应获得数据源管理者的授权，确保数据收集最小化原则	1, 2, 3, 4	包含大数据平台、大数据应用或大数据资源的定级对象
		b）应建立数据集成、分析、交换、共享及公开的授权审批控制流程，依据流程实施相关控制并记录过程	3, 4	包含大数据平台、大数据应用或大数据资源的定级对象
		c）应建立跨境数据的评估、审批及监管控制流程，并依据流程实施相关控制并记录过程	3, 4	包含大数据平台、大数据应用或大数据资源的定级对象
安全建设管理	大数据服务商选择	a）应选择安全合规的大数据平台，其所提供的大数据平台服务应为其所承载的大数据应用提供相应等级的安全保护能力	1, 2, 3, 4	包含大数据平台、大数据应用或大数据资源的定级对象
		b）应以书面方式约定大数据平台提供者的权限与责任、各项服务内容和具体技术指标等，尤其是安全服务内容	1, 2, 3, 4	包含大数据平台、大数据应用或大数据资源的定级对象
	供应链管理	a）应确保供应商的选择符合国家有关规定	1, 2, 3, 4	包含大数据平台、大数据应用或大数据资源的定级对象
		b）应以书面方式约定数据交换、共享的接收方对数据的保护责任，并明确数据安全保护要求，同时应将供应链安全事件信息或安全威胁信息及时传达到数据交换、共享的接收方	3, 4	包含大数据平台、大数据应用或大数据资源的定级对象
	数据源管理	应通过合法正当渠道获取各类数据	1, 2, 3, 4	包含大数据平台、大数据应用或大数据资源的定级对象
安全运维管理	资产管理	a）应建立数据资产安全管理策略，对数据全生命周期的操作规范、保护措施、管理人员职责等进行规定，包括并不限于数据采集、传输、存储、处理、交换、销毁等过程	2, 3, 4	包含大数据平台、大数据应用或大数据资源的定级对象
		b）应制定并执行数据分类分级保护策略，针对不同类别级别的数据制定相应强度的安全保护要求	3, 4	包含大数据平台、大数据应用或大数据资源的定级对象
		c）应定期评审数据的类别和级别，如需要变更数据所属类别或级别，应依据变更审批流程执行变更	3, 4	包含大数据平台、大数据应用或大数据资源的定级对象
		d）应对数据资产进行登记管理，建立数据资产清单	2	包含大数据平台、大数据应用或大数据资源的定级对象
		d）应对数据资产和对外数据接口进行登记管理，建立相应资产清单	3, 4	包含大数据平台、大数据应用或大数据资源的定级对象

续表

大数据系统保护最佳实践				适用定级对象
安全层面	控制点	要求项	对应等级	
安全运维管理	介质管理	a）应在中国境内对数据进行清除或销毁	2，3，4	包含大数据平台、大数据应用或大数据资源的定级对象
	网络和系统安全管理	b）应建立对外数据接口安全管理机制，所有的接口调用均应获得授权和批准	2，3，4	包含大数据平台、大数据应用或大数据资源的定级对象

附录 A 安全技术控制点在工业控制系统中的适用情况

A.1 安全通信网络

表 A.1-1 第一级安全通信网络

控制点在工业控制系统功能层次中的适用情况表（第一级安全通信网络）						
安全要求类型	控制点	工业控制系统功能层次				
		企业资源层	生产管理层	过程监控层	现场控制层	现场设备层
通用	通信传输	适用	适用	适用	适用	不适用
通用	可信验证	适用	适用	适用	适用	不适用
扩展	网络架构	适用	适用	适用	适用	不适用

表 A.1-2 第二级安全通信网络

控制点在工业控制系统功能层次中的适用情况表（第二级安全通信网络）						
安全要求类型	控制点	工业控制系统功能层次				
		企业资源层	生产管理层	过程监控层	现场控制层	现场设备层
通用	网络架构	适用	适用	适用	适用	不适用
通用	通信传输	适用	适用	适用	适用	不适用
通用	可信验证	适用	适用	适用	适用	不适用
扩展	网络架构	适用	适用	适用	适用	不适用
扩展	通信传输	不适用	适用	适用	适用	不适用

表 A.1-3 第三级安全通信网络

控制点在工业控制系统功能层次中的适用情况表					
（第三级安全通信网络）					
安全要求类型	控制点	工业控制系统功能层次				
		企业资源层	生产管理层	过程监控层	现场控制层	现场设备层
通用	网络架构	适用	适用	适用	适用	不适用
通用	通信传输	适用	适用	适用	适用	不适用
通用	可信验证	适用	适用	适用	适用	不适用
扩展	网络架构	适用	适用	适用	适用	不适用
扩展	通信传输	不适用	适用	适用	适用	不适用

表 A.1-4 第四级安全通信网络

控制点在工业控制系统功能层次中的适用情况表					
（第四级安全通信网络）					
安全要求类型	控制点	工业控制系统功能层次				
		企业资源层	生产管理层	过程监控层	现场控制层	现场设备层
通用	网络架构	适用	适用	适用	适用	不适用
通用	通信传输	适用	适用	适用	适用	不适用
通用	可信验证	适用	适用	适用	适用	不适用
扩展	网络架构	适用	适用	适用	适用	不适用
扩展	通信传输	不适用	适用	适用	适用	不适用

A.2 安全区域边界

表 A.2-1 第一级安全区域边界

控制点在工业控制系统功能层次中的适用情况表					
（第一级安全区域边界）					
安全要求类型	控制点	工业控制系统功能层次				
		企业资源层	生产管理层	过程监控层	现场控制层	现场设备层
通用	边界防护	适用	适用	适用	适用	不适用
通用	访问控制	适用	适用	适用	适用	不适用
通用	可信验证	适用	适用	适用	适用	不适用
扩展	访问控制	不适用	适用	适用	适用	不适用
扩展	无线使用控制	适用	适用	适用	适用	不适用

表 A.2-2　第二级安全区域边界

控制点在工业控制系统功能层次中的适用情况表（第二级安全区域边界）						
安全要求类型	控制点	工业控制系统功能层次				
		企业资源层	生产管理层	过程监控层	现场控制层	现场设备层
通用	边界防护	适用	适用	适用	适用	不适用
通用	访问控制	适用	适用	适用	适用	不适用
通用	入侵防范	适用	适用	适用	适用	不适用
通用	恶意代码防范	适用	适用	适用	适用	不适用
通用	安全审计	适用	适用	适用	适用	不适用
通用	可信验证	适用	适用	适用	适用	不适用
扩展	访问控制	不适用	适用	适用	适用	不适用
扩展	拨号使用控制	不适用	适用	适用	适用	不适用
扩展	无线使用控制	适用	适用	适用	适用	不适用

表 A.2-3　第三级安全区域边界

控制点在工业控制系统功能层次中的适用情况表（第三级安全区域边界）						
安全要求类型	控制点	工业控制系统功能层次				
		企业资源层	生产管理层	过程监控层	现场控制层	现场设备层
通用	边界防护	适用	适用	适用	适用	不适用
通用	访问控制	适用	适用	适用	适用	适用
通用	入侵防范	适用	适用	适用	适用	不适用
通用	恶意代码和垃圾邮件防范	适用	适用	适用	适用	不适用
通用	安全审计	适用	适用	适用	适用	不适用
通用	可信验证	适用	适用	适用	适用	不适用
扩展	访问控制	不适用	适用	适用	适用	不适用
扩展	拨号使用控制	不适用	适用	适用	适用	不适用
扩展	无线使用控制	适用	适用	适用	适用	不适用

表 A.2-4　第四级安全区域边界

控制点在工业控制系统功能层次中的适用情况表（第四级安全区域边界）						
安全要求类型	控制点	工业控制系统功能层次				
		企业资源层	生产管理层	过程监控层	现场控制层	现场设备层
通用	边界防护	适用	适用	适用	适用	不适用
通用	访问控制	适用	适用	适用	适用	不适用

续表

安全要求类型	控制点	工业控制系统功能层次				
		企业资源层	生产管理层	过程监控层	现场控制层	现场设备层
通用	入侵防范	适用	适用	适用	适用	不适用
通用	恶意代码和垃圾邮件防范	适用	适用	适用	适用	不适用
通用	安全审计	适用	适用	适用	适用	不适用
通用	可信验证	适用	适用	适用	适用	不适用
扩展	访问控制	不适用	适用	适用	适用	不适用
扩展	拨号使用控制	不适用	适用	适用	适用	不适用
扩展	无线使用控制	适用	适用	适用	适用	不适用

A.3　安全计算环境

表 A.3-1　第一级安全计算环境

控制点在工业控制系统功能层次中的适用情况表 （第一级安全计算环境）						
安全要求类型	控制点	工业控制系统功能层次				
		企业资源层	生产管理层	过程监控层	现场控制层	现场设备层
通用	身份鉴别	适用	部分适用	部分适用	部分适用	不适用
通用	访问控制	适用	适用	适用	适用	不适用
通用	入侵防范	适用	适用	适用	适用	不适用
通用	恶意代码防范	适用	适用	适用	适用	不适用
通用	可信验证	适用	适用	适用	适用	不适用
通用	数据完整性	适用	适用	适用	适用	不适用
通用	数据备份恢复	适用	适用	适用	适用	不适用
扩展	控制设备安全	不适用	不适用	适用	适用	不适用

表 A.3.2　第二级安全计算环境

控制点在工业控制系统功能层次中的适用情况表 （第二级安全计算环境）						
安全要求类型	控制点	工业控制系统功能层次				
		企业资源层	生产管理层	过程监控层	现场控制层	现场设备层
通用	身份鉴别	适用	部分适用	部分适用	部分适用	不适用
通用	访问控制	适用	适用	适用	适用	不适用
通用	安全审计	适用	适用	适用	适用	不适用

续表

安全要求类型	控制点	工业控制系统功能层次				
		企业资源层	生产管理层	过程监控层	现场控制层	现场设备层
通用	入侵防范	适用	适用	适用	适用	不适用
通用	恶意代码防范	适用	适用	适用	适用	不适用
通用	可信验证	适用	适用	适用	适用	不适用
通用	数据完整性	适用	适用	适用	适用	不适用
通用	数据备份恢复	适用	适用	适用	适用	不适用
通用	剩余信息保护	适用	适用	适用	适用	部分适用
通用	个人信息保护	适用	适用	适用	不适用	不适用
扩展	控制设备安全	不适用	不适用	适用	适用	不适用

表 A.3-3　第三级安全计算环境

控制点在工业控制系统功能层次中的适用情况表 （第三级安全计算环境）						
安全要求类型	控制点	工业控制系统功能层次				
		企业资源层	生产管理层	过程监控层	现场控制层	现场设备层
通用	身份鉴别	适用	部分适用	部分适用	部分适用	不适用
通用	访问控制	适用	适用	适用	适用	不适用
通用	安全审计	适用	适用	适用	适用	不适用
通用	入侵防范	适用	适用	适用	适用	不适用
通用	恶意代码防范	适用	适用	适用	适用	不适用
通用	可信验证	适用	适用	适用	适用	不适用
通用	数据完整性	适用	适用	适用	适用	不适用
通用	数据保密性	适用	适用	适用	适用	不适用
通用	数据备份恢复	适用	适用	适用	适用	不适用
通用	剩余信息保护	适用	适用	适用	适用	部分适用
通用	个人信息保护	适用	适用	适用	不适用	不适用
扩展	控制设备安全	不适用	不适用	适用	适用	不适用

表 A.3-4　第四级安全计算环境

控制点在工业控制系统功能层次中的适用情况表 （第四级安全计算环境）						
安全要求类型	控制点	工业控制系统功能层次				
		企业资源层	生产管理层	过程监控层	现场控制层	现场设备层
通用	身份鉴别	适用	部分适用	部分适用	部分适用	不适用
通用	访问控制	适用	适用	适用	适用	不适用

续表

安全要求类型	控制点	工业控制系统功能层次				
		企业资源层	生产管理层	过程监控层	现场控制层	现场设备层
通用	安全审计	适用	适用	适用	适用	不适用
通用	入侵防范	适用	适用	适用	适用	不适用
通用	恶意代码防范	适用	适用	适用	适用	不适用
通用	可信验证	适用	适用	适用	适用	不适用
通用	数据完整性	适用	适用	适用	适用	不适用
通用	数据保密性	适用	适用	适用	适用	不适用
通用	数据备份恢复	适用	适用	部分适用	部分适用	不适用
通用	剩余信息保护	适用	适用	适用	适用	部分适用
通用	个人信息保护	适用	适用	适用	不适用	不适用
扩展	控制设备安全	不适用	不适用	适用	适用	不适用

A.4　安全管理中心

表 A.4-1　第二级安全管理中心

控制点在工业控制系统功能层次中的适用情况表 （第二级安全管理中心）						
安全要求类型	控制点	工业控制系统功能层次				
		企业资源层	生产管理层	过程监控层	现场控制层	现场设备层
通用	系统管理	适用	适用	适用	不适用	不适用
通用	审计管理	适用	适用	适用	不适用	不适用

表 A.4-2　第三级安全管理中心

控制点在工业控制系统功能层次中的适用情况表 （第三级安全管理中心）						
安全要求类型	控制点	工业控制系统功能层次				
		企业资源层	生产管理层	过程监控层	现场控制层	现场设备层
通用	系统管理	适用	适用	适用	不适用	不适用
通用	审计管理	适用	适用	适用	不适用	不适用
通用	安全管理	适用	适用	适用	不适用	不适用
通用	集中管控	适用	适用	适用	不适用	不适用

表 A.4-3　第四级安全管理中心

控制点在工业控制系统功能层次中的适用情况表 （第四级安全管理中心）						
安全要求类型	控制点	工业控制系统功能层次				
		企业资源层	生产管理层	过程监控层	现场控制层	现场设备层
通用	系统管理	适用	适用	适用	不适用	不适用
通用	审计管理	适用	适用	适用	不适用	不适用
通用	安全管理	适用	适用	适用	不适用	不适用
通用	集中管控	适用	适用	适用	不适用	不适用